变分方法与无穷维 Hamilton 系统

丁彦恒　郭　琪　董晓婧　余渊洋　著

科 学 出 版 社

北　京

内 容 简 介

本书主要讨论无穷维 Hamilton 系统，旨在用现代非线性分析的框架研究无穷维 Hamilton 系统. 本书先介绍无穷维 Hamilton 系统的定义和性质，同时选取现代非线性分析中的常见问题为例解释其应用. 我们采用变分的方法，建立统一的变分框架并且发展一些抽象的临界点理论来处理无穷维 Hamilton 系统. 特别地，对于量子理论中的非线性 Dirac 方程、非线性 Dirac-Klein-Gordon 方程和非线性 Dirac-Maxwell 方程，我们从无穷维 Hamilton 系统的角度出发，利用变分方法，讨论这几类系统的基态解的存在性、多解性、正则性、半经典极限和非相对论极限等问题.

本书适合作为大学数学专业本科高年级学生和研究生的教学参考书，同时也为教师及相关领域的科研人员提供了参考资料.

图书在版编目(CIP)数据

变分方法与无穷维 Hamilton 系统/丁彦恒等著. —北京：科学出版社，2023.6

ISBN 978-7-03-075471-4

Ⅰ. ①变… Ⅱ. ①丁… Ⅲ. ①变分法-研究②哈密顿系统-研究 Ⅳ. ①O176②O151.21

中国国家版本馆 CIP 数据核字(2023)第 074836 号

责任编辑：胡庆家 孙翠勤 / 责任校对：彭珍珍

责任印制：吴兆东 / 封面设计：无极书装

科 学 出 版 社 出版

北京东黄城根北街 16 号

邮政编码：100717

http://www.sciencep.com

北京虎彩文化传播有限公司 印刷

科学出版社发行 各地新华书店经销

*

2023 年 6 月第 一 版 开本：720 × 1000 1/16

2023 年 6 月第一次印刷 印张：16 1/2

字数：330 000

定价：98.00 元

(如有印装质量问题，我社负责调换)

前　　言

2018 年秋, 郭琪、董晓婧、余渊洋三人同期考入了中国科学院数学与系统科学研究院攻读博士学位. 在导师丁彦恒组织的开题会上, 大家着重商讨了近期和长远的研究计划, 确定: 一个**焦点** —— 变分理论与交叉科学; 两个**方面** —— 服务社会与科技; 三个**过程** —— 自由探索、集约化 (有组织) 科研、建立系统性理论. 几年来的研究过程, 清晰了探讨对象的来龙去脉, 产生了理想的博士学位论文, 发现了更多深层次问题, 培育出原始创新型研究平台. 此书归纳了这些工作的主干线 —— 变分方法与无穷维 Hamilton 系统.

经典 Hamilton 系统最早是用来描述物理系统如行星系统、量子力学系统的一类动力系统, 参看 [5, 39, 56, 58, 65-68, 72, 89, 112, 118, 119, 127]. 该系统可以通过在辛流形上给定 Hamilton 函数 H 来确定. 对于无穷维的情形, 我们用无穷维流形来替代经典 Hamilton 系统中的偶数维流形. 如果系统是平坦的, 那么 Hamilton 场可以根据辛 Hilbert 空间 $(\mathcal{H},\omega)$ 的线性复结构 J 唯一确定, 因此我们称 $(\mathcal{H},\omega,J,H)$ 是一个无穷维 Hamilton 系统. 更一般地, 我们不再需要无穷维流形 M (模空间为 $\mathcal{H}$) 上的近复结构来定义 Hamilton 向量场, 此时称 $(M,\mathcal{H},\omega,H)$ 是一般的无穷维 Hamilton 系统 (记作 IDHS). 相比有限维的情形, IDHS 多了更高的自由度, 二者的最大区别在于相空间的维数, 后者是无穷维的. 物理学中的很多问题对应某个 Hamilton 系统, IDHS 唯一对应一个 Hamilton 方程, 因此, IDHS 的理论将物理学问题转化为数学问题.

J. Marsden 等人曾经讨论过 IDHS 的一般理论, 参看 [14, 41, 42, 45, 99]. 他们从非线性波方程的角度出发, 讨论了 IDHS 的一般性质, 比如局部和整体存在性定理, Noether 定理和一些局部守恒律等. 他们的工作主要将有限维的理论推广为无穷维的情形, 在他们工作的基础上, 我们对无穷维特有的性质展开研究, 这使得更多的例子被考虑进来. 在数学上, 很多相关问题没有完全从 IDHS 角度来研究, 这就导致结果具有很大的局限性. 比如对于 Dirac 场、Klein-Gordon 场、电磁场之间的相互作用, 在不同的介质中, 量子场为非线性场, 通常采取的局部方法不适用于这类问题. 实际上, 还有很多问题都可以看作 IDHS. 比如流体力学方程、量子色动力学 (QCD) 方程、Yang-Mills 方程. IDHS 也有其他的应用, 比如可以建立自旋 Hamilton 系统来研究几何上的问题, 通过研究无穷维球面上的 IDHS 可以得到相关约束问题的解.

我们通过给定 Hilbert 流形来确定物理对象状态的存在空间, 进一步缩小状态的搜索范围; 通过给定 Hilbert 流形上的辛结构与 Hamilton 函数把物理模型固定下来; 通过得到的 Hamilton 方程从数学上来确定物理模型的解并进一步研究其运行规律. 因此, 从数学的角度来看, 建立无穷维 Hamilton 系统有诸多好处, 这使得我们可以从更广的角度来看不同的问题, 将很多方程的理论统一起来, 并且可以解释为何很多不同的方程有同样的解决方案与同样的性质; 为何有的问题在不同的空间中解的性质完全不同, 甚至同一问题在某类空间中存在非平凡解, 而在其他空间中却不存在; 对于某类未知的问题我们是否可以用其他问题的研究方法来进行研究.

变分方法是处理泛函极值问题的一个数学分支, 是处理经典 Hamilton 系统的有力工具. IDHS 具有自然的变分结构, 因此我们可以类比经典 Hamilton 系统的变分方法来处理 IDHS. 对于经典 Hamilton 系统, 其 Hamilton 方程为

$$\dot{z}(t) = J\nabla_z H(t, z),$$

其中 $z = (p, q) \in \mathbb{R}^{2N}$. 空间 $\mathbb{R}^{2N}$ 上的复结构

$$J = \begin{pmatrix} 0 & I_N \\ -I_N & 0 \end{pmatrix}$$

给出 $\mathbb{R}^{2N}$ 上的标准辛结构 ω, 即 $\omega(z_1, z_2) = z_2 J z_1^{\mathrm{T}}, \forall z_1, z_2 \in \mathbb{R}^{2N}$. 假设 Hamilton 函数 $H(t, z) = L(t)z \cdot z/2 + R(t, z)$, 这里 $L(t)$ 是连续对称的矩阵值函数. 那么 $A = -Jd/dt - L$ 是 $L^2(\mathbb{R}, \mathbb{R}^{2N})$ 上的自伴算子, 定义域为 $H^1(\mathbb{R}, \mathbb{R}^{2N})$. 根据算子 A 的谱性质, 我们可以建立经典 Hamilton 系统的变分框架, 进而利用变分方法, 得到经典 Hamilton 系统同宿解与周期解的存在性与多重性. 对于平坦的 IDHS $(\mathcal{H}, \omega, J, H)$, 其 Hamilton 方程为

$$\dot{z}(t) = X_H(z),$$

其中 $z \in \mathcal{H}$. 假设 Hamilton 函数 $H(t, z) = (Lz, z)/2 + R(t, z)$, 这里 L 是 $\mathcal{H}$ 上的线性自伴算子. 此时, IDHS 的 Hamilton 方程等价于

$$-J\dot{z}(t) - Lz = \nabla_z R(t, z).$$

类似地, 令 $A = -Jd/dt - L$ 为 $L^2(\mathbb{R}, \mathcal{H})$ 上的自伴算子. 根据 A 的谱性质, 我们也可以建立相应的变分框架来处理此系统, 进而得到同宿解和周期解的结果. 物理上也经常考虑一类驻波型解, 即假设 $z(t) = e^{\lambda J t}u$, 其中 $\lambda \in \mathbb{R}$. 进一步假设 $R(t, z)$ 满足 $R(t, e^{\lambda J t}u) = e^{\lambda J t}R(u)$. 此时系统的 Hamilton 方程等价于

$$-Lu + \lambda u = \nabla_u R(u).$$

特别地, 如果 $\lambda = 0$, 那么系统的解 $z(t) = u$ 不依赖于 t, 相空间 $\mathcal{H}$ 上的点 u 即为系统的不动点. 除此之外, 我们也考虑 Hamilton 函数关于参数的依赖性, 这可以给出不同类型的 IDHS 之间的关系. 不妨假设 Hamilton 函数 $H_{ch}(t,z) = (L_c z, z)/2 + R_h(t,z)$. 这里 $L_c(z)$ 是依赖于参数 c 的一族算子, $R_h(t,z)$ 是依赖于参数 h 的, c 与 h 是独立参数. 那么, 此时 IDHS 在参数 $c \to \infty$, $h \to 0$ 的情况下会产生何种变化, 系统的解会有哪些性质? 本书以量子场论中的几类非线性系统为例从变分方法角度出发来处理这些问题.

本书第 1 章主要介绍 Hilbert 流形的相关结果. 在第 2 章, 我们先从 Hilbert 空间的角度引入 IDHS 的定义, 之后引入 Hilbert 流形上 IDHS, 并且以数学以及物理上的经典问题为例, 给出这些问题的 IDHS 的描述. 在第 3 章, 我们先介绍线性算子的谱理论, 之后介绍抽象方程的变分框架, 最后介绍本书中使用的抽象的临界点定理. 在第 4 章, 我们以非线性 Dirac-Klein-Gordon 系统和非线性 Dirac-Maxwell 系统为例来介绍 IDHS 的解的存在性问题的研究方法. 我们在第 5 章考虑带参数的 IDHS 的问题, 主要包括两部分: 非线性 Dirac 方程的半经典极限问题与非相对论极限问题. 在第 6 章, 我们介绍一些研究解的正则性与衰减性问题的方法. 最后, 在第 7 章, 我们讨论系统多解问题的一些结果, 主要包括稳态解的多重性、半经典态的多解性与负能量问题的多解性.

丁彦恒　(吉林大学数学学院–长春市, 中国科学院大学, 中国科学院数学与系统科学研究院; 受助基金: 科技部重大专项 2022YFA1005602, 国家自然科学基金 (NSFC) 12031015、12271508)
郭琪　(中国人民大学, 中国博士后科学基金 2022M713446; NSFC 12201625)
董晓婧　(北京师范大学, 中国博士后科学基金 2022M710427, 2022T150058)
余渊洋　(清华大学, 中国博士后科学基金 2022M711853)

2022 年 9 月 1 日于北京

目　　录

符 号 说 明

符号	符号说明	符号	符号说明
$\mathcal{C}_k$	$\mathcal{C}^k$-流形范畴	ω	辛形式
$\mathcal{H}$	Hilbert 空间	J	近复结构
H	Hamilton 函数	M	Hilbert 流形
J	近复结构	TM	切丛
X_H	Hamilton 向量场	$\mathbb{T}^n$	n 维环面
i	虚数单位	$C_q(f,p)$	f 在 p 的第 q 个临界群
$\Re$	实部	$M_q(a,b)$	f 关于 (a,b) 的第 q 个 Morse 型数
$\Im$	虚部	$\{E_\lambda\}_{\lambda\in\mathbb{R}}$	线性算子的谱族
$\mathscr{D}(T)$	线性算子 T 的定义域	$\mathrm{Ker}T$	线性算子 T 的核
$\mathbb{R}$	实数域	$\mathrm{Ran}T$	线性算子 T 的像
$\mathbb{C}$	复数域	gen	Krasnoselskii 亏格
$\rho(T)$	线性算子 T 的预解集	$\hat{f}$	f 的 Fourier 变换
$\sigma(T)$	线性算子 T 的谱集	$\tilde{f}$	f 的 Fourier 逆变换
$\sigma_p(T)$	线性算子 T 的点谱全体	$\det M$	矩阵 M 的行列式
$\sigma_c(T)$	线性算子 T 的连续谱集	inf	下确界函数
$\sigma_r(T)$	线性算子 T 的剩余谱集	sup	上确界函数
$\sigma_d(T)$	线性算子 T 的离散谱集	max	最大值函数
$\sigma_e(T)$	线性算子 T 的本质谱集	min	最小值函数

Dirac 矩阵 γ^μ, $0\leqslant\mu\leqslant 3$; Minkowski 度量张量 $g^{\mu\nu}$.

$$\gamma^0=\begin{pmatrix} I & 0\\ 0 & -I\end{pmatrix},\quad \gamma^1=\begin{pmatrix} 0 & \sigma_1\\ -\sigma_1 & 0\end{pmatrix},\quad \gamma^2=\begin{pmatrix} 0 & \sigma_2\\ -\sigma_2 & 0\end{pmatrix},\quad \gamma^3=\begin{pmatrix} 0 & \sigma_3\\ -\sigma_3 & 0\end{pmatrix}.$$

由 $\sigma_1,\sigma_2,\sigma_3$ 生成的代数同构于 $\mathbb{R}^3$ 上的 Clifford 代数. 实际上, 矩阵 $i\sigma_1,i\sigma_2,i\sigma_3$ 是 $\mathfrak{su}(2)$ 的一组基. 这些矩阵可以写成

$$\sigma_1=\begin{pmatrix} 0 & 1\\ 1 & 0\end{pmatrix},\quad \sigma_2=\begin{pmatrix} 0 & -i\\ i & 0\end{pmatrix},\quad \sigma_3=\begin{pmatrix} 1 & 0\\ 0 & -1\end{pmatrix}.$$

我们也用 alpha 矩阵的记号 $\alpha_j=\begin{pmatrix} 0 & \sigma_j\\ \sigma_j & 0\end{pmatrix}$, 以及 $\beta=\gamma^0$, 其中 $1\leqslant j\leqslant 3$. 显然, $\gamma^0\gamma^j=\alpha_j$. 这里, 记 $\alpha_0=I$.

本书中所有的模型都是 Minkowski 度量; 当然考虑其他度量也很有趣, 比如 Schwarzschild 度量. 我们用下面的记号:

$$g = \begin{pmatrix} -1 & 0 & 0 & 0 \\ 0 & 1 & 0 & 0 \\ 0 & 0 & 1 & 0 \\ 0 & 0 & 0 & 1 \end{pmatrix}.$$

那么 $\gamma^\mu\gamma^\nu + \gamma^\nu\gamma^\mu = -2g^{\mu\nu}I$. 一般来说, 我们用 $\langle u, v\rangle$, $\langle u, v\rangle_{\mathbb{C}}$, 表示向量内积, 用 (u, v), $(u, v)_{\mathbb{C}}$, 表示向量值函数的内积.

本书常用的算子:

• 自由 Dirac 算子记为

$$\not{D} = \gamma^0 D = \gamma^0\gamma^\mu\partial_\mu = \partial_t + \sum_{k=1}^{3}\alpha_k\partial_k,$$

• d′Alembert 算子记为 $\Box = -\partial_\mu\partial^\mu = -g^{\mu\nu}\partial_\mu\partial_\nu = \partial_{tt} - \partial_{xx}$. 我们也用这样的记号 $-\hat{\Delta} = -\Delta + (M^2 + \hat{V})$.

第 1 章　Hilbert 流形

本章简要介绍 Hilbert 流形的相关理论. 首先, 我们先总结 Hilbert 流形与有限维流形类似的以及不同的性质. 之后我们讨论 Hilbert 流形上的微分学以及 Riemann-Hilbert 流形的相关问题和结论. 除此之外, 本章针对 Hilbert 流形的 Morse 理论做了部分总结.

1.1　Hilbert 流形的相关性质

设 $\mathcal{H}$ 是一可分的 Hilbert 空间, 类似有限维拓扑流形的定义, 我们可以定义无穷维流形, 比如模空间选取 Fréchet 空间的流形称为 Fréchet 流形, 模空间选取 Banach 空间的流形称为 Banach 流形, 我们这里主要考虑模空间取为 Hilbert 空间的流形. 不同于有限维的情况, 无穷维流形的结构不是很依赖于空间维数, 同时我们需要模空间的选取在等距同构意义下唯一确定下来.

定义 1.1.1 (Hilbert 流形)　令 $\mathcal{H}$ 是一可分的 Hilbert 空间, 如果 M 是一个可分的度量空间并且对于任意的 $x \in M$, 存在 x 的邻域 U, 使得 U 同胚于 $\mathcal{H}$ 的一个开子集, 则称 M 是以 $\mathcal{H}$ 为模空间的 Hilbert 流形.

实际上, 不同参考文献中关于 Hilbert 流形的定义有一些区别, 比如有的文献不要求 M 是度量空间或者可分. M 可度量化以及可分等价于说 M 是第二可数的 Hausdorff 拓扑空间并且是仿紧的. Hilbert 流形的微分结构可类似地定义, M 上的 $\mathcal{C}^k$-结构由坐标图册之间的具有 $\mathcal{C}^k$-正则性的转移函数的等价类给出来, 其中 $k = 0, 1, \cdots, \infty, \omega$. 这里 $\mathcal{C}^\omega$ 代表解析函数类.

定义 1.1.2 (子流形)　称 $N \subset M$ 是 Hilbert 流形 M 的子流形, 如果对于 N 中的任意一点 x , 存在 M 中的开邻域 V, 以及同胚 $\psi : V \to W$, 这里 W 是 $\mathcal{H}$ 中的开子集, 并且对于 $\mathcal{H}$ 中的某个闭线性子空间 U, $\psi(V \cap N) = W \cap U$.

定义 1.1.3 (Hilbert 流形映射)　考虑 M, N 是两个 $\mathcal{C}^k$-Hilbert 流形, 称映射 $f : M \to N$ 在 p 点附近是 $\mathcal{C}^k$ 的, 如果存在 p 点的坐标图册 ϕ 以及 $f(p)$ 附近的坐标图册 ψ, 使得 $\psi \circ f \circ \phi^{-1}$ 是 $\mathcal{C}^k$-光滑的. 如果对于每个点 $p \in M$ 都有 f 是 $\mathcal{C}^k$ 的, 那么称 f 是 $\mathcal{C}^k$ 的.

易见, $f : M \to N$ 是 Hilbert 流形间的 $\mathcal{C}^k$-映射等价于对于任意的 M 的坐标图册 ϕ 以及 N 的坐标图册 ψ, 我们有 $\psi \circ f \circ \phi^{-1}$ 是 $\mathcal{C}^k$ 的.

定义 1.1.4 ($\mathcal{C}^k$-流形范畴)　记 $\mathfrak{C}_k$ 为 $\mathcal{C}^k$-流形范畴, 其对象集为 $\mathcal{C}^k$-Hilbert 流形集, 映射集为 $\mathcal{C}^k$-映射集. 容易验证这是一个范畴.

我们也可以类似有限维的情况定义无穷维的向量丛, 比如 Banach 丛就是底空间为 Hausdorff 的拓扑空间, 每个纤维有同样 Banach 空间结构的纤维丛. 对于 Hilbert 丛, 我们做如下定义:

定义 1.1.5 (Hilbert 丛)　令 X, B 是 Hausdorff 拓扑空间, $\pi: B \to X$ 是开的连续满射, $B_x := \pi^{-1}(x)$ 是一个可分的 Hilbert 空间, 满足

(1) 映射 $b \to \langle b, b \rangle$ 是连续的, 对任意的 $b \in B$;

(2) 加法运算 $+: \{(b_1, b_2) \in B \times B : \pi(b_1) = \pi(b_2)\} \to B$ 是连续的;

(3) 数量乘法 $\cdot : b \to \lambda \cdot b$ 是连续的, 对任意的 $\lambda \in \mathbb{F}$;

(4) 如果 $x \in X$, $\{b_i\}$ 是 B 中的一个网, 使得 $\langle b_i, b_i \rangle \to 0$, $\pi(b_i) \to x$, 则 $b_i \to 0_x \in B$, 其中 0_x 表示纤维 B_x 的零点.

那么, 我们称 $\mathcal{B} = (B, \pi)$ 为 X 上的 Hilbert 丛. 其中, $\langle \cdot, \cdot \rangle$ 表示模空间的内积.

定义 1.1.6 (平凡丛)　令 H 是一个可分的 Hilbert 空间, X 是 Hausdorff 的拓扑空间, 定义 $B := H \times X$, $\pi : B \to X$ 为 $\pi(a, x) := x$. 我们称 (B, π) 是平凡的 Hilbert 丛.

定义 1.1.7 (丛映射)　假设 (B, π), (B', π') 是底空间 X 上的两个 Hilbert 丛, 对于映射

$$f : (\pi : B \to X) \mapsto (\pi' : B' \to X),$$

如果

(1) 与投影映射交换, 即下图交换:

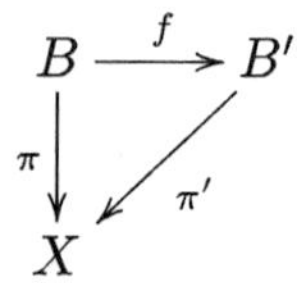

(2) 在每个纤维上是 $\mathbb{F}$-连续的, 即对任意的 $x \in B$, $f_x : B_x \to B'_{f(x)}$ 是连续的;

(3) 保持内积结构, 即对任意的 $x \in B$, $a, b \in B_x$, 我们有

$$\langle a, b \rangle_x = \langle f_x(a), f_x(b) \rangle_{f(x)}.$$

则称 f 是丛映射.

Hilbert 流形具有很多与有限维流形相同的性质, 比如

命题 1.1.8 ([100])　假设 $f \in \mathcal{C}^\infty(M, N)$, b 是 N 上的点使得对于任意的 $a \in f^{-1}(b)$, $df(a)$ 是满射, 那么 $f^{-1}(b)$ 是 M 的一个闭子流形. 特别地, 如果 b 是 f 的一个正则值, 那么 $f^{-1}(b)$ 是 M 的闭子流形.

命题 1.1.9 ([95]) 任意的光滑的 Hilbert 流形的光滑子流形都有管状邻域并且在同痕意义下是唯一的.

命题 1.1.10 ([94]) 任意的 Hilbert 流形都能作为闭子空间嵌入对应的 Hilbert 空间.

命题 1.1.11 ([105]) 任意的 Hilbert 流形是一个绝对邻域收缩核 (ANR), 因此每个 Hilbert 流形同伦等价于对应 Hilbert 空间的一个开子集.

命题 1.1.12 ([31]) Hilbert 流形在同伦意义下的分类等价于可数 CW-复形.

Hilbert 流形具有很多与有限维流形不同的性质, 比如

命题 1.1.13 ([93]) 对于无穷维 Hilbert 空间 $\mathcal{H}$, 我们有 $U(\mathcal{H})$, $GL(\mathcal{H})$ 在范数拓扑下是可缩的.

注 1.1.14 命题 1.1.13 也被称为 Kuiper 定理. 对于有限维的空间 $\mathcal{H}$, $U(\mathcal{H})$ 是 $GL(\mathcal{H})$ 的最大紧子群, 根据 Gram-Schmidt 正交化或者极分解, 我们有 $GL(\mathcal{H})$ 和 $U(\mathcal{H})$ 有相同的同伦型, 而 $U(\mathcal{H})$ 不是可缩的. Kuiper 定理有很多应用, 比如 $\mathcal{H}$ 上的 Fredholm 算子构成的空间赋予范数拓扑可以表示拓扑 K-理论中的 K 函子, 通常称其为 Atiyah-Jänich 定理, 见 [9]. 应用 Kuiper 定理还可以直接得到下面这条性质.

命题 1.1.15 ([29]) 任意的 Hilbert 丛都是平凡丛. 特别地, Hilbert 流形是平行的, 即切丛是平凡丛.

命题 1.1.16 ([79]) 任意的 Hilbert 流形都可以嵌入到其模空间的一个开子集.

命题 1.1.17 ([31]) 任意的两个光滑 Hilbert 流形间的同伦等价同伦到一个微分同胚. 特别地, 任何两个同伦等价的光滑流形是微分同胚的.

命题 1.1.18 ([32]) 任意的 Hilbert 流形具有唯一的光滑结构. Hilbert 流形间的同胚映射同伦于一个微分同胚.

命题 1.1.19 ([33]) 每个 Hilbert 流形上都有无穷多种互不等价的解析结构.

命题 1.1.20 ([6]) 任意的从 Hilbert 流形到 $\mathbb{R}^n$ 的连续映射都可以被没有临界点的光滑映射任意逼近.

1.2 Hilbert 流形上的微分学

1.2.1 无穷维空间上的微分学

令 E, F 是 Banach 空间, $O \subset E$ 是一开集, $f : O \to F$ 是一个映射. 我们称 f 在 p 点可微 (Fréchet 可微) 如果存在有界线性算子 $T : E \to F$, 使得

$$\lim_{x \to 0} \frac{\|f(p+x) - f(p) - Tx\|_F}{\|x\|_E} = 0.$$

这里 T 被称为 f 在 p 点的微分, 记为 df_p, 或者 $Df(p)$, 或者 $f'(p)$.

如果 f 在 O 上的每个点都可微, 那么 $df: p \to df_p$ 是从 O 到 $\mathcal{L}(E,F)$ 上的映射. 如果 df 是连续的我们称 $f \in \mathcal{C}^1(O,F)$. 如果 df 在 p 点是可微的, 那么 $d(df)_p = d^2 f_p \in \mathcal{L}(E,\mathcal{L}(E,F))$. 我们把 $\mathcal{L}(E,\mathcal{L}(E,F))$ 记为 $\mathcal{L}_2(E,F)$. 因此 $d^2 f_p$ 是 $E \times E$ 到 F 上的连续双线性映射, 并且可以证明它是对称的. 类似地, 如果 $d^k f: O \to \mathcal{L}_k(E,F)$ 存在, 并且在 p 点可微, 那么 $(d^{k+1} f)_p = d(d^k f)_p \in \mathcal{L}(E,\mathcal{L}_k(E,F)) \cong \mathcal{L}_{k+1}(E,F)$, 并且 $d^{k+1} f_p$ 是连续对称的 $k+1$ 重线性映射. 如果 $d^{k+1} f_p$ 在 O 上每个点都存在, 并且 $d^{k+1} f: O \to \mathcal{L}_{k+1}(E,F)$ 连续, 那么我们称 $f \in \mathcal{C}^{k+1}(O,F)$. 如果 $f \in \mathcal{C}^k(O,F)$ 对任意正整数 k 都成立, 那么我们记 $f \in \mathcal{C}^\infty(O,F)$. 如果 $B: E \times E \to F$ 是一个连续对称的双线性映射, $f: E \to F$ 定义为 $f(x) = B(x,x)$, 那么 $f \in \mathcal{C}^\infty(O,F)$, 并且 $df_p(x) = 2B(p,x)$, $d^2 f_p = 2B$, $d^3 f_p = 0$.

Banach 空间之间映射的微分有如下的性质:

(1) (线性性) 如果映射 $f_i: O \to F$, $i=1,2$, 在点 $x \in O$ 处可微, 那么它们的线性组合 $(\lambda_1 f_1 + \lambda_2 f_2): O \to F$ 在点 p 处也可微, 而且

$$(\lambda_1 f_1 + \lambda_2 f_2)'(p) = \lambda_1 f_1'(p) + \lambda_2 f_2'(p).$$

(2) (复合映射) 如果映射 $f: U \to V$ 在点 $p \in U \subset X$ 处可微, 而映射 $g: V \to Z$ 在点 $f(p) = q \in V \subset Y$ 处可微, 那么这两个映射的复合 $g \circ f$ 在点 p 处可微, 而且

$$(g \circ f)'(p) = g'(f(p)) \circ f'(p).$$

(3) (逆映射) 设 $f: U \to Y$ 是在点 $p \in U \subset X$ 连续的映射, 它在点 $q = f(p)$ 的邻域有逆映射 $f^{-1}: V \to X$, 并且逆映射在点 $q = f(p)$ 连续. 如果映射 f 在点 p 可微, 并且它在这点的切映射 $f'(p) \in \mathcal{L}(X,Y)$ 有连续逆 $(f'(p))^{-1} \in \mathcal{L}(Y,X)$, 那么映射 f^{-1} 在点 $y = f(x)$ 可微, 而且

$$(f^{-1})'(f(p)) = (f'(p))^{-1}.$$

类似有限维空间的方向导数, 可以定义 Gâteaux 导数. 我们称 f 在点 $p \in O$ 是 G-可导的, 如果对任意的 $h \in E$, 存在 $df(p,h) \in F$, 使得

$$\|f(p+th) - f(p) - tdf(p,h)\|_F = o(t), \quad t \to 0.$$

根据定义, 我们有

(1) $\dfrac{d}{dt} f(p+th)|_{t=0} = df(p,h)$;

(2) $df(x,th)=tdf(x,h)$, $\forall t\in\mathbb{R}$;

(3) 如果 f 在 p 点是 G-可导的, 那么 $\forall h\in E$, $q^*\in F^*$, 函数 $\varphi(t)=\langle q^*,f(p+th)\rangle$ 在点 $t=0$ 处可微, 并且 $\varphi'(t)=\langle q^*,df(p,h)\rangle$;

(4) 如果 $f:O\to F$ 在 O 中每个点都是 G-可导的, 并且区间 $\{p+th:t\in[0,1]\}\subset O$, 那么

$$\|f(p+h)-f(p)\|_F\leqslant\sup_{0<t<1}\|df(p+th,h)\|_F;$$

(5) 如果 f 在 p 点可微, 那么 f 在 p 点 G-可导, 并且 $df(p,h)=f'(p)h$, $\forall h\in E$;

(6) 假设 f 在 p 点是 G-可导的, 并且 $\forall p\in O$, $\exists A(p)\in\mathcal{L}(E,F)$, 满足

$$df(p,h)=A(p)h,\quad \forall h\in E.$$

如果映射 $p\to A(p)$ 在 p 点连续, 那么 f 在 p 点可微, 并且 $f'(p)=A(p)$.

凸紧集上连续可微映射的性质: 假设 $K\subset E$ 是凸紧集, $f\in\mathcal{C}^1(K,F)$. 那么

(1) f 在 K 上满足 Lipschitz 条件, 即 $\exists\, M>0$, 使得

$$\|f(p_2)-f(p_1)\|_F\leqslant M\|p_2-p_1\|_E,\quad \forall\, p_1,p_2\in K;$$

(2) 存在函数 $\omega(\delta)\geqslant 0$ 满足 $\omega(\delta)\to 0\ (\delta\to 0_+)$, 使得

$$\|f(p+h)-f(p)-f'(p)h\|_F\leqslant\omega(\delta)\|h\|_E,$$

$$\forall p\in\{p\in K:\|h\|_E<\delta,p+h\in K\},$$

其中

$$\omega(\delta)=\sup_{\substack{p_1,p_2\in K\\ \|p_1-p_2\|_E<\delta}}\|f'(p_1)-f'(p_2)\|_{\mathcal{L}(E,F)}.$$

类似有限维微积分, 我们有如下的无穷维空间上的结论:

定理 1.2.1 (有限增量定理) 设 $f:O\to F$ 是从赋范空间 E 的开集 O 到赋范空间 F 的连续映射. 如果闭区间 $[p,p+h]:=\{\xi\in E:\xi=p+\theta h,0\leqslant\theta\leqslant 1\}$ 包含于 O, 且映射 f 在开区间 $(p,p+h):=\{\xi\in E:\xi=p+\theta h,0<\theta<1\}$ 上可微, 那么

$$\|f(p+h)-f(p)\|_F\leqslant\sup_{\xi\in(x,x+h)}\|f'(\xi)\|_{\mathcal{L}(E,F)}\|h\|_E.$$

推论 1.2.2 如果 $A\in\mathcal{L}(E,F)$, $f:O\to F$ 是满足有限增量定理条件的映射, 那么

$$\|f(p+h)-f(p)-Ah\|_F\leqslant\sup_{\xi\in(p,p+h)}\|f'(\xi)-A\|_{\mathcal{L}(E,F)}\|h\|_E.$$

定理 1.2.3 (Taylor 公式)　对于 $p \in E$ 的邻域 O, 如果映射 $f: O \to F$ 在 O 中有直到 $n-1$ 阶 (包括 $n-1$ 在内) 的导数, 而在点 p 处有 n 阶导数 $f^{(n)}(p)$, 那么当 $h \to 0$ 时有

$$f(p+h) = f(p) + f'(p)h + \cdots + \frac{1}{n!}f^{(n)}(p)h^n + o(\|h\|_E^n).$$

推论 1.2.4　令 $f \in \mathcal{C}^{n+1}(O, F)$, 并且 $\{p_0 + th : t \in [0,1]\} \subset O$. 那么

$$f(p_0+h) = \sum_{j=0}^{n} \frac{1}{j!} f^{(j)}(p_0)h^j + \frac{1}{n!}\int_0^1 (1-t)^n f^{(n+1)}(p_0+th)h^{n+1}dt.$$

定理 1.2.5 (隐函数定理)　设 X, Z 是赋范空间, 且 Y 是 Banach 空间,

$$W = \{(x,y) \in X \times Y : |x - x_0| < \alpha, |y - y_0| < \beta\}$$

是乘积空间 $X \times Y$ 中点 (x_0, y_0) 的邻域. 如果映射 $F: W \to Z$ 满足条件:

(1) $F(x_0, y_0) = 0$;

(2) $F(x, y)$ 在点 (x_0, y_0) 处连续;

(3) $F'_y(x, y)$ 在 W 上有定义, 且在点 (x_0, y_0) 处连续;

(4) $F'_y(x_0, y_0)$ 是可逆映射,

那么存在 X 中点 x_0 的邻域 $U = U(x_0)$, Y 中点 y_0 的邻域 $V = V(y_0)$ 以及映射 $f: U \to V$, 使得

(1′) $U \times V \subset W$;

(2′) (在 $U \times V$ 中 $F(x,y) = 0$) $\Leftrightarrow$ ($y = f(x)$, 其中 $x \in U$, 而 $f(x) \in V$);

(3′) $y_0 = f(x_0)$;

(4′) f 在点 x_0 处连续;

进一步地,

(5′) 若 $F: W \to Z$ 在 (x_0, y_0) 的某个邻域中连续, 则隐函数 $y = f(x)$ 在 x_0 的某个邻域中连续;

(6′) 若 W 中也存在偏导数 $F'_x(x, y)$, 且 $F'_x(x, y)$ 在点 (x_0, y_0) 连续, 那么隐函数 $y = f(x)$ 在点 x_0 可微, 并且

$$f'(x_0) = -(F'_y(x_0, y_0))^{-1} \circ (F'_x(x_0, y_0));$$

(7′) 若 $F \in \mathcal{C}^k(W, Z)$, $k \geqslant 1$, 那么隐函数 $y = f(x)$ 在点 x_0 的某个邻域 U 内属于 $\mathcal{C}^{(k)}(U, Y)$. 此外,

$$f'(x) = -(F'_y(x, f(x)))^{-1} \circ (F'_x(x, f(x))).$$

根据隐函数定理, 我们可以得到如下的无穷维版本的反函数定理:

定理 1.2.6 (反函数定理) 令 E, F 是两个 Banach 空间, O 是 E 中的开集, $f \in \mathcal{C}^k(O,F)$, 其中 $k \geqslant 1$. 令 $p \in O$, 假定 $df_p : E \to F$ 是一一映射. 那么存在 p 在 O 中的邻域 U, 使得 $f|_U$ 是 U 到 $f(p)$ 某个邻域上的一一映射, 并且 $(f|_U)^{-1}$ 是 $f(U)$ 到 U 上的 $\mathcal{C}^k$-映射.

假设 O 是 Banach 空间 E 的一个开集, 我们称 O 上的 $\mathcal{C}^k$-映射 $X : O \to F$ 为 O 上的 $\mathcal{C}^k$-向量场. X 的解曲线 σ 是从开区间 (a,b) 到 O 的 $\mathcal{C}^1$-映射, 使得 $\sigma' = X \circ \sigma$. 如果 $0 \in (a,b)$, 我们称 $\sigma(0)$ 为 σ 的初值条件.

根据常微分方程的结果, 我们有向量场解曲线的存在唯一性定理.

定理 1.2.7 (存在唯一性定理) 令 X 是 Banach 空间 E 的开子集 O 上的 $\mathcal{C}^k$-向量场, $k \geqslant 1$. 给定 $p_0 \in O$, 存在 p_0 的邻域 $U \subset O$, $\varepsilon > 0$, 以及 $\mathcal{C}^k$-映射 $\phi : U \times (-\varepsilon,\varepsilon) \to E$, 使得

(1) 如果 $p \in U$, 那么映射 $\sigma_p : (-\varepsilon,\varepsilon) \to E$, $\sigma_p(t) = \phi(p,t)$ 是向量场 X 关于初值条件 p 的解曲线;

(2) 如果 $\sigma : (a,b) \to E$ 是向量场 X 关于初值条件 $p \in U$ 的解曲线, 那么 $\sigma(t) = \sigma_p(t)$, 对任意的 $|t| < \varepsilon$.

1.2.2 无穷维流形上的微分学

对于 Hilbert 流形的切空间有很多种定义, 在这里将根据拓扑的粘合技术 (glueing) 定义 Hilbert 流形的切空间与映射的微分. 实际上, 对于更一般的 Banach 流形也可以如下定义切空间和映射的微分. 因此, 本节不再区分 Banach 流形和 Hilbert 流形.

假设 M 是 $\mathcal{C}^k$-流形, 并且 $k \geqslant 1$, 选取 $p \in M$, 记 I 为 p 点附近坐标映射的集合. 给定 $\phi \in I$, 记 V_ϕ 为映射 ϕ 的像空间. 于是, 对于 ϕ, $\psi \in I$, $d(\psi \circ \phi^{-1})_{\phi(p)}$ 是 V_ϕ 到 V_ψ 的同构, 简记为 $f_{\phi,\psi}$, 那么 $\{f_{\phi,\psi} : V_\phi \to V_\psi\}$ 满足粘合条件:

(1) $f_{\xi,\psi} \circ f_{\phi,\xi} = f_{\phi,\psi}$;

(2) $f_{\phi,\phi} = \mathrm{id}$.

记 $Y = \coprod\limits_{\phi \in I} V_\phi$, $V_{\phi,\psi} = V_\phi \cap V_\psi$. 构造空间 $M_p \subset Y$, 以及典则同构 $\pi_\phi : V \to V_\phi$, 使得 $\pi_\psi = f_{\phi,\psi} \circ \pi_\phi$. T_pM 为 M 在 p 点的切空间. 切空间的不交并即为 M 的切丛, 记为 $TM = \coprod\limits_{p \in M} T_pM$. 考虑 $N \in \mathrm{ob}(\mathfrak{C}_k)$, $f : M \to N$ 是一个 $\mathcal{C}^k$-映射, K 是包含 $f(p)$ 点的坐标图册集. 对于 $\varphi \in I$, $\psi \in K$, W_ψ 为映射 ψ 的像空间. 我们有 $d(\psi \circ f \circ \varphi^{-1})_{\varphi(p)}$ 是 V_φ 到 W_ψ 的线性映射. 记 $T_{\varphi,\psi} = d(\psi \circ f \circ \varphi^{-1})_{\varphi(p)}$. 那么我们有下面的交换图:

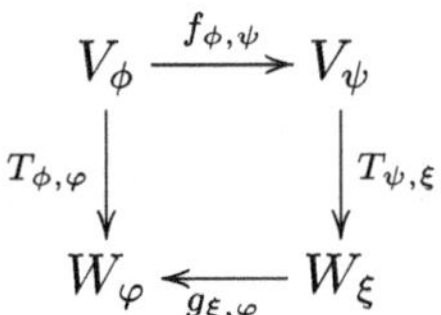

即 $T_{\phi,\varphi} = g_{\xi,\varphi} \circ T_{\psi,\xi} \circ f_{\phi,\psi}$. 这样我们可以唯一确定一个有界线性映射 $T: T_pM \to T_{f(p)}N$, 使得有下面的交换图:

$$\begin{array}{ccc} T_pM & \xrightarrow{T} & T_pN \\ \Big\downarrow{\scriptstyle \pi_\phi} & & \Big\downarrow{\scriptstyle \pi_\psi} \\ V_\phi & \xrightarrow{T_{\phi,\psi}} & W_\psi \end{array}$$

即 $\pi_\psi \circ T = T_{\phi,\psi} \circ \pi_\phi$. $f: M \to N$ 诱导了无穷维流形切丛上的映射 $df: TM \to TN$, $df|_{T_pM} := df_p$. 记 $\mathcal{B}_k$ 为 $\mathcal{C}^k$-Banach 丛构成的范畴. 于是, $d: \mathfrak{C}_{k+1} \to \mathcal{B}_k$ 是一个正切丛函子 (在自然同构意义下唯一), 见 [105].

令 M 是一个 $\mathcal{C}^{k+1}$-流形 $(k \geqslant 1)$, X 是 M 上的 $\mathcal{C}^k$-向量场, 换句话说 X 是一个 $\mathcal{C}^k$-映射 $X: M \to TM$, 使得 $\pi \circ X = \mathrm{id}$. 类似线性空间, 我们通过微分算子来定义曲线的微分. 对于 $\sigma: (a,b) \to M$, 定义 $\sigma': (a,b) \to TM$ 为 $\sigma'(t) = d\sigma_t(1)$. 由于 $\pi \circ \sigma' = \sigma$, 因此 σ' 是 σ 的提升. 于是, 我们也可以定义向量场 X 的解曲线 σ, 使得 $\sigma' = X \circ \sigma$, 如果 $0 \in (a,b)$, 我们称 $\sigma(0)$ 为 σ 的初值条件. 对任意的 $p \in M$, 存在给定向量场 X 对应初值条件的解曲线 σ_p. 记 $(t^-(p), t^+(p))$ 是 σ_p 的最大存在区间.

令 $\mathcal{D} = \mathcal{D}(X) = \{(p,t) \in M \times \mathbb{R} : t^-(p) < t < t^+(p)\}$, 并且对于任意的 $t \in \mathbb{R}$, 令 $\mathcal{D}_t = \mathcal{D}_t(X) = \{p \in M : (p,t) \in \mathcal{D}\}$. 令 $\varphi: \mathcal{D} \to M$, $\varphi(p,t) = \sigma_p(t)$, 并且 $\varphi_t: \mathcal{D}_t \to M$, $\varphi_t(p) = \sigma_p(t)$. φ_t 被称为 X 生成的最大的局部单参群. 考虑 M 是 $\mathcal{C}^{k+1}$-流形 $(k \geqslant 1)$, X 是 M 上的 $\mathcal{C}^k$-向量场, φ_t 是 X 生成的最大的局部单参群. $f \in \mathcal{C}^k(M,\mathbb{R})$, 定义 M 上的实值函数 Xf 为 $Xf(p) = df_p(X_p)$. 考虑 $h(t) = f(\varphi_t(p)) = f(\sigma_p(t))$, 那么 $h'(t) = df_{\sigma_p(t)}(\sigma_p'(t)) = df_{\sigma_p(t)}(X_{\sigma_p(t)}) = Xf(\varphi_t(p))$. 因此, 若 $Xf \equiv 1$, 则 $f(\varphi_t(p)) = f(p) + t$. 于是, 我们有

命题 1.2.8 假设 $Xf \equiv 1$, $f(M) = (-\varepsilon, \varepsilon)$, 其中 $\varepsilon > 0$, 对于 $|t + f(x)| < \varepsilon$, $\varphi_t(x)$ 是良定义的. 那么 $W = f^{-1}(0)$ 是 M 的闭的 $\mathcal{C}^k$-子流形, 映射 $F: W \times (-\varepsilon, \varepsilon) \to M$, $F(w,t) = \varphi_t(w)$ 是从 $W \times (-\varepsilon, \varepsilon)$ 到 M 的 $\mathcal{C}^k$-同构, 并且对于每个 $c \in (-\varepsilon, \varepsilon)$, 其诱导了 $W \times \{c\}$ 到 $f^{-1}(c)$ 的 $\mathcal{C}^k$-同构.

这里的 $Xf \equiv 1$ 可以保证任何实数都是 f 的正则点, 于是 $f^{-1}(c)$ 以及 W 自然就是 M 的闭的 $\mathcal{C}^k$-子流形. 容易验证 F 是既单又满的, 因此 F 诱导了流形之间的同构.

接下来, 考虑向量场与流形上的泛函的横截相交性.

定义 1.2.9 ($\mathcal{C}^k$-强横切) 对于 $\mathcal{C}^{k+1}$-流形 M 上的 $\mathcal{C}^k$-向量场 X, 以及 $\mathcal{C}^k$-函数 $f: M \to \mathbb{R}$, 我们称 X 与 f 是 $\mathcal{C}^k$-强横切于 $[a,b]$ 的, 如果对于某个 $\delta > 0$, 下面两个条件对于 $V = f^{-1}(a-\delta, b+\delta)$ 成立:

(1) Xf 是 $\mathcal{C}^k$-的并且在 V 上非零;

(2) 如果 $p \in V$, σ_p 是 X 对应初值 p 的最大解曲线, 那么对某个正数 t^+ 以及某个负数 t^-, $\sigma_p(t^{\pm})$ 不在 V 中.

显然 V 是 M 的开子流形, 并且 $Y = X/Xf$ 是 V 上的 $\mathcal{C}^k$-向量场. Yf 在 V 上恒为 1, 因此 Y 的积分曲线就是 X 的积分曲线的重新参数化, 并且 $f(\sigma(t)) = f(\sigma(0)) + t$. 那么, 条件 (2) 等价于

(2^*) 如果 ψ_t 是 V 上由 Y 生成的最大局部单参群, 那么 $\psi_t(p)$ 在 $\{p \in V : a-\delta < f(p)+t < b+\delta\}$ 上是良定义的.

若我们取 $g = f|_V - \dfrac{a+b}{2}$, $\varepsilon = \dfrac{b-a}{2} + \delta$, 则 (V, g, Y) 满足上面的假设条件. 那么我们就得到了下面的强横截定理:

定理 1.2.10 ($\mathcal{C}^k$-强横截定理) 考虑 M 是一个 $\mathcal{C}^{k+1}$-流形, $f \in \mathcal{C}^k(M,\mathbb{R})$, $k \geqslant 1$. 如果存在 $\mathcal{C}^k$-向量场 X 和 f 强横切于 $[a,b]$, 那么 $W = f^{-1}(a)$ 是 M 的一个闭的 $\mathcal{C}^k$-子流形, 并且对于某个 $\delta > 0$, 存在从 $W \times (a-\delta, b+\delta)$ 到 M 的一个开子流形的 $\mathcal{C}^k$-同构 F, 使得对于任意的 $c \in (a-\delta, b+\delta)$, F 是 $W \times \{c\}$ 到 $f^{-1}(c)$ 的一个 $\mathcal{C}^k$-同构. 特别地, $f^{-1}([a,b])$ 是 $\mathcal{C}^k$-同构于 $W \times [a,b]$ 的.

考虑 $h: \mathbb{R} \to \mathbb{R}$ 是一个有严格单调递增的光滑函数, 并且 $h(t) = t$ 对于 $t \notin \left(a - \dfrac{\delta}{2}, b + \dfrac{\delta}{2}\right)$, $h(a) = b$. 定义 $H_s: M \to M$, 在 $f^{-1}\left(a - \dfrac{\delta}{2}, b + \dfrac{\delta}{2}\right)$ 的补集上, H_s 是恒同映射; 在 $f^{-1}(a-\delta, b+\delta)$ 上 $H_s(F(w,t)) = F(w, (1-s)t + sh(t))$. 于是, 我们有

推论 1.2.11 令 $I=[0,1]$, 存在 $\mathcal{C}^k$-映射 $H: M \times I \to M$, 使得对于 $H_s(p) = H(p,s)$, 我们有

(1) H_s 是 M 到 M 的 $\mathcal{C}^k$-同构, 对于任意的 $s \in I$;

(2) $H_s(p) = p$, 对任意的 $p \notin f^{-1}\left(a - \dfrac{\delta}{2}, b + \dfrac{\delta}{2}\right)$;

(3) $H_0 = \mathrm{id}$, $H_1(f^{-1}(-\infty, a]) = f^{-1}(-\infty, b]$.

1.3 Riemann-Hilbert 流形

假设 $\mathcal{H}$ 是 Hilbert 空间, $(M, \langle\cdot,\cdot\rangle)$ 被称为是 Riemann-Hilbert 流形 (RH 流形), 如果 M 是以 $\mathcal{H}$ 为模空间的 Hilbert 流形, T_pM 上定义了内积 $\langle\cdot,\cdot\rangle_p$, 其关

于 p 是光滑的, 并且 $T_pM \cong \mathcal{H}$, 其中同构是在范数等价意义下. RH 流形的局部黎曼几何性质和有限维的情况基本一致, 比如 Levi-Civita 联络的存在唯一性, 由如下的 Koszul 法则确定

$$2\langle \nabla_X Y, Z\rangle = X\langle Y, Z\rangle + Y\langle Z, X\rangle - Z\langle X, Y\rangle$$
$$+ \langle [X, Y], Z\rangle + \langle [Z, X], Y\rangle - \langle [Y, Z], X\rangle.$$

因此, 我们也可以定义协变导数、测地线、指数映射、曲率张量等等. 对于坐标图册 φ, 我们考虑映射 $G^\varphi : D(\varphi) \to PS(\mathcal{H})$, 这里 $PS(\mathcal{H})$ 是 $\mathcal{H}$ 上的所有正定对称算子构成的集合, $\langle G^\varphi(x)u, v\rangle = \langle d\varphi_x^{-1}(u), d\varphi_x^{-1}(v)\rangle_x$. 考虑另一个坐标图册 ψ, 令 $U = D(\varphi) \cap D(\psi)$, $f = \varphi \circ \psi^{-1} : \psi(U) \to \varphi(U)$, 因此 $G^\psi(x) = df^*_{\psi(x)} G^\varphi(x) df_{\psi(x)}$. 于是, 由于 M 是 $\mathcal{C}^{k+1}$-流形, 那么 f 是 $\mathcal{C}^{k+1}$ 的, 那我们有 G^φ 的正则性与 G^ψ 的正则性完全一致. 如果对任意的坐标图册 φ, G^φ 是 $\mathcal{C}^k$ 的, 那么称 $x \to \langle\cdot,\cdot\rangle_x$ 是 M 上的 $\mathcal{C}^k$-Riemann 结构, M 称为 $\mathcal{C}^{k+1}$-RH 流形. 下面假设 Hilbert 流形都是连通的, 对于分段光滑的曲线 $\gamma : [a, b] \to M$, 我们有 $L(\gamma) := \int_a^b \|\dot\gamma(t)\| dt$ 是良定义的, 并且对于 $p, q \in M$, 我们有

$$d(p, q) := \inf\{L(\gamma) : \gamma \in P(p, q)\},$$

这里 $P(p, q)$ 表示 M 上从 p 到 q 的分段光滑曲线构成的空间. d 诱导了 M 上和原拓扑等价的拓扑结构. 我们称 M 是完备的, 如果 M 作为度量空间是完备的. 由于 Hilbert 流形 M 总可以作为某个闭子流形嵌入到一个可分的 Hilbert 空间, 因此其诱导的度量是 M 上的完备度量.

类似有限维的情况, 我们可以定义 Hilbert 流形上的测地线. 首先, 我们定义 M 上的联络.

定义 1.3.1 (联络) 令 V 表示 M 上所有光滑向量场构成的空间. M 上的映射 $\nabla : V \times V \to V$ 被称为 M 上的线性联络, 如果对任意的 $X, Y \in V$, $f, g \in \mathcal{C}^\infty(M, \mathbb{R})$, 有

(1) $\nabla_{fY+gX} = f\nabla_Y + g\nabla_X$;

(2) $\nabla_X(fY) = f\nabla_X Y + (Xf)Y$.

考虑 M 上的光滑曲线 $\phi : [0, 1] \to M$, 并且 ϕ' 是向量场 X 在 ϕ 上的限制, 于是向量场 Y 关于 ϕ 的协变导数定义为 $\dfrac{DY}{dt} = \nabla_X Y$. 如果 Y 关于 ϕ 的协变导数为 0, 称 Y 与 ϕ 平行. 如果 ϕ' 关于 ϕ 平行, 称 ϕ 是 M 上的一条测地线. 如果 $\nabla_X Y - \nabla_Y X = [X, Y]$, 称联络 ∇ 是对称的. 如果 ∇ 是对称的并且

存在 Riemann 度量 $\langle\cdot,\cdot\rangle$, 使得 $X\langle Y,Z\rangle = \langle\nabla_X Y,Z\rangle + \langle Y,\nabla_X Z\rangle$, 称其是 Levi-Civita 联络.

定义 1.3.2 (曲率) 定义曲率张量为 $R(X,Y)Z := [\nabla_X,\nabla_Y]Z - \nabla_{[X,Y]}Z$. 对于 T_pM 上两个正交的单位向量 U,V, M 在 p 这点的截面曲率定义为 $K_p(U,V) := \langle R_p(V,U)U,V\rangle_p$.

令 $Y \in T_pM$, ϕ 是从 p 出发以 Y 为方向的测地线, 即 $\phi(0)=p$, $\phi'(0)=Y$. 令 t 使得

$$\langle Y,Y\rangle_p^{\frac{1}{2}} = \int_0^t \langle\phi'(s),\phi'(s)\rangle_{\phi(s)}^{\frac{1}{2}} ds.$$

记 $\exp_p(Y)=\phi(t)$. 这样我们就定义了指数映射 $\exp: TM \to M$. 对于 Hilbert 流形 M 上的一点 p, 存在 p 的邻域, 使得这个邻域的任意两点都可以被唯一的长度为两点间距离的测地线连接. 我们知道在有限维的时候, 完备的 Riemann 流形上任意两点都可以被极小测地线连接, 但是对于无穷维的流形, 这个结论并不一定成立. 比如假设 $\{e_k\}_{k\in\mathbb{N}}$ 是 Hilbert 空间 $\mathcal{H}$ 的一组正交基. 令

$$M := \left\{\sum_{k=1}^{\infty} x_k e_k \in \mathcal{H} : x_1^2 + \sum_{n=2}^{\infty}\left(\frac{x_n}{a_n}\right)^2 = 1\right\},$$

其中 $a_n \geqslant 1$, $\forall n \geqslant 2$, 并且 $\lim\limits_{n\to\infty} a_n = 1$. 于是 M 是一个完备的 RH 流形, 并且 e_1, $-e_1 \in M$, 可以证明 e_1, $-e_1$ 能被无穷多测地线连接并且这两点间没有极小测地线连接. 对于类似的例子, 可以参考 [86,100]. 这类例子也被用来构造完备 RH 流形, 使得其上的指数映射在某些点不是满射, 见 [8].

定理 1.3.3 对于完备的 RH 流形 M, $p \in M$. 我们有

$$M_p := \{q \in M : p \text{ 和 } q \text{ 之间存在唯一的极小测地线}\}$$

包含 M 的一个开稠密子集的可数交. 因此, M_p 在 M 中稠密.

对于常截面曲率的 RH 流形, 我们有下面的结论:

定理 1.3.4 假设 M 是一个截面曲率为常数的 RH 流形. 那么 M 是完备的当且仅当存在 $p \in M$ 使得 $\exp_p$ 可以定义在所有 T_pM 上.

由于 Riemann-Hilbert 流形的模空间是无穷维的, 这使得流形的性质非常多样化. 如果要考虑流形上的极小测地线等相关问题, 需要引入如下的 Hopf-Rinow 流形.

定义 1.3.5 (Hopf-Rinow 流形) 如果 M 上任意两个点都能被一条极小测地线连接, 那么称完备的 RH 流形 M 是 Hopf-Rinow 流形 (HR 流形).

HR 流形有很多例子, 比如 Hilbert 空间 $\mathcal{H}$ 的单位球面 $S(\mathcal{H})$, $\mathcal{H}$ 的所有 n 维子空间构成的 Grassmann 流形 $G_n(\mathcal{H})$, $\mathcal{H}$ 上的 n-正交标架构成的 Stiefel 流形 $V_n(\mathcal{H})$.

定理 1.3.6 (Hadamard-Cartan 定理) *假设 M 是一个完备连通的 Hilbert 流形, 并且 M 上每点的截面曲率都是非正的, 对于 $p \in M$, 我们有 p 点的指数映射是满射.*

对于这类非正曲率的 Hilbert 流形, 我们可以直接得到任何两个点都可以被测地线连接, 并且 $\exp_p : T_pM \to M$ 是一个覆盖. 因此, 如果 M 是单连通的, 那么 M 就微分同胚一个 Hilbert 空间. 实际上, 有限维空间的很多性质可以推广到无穷维的情况, 我们有如下的原理.

原理 任何有限维流形上不依赖维数和局部紧的性质也适用于 Hilbert 流形.

1.4 Hilbert 流形的 Morse 理论

令 M 是一个 $\mathcal{C}^1$-流形, $f \in \mathcal{C}^1(M, \mathbb{R})$, 对于任意的 $p \in M$, df_p 是 T_pM 上的有界线性泛函. 如果 $df_p \neq 0$, 则称 p 是 f 的正则点, 如果 $df_p = 0$, 称 p 为 f 的临界点. 对于 $c \in \mathbb{R}$, 则称 $f^{-1}(c)$ 为 f 的水平集, 如果 $f^{-1}(c)$ 只包含正则点, 则称其为正则水平集, 如果包含至少一个临界点, 则称之为临界水平集. 如果 $f^{-1}(c)$ 是正则水平集, 则称 c 是 f 的正则值, 如果 $f^{-1}(c)$ 是临界水平集, 则称 c 是 f 的临界值.

如果 $f \in \mathcal{C}^2(M, \mathbb{R})$, M 是 $\mathcal{C}^2$-流形, p 是 f 的临界点, 则存在 T_pM 上唯一确定的连续对称的双线性形 $H(f)_p$, 使得对于 p 的任意坐标图册 ϕ,

$$H(f)_p(v, w) = d^2(f \circ \phi^{-1})_{\phi(p)}(v_\phi, w_\phi).$$

$H(f)_p$ 也被称为 f 在 p 的 Hessian 矩阵. 对于临界点 p, 如果 $H(f)_p$ 是非退化的, 即 $H : T_pM \to T_p^*M$, $H(v)(w) := H(f)_p(v, w)$ 是线性同构, 我们称 p 是非退化临界点, 否则称为退化的. f 在 p 点的指标和余指标由 $H(f)_p$ 的指标和余指标来定义, $H(f)_p$ 的指标为使得 $H(f)_p$ 是负定的 T_pM 的最大子空间维数. 对于有限维的情况, 我们知道 f 在非退化临界点 p 附近可以找到坐标卡使得在 p 点的某个邻域把 f 写成下面的形式

$$f(x) = f(p) - x_1^2 - \cdots - x_\alpha^2 + x_{\alpha+1}^2 + \cdots + x_n^2.$$

而对于无穷维的情况, 我们有如下的 Morse 引理:

定理 1.4.1 (Morse 引理) *考虑 $f \in \mathcal{C}^{k+2}(U, \mathbb{R})$, $k \geqslant 1$, U 是 Hilbert 空间 $\mathcal{H}$ 在 0 附近的一个凸邻域. 假定 0 是 f 的一个非退化临界点并且 $f(0) = 0$.*

那么存在保持 0 点的 $\mathcal{C}^k$-同构 φ 使得

$$f(\varphi(v)) = \|Pv\|^2 - \|(1-P)v\|^2,$$

其中 P 是 $\mathcal{H}$ 的一个正交投影.

在正则点附近的函数可以用非零线性泛函表示, 即有如下的正则点典则形式定理:

定理 1.4.2 (典则形式定理) 考虑 $f \in \mathcal{C}^k(U,\mathbb{R})$, $k \geqslant 1$, U 是 Hilbert 空间 H 在 0 附近的一个邻域. 假定 0 是 f 的一个正则点并且 $f(0) = 0$. 那么存在 H 上的非零线性泛函 l 以及在 0 点的邻域上保持 0 的 $\mathcal{C}^k$-同构 φ, 使得

$$f(\varphi(v)) = l(v).$$

定理 1.4.3 假设 $f \in \mathcal{C}^k(M,\mathbb{R})(k \geqslant 2)$, M 是 $\mathcal{C}^k$-Hilbert 流形, p 是 f 的非退化临界点, 那么存在 p 点的邻域 U 和一个局部微分同胚 $\Phi : U \to T_pM$, $\Phi(p) = 0$, 使得

$$f \circ \Phi^{-1}(u) = f(p) + \frac{1}{2}\langle f''(p)u, u\rangle_p, \quad \forall u \in \Phi(U).$$

于是, 我们有所有的非退化临界点都是孤立点. 令 D^j 表示 Hilbert 空间中维数为 j 的闭的单位球, 其边界记作 $\partial D^j = S^{j-1}$. 我们称 $D^j \times D^k$ 为 (j,k)-型环柄, 这里 j,k 都可能是无限数. 对于带边流形 M 以及其带边闭子流形 N, 令 f 是从 $D^j \times D^k$ 到 M 的闭子集 C 的同胚. 我们称 M 是 N 添加了 (j,k)-型环柄, 如果

(1) $M = N \cup C$,

(2) $f|_{S^{j-1}\times D^k}$ 是到 $C \cap N$ 的满射,

(3) $f|_{\mathring{D}^j\times D^k}$ 是到 $M \setminus N$ 的满射.

对于序列 $N = N_0, N_1, \cdots, N_s = M$ 使得 N_{i+1} 是 N_i 根据映射 f_i 贴上 (j_i, k_i)-型环柄. 那么我们称 M 是 N 根据映射 $(f_1, \cdots, f_s)$ 把 $((j_1,k_1),\cdots,(j_s,k_s))$-型环柄粘起来的. 因此我们有下面的定理:

定理 1.4.4 假设 M 是完备的 RH 流形, $f : M \to \mathbb{R}$ 是只有非退化临界点的光滑映射. 并且 f 满足 (PS)-条件, 即任意的 (PS)-序列都收敛, 那么我们有

(1) f 的临界值都是孤立的, 并且每个临界值都存在最多有限多个对应的临界点.

(2) 如果 f 在 $[a,b]$ 上没有临界值, 那么 $f^{-1}((-\infty,a])$ 微分同胚于 $f^{-1}((-\infty,b])$.

(3) 对于 $a < c < b$, c 是 f 在 $[a,b]$ 上唯一的临界值. 记 $p_1,\cdots,p_r$ 是 c 对应的临界点, 并且令 j_i 是 f 在 p_i 点的指标, 那么 $f^{-1}((-\infty,b])$ 微分同胚于 $f^{-1}((-\infty,a])$ 光滑地粘上 $j_1,\cdots,j_r$-型环柄.

记 $M^r = f^{-1}((-\infty, r])$, 令 β_i 是 (M^b, M^a) 的第 i 个 Betti 数, d_i 表示 f 在 $f^{-1}([a,b])$ 中 Morse 指标为 i 的临界点的个数. 根据上面的结果, 我们有如下的 Morse 不等式:

推论 1.4.5 (Morse 不等式)

$$\sum_{m=0}^{k}(-1)^{k-m}\beta_m \leqslant \sum_{m=0}^{k}(-1)^{k-m}d_m,$$

$$\sum_{m=0}^{\infty}(-1)^{m}\beta_m = \sum_{m=0}^{\infty}(-1)^{m}d_m.$$

同样地, 也有更弱的 Morse 不等式: $\beta_i \leqslant d_i$, 对任意的 i 都成立.

对于流形间的映射, 需要考虑 Fredholm 映射.

定义 1.4.6 (Fredholm 映射) 令 M, N 是两个 Hilbert 流形, 我们称 $f: M \to N$ 是 Fredholm 映射, 如果对任意的 $x \in M$,

(1) df_x 是闭的;

(2) Ker df_x, Coker df_x 的维数都是有限的.

同样地, 我们记 $\operatorname{ind} f = \dim \operatorname{Ker} df_x - \dim \operatorname{Coker} df_x$, 这是良定义的, 因为这个定义 $\operatorname{ind} f$ 不依赖于 x 的选取. 对于有限维流形间的映射, Sard 定理告诉我们光滑映射临界值集合的 Lebesgue 测度为 0. 对于无穷维流形, Sard 定理需要额外的假设. S. Smale 证明了如下版本的 Sard 定理[114].

定理 1.4.7 (Sard 定理) *设 $f \in \mathcal{C}^r(M,N)\,(r \geqslant 1)$ 是 Fredholm 映射, 若 $r > \operatorname{ind} f$, 那么 f 临界值的集合是第一纲集, 即具有无处稠密集合的可数并的形式.*

对于非 Fredholm 映射, f 临界值的集合不一定是第一纲集, 比如考虑 $E := \mathcal{C}([0,1],\mathbb{R})$, $f: E \to E$ 定义为 $f(x) = x^3$. 那么 $df_x(h) = 3x^2h$, 这个映射把临界点映到临界点, 内点映到内点, 因此其临界值集合就包含了内点, 反例可以参考 [28,92].

对于拓扑空间 X 及其子空间 A, 如果存在同伦映射 (收缩映射) $F: X \times I \to X$ 使得对于任意的 $x \in X$, $a \in A$, $t \in I$, 都有 $F(x,0) = x$, $F(x,1) \in A$, $F(a,t) = a$, 那么我们称 A 为 X 的强形变收缩核. 记 $K = \{p \in M : df(p) = 0\}$, $K_c = K \cap f^{-1}(c)$.

定理 1.4.8 *假设 M 是完备的 RH 流形, $f \in \mathcal{C}^1(M,\mathbb{R})$ 满足 $(PS)_c$-条件, $\forall c \in [a,b]$, 并且假设 $K \cap f^{-1}(a,b] = \varnothing$, 那么 $f^a = \{p \in M : f(p) \leqslant a\}$ 是 f^b 的强形变收缩核.*

定理 1.4.9 (第一形变引理) 假设 M 是完备的 RH 流形, $f \in \mathcal{C}^1(M,\mathbb{R})$ 满足 $(PS)_c$-条件, 假设 N 是 K_c 的闭邻域. 那么存在连续映射 $\eta : [0,1] \times M \to M$ 以及常数 $\bar{\varepsilon} > \varepsilon > 0$, 使得

(1) $\eta(0,\cdot) = \mathrm{id}$,

(2) $\eta(t,\cdot)|_{f^{-1}[c-\bar{\varepsilon},c+\bar{\varepsilon}]} = \mathrm{id}|_{f^{-1}[c-\bar{\varepsilon},c+\bar{\varepsilon}]}$,

(3) $\eta(t,\cdot)$ 是 M 上的自同胚映射, $\forall t \in [0,1]$,

(4) $\eta(1, f^{c+\varepsilon} \setminus N) \subset f^{c-\varepsilon}$,

(5) $f \circ \eta(t,x)$ 关于 t 是单调递减的, $\forall (t,x) \in [0,1] \times M$.

定理 1.4.10 (第二形变引理) 假设 M 是完备的 RH 流形, $f \in \mathcal{C}^1(M,\mathbb{R})$ 满足 $(PS)_c$-条件, $\forall c \in [a,b]$, 假设 a 是 f 在 $[a,b)$ 中唯一的临界值, 并且 K_a 的连通分支是一些孤立点, 那么 f^a 是 $f^b \setminus K_b$ 的强形变收缩核.

通常 Morse 理论会从局部和全局的角度来进行研究. 局部上我们会用临界群来描述泛函 f 在临界点附近的局部行为. 从全局的角度看, 我们通常会定义 Morse 型数来计算临界点的个数. 实际上, 我们可以通过泛函的形变性质来计算其 Morse 型数. 对于泛函 f 上的孤立临界点 p, 令 $c = f(p)$. 我们称

$$C_q(f,p) = H_q(f^c \cap U_p, (f^c \setminus \{p\}) \cap U_p; G)$$

为 f 在 p 点的第 q 个 G 系数临界群. 这里 U_p 是 p 附近满足 $K \cap (f^c \cap U_p) = \{p\}$ 的邻域, $q = 0,1,2,\cdots$, G 为交换系数群. 记 $H_*(X,Y;G)$ 为 G 系数奇异相对同调群.

定理 1.4.11 对于 $f \in \mathcal{C}^2(M,\mathbb{R})$, 如果 p 是 f 的 Morse 指标为 j 的非退化临界点, 那么

$$C_q(f,p) = \begin{cases} G, & g = j, \\ 0, & q \neq j. \end{cases}$$

对于两个正则值 $a < b$, 我们称

$$M_q(a,b) = \sum_{a<c_i<b} \mathrm{rank}\ H_q(f^{c_i+\varepsilon_i}, f^{c_i-\varepsilon_i}; G)$$

为 f 关于 (a,b) 的第 q 个 Morse 型数, 其中 $q = 0,1,2,\cdots$.

根据形变引理, 我们知道 Morse 型数是良定义的, 因为其不依赖于 ε_i 的选取.

定理 1.4.12 如果 $f \in \mathcal{C}^1(M,\mathbb{R})$, c 是孤立临界值, $K_c = \{z_j\}_{j=1}^m$, 那么对于足够小的 $\varepsilon > 0$, 我们有

$$H_*(f^{c+\varepsilon}, f^{c-\varepsilon}; G) \cong H_*(f^c, f^c \setminus K_c; G) \cong \bigoplus_{j=1}^m C_*(f, z_j).$$

因此, 我们有

推论 1.4.13 $M_q(a,b)=\sum\limits_{a<c_i<b}\sum\limits_{j=1}^{m_i}\text{rank } C_q(f,z_j^i),\ q=0,1,2,\cdots.$

对于 Morse 型数, 我们有如下的 Morse 等式.

定理 1.4.14 假设 $f\in\mathcal{C}^1(M,\mathbb{R})$, 满足 $(PS)_c$-条件, $\forall c\in[a,b]$, 其中 a,b 是 f 的正则值. 如果 $K\cap f^{-1}[a,b]=\{z_1,\cdots,z_l\}$. 那么

$$\sum_{q=0}^{\infty}M_q t^q=\sum_{q=0}^{\infty}\beta_q t^q+(1+t)Q(t),$$

其中 $Q(t)$ 是系数非负的形式级数, $M_q=M_q(a,b)=\sum\limits_{j=1}^{l}\text{rank } C_q(f,z_j)$, $\beta_q=\beta_q(a,b)=\text{rank } H_q(f_b,f_a)$.

根据上面定理我们可以得到

$$\sum_{j=0}^{q}(-1)^{q-j}M_j\geqslant\sum_{j=0}^{q}(-1)^{q-j}\beta_j,\quad \sum_{q=0}^{\infty}(-1)^q M_q=\sum_{q=0}^{\infty}(-1)^q\beta_q.$$

从几何的角度看, M_q 是 Morse 指标为 q 的临界点的个数, β_q 为流形 M 的第 q 个 Betti 数, 如果 f 是紧光滑流形 M 上的非退化函数, 并且 $b>\max\limits_{x\in M}f(x)$, $a<\min\limits_{x\in M}f(x)$. 下面的环柄定理描述了当水平集跨过非退化临界值 (对应临界点都是非退化的) 时的拓扑结构的变化.

定理 1.4.15 假设 $f\in\mathcal{C}^2(M,\mathbb{R})$, 满足 $(PS)_c$-条件, c 是一个孤立的临界值. 如果 $K_c=\{z_1,z_2,\cdots,z_l\}$ 包含对应 Morse 指标为 $\{m_1,m_2,\cdots,m_l\}$ 的非退化临界点. 那么存在 $\varepsilon>0$, $h_i:B^{m_i}\to M$, 使得

$$f_{c+\varepsilon}\simeq f_{c-\varepsilon}\cup\bigcup_{i=1}^{l}h_i(B^{m_i}),$$

并且

$$f_{c-\varepsilon}\cap h_i(B^{m_i})=f^{-1}(c-\varepsilon)\cap h_i(B^{m_i})=h_i(\partial B^{m_i}),$$

其中 B^{m_i} 为维数是 m_i 的单位球, $\simeq$ 表示形变收缩, $i=1,2,\cdots,l$.

前面提到的结论在实际应用会有一些困难, 比如临界点非退化的条件太强, Morse 引理与 (PS)-条件不相容, 比如 $f(u)=\int_0^1|u(x)|^2dx$ 在 $L^p[0,1](p>2)$ 中不满足 (PS)-条件.

定理 1.4.16 如果 $f \in \mathcal{C}^{1,\alpha}(M,\mathbb{R}), \forall 0<\alpha<1$, 满足 (PS)-条件, 并且 p 是 f 的非局部极小的孤立临界点, 那么

$$C_0(f,p)=0.$$

实际上, 如果 p 是 f 的孤立局部极小值点, 那么

$$C_q(f,p)=\begin{cases}G, & q=0,\\ 0, & q\neq 0.\end{cases}$$

对于 n 维流形 M, 如果 p 是 f 的孤立局部最大值点, 那么

$$C_q(f,p)=\begin{cases}G, & q=n,\\ 0, & q\neq n.\end{cases}$$

对于 n 维流形 M, 如果 p 是 f 的孤立临界点, 并且既不是局部最大值点也不是局部最小值点, 那么

$$C_0(f,p)=C_n(f,p)=0.$$

在 Gromoll-Meyer 理论中, Morse 引理有更一般的版本, 有时也称为分离定理.

定理 1.4.17 对于 Hilbert 空间的 0-邻域 U, 以及 $f\in\mathcal{C}^2(U,\mathbb{R})$. 假定 0 是 f 唯一的临界点, 记 $A=d^2f(0)$, $N=\operatorname{Ker} A$. 如果 0 是 $\sigma(A)$ 的一个孤立点或者 $0\notin\sigma(A)$, 那么存在球 B_δ, $\delta>0$, 以及其上的保持原点的局部同胚 ϕ 和 $h\in\mathcal{C}^1(B_\delta\cap N, N^\perp)$, 使得

$$f\circ\phi(x)=\frac{1}{2}(Az,z)+f(h(y)+y),\quad \forall x\in B_\delta,$$

其中 $y=P_Nx$, $z=(I-P_N)x$, P_N 是到 N 的正交投影映射.

令 $f\in\mathcal{C}^1(M,\mathbb{R})$ 满足 (PS)-条件. $V: M\setminus K\to TM$ 是 f 的伪梯度向量场, 即 $\|V_p\|\leqslant 2\|df(p)\|$, $\langle df(p),V_p\rangle\geqslant\|df(p)\|^2$, $\forall p\in M\setminus K$. 假设 p 是 f 的孤立临界点, $c=f(p)$. 如果

(1) W 是 p 的闭邻域, 并且满足介值性质, 即 $\forall t_1<t_2$, $\eta(t_i)\in W$, $i=1,2$, 蕴含 $\eta(t)\in W$, $\forall t\in[t_1,t_2]$, 这里 $\eta(t)$ 是 V 的下降流. 并且 $\exists\varepsilon>0$, 使得 $W\cap f_{c-\varepsilon}=f^{-1}[c-\varepsilon,c)\cap K=\varnothing$, $W\cap K=\{p\}$;

(2) $W_-:=\{x\in W:\eta(t,x)\notin W,\ \forall t>0\}$ 在 W 中是闭的;

(3) W_- 是分段子流形, 并且流 η 与 W_- 横截相交,

我们称拓扑空间对 (W,W_-) 为关于 V 的 Gromoll-Meyer 对.

定理 1.4.18　对于 $f \in C^1(M, \mathbb{R})$ 满足 (PS)-条件, 令 (W, W_-) 是孤立临界点 p 的伪梯度向量场 V 的 Gromoll-Meyer 对. 那么,

$$H_*(W,\ W_-;\ G) = C_*(f,\ p).$$

从上述定理可以知道, Gromoll-Meyer 对可以用来计算临界群. 实际上, 对于孤立临界点, 我们可以直接构造其 Gromoll-Meyer 对. 比如对于 Hilbert 空间 M, 假设 $f(0)=0$. 选取 $\varepsilon>0$, $\delta>0$ 使得 0 是 $[-\varepsilon,\varepsilon]$ 之间唯一的临界值, 并且 0 是球 B_δ 内部唯一的临界点. 令 $g(x)=\lambda f(x)+\|x\|^2$, $W=f^{-1}(-\gamma)\cap g_\mu$, $W_-=f^{-1}(-\gamma)\cap W$, 其中 $\lambda,\mu,\gamma>0$, 满足

$$B_{\delta/2}\cap f^{-1}[-\gamma,\gamma]\subset W\subset B_\delta\cap f^{-1}[-\varepsilon,\varepsilon],$$

$$f^{-1}[-\gamma,\gamma]\cap g^{-1}(\mu)\subset B_\delta\setminus B_{\delta/2},$$

$$(dg(x),df(x))>0,\quad \forall x\in B_\delta\setminus \mathring{B}_{\delta/2}.$$

根据 (PS)-条件, 存在 $\beta=\inf\limits_{x\in B_\delta\setminus B_{\delta/2}}\|df(x)\|>0$. 令 $m=\sup\limits_{x\in B_\delta}\|df(x)\|$. 因此,

$$\lambda>\frac{2\delta m}{\beta^2},\quad 0<\gamma<\min\left\{\varepsilon,\frac{3\delta^2}{8\lambda}\right\},\quad \frac{\delta^2}{4}+\lambda\gamma\leqslant\mu\leqslant\delta^2-\lambda\gamma.$$

因此, (W,W_-) 就构成了向量场 $-df(x)$ 的 Gromoll-Meyer 对. 根据分离定理和 Gromoll-Meyer 对的性质, 我们可以进一步计算孤立临界点的临界群. 根据分离定理, 存在 ϕ, h, 使得 $f\circ\phi(x)=\frac{1}{2}(Az,z)+f_0(y)$, 这里 $x=z+y$, $f_0(y)=f(h(y)+y)$, $A=df^2(p)$, $N=\mathrm{Ker}A$. 记 $\tilde{f}:=f|_N$.

定理 1.4.19 (维数平移定理)　假设 f 在 p 点的 Morse 指标为 j, 那么我们有

$$C_q(f,p)=C_{q-j}(\tilde{f},p),\quad q=0,1,\cdots.$$

因此, 我们有

推论 1.4.20　假设 N 是有限维的, 并且维数为 k,

(1) 如果 p 是 $\tilde{f}$ 的局部极小值点, 那么

$$C_q(f,p)=\delta_{q,j}G.$$

(2) 如果 p 是 $\tilde{f}$ 的局部极大值点, 那么

$$C_q(f,p)=\delta_{q,j+k}G.$$

(3) 如果 p 既不是局部极大值点又不是局部极小值点, 那么

$$C_q(f,p)=0,\quad q\leqslant j,\ q\geqslant j+k.$$

实际上, 临界群的取值不依赖于连续变化.

定理 1.4.21 假设 $\{f_\sigma \in \mathcal{C}^2(H,\mathbb{R}) : \sigma \in [0,1]\}$ 是一族满足 (PS)-条件的函数. 假设存在开集 N, 使得 f_σ 在 N 中有唯一的临界点 p_σ, $\forall\sigma \in [0,1]$, 并且 $\sigma \to f_\sigma$ 是 $\mathcal{C}^1(\overline{N})$-连续的. 那么,

$$C_*(f_\sigma, p_\sigma) = C_*(f_0, p_0), \quad \forall\sigma \in [0,1].$$

定理 1.4.22 假设 c 为 $f \in \mathcal{C}^2(M,\mathbb{R})$ 的临界值, 并且 $K_c = \{p_1, p_2, \cdots, p_l\}$. 假设 $d^2f(p_i)$ 是 Fredholm 算子. 那么 $\forall\varepsilon > 0$, $\exists g \in \mathcal{C}^2(M,\mathbb{R})$, 使得

(1) $g(x) = f(x)$, $\forall x \in M \setminus \bigcup\limits_{j=1}^{l} B_\varepsilon(p_j)$,

(2) $\|g - f\|_{\mathcal{C}^2} \leqslant \varepsilon$,

(3) g 只有非退化临界点, 并且都集中于 $\bigcup\limits_{j=1}^{l} B(p_j, \varepsilon)$,

(4) g 在 $B_\varepsilon(p_j)$ 中的非退化临界点的 Morse 指标属于 $[m_j, m_j + n_j]$, 其中 $m_j = \mathrm{ind}\,(f, p_j)$, $n_j = \dim \mathrm{Ker}\, d^2f(p_j)$,

(5) 如果 f 满足 (PS)-条件, 那么 g 也满足.

上述结论的证明以及无穷维 Morse 理论的推广, 比如带边流形上的情况、底空间取局部凸的闭集、等变形变引理等, 可以参考 [37, 100].

第 2 章 无穷维 Hamilton 系统

本章给出无穷维 Hamilton 系统的定义, 对线性空间和流形上的情况分开讨论. 首先, 我们介绍 Hilbert 空间上的近复结构和辛结构, 之后我们引入 Hamilton 向量场同时给出 Hilbert 空间上无穷维 Hamilton 系统的定义与部分例子. 类比 Hilbert 空间上的情况, 我们通过辛结构来定义 Hilbert 流形上的 Hamilton 向量场, 进而给出一般的无穷维 Hamilton 系统的定义.

2.1 Hilbert 空间上的近复结构与辛结构

我们先回顾 Hilbert 空间上的近复结构与辛结构的定义以及相关性质. 令 $\mathcal{H}$ 是以 $(\cdot,\cdot)$ 为内积的实 Hilbert 空间, $\mathcal{H}_{\mathbb{C}}=\mathcal{H}\otimes_{\mathbb{R}}\mathbb{C}$ 是 $\mathcal{H}$ 的复化, 并且其上内积记作 $(\cdot,\cdot)_{\mathbb{C}}$. 在这一节中, 我们只考虑可分的 Hilbert 空间.

首先, 我们考虑 Banach 空间上的双线性形式. 记 $\mathcal{E}$ 为 Banach 空间, $B:\mathcal{E}\times\mathcal{E}\to\mathbb{R}$ 是一个连续的双线性映射. 那么 B 诱导了一个连续的线性映射 $B^b:\mathcal{E}\to\mathcal{E}^*$, 定义为 $B^b(e)\cdot f=B(e,f)$.

定义 2.1.1 (非退化性) 如果 B^b 是单射, 即 $B(e,f)=0,\forall f\in\mathcal{E}$ 蕴含 $e=0$, 则称 B 是弱非退化的. 如果 B^b 是同构映射, 则称 B 是非退化的或强非退化的.

根据开映射定理, 我们知道 B 是非退化的等价于 B 是弱非退化的并且 B^b 是满射. 对于有限维空间, 强弱非退化性是一致的, 而对于无穷维空间这是有本质区别的. 例子可以参考 2.3 节.

定义 2.1.2 (近复结构) $\mathcal{H}_{\mathbb{C}}$ 上的近复结构 J 是使得对任意的 $z\in\mathcal{H}_{\mathbb{C}}$, $J^2(z)=-\mathrm{id}$ 的连续映射 $J:\mathcal{H}_{\mathbb{C}}\to\mathcal{L}(\mathcal{H}_{\mathbb{C}})$.

如果 $J(z)$ 不依赖于 z, 那么我们可以确定 $\mathcal{H}_{\mathbb{C}}$ 在 z 点的切空间并且将 J 视为 $\mathcal{H}_{\mathbb{C}}$ 上的线性复结构. 显然, $J_{st}(z)=iz$ 给出了 $\mathcal{H}_{\mathbb{C}}$ 上的线性复结构, 我们称 J_{st} 为典则近复结构. 对于有限维的情况, 比如 $\dim_{\mathbb{C}}\mathcal{H}_{\mathbb{C}}=n$, 那么 J_{st} 诱导了 $\mathbb{C}^n$ 上通常意义下的复结构. 对于实 Hilbert 空间 $\mathcal{H}$, 其上如果有一族实线性变换构成的群 U_t, 那么其上可以自然赋予一个复结构, 同样也可以自然诱导一个辛形式, 见 [99].

令 ω 为 $\mathcal{H}_{\mathbb{C}}$ 的一个非退化反对称的双线性形式. 如果双线性形式 $\omega(x,Jx)$ 是正定的, 则称线性近复结构 J 和 ω 相容. 如果 J 是 ω-等距同构, 即对于任意的 $x,y\in\mathcal{H}_{\mathbb{C}}$, $\omega(Jx,Jy)=\omega(x,y)$ 成立, 则称 J 被 ω 确定.

定义 2.1.3 (线性辛结构) $\omega: \mathcal{H}_{\mathbb{C}} \times \mathcal{H}_{\mathbb{C}} \to \mathbb{R}$ 是 $\mathcal{H}_{\mathbb{C}}$ 上的线性辛结构, 如果

a) ω 是连续反对称的双线性形式;

b) ω 是闭的: $\mathbf{d}\omega = 0$;

c) ω 是非退化的.

在上述定义中, ω 是非退化的含义是其作为双线性形式是非退化的, 即对应的有界线性算子 $\Omega: \mathcal{H}_{\mathbb{C}} \to \mathcal{H}_{\mathbb{C}}^*$, 定义为 $(\Omega x, y) = \omega(x, y)$, 是一个同构. 如果 ω 是弱非退化的, 则称 ω 为弱辛形式. 线性辛结构有时也被称为辛乘积, 这是因为 ω 是反对称与非退化的, 而内积是对称与正定的 (因此也是非退化的). 根据 a), 我们有 $\Omega^* = -\Omega$, 这里 Ω^* 为 Ω 的伴随算子. 如果 Ω 是一个等距同构, 则称辛结构 ω 与内积相容. 因此, $\mathcal{H}_{\mathbb{C}}$ 上的内积定义了一个有界线性算子 $J: \mathcal{H}_{\mathbb{C}} \to \mathcal{H}_{\mathbb{C}}$ 使得

$$(Jx, y) = \omega(x, y), \quad \forall x, y \in \mathcal{H}_{\mathbb{C}}.$$

命题 2.1.4 下面的陈述是等价的:

(i) ω 与 $\mathcal{H}_{\mathbb{C}}$ 上的内积相容;

(ii) J 是一个等距同构;

(iii) J 是一个复结构 (即 $J^2 = -\mathrm{id}$).

(i) 和 (ii) 的等价性是显然的因为由内积诱导的同构 $\mathcal{H}_{\mathbb{C}}^* \cong \mathcal{H}_{\mathbb{C}}$ 是等距同构. (ii) 和 (iii) 的等价性来自于 $J^{\mathrm{T}} = -J$. 如果线性同构 $\Phi: (\mathcal{H}_1, \omega_1) \to (\mathcal{H}_2, \omega_2)$ 满足 $\Phi^*\omega_2 = \omega_1$, 则称 Φ 是对称的. 如果 $\Omega_1: \mathcal{H}_1 \to \mathcal{H}_1^*$ 与 $\Omega_2: \mathcal{H}_2 \to \mathcal{H}_2^*$ 分别关于 ω_1 与 ω_2 同构, 则 Φ 是辛的等价于 $\Phi^{\mathrm{T}}\Omega_2\Phi = \Omega_1$. 实际上, 辛形式本质上是内积的虚部.

定理 2.1.5 对于实 Hilbert 空间 $\mathcal{H}$, B 是其上的反对称的弱非退化的连续双线性形式. 那么 H 上存在复结构 J 以及实内积 s, 使得

$$s(x, y) = -B(Jx, y).$$

令 $h(x, y) = s(x, y) + iB(x, y)$, 那么 h 是一个 Hermite 内积, 并且 $\mathcal{H}$ 关于 h (或 s) 完备当且仅当 B 是非退化的.

因此, 我们知道对于 $\mathcal{H}_{\mathbb{C}}$, 记 $(\cdot,\cdot)_{\mathbb{C}}$ 为其 Hermite 内积, 那么我们有 $(x, y)_{\mathbb{C}} = -\omega(Jx, y) + i\omega(x, y)$.

2.2 平坦的无穷维 Hamilton 系统

2.2.1 Hamilton 向量场

令 H 是 Hilbert 空间 $\mathcal{H}$ 的开子集 A 上的一个可微实值函数.

定义 2.2.1 (Hamilton 向量场) 如果向量场 $X_H : A \to \mathcal{H}$ 满足 $\iota_{X_H}\omega = -dH$, 即对任意的 $v \in \mathcal{H}$, 都有 $\omega(X_H(x), v) = -dH_x \cdot v$, 则称 X_H 为 Hamilton 向量场. 此时, 称 H 为 Hamilton 函数.

辛形式 ω 的非退化性保证了向量场 X_H 可以由 H 唯一确定. Hamilton 向量场也被称为辛梯度, 我们可以记

$$D_v H(x) = \omega(X_H(x), v) = -\nabla H(x) \cdot v, \quad \forall v \in \mathcal{H}.$$

假设 J 是 $\mathcal{H}$ 上的复结构, 则 X_H 是 Hamilton 向量场等价于 $X_H = J\nabla H$. 因此, Hamilton 方程

$$\dot{x}(t) = J\nabla H(x),$$

可以表示为

$$\dot{x}(t) = X_H(x).$$

接下来, 我们给出几个 Hamilton 向量场的例子.

例 2.2.1 (非线性 Schrödinger 方程) 令 $\mathcal{H}_{\mathbb{C}}$ 是内积为 $(\cdot,\cdot)_{\mathbb{C}}$ 的复 Hilbert 空间并且其上的 Hilbert 范数为 $\|x\|_{\mathbb{C}} := \sqrt{(x,x)_{\mathbb{C}}}$. 于是 $\mathcal{H}_{\mathbb{C}}$ 上的实内积由 $(x,y) := \Re(x,y)_{\mathbb{C}}$ 来定义. 并且我们有辛形式 $\omega(x,y) := -\Im(x,y)_{\mathbb{C}} = (Jx, y)$ 与这个实内积相容. 令 $\mathcal{H}_{\mathbb{C}} = L^2(\mathbb{T}^n, \mathbb{C})$, 那么

$$\omega(u,v) := -\Im(x,y)_{\mathbb{C}} = -\Im \int_{\mathbb{T}^n} u(x)\bar{v}(x)dx$$

就是 $L^2(\mathbb{T}^n, \mathbb{C})$ 作为实 Hilbert 空间上的辛形式. 于是周期的非线性 Schrödinger 方程

$$-i\partial_t u + \Delta u + V(x)u = f(|u|)u, \quad u = u(t,x) \in \mathbb{C}, \ t \in \mathbb{R}, \ x \in \mathbb{T}^n$$

就可以看成由下面 Hamilton 函数诱导的 Hamilton 方程.

$$H(u) := \int_{\mathbb{T}^n} \left(\frac{1}{2}(|\nabla u|^2 + V(x)|u|^2) + F(|u|) \right) dx,$$

其中 $F'(s) = sf(s)$, 其对应的 Hamilton 向量场

$$X_H(u) = i(-\Delta u - V(x)u + f(|u|)u).$$

这里 $\mathbb{T} = \mathbb{R}/\mathbb{Z}$, f 是一个光滑实值函数. 这意味着周期的非线性 Schrödinger 方程有如下的形式: $\partial_t u = X_H(u)$.

例 2.2.2 (反应扩散方程) 记 $\mathcal{H} = L^2((a,b),\mathbb{R}) \times L^2((a,b),\mathbb{R})$, 其上内积为 $(z_1, z_2) = \int_a^b (u_1u_2 + v_1v_2)dx$. 这里 $z_k = (u_k, v_k) \in \mathcal{H}$, $k = 1, 2$. 那么 $\omega(z_1, z_2) = (Jz_1, z_2) = \int_a^b (v_1u_2 - u_1v_2)dx$ 是 $\mathcal{H}$ 上与内积相容的辛形式. 于是下面的扩散系统

$$\begin{cases} \partial_t u = Au + \hat{H}_v, \\ \partial_t v = -A^* v - \hat{H}_u \end{cases}$$

可以视为一个无穷维 Hamilton 系统, 对应的 Hamilton 函数为

$$H(z) = \frac{1}{2}(\mathbb{A}z, z) + \int_a^b F(z)dx,$$

其中

$$\mathbb{A} = \begin{pmatrix} 0 & A^* \\ A & 0 \end{pmatrix}, \quad F'(z) = \hat{H}_z.$$

对应的 Hamilton 向量场为

$$X_H(z) = \mathbb{A}z + \hat{H}_z.$$

例 2.2.3 (波方程) 考虑 $\mathcal{H} = L^2(\mathbb{R}^n,\mathbb{R}) \times L^2(\mathbb{R}^n,\mathbb{R})$, 其上内积为标准内积, 即

$$\langle (f_1, g_1), (f_2, g_2) \rangle = \int_{\mathbb{R}^n} (f_1(x)f_2(x) + g_1(x)g_2(x))dx.$$

那么 $\omega((\alpha,\beta),(\alpha',\beta')) = (\alpha,\beta')_{L^2} - (\alpha',\beta)_{L^2}$ 是 $\mathcal{H}$ 上与内积相容的辛形式. 考虑 Hamilton 函数

$$H(\varphi,\psi) = \int_{\mathbb{R}^n} \left(\frac{1}{2}(\psi^2 + |\nabla\varphi|^2 + m^2\varphi^2) + F(\varphi) \right) dx,$$

于是, 我们有

$$dH(\varphi,\psi)\cdot(\alpha,\beta) = \int_{\mathbb{R}^n} (\psi\beta + \nabla\varphi\cdot\nabla\alpha + m^2\varphi\alpha + F'(\varphi)\alpha)dx.$$

其对应的 Hamilton 向量场为

$$X_H(\varphi,\psi) = (\psi, \Delta\varphi - m^2\varphi - F'(\varphi)).$$

那么 Hamilton 方程 $\partial_t z = X_H(z)$ 即为

$$\frac{d}{dt}(\varphi(t,x),\psi(t,x)) = (\psi, \Delta\varphi - m^2\varphi - F'(\varphi)).$$

这个方程可以写成关于 t 是二次微分的形式, 于是上面的 Hamilton 方程可以转化为

$$\Box\varphi + m^2\varphi + F'(\varphi) = 0,$$

其中 $\Box\varphi = \frac{\partial^2}{\partial t^2}\varphi - \Delta\varphi = \frac{\partial^2}{\partial t^2}\varphi - \sum\limits_{i=1}^{n}\frac{\partial^2}{\partial x_i^2}\varphi$.

例 2.2.4 (非线性 Dirac-Klein-Gordon 系统) 考虑 Hilbert 空间 $\mathcal{H} = L^2(\mathbb{R}^3, \mathbb{C}^4)\times L^2(\mathbb{R}^3,\mathbb{R})\times L^2(\mathbb{R}^3,\mathbb{R})$, 其上定义如下的实内积, $\forall(\psi_1,f_1,g_1),(\psi_2,f_2,g_2)\in\mathcal{H}$,

$$((\psi_1,f_1,g_1),(\psi_2,f_2,g_2)) := \Re(\psi_1,\psi_2)_{\mathbb{C}} + (f_1,f_2) + (g_1,g_2).$$

这里 $(\psi_1,\psi_2)_{\mathbb{C}} = \int_{\mathbb{R}^3}\psi_1(x)\overline{\psi_2(x)}dx$, $(f,g) = \int_{\mathbb{R}^3} f(x)g(x)dx$. 令 $J:\mathcal{H}\to\mathcal{H}$, $(\psi,f,g)\to(i\psi,g,-f)$, 于是我们有 $J^2 = -\mathrm{id}$, 即 J 是 $\mathcal{H}$ 上的一个复结构. 考虑 $\mathcal{H}$ 上的 2-形式 $\omega:\mathcal{H}\times\mathcal{H}\to\mathbb{R}$,

$$\omega((\psi_1,f_1,g_1),(\psi_2,f_2,g_2)) = -\Im(\psi_1,\psi_2)_{\mathbb{C}} + (f_1,g_2) - (f_2,g_1).$$

那么 ω 是 $\mathcal{H}$ 上与内积相容的辛形式. 考虑 Hamilton 函数

$$\begin{aligned}H(\psi,\varphi,\zeta) = {}& \frac{1}{2}\left(-i\sum_{k=1}^{3}\alpha_k\partial_k\psi,\psi\right) + \frac{1}{2}((m+V)\beta\psi,\psi) - \frac{1}{p}\int_{\mathbb{R}^3}K(x)|\psi|^p dx\\ &+\frac{1}{4}\int_{\mathbb{R}^3}|\nabla\varphi|^2dx + \frac{1}{4}\int_{\mathbb{R}^3}(M^2+\hat{V})\varphi^2dx - \frac{1}{2q}\int_{\mathbb{R}^3}\hat{K}(x)|\varphi|^q dx\\ &-\frac{1}{2}(\varphi\beta\psi,\psi) + \int_{\mathbb{R}^3}|\zeta|^2dx.\end{aligned}$$

那么 H 对应的 Hamilton 向量场 $X_H(\psi,\varphi,\zeta) = (R,S,T)$, 其中

$$\begin{aligned}&R = -\sum_{k=1}^{3}\alpha_k\partial_k\psi - i(m+V)\beta\psi + i\varphi\beta\psi + iK|\psi|^{p-2}\psi,\\ &S = 2\zeta,\\ &T = \frac{1}{2}(\Delta\varphi - (M^2+\hat{V})\varphi + \psi^\dagger\beta\psi + \hat{K}|\varphi|^{q-2}\varphi).\end{aligned}$$

于是 Hamilton 方程为

$$\begin{cases}\dfrac{d}{dt}\psi=-\displaystyle\sum_{k=1}^{3}\alpha_k\partial_k\psi-i(m+V)\beta\psi+i\varphi\beta\psi+iK|\psi|^{p-2}\psi,\\ \dfrac{d}{dt}\varphi=2\zeta,\\ \dfrac{d}{dt}\zeta=\dfrac{1}{2}\dfrac{d^2}{dt^2}\varphi=\dfrac{1}{2}(\Delta\varphi-(M^2+\hat{V})\varphi+\psi^\dagger\gamma^0\psi+\hat{K}|\varphi|^{q-2}\varphi).\end{cases}$$

容易看出上述方程的解也是下面非线性 Dirac-Klein-Gordon 方程的解:

$$\begin{cases}i\not{D}\psi-(m+V)\gamma^0\psi+\gamma^0\varphi\psi+K|\psi|^{p-2}\psi=0,\\ \Box\varphi+(M^2+\hat{V})\varphi-\psi^\dagger\gamma^0\psi-\hat{K}|\varphi|^{q-2}\varphi=0,\end{cases}$$

其中 $\not{D}=\gamma^0 D=\gamma^0\gamma^\mu\partial_\mu$.

例 2.2.5 (非线性 Dirac-Maxwell 系统) 考虑 Hilbert 空间

$$\mathcal{H}=L^2(\mathbb{R}^3,\mathbb{C}^4)\times L^2(\mathbb{R}^3,\mathbb{R}^4)\times L^2(\mathbb{R}^3,\mathbb{R}^4),$$

在其上定义如下的实内积, $\forall(\psi_1,\mathbf{A},\mathbf{B}),(\psi_2,\mathbf{C},\mathbf{D})\in\mathcal{H}$,

$$((\psi_1,\mathbf{A},\mathbf{B}),(\psi_2,\mathbf{C},\mathbf{D})):=\Re(\psi_1,\psi_2)_{\mathbb{C}}+(\mathbf{A},\mathbf{C})+(\mathbf{B},\mathbf{D}).$$

这里 $(\psi_1,\psi_2)_{\mathbb{C}}=\displaystyle\int_{\mathbb{R}^3}\langle\psi_1(x),\psi_2(x)\rangle_{\mathbb{C}}dx$, $(\mathbf{A},\mathbf{B})=\displaystyle\int_{\mathbb{R}^3}\langle\mathbf{A}(x),\mathbf{B}(x)\rangle dx$. 令

$$J:\mathcal{H}\to\mathcal{H},\quad(\psi,\mathbf{A},\mathbf{B})\to(i\psi,\mathbf{B},-\mathbf{A}),$$

于是 J 是 $\mathcal{H}$ 上的一个复结构. 考虑 $\mathcal{H}$ 上的 2-形式 $\omega:\mathcal{H}\times\mathcal{H}\to\mathbb{R}$,

$$\omega((\psi_1,\mathbf{A},\mathbf{B}),(\psi_2,\mathbf{C},\mathbf{D}))=-\Im(\psi_1,\psi_2)_{\mathbb{C}}+(\mathbf{A},\mathbf{D})-(\mathbf{B},\mathbf{C}).$$

那么 ω 是 $\mathcal{H}$ 上与内积相容的辛形式. 考虑 Hamilton 函数

$$\begin{aligned}H(\psi,\mathbf{A},\mathbf{B})=&\frac{1}{2}\left(-i\sum_{k=1}^{3}\alpha_k\partial_k\psi,\psi\right)+\frac{1}{2}((m+V)\beta\psi,\psi)-\frac{1}{p}\int_{\mathbb{R}^3}K(x)|\psi|^p dx\\&+\frac{1}{4}\int_{\mathbb{R}^3}|\nabla\mathbf{A}|^2dx+\frac{1}{4}\int_{\mathbb{R}^3}\hat{V}|\mathbf{A}|^2dx-\frac{1}{2q}\int_{\mathbb{R}^3}\hat{K}(x)|\mathbf{A}|^q dx\\&-\frac{1}{2}\sum_{k=0}^{3}(\alpha_k\mathbf{A}_k\psi,\psi)+\int_{\mathbb{R}^3}|\mathbf{B}|^2dx.\end{aligned}$$

那么 H 对应的 Hamilton 向量场 $X_H(\psi,\mathbf{A},\mathbf{B})=(R,S,T)$, 其中

$$
\begin{aligned}
R&=-\sum_{k=1}^{3}\alpha_k\partial_k\psi-i(m+V)\beta\psi+i\sum_{k=0}^{3}\alpha_k\mathbf{A}_k\psi+iK|\psi|^{p-2}\psi,\\
S&=2\mathbf{B},\\
T&=\frac{1}{2}(\Delta\mathbf{A}-\hat{V}\mathbf{A}+\mathbf{j}+\hat{K}|\mathbf{A}|^{q-2}\mathbf{A}),
\end{aligned}
$$

这里 $\mathbf{j}=(\mathbf{j}_0,\mathbf{j}_1,\mathbf{j}_2,\mathbf{j}_3)^{\mathrm{T}}$, $\mathbf{j}_k=(\alpha_k\psi,\psi)_{\mathbb{C}}$. 于是 Hamilton 方程为

$$
\begin{cases}
\dfrac{d}{dt}\psi=-\displaystyle\sum_{k=1}^{3}\alpha_k\partial_k\psi-i(m+V)\beta\psi+i\sum_{k=0}^{3}\alpha_k\mathbf{A}_k\psi+iK|\psi|^{p-2}\psi,\\
\dfrac{d}{dt}\mathbf{A}=2\mathbf{B},\\
\dfrac{d}{dt}\mathbf{B}=\dfrac{1}{2}\dfrac{d^2}{dt^2}\mathbf{A}=\dfrac{1}{2}(\Delta\mathbf{A}-\hat{V}\mathbf{A}+\mathbf{j}+\hat{K}|\mathbf{A}|^{q-2}\mathbf{A}).
\end{cases}
$$

容易看出上述方程的解也是下面非线性 Dirac-Maxwell 方程的解:

$$
\begin{cases}
i\not{D}\psi-(m+V)\gamma^0\psi+(\alpha\cdot\mathbf{A})\psi+K|\psi|^{p-2}\psi=0,\\
\Box\mathbf{A}_k+\hat{V}\mathbf{A}_k-\langle\alpha_k\psi,\psi\rangle-\hat{K}|\mathbf{A}|^{q-2}\mathbf{A}_k=0,
\end{cases}
$$

其中 $\mathbf{A}=(\mathbf{A}_0,\mathbf{A}_1,\mathbf{A}_2,\mathbf{A}_3)$.

2.2.2　Hilbert 空间上的无穷维 Hamilton 系统

令 $\mathcal{H}$ 为一个 Hilbert 空间, $\omega:\mathcal{H}\times\mathcal{H}\to\mathbb{R}$ 是 $\mathcal{H}$ 上的一个辛形式, $J:\mathcal{H}\to\mathcal{H}$ 是其上与辛形式相容的近复结构, i.e. $\omega(x,Jx)$ 是正定的. 给定 $H\in\mathcal{C}^1(\mathcal{H},\mathbb{R})$ 为 $\mathcal{H}$ 上的 Hamilton 函数.

定义 2.2.2 (平坦的无穷维 Hamilton 系统)　如果 Hilbert 空间 $\mathcal{H}$ 上的辛形式 ω 与内积相容, 即

$$
(Jx,y)=\omega(x,y),\quad \forall x,y\in\mathcal{H}.
$$

那么我们称 $(\mathcal{H},\omega,J,H)$ 是一个无穷维 Hamilton 系统 (IDHS).

容易看出例 2.2.1到例 2.2.5 都是无穷维 Hamilton 系统. 实际上, 给定一个无穷维 Hamilton 系统, 它都对应于一个 Hamilton 方程. 对于有限维的情况, 我们知道牛顿第二定律等价于系统满足 Hamilton 方程. 因此, 粒子运动满足物理系统的运动学规律等价于其满足 Hamilton 方程. 无穷维的情况也是类似的, 我们可以用无穷维 Hamilton 系统来描述物理系统中粒子的动力学规律.

定义 2.2.3 (量子力学系统) 如果 $\mathcal{H}$ 上的 Hamilton 向量场 X 是复线性的并且 X 诱导了一个复的线性流 F_t, 那么我们称 $(\mathcal{H}, X)$ 是一个量子力学系统.

2.3 流形上的辛结构

令 $\mathcal{H}$ 为可分的 Hilbert 空间, M 是模空间为 $\mathcal{H}$ 的 Hilbert 流形. 如果 Hilbert 流形在每点切空间上的实值映射 $(\cdot,\cdot)_x$ 都是 (强) 非退化的, 则称 Hilbert 流形具有 Riemann 结构. 如果这个映射是弱非退化的, 则称为弱 Riemann 结构. 切丛 TM 上的光滑 2-形式 $x \to \langle\cdot,\cdot\rangle_x$ 给出了其上的弱 Riemann 结构. 弱 Riemann 结构与 Riemann 结构的差别主要在于模空间的完备性. 比如 $\mathcal{E} = L^2([0,1],\mathbb{R})$, $\langle f, g\rangle_1 = \displaystyle\int_0^1 xf(x)g(x)dx$ 就是 $\mathcal{E}$ 上的弱 Riemann 内积但不是 Riemann 内积.

Hilbert 流形 M 上的近复结构 J 是其切丛上的自同态 $\mathrm{End}(TM)$ 的一个元素, 使得 $J^2 = -\mathrm{id}$. 记 $\mathcal{L}(\mathcal{H}_{\mathbb{C}})$ 为 $\mathcal{H}_{\mathbb{C}}$ 上有界线性算子构成的空间. 我们知道有限维向量空间上存在很多和辛结构相容的近复结构, 并且在某种意义下它们构成了一个可缩集, 见 [10].

定义 2.3.1 (辛形式) 给定 Hilbert 流形 M, 其上的 2-形式 $\omega: TM\times TM \to \mathbb{R}$ 如果满足

a) ω 是闭的: $\mathbf{d}\omega = 0$,

b) ω 是非退化的: 对于 $m \in M$, $\omega_\flat : T_mM \to T_m^*M$ 为一同构, 其中 $\omega_\flat(v)\cdot w := \omega(m)(v,w)$,

那么我们称 ω 为 M 上的辛形式.

如果 ω 为 M 上的辛形式, 那么我们称 (M,ω) 为辛 Hilbert 流形. 同样地, 如果 ω 是弱非退化的, 我们称其为弱辛形式. 弱辛形式在一些物理模型中有应用, 比如波方程、流体力学模型等. 弱辛形式和辛形式的一个重要区别是弱辛形式不满足 Darboux 定理.

定理 2.3.2 (Darboux 定理) *令 ω 是 Hilbert 流形 M 上的辛形式. 对任意 $x \in M$, 存在局部坐标卡 (U_x, ϕ_x), 使得 $\omega|_{U_x}$ 是常数.*

对于 Hilbert 流形 M 的余切丛 T^*M, 记 $\tau^* : T^*M \to M$ 为自然投影. 考虑 T^*M 上的典则 1-形式 $\theta : T^*M \to T^*(T^*M)$, 定义为

$$\theta(\alpha_m)\cdot w = -\alpha_m \cdot (T\tau^*)(w), \quad \forall \alpha_m \in T_m^*M,\ w \in T_{\alpha_m}(T^*M).$$

在图册 $U \subset H$ 上, 我们有

$$\theta(x,\alpha)\cdot(e,\beta) = -\alpha(e), \quad \forall (x,\alpha) \in U\times H^*,\ (e,\beta) \in H\times H^*.$$

特别地, 如果 M 是有限维的, $\theta=-\sum_{i=1}^{n}p_idq^i$, 其中 $q^1,\cdots,q^n,p_1,\cdots,p_n$ 是 T^*M 的坐标. 令 $\omega=d\theta$, 在局部坐标图上,

$$\omega(x,\alpha)\cdot((e_1,\alpha_1),(e_2,\alpha_2))=\alpha_2(e_1)-\alpha_1(e_2).$$

如果 M 是有限维的, $\omega=\sum_{i=1}^{n}dq^i\wedge dp_i$. 我们称 ω 为余切丛上的典则 2-形式.

关于 Hilbert 流形 M, 我们有

定理 2.3.3 *典则 2-形式 ω 是 T^*M 上的辛形式.*

对于 Banach 流形, 我们有 ω 是一个弱辛形式, ω 是辛形式等价于模空间是自反的.

定义 2.3.4 (辛映射) 我们称映射 $f:M\to M$ 为辛映射, 如果

(a) 对于 $m\in M$, $Tf(m):T_mM\to T_{f(m)}M$ 是连续的,

(b) $f_*\omega=\omega$, 即 $\omega_p(v,w)=\omega_{f(p)}(df_p(v),df_p(w))$.

因此, 我们有 $f^*(\omega\wedge\cdots\wedge\omega)=\omega\wedge\cdots\wedge\omega$. 在有限维的情况中, 这条性质就是辛映射保持体积形式不变.

定理 2.3.5 *考虑 Hilbert 流形 M 上的微分同胚 $f:M\to M$. 令 $T^*f:T^*M\to T^*M$ 为 f 的提升, 定义为*

$$T^*f(\alpha_m)\cdot v=\alpha_m\cdot(Tf\cdot v),\quad v\in T^*_{f^{-1}(m)}M.$$

那么, T^*f 是辛映射, 并且 $(T^*f)^*\theta=\theta$, 这里 θ 是典则 1-形式.

实际上, 流形 T^*M 上保持典则 1-形式的微分同胚一定是 M 上某个微分同胚的提升, 但是, T^*M 上的微分同胚有很多不一定是提升映射. 对于流形 M 上的等距微分同胚 f, 即 $\langle v,w\rangle_x=\langle Tf\cdot v,Tf\cdot w\rangle_{f(x)}$. 记 $\phi:TM\to T^*M$ 为由距离诱导的自然变换. 于是, $T^*f\circ\phi\circ Tf=\phi$. 根据上面的结论, 我们有 $Tf:TM\to TM$ 是辛同胚.

2.4 一般的无穷维 Hamilton 系统

2.4.1 Hilbert 流形上的 Hamilton 向量场

本节中考虑辛 Hilbert 流形 M, 其上的辛形式为 ω. 记 $\phi:TM\to T^*M$ 为由 ω 诱导的自然同构 (是微分同胚的丛映射), $\pi:TM\to M$ 为切丛 TM 到 M 的自然投影.

回忆对于 M 是 Hilbert 流形的情形, 其上有唯一确定的光滑结构, 对于 M 上任意的开子集 U, U 上的向量场 X 为切丛 TM 在 U 上的截面, 即 $X:U\to TM$,

使得 $\pi \circ X = \mathrm{id}_U$ ($X(p) \in T_pM, \forall p \in U$). 我们也称 X 为 U 到 TM 的提升. 如果 X 是 $\mathcal{C}^k$-映射, 那么我们称 X 为 $\mathcal{C}^k$-向量场. 子集 U 上的所有 $\mathcal{C}^k$-向量场的集合记为 $\Gamma^{(k)}(U, TM)$. 显然, $\Gamma^{(k)}(U, TM)$ 是一个 $\mathcal{C}^k(U)$-模. 如果 $U = M$, 此空间简记为 $\Gamma^{(k)}(TM)$(或者 $\mathfrak{X}^{(k)}(M)$).

Hilbert 流形 M 上的 $\mathcal{C}^k$-向量场 X 的初值 p_0 的积分曲线 (或轨线) $\gamma \in \mathcal{C}^k(I, M)$ 是满足下面条件的曲线:

$$\dot{\gamma}(t) = X_{\gamma(t)}, \quad \forall t \in I, \quad \gamma(0) = p_0,$$

其中 $I = (a, b)$ 是 $\mathbb{R}$ 中包含 0 的开子区间. 显然, 积分曲线 γ 是过点 p_0, 并且对于曲线上每个点 p, 这点关于曲线的切向量 $\dot{\gamma}(t)$ 与向量场 X 在 p 点的值重合.

向量场 X 在 p_0 点的局部流 $\varphi : J \times U \to M$ 是使得对于任意点 $p \in U$, $t \to \varphi(t, p)$ 是 X 的初值 p 的积分曲线, 其中 $J \subset \mathbb{R}$ 是包含 0 的开区间, U 是 M 上包含 p_0 的开子集. 根据定理 1.2.7, 我们有

定理 2.4.1 (局部流的存在唯一性) *对于流形 M 上的 $\mathcal{C}^k$-向量场 X, $k \geqslant 1$, $p_0 \in M$. 存在 $\mathbb{R}$ 上包含 0 的开区间 J, 以及 M 上包含 p_0 的开子集 U, 使得在 p_0 点, 存在唯一的向量场 X 的局部流 $\varphi \in \mathcal{C}^k(J \times U, M)$.*

根据存在唯一性定理, 存在初值 p 的唯一的最大积分曲线, 记为 γ_p. 实际上, 如果 $\{\gamma_j \in \mathcal{C}^k(I_j, M) : \gamma(0) = p\}$ 为所有初值 p 的积分曲线, 我们可以取 $I(p) = \bigcup\limits_j I_j$, $\gamma_p(t) = \gamma_j(t)$, $t \in I_j$. 考虑集合 $\mathcal{D}_t(X) = \{p \in M : t \in I(p)\}$, 以及 $\mathcal{D}(X) = \{(t, p) \in \mathbb{R} \times M : t \in I(p)\}$. 显然 $\mathcal{D}_t(X)$, $\mathcal{D}(X)$ 是 M 上的开集 (可能为空集). 考虑 $\Phi^X : \mathcal{D}(X) \to M$, 定义为

$$\Phi^X(t, p) = \gamma_p(t).$$

映射 Φ^X 称为向量场 X 的流, $\mathcal{D}(X)$ 称为其定义域. 令 $\Phi_t^X : \mathcal{D}_t(X) \to M$, 定义为

$$\Phi_t^X(p) = \gamma_p(t).$$

如果 $\mathcal{D}(X) = \mathbb{R} \times M$, 我们称向量场 X 是完备的. 此时, 集合 $\{\Phi_t^X\}_{t \in \mathbb{R}}$ 称为向量场 X 的单参群. Φ^X 诱导了 $(\mathbb{R}, +) \to \mathrm{Diff}(M)$ 的群同态. 如果 X 不是完备的, 集合 $\{\Phi_t^X\}_{t \in \mathbb{R}}$ 不是一个群, 但是我们依然称之为局部单参群.

定义 2.4.2 (Hamilton 向量场) 令 $D \subset M$ 为开子集, 给定 $H \in \mathcal{C}^1(D, \mathbb{R})$, 流形 M 上的向量场 X_H 称为 Hamilton 向量场, 如果它满足

$$\iota_{X_H}\omega = -dH,$$

即 $\omega_x(X_H(x), v) = -dH_x \cdot v$, $\forall x \in D, v \in T_xM$.

H 称为 M 上的 Hamilton 函数.

对于流形 M 上的向量场 X, 我们称其是 Hamilton 的, 如果存在 $H \in \mathcal{C}^1(M, \mathbb{R})$, 使得 $\iota_X\omega = -dH$. 我们称 X 是局部 Hamilton 的, 如果 $\iota_X\omega$ 是闭的 1-形式.

例 2.4.1 对于 Hilbert 空间 $\mathcal{H}$, ω 是其上非退化反对称的双线性形式, $X: D \subset \mathcal{H} \to \mathcal{H}$ 是闭线性算子, 并且是 ω-对称的 (i.e. $\omega(X(x), v) = \omega(X(v), x)$). 假设 $B: D \times D \to \mathcal{H}$ 是连续双线性映射, 满足

(1) $\omega(B(x,y),x) = \omega(B(x,x),y)$,

(2) $\omega(B(y,x),x) = \omega(B(x,x),y)$.

那么向量场 $Y: D \times \mathcal{H}$, $Y(x) = X(x) + B(x,x)$ 是 Hamilton 的, 并且其 Hamilton 函数为

$$H(x) = \frac{1}{2}\omega(X(x), x) + \frac{1}{3}\omega(B(x,x), x).$$

例 2.4.2 对于 Hilbert 空间 $\mathcal{H}$, ω 是其上非退化反对称的双线性形式, $X: D \to \mathcal{H}$ 是闭线性算子, 并且是 ω-反对称的. 假设 $T: D \times D \times D \to \mathcal{H}$ 是连续的三线性形式, 满足

$$\omega(T(x,x,v),x) = \omega(T(x,x,x),v),$$

并且上式对于 (x,x,v) 的任意重排都成立. 那么向量场 $Y(x) = X(x) + T(x,x,x)$ 是 Hamilton 向量场, 其 Hamilton 函数为

$$H(x) = \frac{1}{2}\omega(X(x), x) + \frac{1}{4}\omega(T(x,x,x), x).$$

定理 2.4.3 令 $c(t)$ 为 Hamilton 向量场 X_H 生成的积分曲线. 那么, $H(c(t))$ 不依赖于 t.

证明 根据链式法则, 我们有

$$\frac{d}{dt}H(c(t)) = dH_{c(t)} \cdot c'(t) = \omega_{c(t)}(X_H(c(t)), X_H(c(t))) = 0.$$

因此, $H(c(t))$ 不依赖于 t. □

定义 2.4.4 (Hamilton 方程) 关于 X_H 的 Hamilton 方程为

$$\dot{x}(t) = X_H(x).$$

定义 2.4.5 (李导数) $L_X g = X(g) = dg \cdot X$ 为函数 g 关于 X 的李导数.

显然, 李导数满足 Leibniz 性质, 即 $L_X(fg) = L_X(f)g + fL_X(g)$. 对于 $\mathcal{C}^k$-向量场 X, Y, 向量场 Y 关于 X 在 p 点的李导数定义为

$$(L_X Y)_p = \frac{d}{dt}\left((\Phi_t^X)^* Y\right)(p)\Big|_{t=0} = [X, Y]_p.$$

定理 2.4.6 设 X 生成流 $F_t: M \to M$. 那么下面结论等价:

(1) $L_X\omega = 0$;

(2) $i_X\omega$ 是闭的;

(3) 存在 H, 使得 $X = X_H$;

(4) F_t 是辛映射, $\forall t \in \mathbb{R}$.

2.4.2 Hilbert 流形上的无穷维 Hamilton 系统

定义 2.4.7 (无穷维 Hamilton 系统) 令 $\mathcal{H}$ 为可分的 Hilbert 空间, M 是模空间为 $\mathcal{H}$ 的 Hilbert 流形. ω 是其上的辛形式, 给定 M 上的 $\mathcal{C}^1$ Hamilton 函数 H, 我们称 $(M, \mathcal{H}, \omega, H)$ 为 Hilbert 流形上的无穷维 Hamilton 系统 (IDHS).

相比于线性的情况, 我们为了更一般的讨论, 不再对流形上的近复结构提出要求, 这依然是一个确定的系统, 根据平坦的无穷维 Hamilton 系统的情况, 我们可以考虑乘积空间的例子. 给定两个无穷维 Hamilton 系统 $(M_1, \mathcal{H}_1, \omega_1, H_1)$, $(M_2, \mathcal{H}_2, \omega_2, H_2)$. 考虑乘积流形 $M_1 \times M_2$, 显然它是辛 Hilbert 流形, 其上可以自然诱导辛形式

$$\Omega = \pi_1^*\omega_1 + \pi_2^*\omega_2,$$

其中 $\pi_j : M_1 \times M_2 \to M_j$ 为自然投影. 记 $H = H_1 + H_2 + H_{12}$, 这里的 H_{12} 表示两个系统的相互作用项 (或相交项), 通常情况下具有简单的形式或者在某些意义下很小.

例 2.4.3 令 $M_1 = M_2 = L^2(\mathbb{R}, \mathbb{C})$, 其上赋予标准辛形式, 即复内积的虚部. 那么 $M = L^2(\mathbb{R}, \mathbb{C}) \times L^2(\mathbb{R}, \mathbb{C})$ 上有自然诱导的辛形式

$$\Omega((f_1, g_1), (f_2, g_2)) = \Im(f_1, f_2)_{\mathbb{C}} + \Im(g_1, g_2)_{\mathbb{C}}.$$

给定 $L^2(\mathbb{R}, \mathbb{C})$ 上的两个自伴算子 A, B. 取

$$H_1(f) = \frac{1}{2}(Af, f), \quad H_2(g) = \frac{1}{2}(Bg, g), \quad H_{12}(f, g) = \frac{\lambda}{2}\int_{\mathbb{R}} |f(x)g(x)|^2 dx.$$

那么, Hamilton 函数生成的 Hamilton 向量场 X_H 为

$$X_H(f, g) = (-iAf - i\lambda f|g|^2, -iBg - i\lambda g|f|^2).$$

那么我们得到了如下的 Hamilton 方程

$$\begin{cases} \dfrac{df}{dt} = -iAf - i\lambda f|g|^2, \\ \dfrac{dg}{dt} = -iBg - i\lambda g|f|^2. \end{cases}$$

特别地, 我们选 $A = B = i\frac{d}{dx}$, 定义域为 $H^1(\mathbb{R},\mathbb{C})$ 时, Hamilton 方程变为

$$\begin{cases} \dfrac{df}{dt} = \dfrac{df}{dx} - i\lambda f|g|^2, \\ \dfrac{dg}{dt} = \dfrac{dg}{dx} - i\lambda g|f|^2. \end{cases}$$

如果我们取 $A = B = \Delta = \frac{d^2}{dx^2}$, 定义域为 $H^2(\mathbb{R},\mathbb{C})$ 时, Hamilton 方程变为如下的 Schrödinger 系统

$$\begin{cases} i\dfrac{df}{dt} = -\Delta f + \lambda f|g|^2, \\ i\dfrac{dg}{dt} = -\Delta g + \lambda g|f|^2. \end{cases}$$

实际上, 还有很多问题都可以看成是某类无穷维 Hamilton 系统. 比如流体力学方程、量子色动力学 (QCD)、Yang-Mills 方程. 无穷维 Hamilton 系统可以唯一确定某一物理模型, 通过给定 Hilbert 流形, 我们可以确定物理对象状态的存在空间, 进一步缩小状态的搜索范围. 通过给定 Hilbert 流形上的辛结构与 Hamilton 函数, 我们可以把物理模型固定下来, 通过得到的 Hamilton 方程, 可以根据数学上的讨论来确定物理模型的解并且可以进一步研究其运行规律. 从数学的角度来看, 建立无穷维 Hamilton 系统也有诸多好处, 这使得我们可以从更广的角度来看不同的问题, 将很多方程的理论统一起来, 并且可以回答这样的问题:

- 为何很多不同的方程有同样的解决方案与同样的性质?
- 为何有的问题在不同的空间中解的性质完全不同, 甚至同一问题在某类空间中存在非平凡解, 而在其他空间中却不存在?
- 对于某类未知的问题我们是否可以用其他问题的研究方法来进行研究?

无穷维 Hamilton 系统也有其他的应用, 比如可以建立自旋 Hamilton 系统来研究几何问题, 通过研究 Hilbert 空间中球面上的无穷维 Hamilton 系统可以研究对应的正规解问题.

第 3 章　变分的讨论

由于无穷维 Hamilton 系统具有变分结构, 因此本书从变分法的角度 (参看 [1] 和 [2]) 来研究无穷维 Hamilton 系统, 即将无穷维 Hamilton 方程解的存在性问题转化为相应的能量泛函在工作空间上的临界点问题. 对无穷维 Hamilton 系统的变分的讨论是研究这类问题至关重要的步骤. 本章主要从三方面展开讨论: 线性算子的谱理论、变分结构、临界点定理. 线性算子的谱的结构会影响工作空间的选取, 也会给出嵌入不等式的系数估计, 参看 [109,110,122]. 工作空间的选取会对泛函是否良定义、临界点的存在性等问题产生影响. 通过本章建立的临界点定理, 我们可以研究无穷维 Hamilton 系统特定解的存在性、多重性、正则性、衰减性、极限性质等.

3.1　线性算子的谱理论

3.1.1　谱族的定义及性质

在定义谱族之前, 我们首先回顾 Riemann-Stieltjes 积分的定义及性质.

定义 3.1.1　设 $F(x)$ 为 $(-\infty,\infty)$ 上的单调不减右连续函数, $g(x)$ 为 $(-\infty,\infty)$ 上的单值实函数, 对于区间 $[a,b]$, 任取分点 $a=x_0<x_1<x_2<\cdots<x_n=b$, $\forall u_i\in[x_{i-1},x_i]\,(i=1,2,\cdots,n)$, 作和式

$$\sum_{i=1}^{n} g\left(u_i\right) \Delta F\left(x_i\right)=\sum_{i=1}^{n} g\left(u_i\right)\left[F\left(x_i\right)-F\left(x_{i-1}\right)\right].$$

令 $\lambda=\max\limits_{1\leqslant i\leqslant n}\Delta x_i=\max\limits_{1\leqslant i\leqslant n}\left(x_i-x_{i-1}\right)$, 若极限

$$\lim_{\lambda\to 0}\sum_{i=1}^{n} g\left(u_i\right)\Delta F\left(x_i\right)$$

存在, 则记

$$S(a,b)=\lim_{\lambda\to 0}\sum_{i=1}^{n} g\left(u_i\right)\Delta F\left(x_i\right)=\int_a^b g(x)dF(x),$$

称极限 $S(a,b)$ 为 $g(x)$ 关于 $F(x)$ 在 $[a,b]$ 上的 Riemann-Stieltjes 积分.

注 3.1.2　关于 Riemann-Stieltjes 积分的说明

(1) $\lambda \to 0 \Leftrightarrow n \to \infty$ 且 $\max\{\Delta x_i\} \to 0$.

(2) 当 $F(x)=x$ 时, Riemann-Stieltjes 积分就是 Riemann 积分.

(3) 当 $g(x)=1$ 时, $\displaystyle\int_a^b dF(x)=F(b)-F(a)$.

注 3.1.3　Riemann-Stieltjes 积分的性质

(1) 当 $a<c_1<c_2<\cdots<c_n<b$ 时,

$$\int_a^b g(x)dF(x)=\sum_{i=0}^{n}\int_{c_i}^{c_{i+1}} g(x)dF(x)\quad (a=c_0, b=c_{n+1}).$$

(2) $\displaystyle\int_a^b \sum_{i=1}^{n} g_i(x)dF(x)=\sum_{i=1}^{n}\int_a^b g_i(x)dF(x)$.

(3) 若 $F_1(x)$ 和 $F_2(x)$ 为两个分布函数, 常数 $c_1, c_2>0$, 则

$$\int_a^b g(x)d\left[c_1F_1(x)+c_2F_2(x)\right]=c_1\int_a^b g(x)dF_1(x)+c_2\int_a^b g(x)dF_2(x).$$

(4) 若 $g(x)\geqslant 0$, 则 $\displaystyle\int_a^b g(x)dF(x)\geqslant 0$.

假设存在 Hilbert 空间 H 中的单调非减闭子空间族 $\{\mathbb{M}(\lambda)\}$, 其只依赖于实参数 $\lambda\in\mathbb{R}$, 使得所有的 $\{\mathbb{M}(\lambda)\}$ 的交集是 $\{0\}$, 并集在 H 中稠密. 由单调非减性可知: 对于 $\lambda_1<\lambda_2$, $\mathbb{M}(\lambda_1)\subset\mathbb{M}(\lambda_2)$. 对任意固定的 λ, 所有的 $\mathbb{M}(\lambda')(\lambda'>\lambda)$ 的交集 $\mathbb{M}(\lambda+0)$ 都包含着 $\mathbb{M}(\lambda)$. 类似地, $\mathbb{M}(\lambda)\supset\mathbb{M}(\lambda-0)$, 其中 $\mathbb{M}(\lambda-0)$ 是所有的 $\mathbb{M}(\lambda')(\lambda'<\lambda)$ 的并集的闭包. 若 $\mathbb{M}(\lambda+0)=\mathbb{M}(\lambda), \forall\lambda\in\mathbb{R}$, 则称族 $\{\mathbb{M}(\lambda)\}$ 是右连续的; 若 $\mathbb{M}(\lambda-0)=\mathbb{M}(\lambda), \forall\lambda\in\mathbb{R}$, 则称族 $\{\mathbb{M}(\lambda)\}$ 是左连续的; 如果族 $\{\mathbb{M}(\lambda)\}$ 既是左连续又是右连续的, 则称其是连续的. 显然, $\{\mathbb{M}(\lambda+0)\}$ 是右连续的.

这些性质可以转换成 $\{\mathbb{M}(\lambda)\}_{\lambda\in\mathbb{R}}$ 上的正交投影族 $\{E_\lambda\}_{\lambda\in\mathbb{R}}$ 的性质. 通过这些性质我们可以定义谱族.

定义 3.1.4　在 Hilbert 空间 H 上的正交投影族 $\{E_\lambda\}_{\lambda\in\mathbb{R}}$ 称为谱族, 如果满足下面的条件:

$$\begin{cases}\text{i) } E_\lambda\cdot E_\mu=E_{\min\{\lambda,\mu\}},\quad \lambda,\mu\in\mathbb{R};\\ \text{ii) } E_{-\infty}=0,\ E_\infty=I,\ \text{其中 } E_{-\infty}x=\lim\limits_{\lambda\to-\infty}E_\lambda x, E_\infty x=\lim\limits_{\lambda\to\infty}E_\lambda x,\ \forall x\in H;\\ \text{iii) } E_{\lambda+0}=E_\lambda,\ \text{其中 } E_{\lambda+0}x=\lim\limits_{\substack{\varepsilon>0\\ \varepsilon\to 0}}E_{\lambda+\varepsilon}x,\ \forall x\in H.\end{cases}$$

上面的极限是在 H 上范数意义下. iii) 说明了 E_λ 关于 $\lambda\in\mathbb{R}$ 是右连续的.

命题 3.1.5 设 $\lambda\mapsto f(\lambda)$ 是实值连续函数. 定义 $D\subset H$ 为

$$D=\left\{x\in H:\int_{-\infty}^{\infty}|f(\lambda)|^2d||E_\lambda x||^2<\infty\right\}. \tag{3.1.1}$$

则 D 在 H 中是稠密的且可定义如下在 H 上的自伴算子 T 满足

$$(Tx,y)=\int_{-\infty}^{\infty}f(\lambda)d(E_\lambda x,y),\quad \forall x\in D,y\in H, \tag{3.1.2}$$

以及 $\mathscr{D}(T)=D$, 其中 (3.1.1) 和 (3.1.2) 中的积分为 Riemann-Stieltjes 积分. 此外, $E_\lambda T\subset TE_\lambda$, 也就是 TE_λ 是 $E_\lambda T$ 的扩张算子.

推论 3.1.6 特别地, 如果 $f(\lambda)=\lambda$, 我们有

$$\begin{cases}(Tx,y)=\displaystyle\int_{-\infty}^{\infty}\lambda d(E_\lambda x,y),\ x\in\mathscr{D}(T)\subset H,\ y\in H;\\ \mathscr{D}(T)=\left\{x\in H:\displaystyle\int_{-\infty}^{\infty}\lambda^2d||E_\lambda x||^2<\infty\right\}.\end{cases}$$

我们记

$$T=\int_{-\infty}^{\infty}\lambda dE_\lambda, \tag{3.1.3}$$

且称 (3.1.3) 为自伴算子 T 的谱表示.

推论 3.1.7 对于由 (3.1.2) 给出的 $T=\int_{-\infty}^{\infty}f(\lambda)dE_\lambda$, 我们有

$$\|Tx\|^2=\int_{-\infty}^{\infty}|f(\lambda)|^2d\|E_\lambda x\|^2,\quad \forall\ x\in\mathscr{D}(T).$$

特别地, 若 T 是有界自伴算子, 则

$$(T^nx,y)=\int_{-\infty}^{\infty}f(\lambda)^nd(E_\lambda x,y),\qquad \text{对于}x,y\in\mathscr{D}(T)(n=0,1,2,\cdots).$$

我们已经说明了由谱族 $\{E_\lambda\}_{\lambda\in\mathbb{R}}$ 可定义自伴算子. 下面的定理表明, 任意给定的自伴算子可以由谱族来表示.

定理 3.1.8 设算子 A 是定义在 Hilbert 空间 H 上的自伴算子, 则存在唯一谱族 $\{E_\lambda\}_{\lambda\in\mathbb{R}}$ 使得

$$(Ax,y)=\int_{\mathbb{R}}\lambda d(E_\lambda x,y)$$

以及

$$Ax = \int_{\mathbb{R}} \lambda d(E_\lambda x).$$

记为

$$A = \int_{-\infty}^{\infty} \lambda dE_\lambda.$$

引理 3.1.9 设 A 是 H 上的自伴算子且存在常数 $\alpha > 0$ 使得

$$(Ax, x) \geqslant \alpha \|x\|^2, \quad \forall x \in \mathscr{D}(A). \tag{3.1.4}$$

则 A 的谱族满足

$$E_\lambda = 0, \quad \lambda < \alpha. \tag{3.1.5}$$

引理 3.1.10 设 $\{E_\lambda\}_{\lambda\in\mathbb{R}}$ 是定义在 H 上的自伴算子 A 的谱族, 则

$$F_\lambda = E_{\sqrt{\lambda}} - E_{-\sqrt{\lambda}-0} = E_{[-\sqrt{\lambda},\sqrt{\lambda}]} \quad (\lambda \geqslant 0)$$

是算子 A^2 的谱族.

定理 3.1.11 (极分解) 设 A 是在 Hilbert 空间 H 上的稠定闭无界算子. 则存在唯一的分解

$$A = U|A|,$$

其中 $|A|$ 是正的自伴算子以及 $\mathscr{D}(A)=\mathscr{D}(|A|)$, U 是部分等距算子且满足 $U|_{\mathrm{Ran}^\perp(|A|)} = 0$. 特别地, 若 A 是 H 上的自伴算子, 则

$$A = (1 - E_0 - E_{-0})|A|,$$

以及 A 和 $U := 1 - E_0 - E_{-0}$ 可交换. 在这种情况下,

$$|A| = \int_{\mathbb{R}} |\lambda| dE_\lambda.$$

之后, 我们通常称算子 $|A|$ 为算子 A 的绝对值.

前面我们已经给出了算子的谱表示, 接下来介绍关于严格正自伴算子的分数幂算子及其谱表示.

设 A 是 H 上的自伴算子且满足 (3.1.4), 则从引理 3.1.9 可知, A 的谱族 $\{E_\lambda\}_{\lambda\in\mathbb{R}}$ 满足 (3.1.5). 因此, 取 $\lambda_0 \in (0,\alpha)$ 以及 $\rho \in [0,1]$, 函数 $\lambda \mapsto \lambda^\rho (\lambda \geqslant \lambda_0)$ 可定义如下算子 A^ρ:

$$\begin{cases} A^\rho = \displaystyle\int_{\lambda_0}^{\infty} \lambda^\rho dE_\lambda, \\ \mathscr{D}(A^\rho) = \left\{ x \in H : \displaystyle\int_{\lambda_0}^{\infty} \lambda^{2\rho} d|E_\lambda x|^2 < \infty \right\}. \end{cases}$$

对任意的 $x \in \mathscr{D}(A^\rho)$, $y \in H$, 我们有

$$\begin{cases}(A^\rho x, y) = \displaystyle\int_{\lambda_0}^{\infty} \lambda^\rho d(E_\lambda x, y),\\ \|A^\rho x\|^2 = \displaystyle\int_{\lambda_0}^{\infty} \lambda^{2\rho} d|E_\lambda x|^2.\end{cases}$$

记

$$\text{当 } \rho = 0,\ \mathscr{D}(A^\rho) = H,\ A^\rho = I;$$

$$\text{当 } \rho = 1,\ \mathscr{D}(A^\rho) = \mathscr{D}(A),\ A^\rho = A.$$

我们有下面的定理:

定理 3.1.12 设 A 是在 H 上的自伴算子, 其定义域 $\mathscr{D}(A)$ 在 H 中稠密且满足 (3.1.4). 则对 $\rho \in [0,1]$, 我们有

i) $\mathscr{D}(A) \subset \mathscr{D}(A^\rho)$, 从而可知 $\mathscr{D}(A^\rho)$ 在 H 中也是稠密的.

ii) 对 $x \in \mathscr{D}(A^\rho)$, 有

$$(A^\rho x, x) \geqslant \alpha^\rho \|x\|^2,$$

进一步, $(A^\rho)^{-1} = A^{-\rho} \in \mathscr{L}(H)$, $A^{-\rho}$ 和 A^ρ 都是自伴算子.

iii) a) $\mathscr{D}(A^\rho)$ 在下面的图模下

$$\|x\|_\rho^2 = \|x\|^2 + \|A^\rho x\|^2, \quad x \in \mathscr{D}(A^\rho)$$

是一个 Hilbert 空间;

b) 若 $0 \leqslant \rho_1 < \rho_2 \leqslant 1$, 则

$$\mathscr{D}(A^{\rho_2}) \hookrightarrow \mathscr{D}(A^{\rho_1})$$

且 $\mathscr{D}(A^{\rho_2})$ 在 $\mathscr{D}(A^{\rho_1})$ 中是稠密的.

iv) 对任意的 $x \in \mathscr{D}(A)$, 有

$$\|A^\rho x\| \leqslant \|Ax\|^\rho \|x\|^{1-\rho}.$$

3.1.2 谱集与预解集

本小节回顾 Hilbert 空间 H 上线性算子 A 的各类谱的定义以及相关性质, 其中 A 可以是有界线性算子也可以是无界线性算子, 如果 A 是无界的, 我们假设 A 是稠定闭算子.

定义 3.1.13 A 是 Hilbert 空间 H 上的线性算子, 定义域为 $\mathscr{D}(A)$, 记 I 为 H 上的恒等算子.

(1) A 的谱集是所有使得 $A-\lambda I$ 不可逆的 $\lambda \in \mathbb{C}$ 构成的集合, 记为 $\sigma(A)$;

(2) A 的预解集是所有使得 $A-\lambda I$ 可逆的 $\lambda \in \mathbb{C}$ 构成的集合, 记为 $\rho(A)$;

(3) 若 $\lambda \in \rho(A)$, 则称 $A-\lambda I$ 的逆是 A 在 λ 处的预解算子, 记为 $R_A(\lambda) \equiv (A-\lambda I)^{-1}$.

根据定义可知,

$$\sigma(A) \cup \rho(A) = \mathbb{C}, \quad \sigma(A) \cap \rho(A) = \varnothing.$$

定义 3.1.14 设 A 是 Hilbert 空间 H 上的线性算子, 其谱集 $\sigma(A)$ 可以分成互不相交的集合 $\sigma_p(A), \sigma_c(A)$ 与 $\sigma_r(A)$ 之并集, 其定义如下:

$$\sigma_p(A) = \{\lambda \in \mathbb{C} : \operatorname{Ker}(\lambda I - A) \neq \{0\}\};$$

$$\sigma_c(A) = \{\lambda \in \mathbb{C} : \operatorname{Ker}(\lambda I - A) = \{0\}, \overline{\operatorname{Ran}(\lambda I - A)} = H, (\lambda I - A)^{-1} \text{ 无界}\};$$

$$\sigma_r(A) = \{\lambda \in \mathbb{C} : \operatorname{Ker}(\lambda I - A) = \{0\}, \overline{\operatorname{Ran}(\lambda I - A)} \neq H\}.$$

它们分别称为 A 的点谱、连续谱和剩余谱.

在 Hilbert 空间 H 上的稠定线性算子, 若其伴随等于本身, 那么我们称这个算子是自伴的. 自伴算子的谱有许多好的性质.

定理 3.1.15 设 A 是在 H 上的自伴算子,

i) $\sigma(A) \subset \mathbb{R}$ 以及 $\lambda \in \sigma(A)$ 当且仅当存在序列 $\{u_n\} \subset \mathscr{D}(A)$ 使得 $\|u_n\| = 1$ 以及 $\|(A-\lambda)u_n\| \to 0 (n \to \infty)$;

ii) $\lambda_0 \in \sigma_p(A)$ 当且仅当 $E_{\lambda_0} \neq E_{\lambda_0 - 0}$, 对应的特征空间为 $V_{\lambda_0} = P_{\lambda_0}(H)$, 其中

$$P_{\lambda_0} = E_{\lambda_0} - E_{\lambda_0 - 0};$$

iii) $\lambda_0 \in \sigma_c(A)$ 当且仅当

$$\begin{cases} (1)\ E_{\lambda_0} = E_{\lambda_0 - 0}, \\ (2)\ \forall \varepsilon > 0, E_{\lambda_0 - \varepsilon} \neq E_{\lambda_0 + \varepsilon}; \end{cases}$$

iv) $\sigma_r(A) = \varnothing$.

定义 3.1.16 设 A 是 Hilbert 空间 H 上的自伴算子, 令

$$\sigma_e(A) = \{\lambda \in \sigma(A) : \lambda \in \sigma_c(A) \text{ 或者 } \lambda \in \sigma_p(A) \text{ 但是 } \dim \operatorname{Ker}(\lambda I - A) = \infty\},$$

$$\sigma_d(A) = \{\lambda \in \sigma_p(A) : 0 < \dim \operatorname{Ker}(\lambda I - A) < \infty\}.$$

显然, $\sigma_e(A)$ = 全体无穷重特征值 + 谱的聚点, $\sigma(A)=\sigma_e(A)\cup\sigma_d(A)$.

定义 3.1.17 设 A 和 B 是 Hilbert 空间 H 上的稠定算子, $\mathscr{D}(A)$ 上赋予图模 $\|x\|_A=\sqrt{\|x\|^2+\|Ax\|^2}$, 如果

(i) $\mathscr{D}(A)\subset\mathscr{D}(B)$,

(ii) $B:(\mathscr{D}(A),\|\cdot\|_A)\to(H,\|\cdot\|)$ 是紧的,

则称 B 关于 A 是紧的, 或者说 B 是 A 紧的算子.

定理 3.1.18 (Weyl 判别法) 设 A 是 Hilbert 空间 H 上的自伴算子. 则

(1) $\lambda\in\sigma_e(A)$ 当且仅当存在序列 $\{u_n\}\subset\mathscr{D}(A)$ 使得 $\|u_n\|=1, u_n\rightharpoonup 0$ 以及 $\|(A-\lambda)u_n\|\to 0(n\to\infty)$.

(2) 若 H 上对称算子 B 是 A 紧的, 则

$$\sigma_e(A+B)=\sigma_e(A).$$

3.1.3 Fourier 变换

定义 3.1.19 设 $f:\mathbb{R}^n\to\mathbb{C}$ 是 $\mathbb{R}^n$ 上的局部可积函数. 定义

$$\hat{f}(\xi):=\frac{1}{(2\pi)^{n/2}}\int_{\mathbb{R}^n}f(x)e^{-i\xi\cdot x}dx$$

为 f 的 Fourier 变换, 或记为 $\mathcal{F}$. 定义

$$\widetilde{f}(\xi):=\frac{1}{(2\pi)^{n/2}}\int_{\mathbb{R}^n}f(x)e^{i\xi\cdot x}dx$$

为 f 的 Fourier 逆变换.

注 3.1.20 这里的积分是在主值意义下收敛的, 即

$$\int_{\mathbb{R}^n}\varphi(x_1,\cdots,x_n)dx_1\cdots dx_n:=\lim_{M\to\infty}\int_{-M}^{M}\cdots\int_{-M}^{M}\varphi(x_1,\cdots,x_n)dx_1\cdots dx_n.$$

下面列出 Fourier 变换的一些性质.

定理 3.1.21 (1) 设 $A:L^2(\mathbb{R}^n,\mathbb{C}^N)\to L^2(\mathbb{R}^n,\mathbb{C}^N)$ 为线性算子, 则

$$\mathcal{F}Az=\hat{A}\mathcal{F}z,\quad\forall z\in L^2(\mathbb{R}^n,\mathbb{C}^N),$$

其中, $\hat{A}$ 称为算子 A 的象征. 特别地,

$$\widehat{D^\alpha f}(\xi)=(i)^{|\alpha|}\xi^\alpha\hat{f}(\xi),$$

$$(\widehat{x^\alpha f(x)})(\xi)=(i)^{|\alpha|}D^\alpha\hat{f}(\xi).$$

(2) 反演公式

$$\overset{\smile}{\widehat{f}} = \widehat{\widetilde{f}} = f.$$

(3) Parseval 等式

$$(f,g)_{L^2} = (\widehat{f},\widehat{g})_{L^2}.$$

(4) Borel 公式

$$(\widehat{f*g}) = (2\pi)^{n/2}\widehat{f}\cdot\widehat{g},$$

$$(\widehat{f\cdot g}) = (2\pi)^{-n/2}\widehat{f}*\widehat{g}.$$

(5) Plancherel 等式

$$\|f\|_{L^2} = \|\widehat{f}\|_{L^2} = \|\widetilde{f}\|_{L^2}.$$

Fourier 变换是计算谱的一个重要方法, 下面的命题起到了至关重要的作用.

命题 3.1.22 设 $A: L^2(\mathbb{R}^n,\mathbb{C}^N)\to L^2(\mathbb{R}^n,\mathbb{C}^N)$ 为线性算子, 则

$$\sigma(A) = \overline{\{\lambda\in\mathbb{C}:\exists\,\xi\in\mathbb{R},\text{使得 }\det(\hat{A}(\xi)-\lambda I)=0\}}.$$

证明 根据预解集的定义, $\lambda\in\rho(A)$ 等价于 $A-\lambda I$ 是可逆的, 即 $\hat{A}(\xi)-\lambda I$ 是可逆的, 并且

$$\det(\hat{A}(\xi)-\lambda I)\neq 0,\ \forall\xi\in\mathbb{R}^n \iff \lambda\notin\overline{\{\lambda\in\mathbb{C}:\exists\,\xi\in\mathbb{R},\text{使得 }\det(\hat{A}(\xi)-\lambda I)=0\}}.$$

因此,

$$\sigma(A) = \overline{\{\lambda\in\mathbb{C}:\exists\,\xi\in\mathbb{R},\text{使得 }\det(\hat{A}(\xi)-\lambda I)=0\}}.$$ □

3.1.4 谱的计算

谱的计算主要包括: 谱的大小及分类、谱的性质、带参数算子谱的计算等. 通常, 计算谱的方法分为以下几类: Fourier 变换、谱族方法、定义法、其他方法, 如紧算子的谱定理等, 参看 [78, 88, 91].

接下来, 给出几类常见算子的谱.

1. Dirac 算子的谱

记 $H_0 = -i\alpha\cdot\nabla + a\beta$ 为 $L^2\equiv L^2(\mathbb{R}^3,\mathbb{C}^4)$ 上的 Dirac 算子, 其定义域为 $\mathscr{D}(H_0) = H^{1/2}\equiv H^{1/2}(\mathbb{R}^3,\mathbb{C}^4)$(空间相等都是在范数等价的意义下). 根据 Fourier 变换, 我们可以计算 Dirac 算子的谱, 得到下面的引理.

命题 3.1.23 $\sigma(H_0)=\sigma_e(H_0)=\mathbb{R}\setminus(-a,a)$.

证明 由于 $\mathcal{F}H_0z=\hat{H}_0\mathcal{F}z$, 其中 $\hat{H}_0$ 是 H_0 相应的乘性算子, 若 $\lambda\in\sigma(H_0)$, 则

$$\det(\lambda I_4-\hat{H}_0)=0.$$

因此,

$$\det\begin{pmatrix}(\lambda-a)I_2 & -\sum_{k=1}^{3}\zeta_k\sigma_k\\ -\sum_{k=1}^{3}\zeta_k\sigma_k & (\lambda+a)I_2\end{pmatrix}=0.$$

对于 σ_k, $k=1,2,3$,

$$\sigma_i\sigma_j+\sigma_j\sigma_i=2\delta_{ij}I_2,\quad 对于\ 1\leqslant i,j\leqslant 3,\quad 其中\ \delta_{ij}=\begin{cases}1, & i=j,\\ 0, & i\neq j.\end{cases}\tag{3.1.6}$$

那么,

$$\left(\sum_{k=1}^{3}\zeta_k\sigma_k\right)\left(\sum_{k=1}^{3}\zeta_k\sigma_k\right)=|\zeta|^2I_2,$$

其中 $\zeta=(\zeta_1,\zeta_2,\zeta_3)$. 所以, 若 $\lambda\neq a$, 我们有

$$(\lambda-a)^2\det\left((\lambda+a)I_2-\left(\sum_{k=1}^{3}\zeta_k\sigma_k\right)((\lambda-a)^{-1}I_2)\left(\sum_{k=1}^{3}\zeta_k\sigma_k\right)\right)=0,$$

这意味着

$$((\lambda^2-a^2)-|\zeta|^2)^2=0.$$

若 $\lambda=a$, 则 $\lambda\neq-a$, 经过类似的讨论可推出相同的结果. 因此, 我们可以得到

$$\sigma(H_0)=\overline{\{\lambda\in\mathbb{R}:\lambda^2=a^2+|\zeta|^2,\zeta\in\mathbb{R}^3\}},$$

所以 $\sigma(H_0)=\sigma_e(H_0)=\mathbb{R}\setminus(-a,a)$. □

接下来考虑带不同位势函数的 Dirac 算子的谱.

1) 周期位势

记 $A:=H_0+V(x)\beta$, 假设

(V_p) $V\in\mathcal{C}^1(\mathbb{R}^3,[0,\infty))$, 且 $V(x)$ 是关于 x_k $(k=1,2,3)$ 以 1 为周期的位势函数.

那么, 我们可以得到算子 A 的谱.

命题 3.1.24 若 (V_p) 成立, 那么 $\sigma(A)=\sigma_c(A)\subset(-\infty,-a]\cup[a,\infty)$ 并且 $\inf\sigma(|A|)\leqslant a+\sup\limits_{x\in\mathbb{R}^3}V(x)$.

证明 为了得到算子 A 的谱, 我们首先考虑 A^2:

$$A^2=-\Delta+(V+a)^2+i\sum_{k=1}^{3}\beta\alpha_k\partial_k V.$$

因为

$$\begin{aligned}\left(A^2u,u\right)_{L^2}=&\left(\left(-i\sum_{k=1}^{3}\alpha_k\partial_k+V\beta\right)u,\left(-i\sum_{k=1}^{3}\alpha_k\partial_k+V\beta\right)u\right)_{L^2}\\&+a^2(u,u)_{L^2}+2a(Vu,u)_{L^2}\\&\geqslant a^2(u,u)_{L^2}+2a(Vu,u)_{L^2},\end{aligned}\tag{3.1.7}$$

所以 $\sigma\left(A^2\right)\subset[a^2,\infty)$.

现在考虑算子 A. 令 $\{E_\gamma\}_{\gamma\in\mathbb{R}}$ 和 $\{F_\gamma\}_{\gamma\geqslant0}$ 分别表示 A 和 A^2 的谱族. 根据引理 3.1.10,

$$F_\gamma=E_{\gamma^{1/2}}-E_{-\gamma^{1/2}-0}=E_{\left[-\gamma^{1/2},\gamma^{1/2}\right]},\quad\forall\,\gamma\geqslant0.\tag{3.1.8}$$

进而, 对于 $0\leqslant\gamma<a^2$,

$$\dim\left(E_{\left[-\gamma^{1/2},\gamma^{1/2}\right]}L^2\right)=\dim\left(F_\gamma L^2\right)=0.$$

因此, $\sigma(A)\subset\mathbb{R}\backslash(-a,a)$. 若 A 有一个特征值 η 对应的特征向量为 $u\neq0$, 那么 $A^2u=\eta^2u$, 所以 η^2 是 A^2 的特征值, 这与已知的 $\sigma\left(A^2\right)=\sigma_c\left(A^2\right)$(见 [108]) 矛盾. 这说明了 A 只有连续谱. 最后, 因为 $\sigma\left(-i\sum\limits_{k=1}^{3}\alpha_k\partial_k\right)=\mathbb{R}$, 存在一列 $u_n\in H^1$, $\|u_n\|_{L^2}=1$ 使得 $\left\|-i\sum\limits_{k=1}^{3}\alpha_k\partial_k u_n\right\|_{L^2}\to0$. 这意味着

$$\|Au_n\|_{L^2}\leqslant\left\|-i\sum_{k=1}^{3}\alpha_k\partial_k u_n\right\|_{L^2}+\|(V+a)u_n\|_{L^2}\leqslant o(1)+a+\sup_{x\in\mathbb{R}^3}V(x).\quad\square$$

2) 强制型位势

依然考虑算子 $A=H_0+V(x)\beta$, 假设

(V_s) $V\in\mathcal{C}^1(\mathbb{R}^3,\mathbb{R})$, 对任意的 $b>0$ 集合 $V^b:=\{x\in\mathbb{R}^3:V(x)\leqslant b\}$ 有有限 Lebesgue 测度.

例如, 若当 $|x|\to\infty$ 时 $V(x)\to\infty$, 那么 $V(x)$ 满足上述条件.

命题 3.1.25 若 (V_s) 成立, 那么 $\sigma(A)=\sigma_d(A)=\left\{\pm\mu_n^{1/2}:n\in\mathbb{N}\right\}$, 其中 $0<\mu_1\leqslant\mu_2\leqslant\cdots\leqslant\mu_n\to\infty$.

证明 定义

$$W(x):=(V(x)+a)^2+i\sum_{k=1}^{3}\beta\alpha_k\partial_kV(x).$$

记 $W_b:=W-b, W_b^+=\max\{0,W_b\}, W_b^-=\min\{0,W_b\}$ 且 $S_b=-\Delta+(a^2+b)+W_b^+$, 我们有 $A^2=S_b+W_b^-$. 记 $S=\{W_b^-u:u\in H^1,\|u\|_{H^1}\leqslant1\}$. 则 S 在 L^2 上是预紧的. 事实上, 对任意的 $b\geqslant1$, 我们有

$$\Lambda:=\left\{x\in\mathbb{R}^3:\sup_{|\xi|=1}(W(x)\xi,\xi)_{\mathbb{C}^4}<b\right\}\subset V^b.$$

固定 $\epsilon>0$, 根据假设 (V_s), 存在 $R=R(\epsilon)>0$, 使得 $\operatorname{meas}(\Lambda\cap B_R^c)<\epsilon$, 其中 $B_R^c=\mathbb{R}^3\setminus B_R(0)$, $B_R(0)$ 是以 0 为中心, 半径为 R 的球. 令 χ 为 $B_R(0)$ 上的示性函数, $\chi^c=1-\chi$ 为 B_R^c 的示性函数. 选取 $s\in(1,3)$, 以及 $s'=s/(s-1)$ 为 s 的对偶数. 对于 $u\in H^1$, $\|u\|_{H^1}\leqslant1$, 我们有

$$\begin{aligned}\|\chi^cW_b^-u\|_{L^2}^2&=\int_{\Lambda\cap B_R^c}|W_b^-u|^2dx\\&\leqslant\left(\int_{\Lambda\cap B_R^c}|u|^{2s}dx\right)^{\frac1s}\left(\int_{\Lambda\cap B_R^c}|W_b^-|^{2s'}dx\right)^{\frac1{s'}}\\&\leqslant C\epsilon^{\frac1{s'}}\|u\|_{H^1}\\&\leqslant C\epsilon^{\frac1{s'}}.\end{aligned}$$

另一方面, 由于 $H^1\subset L_{loc}^2$ 是紧的, 我们有 $\hat S=\{\chi W_b^-u:u\in H^1,\|u\|_{H^1}\leqslant1\}$ 在 L^2 上是预紧的. 由于 S 位于预紧集 $\hat S$ 的 $C\epsilon^{\frac1{s'}}$-邻域, $\forall\epsilon>0$, 那么 S 在 L^2 上是预紧的. 这等价于 $H^1\to L^2$: $u\to W_b^-u$ 是紧的. 那么根据

$$\mathscr{D}(A^2)\hookrightarrow H^1\hookrightarrow L^2\hookrightarrow H^{-1}\hookrightarrow\mathscr{D}(A^2)^*,$$

我们有 $\mathscr{D}(A^2) \to \mathscr{D}(A^2)^* : u \to W_b^- u$ 是紧的. 因此, 根据定理 3.1.18, $\sigma_e(A^2) = \sigma_e(S_b) \subset [a^2+b,\infty)(\forall b>0)$, 所以 $\sigma(A^2) = \sigma_d(A^2)$. 最后, 再根据 A^2 的谱上方无界, 可得 $\sigma(A^2) = \sigma_d(A^2) = \{\mu_n : n \in \mathbb{N}\}$ 且 $0 < \mu_1 \leqslant \mu_2 \leqslant \cdots \leqslant \mu_n \to \infty$. 回到算子 A 的谱上, 对所有的 $\gamma \geqslant 0$, 可得

$$\dim\left(E_{\left[-\gamma^{1/2},\gamma^{1/2}\right]}L^2\right) = \dim\left(F_\gamma L^2\right) < \infty.$$

对于 $\gamma = \mu_n$,

$$0 \neq F_\gamma - F_{\gamma-0} = \left(E_{\gamma^{1/2}} - E_{\gamma^{1/2}-0}\right) + \left(E_{-\gamma^{1/2}} - E_{-\gamma^{1/2}-0}\right).$$

假设 $\gamma^{1/2}$ 是 A 的特征值, 那么 $E_{\gamma^{1/2}} - E_{\gamma^{1/2}-0} \neq 0$. 令 u 是对应的特征向量并且记

$$\mathcal{J} := \begin{pmatrix} 0 & I_2 \\ -I_2 & 0 \end{pmatrix},$$

其中 I_2 是 $\mathbb{C}^2$ 中的单位矩阵. 则

$$\alpha_k \mathcal{J} = -\mathcal{J}\alpha_k, \quad 对于\ k = 1,2,3, \quad 并且 \quad \beta\mathcal{J} = -\mathcal{J}\beta.$$

令 $v = \mathcal{J}u$,

$$Av = A\mathcal{J}u = -\mathcal{J}Au = -\mathcal{J}\gamma^{1/2}u = -\gamma^{1/2}v,$$

即 $-\gamma^{1/2}$ 是 A 的特征值. 类似地, 若 $-\gamma^{1/2}$ 是 A 的特征值, 那么 $\gamma^{1/2}$ 也是 A 的特征值. 因此 $\sigma(A) = \sigma_d(A) \subset \left\{\pm\mu_n^{1/2} : n \in \mathbb{N}\right\}$. □

3) 深阱位势

考虑含参变量的 Dirac 算子 $A_\lambda := -i\sum\limits_{k=1}^{3}\alpha_k\partial_k + (\lambda V(x)+a)\beta$. 易知, A_λ 在 $L^2 = L^2(\mathbb{R}^3, \mathbb{C}^4)$ 中是自伴的且

$$A_\lambda^2 = -\Delta + (\lambda V + a)^2 + i\lambda\sum_{k=1}^{3}\beta\alpha_k\partial_k V,$$

其中矩阵值函数 $x \mapsto (\lambda V(x)+a)^2 + i\lambda\sum\limits_{k=1}^{3}\beta\alpha_k\partial_k V(x)$ 可能是负定的. 令 $\{E_\gamma^\lambda\}_{\gamma\in\mathbb{R}}$ 和 $\{F_\gamma^\lambda\}_{\gamma\geqslant 0}$ 分别表示 A_λ 和 A_λ^2 的谱族. 定义

$$\mu_e\left(A_\lambda^2\right) := \inf\left\{\mu : \mu \in \sigma_e\left(A_\lambda^2\right)\right\},$$

$$\ell_\lambda := \dim\left(F_{\gamma-}^\lambda\left(L^2\right)\right), \quad 其中\ \gamma = \mu_e\left(A_\lambda^2\right).$$

假设

(V_c) $V \in \mathcal{C}^1(\mathbb{R}^3,\mathbb{R}), V \geqslant 0$ 且满足

(i) $\Omega := \operatorname{int} V^{-1}(0) \neq \varnothing$;

(ii) $\nabla V \in L^\infty$ 且存在 $b>0$ 使得集合 $V^b := \{x \in \mathbb{R}^3 : V(x)^2 - |\nabla V(x)| \leqslant b\}$ 有有限 Lebesgue 测度.

类似于前面的思路, 首先得到算子 A_λ^2 谱的性质.

命题 3.1.26 若 (V_c) 成立, 那么

(a) 对任意的 $\lambda \geqslant 0$, $\sigma(A_\lambda^2) \subset [a^2,\infty)$.

(b) 对任意的 $\lambda \geqslant 1$, $\sigma_e(A_\lambda^2) \subset [a^2+\lambda^2 b,\infty)$ 且 $\sigma(A_\lambda^2) \cap [0,\mu_e(A_\lambda^2)) \subset \sigma_d(A_\lambda^2)$.

证明 (a) 类似于 (3.1.7), 对于 $u \in \mathscr{D}(A_\lambda^2)$,

$$\left(A_\lambda^2 u, u\right)_{L^2} = (A_\lambda u, A_\lambda u)_{L^2} \geqslant a^2(u,u)_{L^2} + 2a\lambda(Vu,u)_{L^2}.$$

所以对于 $\lambda \geqslant 0$, $\sigma(A_\lambda^2) \subset [a^2,\infty)$.

(b) 固定 $\lambda \geqslant 1$, 定义 $W_\lambda(x)=\lambda\left(\lambda V(x)^2-\lambda b+2aV(x)+i\sum\limits_{k=1}^{3}\beta\alpha_k\partial_k V(x)\right)$.

则

$$A_\lambda^2 = -\Delta + a^2 + \lambda^2 b + W_\lambda^+ + W_\lambda^- = S_\lambda + W_\lambda^-,$$

其中 $S_\lambda = -\Delta + a^2 + \lambda^2 b + W_\lambda^+$. 显然, 由于 $W_\lambda^+ \geqslant 0$, $\sigma(S_\lambda) \subset [a^2+\lambda^2 b,\infty)$. 因为

$$W_\lambda(x) = \lambda(\lambda-1)\left(V(x)^2 - b\right) + \lambda\left(V(x)^2 + 2aV(x) + i\sum_{k=1}^{3}\beta\alpha_k\partial_k V(x) - b\right),$$

再由 (V_c) 可以得到 $\operatorname{supp} W_\lambda^- \subset V^b$. 所以, W_λ^- 是 S_λ-紧的 (见 [16]). 因此, 根据定理 3.1.18 可知: 对所有的 $\lambda \geqslant 1$,

$$\sigma_e\left(A_\lambda^2\right) = \sigma_e(S_\lambda) \subset \sigma(S_\lambda) \subset \left[a^2+\lambda^2 b,\infty\right).$$

最后, 所有小于 $\mu_e(A_\lambda^2)$ 的谱都是有限重特征值. □

根据命题 3.1.26, A_λ^2 有 ℓ_λ 个特征值小于其本质谱的下确界.

命题 3.1.27 ([13]) 当 $\lambda \to \infty$ 时, $\ell_\lambda \to \infty$.

命题 3.1.28 对于 $\lambda \geqslant 1$, 我们有

(a) $\sigma(A_\lambda) \subset \mathbb{R}\backslash(-a,a)$.

(b) $\lambda_e := \inf \sigma_e(|A_\lambda|) = \mu_e(A_\lambda^2)^{1/2} \geqslant (a^2+\lambda^2 b)^{1/2}$.

(c) $\lambda_e^- := \sup \sigma_e(A_\lambda) \cap (-\infty,0) = -\lambda_e$ 且 $\lambda_e^+ := \inf \sigma_e(A_\lambda) \cap (0,\infty) = \lambda_e$.

(d) A_λ 有 $2\ell_\lambda$ 个特征值: $\mu^{\pm}_{\lambda j}$ 位于 $(-\lambda_e, \lambda_e)$ 中, 其对应的特征值记为 $e^{\pm}_{\lambda j}$, $j = 1, \cdots, \ell_\lambda$.

证明　(a) 可以直接根据命题 3.1.26 得到. 正如前面证明, 利用 (3.1.8) 可以得到对每一个 $\gamma \in [0, \mu_e(A_\lambda^2))$:

$$\dim\left(E^\lambda_{[-\gamma^{1/2},\gamma^{1/2}]}L^2\right) = \dim\left(F^\lambda_\gamma L^2\right) < \infty,$$

所以 $\pm\lambda_e^{\pm} \geqslant \mu_e(A_\lambda^2)^{1/2}$. 取 $\gamma = \mu_e(A_\lambda^2)$, 对任意的 $\varepsilon > 0$,

$$\dim\left(\left(F^\lambda_{\gamma+\varepsilon} - F^\lambda_{\gamma-\varepsilon}\right)L^2\right) = \infty. \tag{3.1.9}$$

(3.1.8) 可以推出

$$F^\lambda_{\gamma+\varepsilon} - F^\lambda_{\gamma-\varepsilon} = \left(E^\lambda_{(\gamma+\varepsilon)^{1/2}} - E^\lambda_{(\gamma-\varepsilon)^{1/2}}\right) + \left(E^\lambda_{-(\gamma-\varepsilon)^{1/2}-0} - E^\lambda_{-(\gamma+\varepsilon)^{1/2}-0}\right).$$

若 $\dim\left(\left(E^\lambda_{(\gamma+\varepsilon)^{1/2}} - E^\lambda_{(\gamma-\varepsilon)^{1/2}}\right)L^2\right) < \infty$, 则 $\gamma^{1/2} \in \sigma_d(A_\lambda)$ 且 $-\gamma^{1/2} \in \sigma_d(A_\lambda)$. 这意味着

$$\dim\left(\left(F^\lambda_{\gamma+\varepsilon} - F^\lambda_{\gamma-\varepsilon}\right)L^2\right) < \infty,$$

与 (3.1.9) 矛盾. 所以, $\dim\left(\left(E^\lambda_{(\gamma+\varepsilon)^{1/2}} - E^\lambda_{(\gamma-\varepsilon)^{1/2}}\right)L^2\right) = \infty$, 即 $\gamma^{1/2} \in \sigma_e(A_\lambda)$. 类似地, 可以验证对于很小的 $\varepsilon > 0$,

$$\dim\left(\left(E^\lambda_{-(\gamma-\varepsilon)^{1/2}-0} - E^\lambda_{-(\gamma+\varepsilon)^{1/2}-0}\right)L^2\right) = \infty,$$

所以 $-\gamma^{1/2} \in \sigma_e(A_\lambda)$. 现在就容易证明 (b)–(d). □

4) Coulomb 型位势

若 V 满足

$$\lim_{|x|\to\infty} V(x) = 0, \tag{3.1.10}$$

$$-\frac{\nu}{|x|} - K_1 \leqslant V \leqslant K_2 = \sup_{x\in\mathbb{R}^3} V(x), \tag{3.1.11}$$

$$K_1, K_2 \geqslant 0, \quad K_1 + K_2 - a < \sqrt{a^2 - \nu^2 a}, \tag{3.1.12}$$

其中 $\nu \in (0, \sqrt{a}), K_1, K_2 \in \mathbb{R}$, 那么 $H_0 + V$ 在区间 $(-a, a)$ 中的第一特征值 $\lambda_1(V)$ 为

$$\lambda_1(V) = \inf_{\varphi\neq 0}\sup_{\chi} \frac{(\psi, (H_0+V)\psi)_{L^2}}{(\psi,\psi)_{L^2}}, \quad \psi = \begin{pmatrix} \varphi \\ \chi \end{pmatrix}.$$

事实上, 在假设 (3.1.10)–(3.1.12) 成立的情况下, 算子 H_0+V 有一列收敛于 a 的特征值序列 $\{\lambda_k(V)\}_{k\geqslant 1}$, 并且在文献 [76] 中证明了这列特征值的每一个都可以由极小极大原理产生.

定理 3.1.29 设 V 是满足条件 (3.1.10)–(3.1.12) 的标量位势函数. 那么, 对于所有的 $k\geqslant 1$, 算子 H_0+V 的第 k 个特征值 $\lambda_k(V)$ 由下面的极小极大公式给出:

$$\lambda_k(V)=\inf_{\substack{Y\ 是\mathcal{C}_0^\infty\left(\mathbb{R}^3,\ \mathbb{C}^2\right)的子空间,\\ \dim Y=k}}\ \sup_{\varphi\in Y\setminus\{0\}}\lambda^{\mathrm{T}}(V,\varphi)$$

其中

$$\lambda^{\mathrm{T}}(V,\varphi):=\sup_{\substack{\psi=\binom{\varphi}{\chi}\\ \chi\in\mathcal{C}_0^\infty\left(\mathbb{R}^3,\ \mathbb{C}^2\right)}}\frac{((H_0+V)\,\psi,\psi)_{L^2}}{(\psi,\psi)_{L^2}}$$

是在 (K_2-a,∞) 中唯一一个满足下式的数:

$$\lambda^{\mathrm{T}}(V,\varphi)\int_{\mathbb{R}^3}|\varphi|^2dx=\int_{\mathbb{R}^3}\left(\frac{|(\sigma\cdot\nabla)\varphi|^2}{a-V+\lambda^{\mathrm{T}}(V,\varphi)}+(a+V)\,|\varphi|^2\right)dx.$$

令 V 是一个满足 (3.1.10) 的标量位势并且除去两个有限维孤立点集 $\left\{x_i^+\right\}$, $\left\{x_j^-\right\}(i=1,\cdots,I,j=1,\cdots,J)$ 外 V 连续并且

$$\lim_{x\to x_i^+}V(x)=\infty,\quad \lim_{x\to x_i^+}V(x)\left|x-x_i^+\right|\leqslant v_i, \tag{3.1.13}$$

$$\lim_{x\to x_j^-}V(x)=-\infty,\quad \lim_{x\to x_j^-}V(x)\left|x-x_j^-\right|\geqslant -v_j, \tag{3.1.14}$$

其中 $v_i,v_j\in(0,1),\forall i,j$. 则 H_0+V 有一个自伴延拓 A, 其中 $\mathscr{D}(A)$ 满足

$$H^1\left(\mathbb{R}^3,\mathbb{C}^4\right)\subset\mathscr{D}(A)\subset H^{1/2}\left(\mathbb{R}^3,\mathbb{C}^4\right),$$

并且 A 的本质谱与 H_0 相同:

$$\sigma_e(A)=(-\infty,-a]\cup[a,\infty)$$

(见 [120]).

根据 Dirac 算子的谱分解, 有正交分解: $\mathcal{H}:=L^2\left(\mathbb{R}^3,\mathbb{C}^4\right)=\mathcal{H}_+\oplus\mathcal{H}_-$. 记 Λ^+,Λ^- 分别是 $\mathcal{H}_+,\mathcal{H}_-$ 上的正交投影. 对于 $\mathscr{D}(A)$ 关于范数 $\|\cdot\|_{\mathscr{D}(A)}$ 的稠密子

空间 F, 记 $F_+=\Lambda^+F$, $F_-=\Lambda^-F$. 令

$$a^- := \sup_{x_-\in F_-\setminus\{0\}} \frac{(x_-,Ax_-)_{L^2}}{\|x_-\|_{\mathcal{H}}^2},\quad a^+ := \inf_{x_+\in F_+\setminus\{0\}} \frac{(x_+,Ax_+)_{L^2}}{\|x_+\|_{\mathcal{H}}^2}. \tag{3.1.15}$$

考虑如下两列极小极大和极大极小序列,

$$\lambda_k^+ := \inf_{\substack{V\ \text{是}F_+\text{的子空间},\\ \dim V=k}} \sup_{x\in(V\oplus F_-)\setminus\{0\}} \frac{(x,Ax)_{L^2}}{\|x\|_{\mathcal{H}}^2},$$

$$\lambda_k^- := \sup_{\substack{V\ \text{是}F_-\text{的子空间},\\ \dim V=k}} \inf_{x\in(V\oplus F_+)\setminus\{0\}} \frac{(x,Ax)_{L^2}}{\|x\|_{\mathcal{H}}^2}.$$

定理 3.1.30 *A 是如上定义的算子 H_0+V 的延拓, 其中 V 是满足(3.1.13)–(3.1.14) 的标量位势函数. 则 A 包含在 $\mathbb{R}\setminus[a^+,a^-]$ 中的谱为*

$$(-\infty,-a]\cup\{\lambda_k^\epsilon : k\geqslant 1, \epsilon=\pm\}\cup[a,\infty).$$

类似地, 我们还可以考虑算子 $A_\tau := H_0+\tau V$, $\tau>0$, 其中 V 满足 (3.1.13)–(3.1.14), 只要 τ 不是很大, 同样可定义 A_τ 的特征值 $\lambda_k^{\tau,\pm}$, 详见文献 [77]. 进而

$$\lim_{\tau\to 0^+}\lambda_k^{\tau,\pm}=\pm 1,\quad \forall\, k\geqslant 1.$$

接下来, 考虑在环面上的 Dirac 算子. 令 $L_T^q(Q) := \{u\in L_{loc}^q(\mathbb{R}^3,\mathbb{C}^4) : u(x+\hat{e}_i)=u(x)\ \text{a.e.}, i=1,2,3\}$, 其中 $\hat{e}_1=(1,0,0), \hat{e}_2=(0,1,0), \hat{e}_3=(0,0,1)$. 回顾 $H_0=-i\alpha\cdot\nabla+a\beta, H_V=H_0+V$ 在 $L_T^2(Q)$ 上是自伴的, 定义域为

$$\begin{aligned}\mathscr{D}(H_V)&=\mathscr{D}(H_0)\\ &=H_T^1(Q):=\left\{u\in H_{\mathrm{loc}}^1\left(\mathbb{R}^3,\mathbb{C}^4\right) : u\left(x+\hat{e}_i\right)=u(x)\ \text{a.e.}, i=1,2,3\right\}.\end{aligned}$$

命题 3.1.31 ([48]) *假设 V 满足 (V_p). 则*

$$\sigma(H_V)=\sigma(H_0)=\sigma_d(H_0)=\left\{\pm\mu_n^{1/2} : n\in\mathbb{N}\right\},$$

其中 $0<\mu_1\leqslant\mu_2\leqslant\cdots\leqslant\mu_n\to\infty$.

5) Coulomb 型矩阵位势

考虑 Coulomb 型矩阵位势时, 为了方便, 对任意的实函数 $U(x)$ 可以被看作是对称矩阵 $U(x)I_4$. 对于一个实对称矩阵值函数 $L(x)$, 记 $\underline{\lambda}_L(x)$ $(\bar{\lambda}_L(x))$ 是算子 $L(x)$ 的最小 (最大) 特征值, $|L|_\infty := \operatorname*{ess\,sup}_{x\in\mathbb{R}^3}|L(x)|$, 其中 $|L(x)| := \max\{\underline{\lambda}_L(x),$

$\bar{\lambda}_L(x)\}$, 并且 $L(\infty) := \lim\limits_{|x|\to\infty} L(x)$ 当且仅当 $|L(x)-L(\infty)| \to 0\ (|x|\to\infty)$. 对于两个给定的实对称矩阵值函数 $L_1(x)$ 和 $L_2(x)$, 记 $L_1(x) \leqslant L_2(x)$ 当且仅当

$$\max_{\xi\in\mathbb{C}^4, |\xi|=1} (L_1(x)-L_2(x))\,\xi\cdot\xi \leqslant 0.$$

实对称矩阵值函数 M 做如下假设:

(M_1) M 是定义在 $\mathbb{R}^3\backslash\{0\}$ 上对称连续实 4×4-矩阵函数, 并且满足 $0 > M(x) \geqslant -\dfrac{\kappa}{|x|}$, 其中 $\kappa < \dfrac{1}{2}$.

(M_2) M 是定义在 $\mathbb{R}^3$ 上对称连续实 4×4-矩阵函数, 满足 $|M|_\infty < a$, $M(x) < M(\infty), \forall x \in \mathbb{R}^3$, 并且 (i) $M(\infty) \leqslant 0$, 或者 (ii) $M(\infty) = m_\infty I_4$, 其中 m_∞ 是一个常数.

那么, 我们可以得到如下结论.

命题 3.1.32 M 是一个实对称矩阵函数, $H_M = H_0 + M$.

(1) 若 M 满足 (M_1), 那么 H_M 是自伴的, 其定义域 $\mathscr{D}(H_M) = H^1(\mathbb{R}^3, \mathbb{C}^4)$ 并且 $\sigma(H_M) \subset \mathbb{R}\backslash(-(1-2\kappa)a, (1-2\kappa)a)$;

(2) 若 M 满足 (M_2), 那么 H_M 是自伴的, 其定义域 $\mathscr{D}(H_M) = H^1(\mathbb{R}^3, \mathbb{C}^4)$ 并且 $\sigma(H_M) \subset \mathbb{R}\backslash(-a+|M|_\infty, a-|M|_\infty)$.

证明 首先验证 (1). 记 $V_\kappa(x) := \kappa/|x|$, 根据假设 (M_1) 可知 $\|Mu\|_{L^2}^2 \leqslant \|V_\kappa u\|_{L^2}^2$. 因为 $a>0$, 由 Kato 不等式可推出 $\|V_\kappa u\|_{L^2}^2 \leqslant 4\kappa^2\|\nabla u\|_{L^2}^2 \leqslant 4\kappa^2\|H_0 u\|_{L^2}^2$ (见 [43]). 因为 $2\kappa < 1$, 再根据 Kato-Rellich 定理可得 H_M 是自伴的. 进而,

$$\|H_M u\|_{L^2} \geqslant \|H_0 u\|_{L^2} - \|Mu\|_{L^2} \geqslant (1-2\kappa)\|H_0 u\|_{L^2} \geqslant (1-2\kappa)a\|u\|_{L^2},$$

因此, $\sigma(H_M) \subset \mathbb{R}\backslash(-(1-2\kappa)a, (1-2\kappa)a)$. 类似地可以验证 (2). □

2. 反应扩散型算子的谱

对于线性算子 $A: X \subset L^2(\mathbb{R}^n, \mathbb{R}^M) \to L^2(\mathbb{R}^n, \mathbb{R}^M)$, 我们假定 A 是 $L^2(\mathbb{R}^n, \mathbb{R}^M)$ 上稠定的闭线性算子, A^* 是 A 的 (Hilbert) 伴随. 令

$$\mathcal{A} = \begin{pmatrix} 0 & A^* \\ A & 0 \end{pmatrix}.$$

于是有 $\mathcal{A}$ 在 $L^2(\mathbb{R}^n, \mathbb{R}^{2M}) = L^2(\mathbb{R}^n, \mathbb{R}^M) \times L^2(\mathbb{R}^n, \mathbb{R}^M)$ 上是对称的. 记

$$J = \begin{pmatrix} 0 & -I \\ I & 0 \end{pmatrix}, \quad J_0 = \begin{pmatrix} 0 & I \\ I & 0 \end{pmatrix},$$

假定 $L = J\partial_t + \mathcal{A}$ 在 $\mathcal{B} := (\mathscr{D}(L), (\cdot,\cdot)_{\mathcal{B}})$ 上自伴, 其中 $(z_1, z_2)_{\mathcal{B}} := (Lz_1, z_2)_{L^2}$.

命题 3.1.33　如果 A 是正定的, 即存在 $a>0$, 使得对任意 $z\in X$, $(Az,z)_{L^2}\geqslant a\|z\|_{L^2}^2$, 则在 $L^2\left(\mathbb{R}^{1+n},\mathbb{R}^{2M}\right)$ 上, $0\notin\sigma(L)\subset\mathbb{R}$, 并且 $(-\infty,0)\cap\sigma(L)\neq\varnothing$.

证明　首先, 我们说明 L 在 $L^2\left(\mathbb{R}^{1+n},\mathbb{R}^{2M}\right)$ 上对称. 对任意 $z_1,z_2\in\mathscr{D}(L)$,

$$\begin{aligned}(Lz_1,z_2)_{L^2}&=(J\partial_t z_1,z_2)_{L^2}+(\mathcal{A}z_1,z_2)_{L^2}\\&=(z_1,J\partial_t z_2)_{L^2}+(z_1,\mathcal{A}z_2)_{L^2}\\&=(z_1,(J\partial_t+\mathcal{A})\,z_2)_{L^2}\,.\end{aligned}$$

假设 $\mu\in\sigma(L)$, 根据定理 3.1.15 i), 存在序列 $z_k\in\mathscr{D}(L),\|z_k\|_{L^2}=1$, 使得 $\|(L-\mu)z_k\|_{L^2}\to 0$. 于是

$$\begin{aligned}&((L-\mu)z_k,J_0z_k)_{L^2}\\=\ &(J\partial_t z_k,J_0z_k)_{L^2}+(\mathcal{A}z_k,J_0z_k)_{L^2}-\mu\,(z_k,J_0z_k)_{L^2}\\=\ &(J_0\mathcal{A}z_k,z_k)_{L^2}-\mu\,(z_k,J_0z_k)_{L^2}\\\geqslant\ &(a-\mu)\,\|z_k\|_{L^2}=a-\mu.\end{aligned}$$

令 $k\to\infty$, 则 $\mu\geqslant a>0$.

最后, 若 $\lambda\in\sigma(L)$, 我们只需要证明 $-\lambda\in\sigma(L)$. 记 $\bar{z}_n=J_1z_n$, 其中

$$J_1=\begin{pmatrix}-I&0\\0&I\end{pmatrix}.$$

我们有

$$\|(L+\lambda)\bar{z}_n\|_{L^2}=\|J_1(L-\lambda)z_n\|_{L^2}=\|(L-\lambda)z_n\|_{L^2}\to 0.$$

所以, $(-\infty,0)\cap\sigma(L)\neq\varnothing$. □

3. Dirac-Klein-Gordon 算子的谱

考虑 Dirac-Klein-Gordon 算子:

$$\mathcal{A}=\begin{pmatrix}-2\hat{\beth}_0&0\\0&-\hat{\Delta}\end{pmatrix},$$

其中 $-\hat{\beth}_0=-i\sum\limits_{k=1}^{3}\alpha_k\partial_k+(V(x)+m)\beta$, $-\hat{\Delta}=-\sum\limits_{k=1}^{3}\partial_k^2+\hat{V}(x)+M^2$. 对于线性位势, 我们假设

(V_0) $V(x)\equiv 0$, $\hat{V}(x)\equiv a$, $a\in(-M^2,\infty)$;

(V_1) $V(x)\in\mathcal{C}^1(\mathbb{R}^3,(0,\infty))$, $\hat{V}(x)\in\mathcal{C}^2(\mathbb{R}^3,(0,\infty))$, 并且它们关于 x_k 是 1-周期的, $k=1,2,3$.

命题 3.1.34 (i) 如果 (V_0) 成立, 那么 $\sigma(\mathcal{A})=(-\infty,-2m]\cup[\min\{2m,M^2+a\},\infty)$.

(ii) 如果 (V_1) 成立, 那么

$$\sigma(\mathcal{A})=\sigma_c(\mathcal{A})\subset(-\infty,-\min\{2m,M^2\}]\cup[\min\{2m,M^2\},\infty),$$

并且

$$\inf\sigma(\mathcal{A})\cap(0,\infty)\leqslant\max\left\{2m+\sup_{x\in\mathbb{R}^3}V(x),M^2+\sup_{x\in\mathbb{R}^3}\hat{V}(x)\right\}.$$

证明 (i) 直接由 Fourier 分析的方法可以得到. 由于

$$\mathcal{F}Az=\begin{pmatrix}2\sum_{k=1}^{3}\alpha_k\hat{\xi}_k+2m\beta & 0\\ 0 & (|\hat{\eta}|^2+M^2)I\end{pmatrix}\mathcal{F}z,$$

则 $\lambda\in\sigma(\mathcal{A})$ 等价于

$$\lambda\in\sigma\left(2\sum_{k=1}^{3}\alpha_k\hat{\xi}_k+2m\beta\right)\cup\sigma((|\hat{\eta}|^2+M^2+a)I).$$

因为 $\lambda\in\sigma\left(2\sum\limits_{k=1}^{3}\alpha_k\hat{\xi}_k+2m\beta\right)$ 等价于

$$\det\begin{pmatrix}\lambda-2m & 0 & -2\hat{\xi}_3 & -2\hat{\xi}_1+2i\hat{\xi}_2\\ 0 & \lambda-2m & -2\hat{\xi}_1-2i\hat{\xi}_2 & 2\hat{\xi}_3\\ -2\hat{\xi}_3 & -2\hat{\xi}_1+2i\hat{\xi}_2 & \lambda+2m & 0\\ -2\hat{\xi}_1-2i\hat{\xi}_2 & 2\hat{\xi}_3 & 0 & \lambda+2m\end{pmatrix}=0,$$

所以 $(\lambda^2-4m^2-|2\hat{\xi}|^2)^2=0$, 这意味着 $\lambda^2=4m^2+|2\hat{\xi}|^2\in[4m^2,\infty)$. 因此,

$$\sigma\left(\sum_{k=1}^{3}2\alpha_k\hat{\xi}_k+2m\beta\right)=(-\infty,-2m]\cup[2m,\infty),$$

即 $\sigma(\mathcal{A})=(-\infty,-2m]\cup[\min\{2m,M^2+a\},\infty)$.

(ii) 首先我们考虑 $\mathcal{A}^2$ 的谱. 通过简单的计算可知

$$\mathcal{A}^2=\begin{pmatrix}(-2\hat{\beth}_0)^2 & 0\\ 0 & (-\hat{\Delta})^2\end{pmatrix}=\begin{pmatrix}-4\Delta+4((V+m)\beta)^2-4P(V) & 0\\ 0 & (-\hat{\Delta})^2\end{pmatrix},$$

其中 $P(V)=-i\sum\limits_{k=1}^{3}\alpha_k\beta\partial_k V$. 如果 $\lambda\in\sigma(\mathcal{A}^2)$, 那么根据定理 3.1.15 i), 存在序列 $\{z_n\}$, 使得 $\|z_n\|_{L^2}=1$, $\|(\mathcal{A}^2-\lambda)z_n\|_{L^2}\to 0$. 记 $z_n=(u_n,v_n)^{\mathrm{T}}$. 那么

$$\begin{aligned}(\mathcal{A}^2z_n,z_n)_{L^2}&=(\mathcal{A}z_n,\mathcal{A}z_n)_{L^2}\\&=(2\hat{\beth}_0u_n,2\hat{\beth}_0u_n)_{L^2}+(\hat{\Delta}v_n,\hat{\Delta}v_n)_{L^2}\\&\geqslant 4m^2\|u_n\|_{L^2}^2+M^4\|v_n\|_{L^2}^2\\&\geqslant\min\{4m^2,M^4\}.\end{aligned}$$

因此, 我们有 $0\geqslant\min\{4m^2,M^4\}-\lambda$, 那么 $\sigma(\mathcal{A}^2)\subset[\min\{4m^2,M^4\},\infty)$. 令 $\{E_\gamma\}_{\gamma\in\mathbb{R}}$ 和 $\{F_\gamma\}_{\gamma\geqslant 0}$ 分别表示 A 和 A^2 的谱族. 这里

$$F_\gamma=E_{\gamma^{1/2}}-E_{-\gamma^{1/2}-0}=E_{[-\gamma^{1/2},\gamma^{1/2}]},\quad\forall\gamma>0.$$

因此, $\dim(E_{[-\gamma^{1/2},\gamma^{1/2}]}L^2)=\dim(F_\gamma L^2)=0$, $\forall\ 0\leqslant\gamma<m^2$. 于是, 我们有

$$\sigma(\mathcal{A})\subset\mathbb{R}\setminus(-\min\{4m^2,M^4\},\min\{4m^2,M^4\}).$$

根据 $\sigma(\mathcal{A}^2)=\sigma_c(\mathcal{A}^2)$ 得 $\mathcal{A}$ 只有连续谱. 实际上, 如果 $\mathcal{A}$ 有一个特征值 λ, 对应的特征函数为 $z\neq 0$, 那么 $\mathcal{A}^2z=\lambda^2z$, 因此 λ^2 是 $\mathcal{A}^2$ 的特征值, 这与 $\sigma(\mathcal{A}^2)=\sigma_c(\mathcal{A}^2)$ 矛盾.

根据 $0\in\sigma\left(-2i\sum\limits_{k=1}^{3}\alpha_k\partial_k\right)\cap\sigma(-\Delta)$, 我们能找到 $u_n,v_n\in L^2$, 使得 $\|u_n\|_{L^2}+\|v_n\|_{L^2}=1$, $\left\|-2i\sum\limits_{k=1}^{3}\alpha_k\partial_ku_n\right\|_{L^2}\to 0$, $\|-\Delta v_n\|_{L^2}\to 0$. 记 $z_n=\begin{pmatrix}u_n\\v_n\end{pmatrix}$, 那么

$$\begin{aligned}\|\mathcal{A}z_n\|_{L^2}&\leqslant\|(V+2m)u_n\|_{L^2}+\|(\hat{V}+M^2)v_n\|_{L^2}+o(1)\\&\leqslant\max\left\{2m+\sup_{x\in\mathbb{R}^3}V(x),M^2+\sup_{x\in\mathbb{R}^3}\hat{V}(x)\right\}.\end{aligned}$$

于是我们有

$$\|(\mathcal{A}-\lambda)z_n\|_{L^2}\leqslant\|\mathcal{A}z_n\|_{L^2}-\lambda\|z_n\|_{L^2}$$

$$\leqslant \max\left\{2m + \sup_{x\in\mathbb{R}^3} V(x), M^2 + \sup_{x\in\mathbb{R}^3} \hat{V}(x)\right\} - \lambda.$$

因此, $\inf\sigma(\mathcal{A})\cap(0,\infty) \leqslant \max\left\{2m + \sup\limits_{x\in\mathbb{R}^3} V(x), M^2 + \sup\limits_{x\in\mathbb{R}^3} \hat{V}(x)\right\}$. □

对于环面上的 Dirac-Klein-Gordon 算子, 为了方便起见, 记 $Q_n = [-n/2, n/2]\times[-n/2,n/2]\times[-n/2,n/2]$ 且分别记算子 $\mathcal{A}$ 在 $L^2(Q_n,\mathbb{C}^4)\times L^2(Q_n,\mathbb{R})$ 和 $L^2(\mathbb{R}^3,\mathbb{C}^4)\times L^2(\mathbb{R}^3,\mathbb{R})$ 上的谱为 A_n 和 $\sigma(\mathcal{A})$. 我们有下面的结论.

命题 3.1.35 若 (V_1) 成立, 算子 $\mathcal{A}$ 在 $L^2_T(Q_n,\mathbb{C}^4)\times L^2_T(Q_n,\mathbb{R})$ 上是自伴的, 其定义域为 $\mathscr{D}(\mathcal{A}) = H^1_T(Q_n,\mathbb{C}^4)\times H^2_T(Q_n,\mathbb{R}^4)$. 进而, $\sigma(\mathcal{A}) = \sigma(-2\hat{\beth}_0)\cup\sigma(-\hat{\Delta}) = \sigma_d(-2\hat{\beth}_0)\cup\sigma_d(-\hat{\Delta})$.

证明 我们首先证明算子 $-\hat{\beth}_0$ 和 $-\hat{\Delta}$ 只有离散谱. $\forall\lambda\in\mathbb{R}$, 若存在一列 $\{u_k\}\subset\mathscr{D}(-\hat{\beth}_0)$, $\|u_k\|_{L^2}=1$, 且在 $L^2(Q_n)$ 中 $u_k\rightharpoonup 0$, 使得

$$\|(\lambda + i\alpha\cdot\nabla)u_k\|_{L^2}\to 0,$$

这意味着 $\|u_k\|_{H^1(Q_n)}$ 有界, 假设存在子列仍记为 u_k 使得在 $H^1(Q_n)$ 中, $u_k\rightharpoonup u$, 所以 $\|u_k-u\|_{L^2}\rightharpoonup 0$. 由于 u_k 在 $L^2(Q_n)$ 中的弱收敛极限是 0, 所以 $u=0$. 这与 $\|u_k\|_{L^2}=1$ 矛盾. 显然 $(a+V)\beta$ 关于 $-i\alpha\cdot\nabla$ 是紧的, 所以 $-\hat{\beth}_0$ 只有离散谱. 同样地, $-\hat{\Delta}$ 的谱也是离散谱.

接下来证明: $\sigma(\mathcal{A}) = \sigma(-2\hat{\beth}_0)\cup\sigma(-\hat{\Delta})$. 事实上,

$$\|(\lambda-\mathcal{A})z\|^2_{L^2} = \|(\lambda-(-2\hat{\beth}_0))u\|^2_{L^2} + \|(\lambda-(-\hat{\Delta}))\phi\|^2_{L^2},$$

其中 $\lambda\in\mathbb{C}, z=(u,\phi)\in\mathscr{D}(\mathcal{A})$. 所以 $\sigma(\mathcal{A}) = \sigma(-2\hat{\beth}_0)\cup\sigma(-\hat{\Delta})$. 这里我们用到了定理 3.1.15 i): $\lambda\in\sigma(\mathcal{A})$ 当且仅当存在一列 $\|z_k\|_{L^2}=1$ 使得 $\|(\lambda-\mathcal{A})z_k\|_{L^2}\to 0$. □

在不同的空间上, 算子的谱也会随之变化. 下面给出谱关于周期的逼近性质.

引理 3.1.36 (i) $\sigma(\mathcal{A})\supset\bigcup\limits_{n=1}^{\infty}A_n$;

(ii) 若 $V(x)=\hat{V}(x)\equiv 0$, 则 $\sigma(\mathcal{A}) = \overline{\bigcup\limits_{n=1}^{\infty}A_n}$.

证明 (i) 若 $\lambda\in A_n$ 对某些 $n\in\mathbb{N}$, 记在 $H^1_T(Q_n,\mathbb{C}^4)\times H^2_T(Q_n,\mathbb{R})$ 中对应的特征向量为 e. 由标准的正则性讨论可知 $e\in L^\infty(\mathbb{R}^3,\mathbb{C}^4)\times L^\infty(\mathbb{R}^3,\mathbb{R})$. 对任意的 $m>0$, 可以找到一个光滑的截断函数 f_m, 满足当 $x\in Q_m$ 时 $f_m(x)=1$; 当 $x\in Q^c_{m+1}$ 时 $f_m(x)=0$ 并且 $|\nabla f_m|+|\nabla^2 f_m|<2$. 显然, 当 $m\to\infty$ 时 $\|f_m e\|_{L^2}\to\infty$. 令

$$g_m(x) = \frac{f_m(x)e(x)}{\|f_m e\|_{L^2}}.$$

$\forall h(x) \in \mathcal{C}_c^\infty(\mathbb{R}^3, \mathbb{C}^4) \times \mathcal{C}_c^\infty(\mathbb{R}^3, \mathbb{R})$,

$$\int_{\mathbb{R}^3} h(x) g_m(x) dx \leqslant \frac{C}{\|f_m e\|_{L^2}^2} \to 0, \quad m \to \infty.$$

所以在 $L^2(\mathbb{R}^3, \mathbb{C}^4) \times L^2(\mathbb{R}^3, \mathbb{R})$ 中 $g_m(x) \to 0$. 类似地,

$$\|\lambda g_m - \mathcal{A} g_m\|_{L^2} \to 0, \quad m \to \infty.$$

因此, $\lambda \in A$.

(ii) 若 $-\hat{\beth}_0 u = \lambda u$ 对某些 $\lambda \in \mathbb{R}, u \in H_T^1(Q_n, \mathbb{C}^4)$, 那么

$$\left(-\Delta + m^2\right) u = (-\hat{\beth}_0)^2 u = \lambda^2 u.$$

显然 $\left\{e^{2\pi i z_k x/n} : z_k \in \mathbb{Z}^3\right\}$ 构成 $H_T^2(Q_n, \mathbb{C})$ 的一组基, 那么令 $u = \sum\limits_{k \in \mathbb{Z}} e^{2\pi i z_k x/n} v_k$, 其中 $v_k \in \mathbb{C}^4$. 所以

$$\left(-\Delta + a^2\right) u = \sum_{k \in \mathbb{Z}} \left(\frac{(2\pi |z_k|)^2 v_k}{n^2} + m^2 v_k\right) e^{\frac{2\pi i z_k x}{n}} = \lambda^2 \sum_{k \in \mathbb{Z}} e^{\frac{2\pi i z_k x}{n}} v_k.$$

这可以推出 $\lambda^2 = (2\pi |z_k|)^2 / n^2 + m^2$ 是 $(-\hat{\beth}_0)^2$ 所有的特征值. 所以,

$$A_n \subset \left\{\pm 2 \left(\frac{(2\pi |z_k|)^2}{n^2} + m^2\right)^{\frac{1}{2}} : z_k \in \mathbb{Z}^3\right\} \bigcup \left\{\frac{(2\pi |z_k|)^2}{n^2} + M^2 : z_k \in \mathbb{Z}^3\right\}.$$

下面根据 [57] 的思路选取 $-\hat{\beth}_0$ 的特征值. 记 $\{E_\gamma\}_{\gamma \in \mathbb{R}}$ 和 $\{F_\gamma\}_{\gamma \in \mathbb{R}}$ 为算子 $-\hat{\beth}_0$ 和 $(-\hat{\beth}_0)^2$ 的谱族, 那么

$$F_\gamma = E_{\gamma^{1/2}} - E_{-\gamma^{1/2}-0} = E_{\left[-\gamma^{1/2} - \gamma^{1/2}\right]}, \quad \forall \gamma \geqslant 0.$$

对于 $\gamma = \left((2\pi |z_k|)^2 / n^2 + m^2\right)^{\frac{1}{2}}$,

$$0 \neq F_\gamma - F_{\gamma - 0} = \left(E_{\gamma^{1/2}} - E_{\gamma^{1/2}-0}\right) + \left(E_{-\gamma^{1/2}} - E_{\gamma^{1/2}-0}\right).$$

假设 $\gamma^{1/2}$ 是 $-\hat{\beth}_0$ 的特征值, 那么 $E_{\gamma^{1/2}} - E_{\gamma^{1/2}-0} \neq 0$. 记 $u = (u_1, u_2)$ 是对应的特征向量, 其中 $u_1, u_2 : \mathbb{R}^3 \to \mathbb{C}^2$. 令 $v = (u_2, -u_1)$, 那么 $-\gamma^{1/2}$ 是 $-\hat{\beth}_0$ 的特征值, 对应的特征向量为 v. 类似地, 若 $-\gamma^{1/2}$ 是 $-\hat{\beth}_0$ 的特征值, 那么 $\gamma^{1/2}$ 也是 $-\hat{\beth}_0$ 的特征值. 所以, 我们可以得到

$$A_n = \left\{\pm 2 \left(\frac{(2\pi |z_k|)^2}{n^2} + m^2\right)^{\frac{1}{2}} : z_k \in \mathbb{Z}^3\right\} \cup \left\{\frac{(2\pi |z_k|)^2}{n^2} + M^2 : z_k \in \mathbb{Z}^3\right\}.$$

那么,

$$\bigcup_{n=1}^{\infty} A_n$$

$$= \left\{ \pm 2\sqrt{\frac{(2\pi\,|z_k|)^2}{n^2}+m^2} : z_k\in\mathbb{Z}^3, n\in\mathbb{N} \right\} \cup \left\{ \frac{(2\pi\,|z_k|)^2}{n^2}+M^2 : z_k\in\mathbb{Z}^3, n\in\mathbb{N} \right\},$$

所以, $\overline{\bigcup\limits_{n=1}^{\infty} A_n} = (-\infty,-2m]\cup[\min\{2m, M^2\},\infty)=\sigma(\mathcal{A})$. □

4. Dirac-Maxwell 算子的谱

接下来我们研究 Dirac-Maxwell 算子的谱. 首先, 令 $A=\begin{pmatrix}-2\hat{\beth} & 0\\ 0 & -\hat{\Delta}\end{pmatrix}$, 其中 $-\hat{\beth}=-i\sum\limits_{k=1}^{3}\alpha_k\partial_k+(V(x)+m)\beta$, $-\hat{\Delta}=-\sum\limits_{k=1}^{3}\partial_k^2+\hat{V}(x)$. 由于

$$\begin{aligned}(Az_1,z_2)_{L^2} &= (-2\hat{\beth}u_1,u_2)_{L^2}+(-\hat{\Delta}v_1,v_2)_{L^2}\\ &= \left(-2i\sum_{k=1}^{3}\alpha_k\partial_k u_1,u_2\right)_{L^2}+2((V(x)+m)\beta u_1,u_2)_{L^2}+(v_1,-\hat{\Delta}v_2)_{L^2}\\ &= (z_1,Az_2)_{L^2}.\end{aligned}$$

所以, A 是自伴算子. 为了研究算子 A 的谱, 我们考虑

$$A^2=\begin{pmatrix}(-2\hat{\beth})^2 & 0\\ 0 & (-\hat{\Delta})^2\end{pmatrix}=\begin{pmatrix}-4\Delta+4((V+m)\beta)^2-4P(V) & 0\\ 0 & (-\hat{\Delta})^2\end{pmatrix},$$

其中 $P(V)=-i\sum\limits_{k=1}^{3}\beta\alpha_k\partial_k V+i(V+m)\beta\sum\limits_{k=1}^{3}\beta\alpha_k\partial_k$.

假设

(V_1') $V(x)\in\mathcal{C}^1(\mathbb{R}^3,(0,\infty))$, $\hat{V}(x)\in\mathcal{C}^2(\mathbb{R}^3,(M,\infty))$, $M>0$, 并且它们关于 x_k 是 1-周期的, $k=1,2,3$.

(V_2) $V(x)\in\mathcal{C}^1(\mathbb{R}^3,\mathbb{R})$, $\hat{V}(x)\in\mathcal{C}^2(\mathbb{R}^3,\mathbb{R})$, 并且对任意的 $b>0$, 集合 $V^b:=\{x\in\mathbb{R}^3: V(x)\leqslant b\}$ 和 $\hat{V}^b:=\{x\in\mathbb{R}^3:\hat{V}(x)\leqslant b\}$ 都有有限测度.

命题 3.1.37 (i) 如果 (V_1') 成立, 那么 $\sigma(A^2)\subset[\min\{4m^2,M^2\},\infty)$.

(ii) 如果 (V_2) 成立, 那么 $\sigma(A^2)=\sigma_d(A^2)=\{\mu_n:n\in\mathbb{N}\}$, $0<\mu_1\leqslant\mu_2\leqslant\cdots\leqslant\mu_n\to\infty$, $n\to\infty$.

证明 (i) 如果 $\lambda\in\sigma(A^2)=\sigma_{ap}(A^2)$, 那么存在 $\{z_n\}$, 使得 $\|z_n\|_{L^2}=1$, $\|(A^2-\lambda)z_n\|_{L^2}\to 0$. 记 $z_n=(u_n,v_n)^{\mathrm{T}}$. 那么

$$\begin{aligned}&(A^2z_n,z_n)_{L^2}=(Az_n,Az_n)_{L^2}\\&=\left(2i\sum_{k=1}^{3}\alpha_k\partial_k u_n-2(V(x)+m)\beta u_n,2i\sum_{k=1}^{3}\alpha_k\partial_k u_n-2(V(x)+m)\beta u_n\right)_{L^2}\\&\quad+((-\Delta+\hat V(x))v_n,(-\Delta+\hat V(x))v_n)_{L^2}\\&\geqslant 4m^2\|u_n\|_{L^2}^2+M^2\|v_n\|_{L^2}^2\geqslant\min\{4m^2,M^2\}.\end{aligned}$$

因此, $0\geqslant\min\{4m^2,M^2\}-\lambda$, 即 $\sigma(A^2)\subset[\min\{4m^2,M^2\},\infty)$.

(ii) 首先, 我们有

$$A^2=\begin{pmatrix}-4\Delta+4(V+m)^2-4P(V) & 0\\ 0 & (-\Delta)^2-2\hat V(x)\Delta-\Delta\hat V(x)+\hat V(x)^2\end{pmatrix}.$$

记

$$W(x)=\begin{pmatrix}4V(x)^2+8mV(x)-4P(V) & 0\\ 0 & \hat V(x)^2-2\hat V(x)\Delta-\Delta\hat V(x)\end{pmatrix},$$

其中 $W_b=W(x)-b\vec e$, $W_b^+=\max\{0,W_b\}$, $W_b^-=\min\{0,W_b\}$, $\vec e=\begin{pmatrix}1\\1\end{pmatrix}$. 令

$$S_b=\begin{pmatrix}-\Delta+4m^2+b & 0\\ 0 & (-\Delta)^2+b\end{pmatrix}+W_b^+,$$

那么 $A^2=S_b+W_b^-$. 记 $S=\{W_b^-z:z\in H^1\times H^2,\|z\|_{H^1\times H^2}\leqslant 1\}$. 则 S 在 $L^2\times L^2$ 上是预紧的. 这等价于 $H^1\times H^2\to L^2\times L^2$, $z\to W_b^-z$ 是紧的. 根据

$$\mathscr{D}(A^2)\hookrightarrow H^1\times H^2\hookrightarrow L^2\times L^2\hookrightarrow\mathscr{D}(A^2)^*,$$

我们有 $\mathscr{D}(A^2)\to\mathscr{D}(A^2)^*:z\to W_b^-z$ 是紧的. 因此, $\sigma_e(A^2)=\sigma_e(S_b)\subset[m^2+b,\infty)$, 对任意 $b>0$ 都成立.

最后证明 S 在 $L^2\times L^2$ 上是预紧的. 对任意的 $b\geqslant 1$, 我们有

$$\Lambda:=\left\{x\in\mathbb{R}^3:\sup_{|\xi|=1}(W(x)\xi,\xi)_{\mathbb{C}^4}<b\right\}\subset V^b.$$

固定 $\epsilon > 0$, 根据假设 (V_2), 存在 $R = R(\epsilon) > 0$, 使得 $\text{meas}(\Lambda \cap B_R^c) < \epsilon$, 其中 $B_R^c = \mathbb{R}^3 \setminus B_R(0)$, $B_R(0)$ 是以 0 为中心半径为 R 的球. 令 χ 为 $B_R(0)$ 上的示性函数, $\chi^c = 1-\chi$ 为 B_R^c 的示性函数. 选取 $s \in (1,3)$, 以及 $s' = s/(s-1)$ 为 s 的对偶数.

对于 $z \in H^1 \times H^2$, $\|z\|_{H^1\times H^2} \leqslant 1$, 我们有

$$\begin{aligned}
\|\chi^c W_b^- z\|_{L^2}^2 &= \int_{\Lambda\cap B_R^c} |W_b^- z|^2 dx \\
&\leqslant \left(\int_{\Lambda\cap B_R^c} |z|^{2s} dx\right)^{\frac{1}{s}} \left(\int_{\Lambda\cap B_R^c} |W_b^-|^{2s'} dx\right)^{\frac{1}{s'}} \\
&\leqslant C\epsilon^{\frac{1}{s'}} \|z\|_{H^1\times H^2} \\
&\leqslant C\epsilon^{\frac{1}{s'}}.
\end{aligned}$$

另一方面, 由于 $H^1 \times H^2 \subset L_{loc}^2 \times L_{loc}^2$ 是紧的, 我们有 $\hat{S} = \{\chi W_b^- z : z \in H^1\times H^2, \|z\|_{H^1\times H^2} \leqslant 1\}$ 在 $L^2\times L^2$ 上是预紧的. 由于 S 位于预紧集 $\hat{S}$ 的 $C\epsilon^{\frac{1}{s'}}$-邻域, $\forall \epsilon > 0$, 那么 S 是预紧的. □

命题 3.1.38 (i) 如果 $V = 0$, $\hat{V} = 2m$, 那么 $\sigma(A) = (-\infty, -2m] \cap [2m, \infty)$.

(ii) 如果 (V_1') 成立, 那么 $\sigma(A) = \sigma_c(A) \subset (-\infty, -2m] \cap [2m, \infty)$, 并且 $\inf \sigma(A) \cap (0,\infty) \leqslant \sup\limits_{x\in\mathbb{R}^3} V(x) + \sup\limits_{x\in\mathbb{R}^3} \hat{V}(x)$.

(iii) 如果 (V_2) 成立, 那么 $\sigma(A) = \sigma_d(A) = \{\pm\mu_n^{\frac{1}{2}} : n \in \mathbb{N}\}$.

证明 (i) 根据 $\mathcal{F}Az = \begin{pmatrix} 2\sum\limits_{k=1}^{3} \alpha_k \hat{\xi}_k + 2m\beta & 0 \\ 0 & (|\hat{\eta}|^2 + m)I \end{pmatrix} \mathcal{F}z$, 我们有 $\lambda \in \sigma(A)$ 等价于 $\lambda \in \sigma\left(2\sum\limits_{k=1}^{3}\alpha_k\hat{\xi}_k + 2m\beta\right) \cup \sigma((|\hat{\eta}|^2+m)I)$. 由于 $\lambda \in \sigma\left(2\sum\limits_{k=1}^{3}\alpha_k\hat{\xi}_k + 2m\beta\right)$ 等价于

$$\det \begin{pmatrix} \lambda - 2m & 0 & -2\hat{\xi}_3 & -2\hat{\xi}_1 + 2i\hat{\xi}_2 \\ 0 & \lambda - 2m & -2\hat{\xi}_1 - 2i\hat{\xi}_2 & 2\hat{\xi}_3 \\ -2\hat{\xi}_3 & -2\hat{\xi}_1 + 2i\hat{\xi}_2 & \lambda + 2m & 0 \\ -2\hat{\xi}_1 - 2i\hat{\xi}_2 & 2\hat{\xi}_3 & 0 & \lambda + 2m \end{pmatrix} = 0.$$

于是 $(\lambda^2 - 4m^2 - |2\hat{\xi}|^2)^2 = 0$, 这意味着 $\lambda^2 = 4m^2 + |2\hat{\xi}|^2 \in [4m^2, \infty)$. 因此,

$$\sigma\left(\sum_{k=1}^{3} 2\alpha_k\hat{\xi}_k + 2m\beta\right) \cup \sigma(|\hat{\eta}|^2 + m) = (-\infty, -2m] \cup [2m, \infty),$$

这意味着 $\sigma(A) = (-\infty, -2m] \cup [2m, \infty)$.

(ii) 令 $\{E_\gamma\}_{\gamma\in\mathbb{R}}$, $\{F_\gamma\}_{\gamma\geqslant 0}$ 为 A 和 A^2 的谱集.

$$F_\gamma = E_{\gamma^{1/2}} - E_{-\gamma^{1/2}-0} = E_{[-\gamma^{1/2},\gamma^{1/2}]}, \quad \forall \gamma > 0.$$

因此, $\dim(E_{[-\gamma^{1/2},\gamma^{1/2}]}L^2) = \dim(F_\gamma L^2) = 0$, $\forall\ 0 \leqslant \gamma < m^2$. 那么,

$$\sigma(A) \subset \mathbb{R} \setminus (-2m, 2m),$$

并且 A 只有连续谱, 这是因为 $\sigma(A^2) = \sigma_c(A^2)$. 由于

$$0 \in \sigma\left(-2i\sum_{k=1}^{3}\alpha_k\partial_k\right) \cap \sigma(-\Delta),$$

我们能够找到 $u_n, v_n \in L^2$, 使得

$$\|u_n\|_{L^2} + \|v_n\|_{L^2} = 1, \quad \left\|-2i\sum_{k=1}^{3}\alpha_k\partial_k u_n\right\|_{L^2} \to 0, \quad \|-\Delta v_n\|_{L^2} \to 0.$$

记 $z_n = (u_n, v_n)^{\mathrm{T}}$, 那么

$$\begin{aligned}\|Az_n\|_{L^2} &\leqslant \|(V+2m)u_n\|_{L^2} + \|\hat{V}v_n\|_{L^2} + o(1)\\ &\leqslant 2m + \sup_{x\in\mathbb{R}^3} V(x) + \sup_{x\in\mathbb{R}^3}(\hat{V}(x) - 2m)\\ &= \sup_{x\in\mathbb{R}^3} V(x) + \sup_{x\in\mathbb{R}^3}\hat{V}(x).\end{aligned}$$

因此, $\inf\sigma(A) \cap (0,\infty) \leqslant \sup_{x\in\mathbb{R}^3} V(x) + \sup_{x\in\mathbb{R}^3}\hat{V}(x)$.

(iii) 对于任意的 $\gamma \geqslant 0$, 我们有

$$\dim(E_{[-\gamma^{1/2},\gamma^{1/2}]}L^2) = \dim(F_\gamma L^2) < \infty.$$

因此, $\sigma(A) = \sigma_d(A) \subset \{\pm\mu_n^{1/2} : n \in \mathbb{N}\}$. 对于 $\gamma = \mu_n$, 我们有

$$0 \neq F_\gamma - F_{\gamma-0} = E_{\gamma^{1/2}} - E_{\gamma^{1/2}-0} + E_{-\gamma^{1/2}} - E_{-\gamma^{1/2}-0}.$$

假定 $\gamma^{1/2}$ 为 A 的特征值, 令 $z = (u,v)^{\mathrm{T}}$ 为其对应的特征向量. 令 $\hat{u} = Ju$, $\hat{z} = (\hat{u}, 0)^{\mathrm{T}}$, 其中

$$J = \begin{pmatrix} 0 & I_2 \\ -I_2 & 0 \end{pmatrix}.$$

我们有

$$A\hat{z} = -(J(-\hat{\beth}u), 0)^{\mathrm{T}} = -\gamma^{1/2}(\hat{u}, 0)^{\mathrm{T}} = -\gamma^{1/2}\hat{z}.$$

因此, $-\gamma^{1/2}$ 也是 A 的特征值. □

对于环面上的 Dirac-Maxwell 算子, 我们有下面的结论.

命题 3.1.39 若 (V_1) 成立, 算子 $\mathcal{A}$ 在 $L_T^2(Q_n, \mathbb{C}^4) \times L_T^2(Q_n, \mathbb{R}^4)$ 上是自伴的, 其定义域为 $\mathscr{D}(\mathcal{A}) = H_T^1(Q_n, \mathbb{C}^4) \times H_T^2(Q_n, \mathbb{R}^4)$. 进而, $\sigma(\mathcal{A}) = \sigma_d(\mathcal{A})$.

证明 只需要证明定义在 $L_T^2(Q_n, \mathbb{C}^4)$ 上的算子 $-\hat{\beth}$ 和定义在 $L_T^2(Q_n, \mathbb{R}^4)$ 上的算子 $-\hat{\Delta}$ 只有离散谱. 对于 $\mathcal{B} = -i\alpha \cdot \nabla$, 我们注意到 $\lambda \in \sigma_e(\mathcal{B})$ 当且仅当存在一列 $\{u_k\} \subset \mathscr{D}(\mathcal{B}) = H_T^1(Q_n, \mathbb{C}^4)$, $\|u_k\|_{L^2} = 1$ 满足 $u_k \rightharpoonup 0$ 且 $(\lambda - \mathcal{B})u_k \to 0$ 在 $L_T^2(Q_n, \mathbb{C}^4)$ 中. 那么, 我们可以得到 $\|\nabla u_k\|_{L^2} < \infty$, 这意味着 $u_k \in H_T^1(Q_n, \mathbb{C}^4)$. 假设在 $H_T^1(Q_n, \mathbb{C}^4)$ 中 $u_k \rightharpoonup u$, 所以 $u = 0$. 再根据紧嵌入定理可知, 在 $L_T^2(Q_n, \mathbb{C}^4)$ 中 $u_k \to u = 0$, 矛盾. 接下来考虑 $\hat{\beth}$ 的本质谱. 算子 $(m + V(x))\beta$ 是 $\mathcal{B}$ 紧的, 根据 Weyl 判别法 (定理 3.1.18), 我们有 $\sigma_e(-\hat{\beth}) = \sigma_e(\mathcal{B}) = \varnothing$. 同样地, $-\hat{\Delta}$ 的谱也是离散的. □

最后, 考虑算子谱的逼近. 定义在 $L_T^2(Q_n, \mathbb{C}^4) \times L_T^2(Q_n, \mathbb{R}^4)$ 上的算子 $\mathcal{A}$ 记为 $\mathcal{A}_n$. 类似地定义 $-\hat{\beth}_n$ 和 $-\hat{\Delta}_n$. 上述命题可推知 $\sigma(\mathcal{A}_n) = \sigma_d(\mathcal{A}_n)$.

命题 3.1.40 若 (V_1') 成立, 那么 $\sigma(\mathcal{A}) \supset \bigcup\limits_{n=1}^{\infty} \sigma(\mathcal{A}_n)$. 进而, 若 $V(x) = \hat{V}(x) = 0$, 则 $\sigma(\mathcal{A}) = \overline{\bigcup\limits_{n=1}^{\infty} \sigma(\mathcal{A}_n)}$.

证明 若 $\lambda \in \sigma(\mathcal{A}_n)$, 记在 $H_T^1(Q_n, \mathbb{C}^4) \times H_T^2(Q_n, \mathbb{R}^4)$ 中对应的特征向量为 e. 将 e 周期延拓且由标准的正则性讨论可知 $e \in L^\infty(\mathbb{R}^3, \mathbb{C}^4) \times L^\infty(\mathbb{R}^3, \mathbb{R}^4)$. 对任意的 $m > 0$, 可以找到一个光滑的截断函数 f_m, 满足当 $x \in Q_m$ 时 $f_m(x) = 1$; 当 $x \in Q_{m+2}^c$ 时 $f_m(x) = 0$ 并且 $\sup\limits_{x\in\mathbb{R}^3} |\nabla f_m(x)| \leqslant 2$, $\sup\limits_{x\in\mathbb{R}^3} |\partial_{ij} f_m(x)| \leqslant 2$. 注意到

$$\|f_m e\|_{L^2} \geqslant \left[\frac{m}{n}\right]^2 \|e\|_{L^2(Q_n)} \to \infty \quad (m \to \infty),$$

其中 $[\cdot]$ 为取整函数. 令

$$g_m(x) = \frac{f_m(x)e(x)}{\|f_m e\|_{L^2}}$$

且 $\|g_m\|_{L^2} = 1$. 那么, $\forall h(x) \in \mathcal{C}_c^\infty(\mathbb{R}^3, \mathbb{C}^4) \times \mathcal{C}_c^\infty(\mathbb{R}^3, \mathbb{R}^4)$, 当 $m \to \infty$ 时, 我们有

$$(g_m(x), h(x))_{L^2} \leqslant \frac{C_1}{\|f_m e\|_{L^2}} \to 0.$$

所以, 在 $L^2(\mathbb{R}^3,\mathbb{C}^4)\times L^2(\mathbb{R}^3,\mathbb{R}^4)$ 中 $g_m(x)\to 0$. 同样地, 当 $m\to\infty$ 时

$$\|\lambda g_m-\mathcal{A}g_m\|_{L^2}^2\leqslant C_2\frac{\left(\left[\frac{m+2}{n}\right]^2-\left[\frac{m+1}{n}\right]^2\right)\|e\|_{L^2(Q_n)}^2}{\left[\frac{m}{n}\right]^2\|e\|_{L^2(Q_n)}^2}\to 0.$$

因此, $\lambda\in\sigma(\mathcal{A})$.

若 $V(x)=\hat{V}(x)=0$, 根据 [64, 引理 4.1] 类似的证明可以得到 $\sigma(\mathcal{A})=\sigma_c(\mathcal{A})=(-\infty,-2m]\cup[0,\infty)$. 下面计算 $\sigma(\mathcal{A}_n)$. 事实上, 我们首先计算 $\sigma\left(\left(-\hat{\beth}_n\right)^2\right)$. 注意到 $\left\{e^{2\pi z_k\cdot xi/n}\right\}$ 构成了 Hilbert 空间 $H_T^2(Q_n,\mathbb{C})$ 的一组完备正交基, 其中 $z_k\in\mathbb{Z}^3$. 根据直接的计算可得 $\sigma\left(\left(-\hat{\beth}_n\right)^2\right)=\left\{4\pi^2|z_k|^2/n^2+m^2:z_k\in\mathbb{Z}^3\right\}$, 这意味着

$$\sigma\left(-\hat{\beth}_n\right)=\left\{\pm\left(\frac{4\pi^2|z_k|^2}{n^2}+m^2\right)^{\frac{1}{2}}:z_k\in\mathbb{Z}^3\right\}.$$

这里用到的方法类似于 [57, 引理 7.3(c)]. 那么,

$$\sigma(\mathcal{A}_n)=\left\{\pm 2\left(\frac{4\pi^2|z_k|^2}{n^2}+m^2\right)^{\frac{1}{2}}:z_k\in\mathbb{Z}^3\right\}\cup\left\{\frac{4\pi^2|z_k|^2}{n^2}:z_k\in\mathbb{Z}^3\right\}.$$

所以 $\sigma(\mathcal{A})=\overline{\bigcup_{n=1}^{\infty}\sigma(\mathcal{A}_n)}$. □

3.1.5 插值理论

令 A_0 和 A_1 是两个拓扑向量空间. 若存在一个 Hausdorff 拓扑向量空间 $\mathfrak{A}$ 使得 A_0 和 A_1 都是 $\mathfrak{A}$ 的子空间, 则称 A_0 和 A_1 是相容的. 记它们的和为 A_0+A_1、交为 $A_0\cap A_1$. 假设 A_0 和 A_1 是相容的赋范向量空间. 那么 $A_0\cap A_1$ 是一个赋范向量空间, 其范数定义为

$$\|a\|_{A_0\cap A_1}=\max\{\|a\|_{A_0},\|a\|_{A_1}\}.$$

并且 A_0+A_1 也是一个赋范向量空间, 其范数定义为

$$\|a\|_{A_0+A_1}=\inf\left\{\|a_0\|_{A_0}+\|a_1\|_{A_1}:a=a_0+a_1\right\}.$$

若 A_0 和 A_1 是完备的, 则 $A_0\cap A_1$ 和 A_0+A_1 也是完备的.

记 $\mathscr{N}$ 是所有赋范向量空间构成的范畴, $\mathscr{C}$ 表示 $\mathscr{N}$ 的子范畴. 假设映射 $T: A \to B$ 是所有从 A 到 B 的有界线性算子. 令 $\mathscr{C}_1$ 表示相容对 $\overline{A} = (A_0, A_1)$ 的范畴, 即使得 A_0 和 A_1 相容并且 $A_0 + A_1$ 和 $A_0 \cap A_1$ 是 $\mathscr{C}$ 的子空间. 在 $\mathscr{C}_1$ 中的态射 $T: (A_0, A_1) \to (B_0, B_1)$ 是从 $A_0 + A_1$ 到 $B_0 + B_1$ 的有界线性算子, 并且满足

$$T_{A_0}: A_0 \to B_0, \quad T_{A_1}: A_1 \to B_1$$

是 $\mathscr{C}$ 中的态射. 这里 T_A 表示 T 在 A 上的限制. 根据复合态射和恒同态射的自然定义, 易知 $\mathscr{C}_1$ 是一个范畴. 因此, T 将表示 $A_0 + A_1$ 的各种子空间的限制. 对于 $a = a_0 + a_1$,

$$\|Ta\|_{B_0+B_1} \leqslant \|T\|_{A_0,B_0} \|a_0\|_{A_0} + \|T\|_{A_1,B_1} \|a_1\|_{A_1}.$$

记 $\|T\|_{A,B}$ 为映射 $T: A \to B$ 的范数, 所以

$$\|T\|_{A_0+A_1,B_0+B_1} \leqslant \max\{\|T\|_{A_0,B_0}, \|T\|_{A_1,B_1}\},$$

并且

$$\|T\|_{A_0\cap A_1,B_0\cap B_1} \leqslant \max\{\|T\|_{A_0,B_0}, \|T\|_{A_1,B_1}\}.$$

进而, 我们可以定义两种基本的函子 Σ (和), Δ (交): $\mathscr{C}_1 \to \mathscr{C}$. 记 $\Sigma(T) = \Delta(T) = T$ 且

$$\Delta(\bar{A}) = A_0 \cap A_1, \quad \Sigma(\bar{A}) = A_0 + A_1.$$

定义 3.1.41 $\bar{A} = (A_0, A_1)$ 是 $\mathscr{C}_1$ 中给定的对, $A \in \mathscr{C}$. 若

(1) $\Delta(\bar{A}) \subset A \subset \Sigma(\bar{A})$ 是连续包含的;

(2) $T: \bar{A} \to \bar{A}$ 推出 $T: A \to A$, 则称空间 A 是一个在 A_0 与 A_1 之间 (关于 $\bar{A}$) 的插值空间, 记为 $A := [A_0, A_1]$. 另外, 若 A 满足 (1) 时, 称 A 是 A_0 与 A_1 的中间空间.

插值空间有很多种不同的定义, 如复插值空间、实插值空间等. 关于插值空间的概念与结论可参考 [24, 43, 88].

这里我们考虑全纯插值空间. 设 X, Y 是两个可分的 Hilbert 空间, 假设

$$X \hookrightarrow Y, \text{ 且 } X \text{ 在 } Y \text{ 中是稠密的.} \tag{3.1.16}$$

用 $(\cdot,\cdot)_X, (\cdot,\cdot)_Y$ 分别表示 X 和 Y 中的内积, $\|\cdot\|_X, \|\cdot\|_Y$ 分别表示 X 和 Y 中的范数. 令

$$a(u, v) = (u, v)_X, \quad u, v \in X.$$

设 A 是在 Y 上的自伴算子, 且定义域为

$$\mathscr{D}(A)=\{u\in X: v\mapsto a(u,v)\ \text{关于由}\ Y\ \text{诱导的拓扑是连续的}\}.$$

则 $\mathscr{D}(A)$ 在 Y 中是稠密的, 从而在 X 中也是稠密的. 此外, 我们还知道 A 是一个正的自伴算子且有有界逆 (因为 $0\notin\sigma(A)$) 满足

$$(Au,u)_Y=a(u,u)=\|u\|_X^2\geqslant\beta\|u\|_Y^2,\quad \forall u\in\mathscr{D}(A),$$

其中 $\beta>0$ 为常数.

设 $\{E_\mu\}_{\mu\in\mathbb{R}}$ 为 A 在 Y 中的谱族, 可假设 $\sigma(A)\subset[\mu_0,\infty)$, 其中 $\mu_0>0$. 则对任意的 $u\in\mathscr{D}(A)$, 我们有

$$(Au,u)_Y=\int_{\mu_0}^{\infty}\mu d\|E_\mu u\|_Y^2=\|u\|_X^2=\int_{\mu_0}^{\infty}(\mu^{\frac{1}{2}})^2 d\|E_\mu u\|_Y^2,$$

因此,

$$\|u\|_X^2=\|A^{\frac{1}{2}}u\|_Y^2,\quad \forall u\in\mathscr{D}(A).$$

由 $\mathscr{D}(A)$ 在 $\mathscr{D}(A^{1/2})$ 以及在 X 中稠密可得

$$\mathscr{D}(A^{\frac{1}{2}})=X.$$

定义 $\Lambda=A^{1/2}$, 则 Λ 也是一个自伴算子, 其定义域为 $\mathscr{D}(\Lambda)=X$ 且满足

$$(\Lambda u,u)_Y\geqslant\beta^{\frac{1}{2}}\|u\|_Y^2,\ \forall u\in\mathscr{D}(\Lambda)=X.$$

设 $\{F_\lambda\}_{\lambda\in\mathbb{R}}$ 为 Λ 的谱族, 则

$$F_\lambda=E_{\lambda^2}.$$

定义 3.1.42　令 X 和 Y 是可分的 Hilbert 空间, 且满足 (3.1.16), 对于 $\theta\in(0,1)$, 我们令

$$[X,Y]_\theta=\mathscr{D}(\Lambda^{1-\theta}),$$

其中 $\Lambda=A^{1/2}$ 是 Y 中的无界线性算子, 定义域为 X, 如上面所定义的, $[X,Y]_\theta$ 是 Hilbert 空间, 其中 $[X,Y]_\theta$ 的内积定义为

$$(u,v)_\theta=(u,v)_Y+(\Lambda^{1-\theta}u,\Lambda^{1-\theta}v)_Y,$$

以及范数为算子 $\Lambda^{1-\theta}$ 的图模, 也就是

$$\|u\|_{[X,Y]_\theta}=\sqrt{\|u\|_Y^2+\|\Lambda^{1-\theta}u\|_Y^2},$$

则称 $[X,Y]_\theta$ 为空间 X 和 Y 的 θ 阶全纯插值空间.

命题 3.1.43 (i) 对 $\theta \in [0,1]$, 存在常数 $C(\theta) > 0$ 使得对任意的 $u \in X$, 有

$$\|u\|_{[X,Y]_\theta} \leqslant C(\theta)\|u\|_X^{1-\theta} \cdot \|u\|_Y^\theta;$$

(ii) 对 $0 \leqslant \theta_1 < \theta_2 \leqslant 1$,

$$[X,Y]_{\theta_1} \hookrightarrow [X,Y]_{\theta_2}, \text{ 且 } [X,Y]_{\theta_1} \text{ 在 } [X,Y]_{\theta_2} \text{ 中是稠密的.}$$

取 $\Lambda = (-\Delta+1)^{m/2}$, $X = \mathscr{D}(\Lambda) = H^m(\mathbb{R}^n)$, $Y = L^2(\mathbb{R}^n)$, 我们有如下结论.

定理 3.1.44 设 $0 < \theta < 1$, m 为正整数. 则在等价范数意义下, 我们有

$$[H^m(\mathbb{R}^n), L^2(\mathbb{R}^n)]_\theta = H^{(1-\theta)m}(\mathbb{R}^n).$$

特别地, 若 $m = 1, \theta = 1/2$, 则

$$[H^1(\mathbb{R}^n), L^2(\mathbb{R}^n)]_{\frac{1}{2}} = H^{\frac{1}{2}}(\mathbb{R}^n).$$

注 3.1.45 在复插值定义下, 对于 $p_0 \geqslant 1, p_1 \geqslant 1$, $0 < \theta < 1$, 我们有下面的性质

$$[L^{p_0}(\mathbb{R}^n), L^{p_1}(\mathbb{R}^n)]_\theta = L^p(\mathbb{R}^n), \quad \text{其中 } \frac{1}{p} = \frac{1-\theta}{p_0} + \frac{\theta}{p_1}.$$

然而, 在上述全纯插值定义下, 此性质不成立. 这是因为全空间中没有 $L^{p_0}(\mathbb{R}^n)$ 和 $L^{p_1}(\mathbb{R}^n)$ 之间的嵌入关系.

对于 Dirac 算子 $H_0 = -i\alpha \cdot \nabla + a\beta$, 我们有下面的结论.

推论 3.1.46 在范数等价意义下, 我们有

$$\mathscr{D}(|H_0|^{\frac{1}{2}}) = H^{\frac{1}{2}}(\mathbb{R}^3, \mathbb{C}^4).$$

证明 首先, 我们有 $\mathscr{D}(|H_0|^{\frac{1}{2}}) \cong H^1(\mathbb{R}^3, \mathbb{C}^4)$, 这是因为

$$\begin{aligned}(|H_0|u, |H_0|u)_2 &= (H_0^2 u, u)_2 = (-\Delta u, u)_2 + a^2(u,u)_2 \\ &= \|\nabla u\|_{L_2}^2 + a^2\|u\|_{L^2}^2.\end{aligned}$$

取 $\Lambda = |H_0|, X = \mathscr{D}(\Lambda), Y = L^2(\mathbb{R}^3, \mathbb{C}^4)$. 根据定义 3.1.42 和定理 3.1.44, 我们有

$$\begin{aligned}\mathscr{D}(|H_0|^{\frac{1}{2}}) &= [\mathscr{D}(|H_0|), L^2(\mathbb{R}^3, \mathbb{C}^4)]_{\frac{1}{2}} \\ &= [H^1(\mathbb{R}^3, \mathbb{C}^4), L^2(\mathbb{R}^3, \mathbb{C}^4)]_{\frac{1}{2}} \\ &= H^{\frac{1}{2}}(\mathbb{R}^3, \mathbb{C}^4).\end{aligned}$$

□

3.2 变分框架

3.2.1 抽象方程的变分框架

我们现在考虑抽象方程

$$Au = N(u), \quad u \in H, \tag{3.2.1}$$

其中 H 为 Hilbert 空间, A 是自伴算子, 其定义域 $\mathscr{D}(A) \subset H$, $N : \mathscr{D}(A) \to H$ 是 (非线性) 梯度型映射, 换言之, 存在函数 $\Psi : \mathscr{D}(A) \subset H \to H$ 使得 $N(u) = \nabla\Psi(u)$.

一般而言, 算子 A 的谱集 $\sigma(A)$ 的结构是复杂的. 令 $\sigma^-(A) = \sigma(A)\cap(-\infty, 0)$, $\sigma^+(A) = \sigma(A) \cap (0, +\infty)$, 则 $\sigma^\pm(A)$ 至少有一个不是空集. 为明确起见, 下面总假设 $\sigma^+(A) \neq \varnothing$, 并令 $\lambda^+ = \inf\sigma^+(A)$, 而当 $\sigma^-(A) \neq \varnothing$ 时也令 $\lambda^- = \sup\sigma^-(A)$, 等价于前面给出的定义, 如果对应地 $\sigma^-(A) = \varnothing$ 且 $\lambda^+ > 0$, 或 $\sigma^-(A)$ 只含有限多个特征值, 或 $\sigma^\pm(A)$ 都是无限集, 或 $\sigma^\pm(A) \cap \sigma_e(A) \neq \varnothing$, 称 A 为正定的, 或半定的, 或强不定的, 或非常强不定的 (本质强不定的).

根据算子理论, Hilbert 空间 H 具有正交分解:

$$H = H^- \oplus H^0 \oplus H^+, \quad u = u^- + u^0 + u^-,$$

使得 A 在 H^- 和 H^+ 分别是负定和正定的, H^0 是 A 的零空间. 事实上, 由自伴算子的极分解定理 3.1.11, $A = U|A|$, $H^\pm = \{x \in H : Ux = \pm x\}$. 取 $E = \mathscr{D}(|A|^{1/2})$, 并在 E 上引入内积

$$(u, v)_E = (|A|^{\frac{1}{2}}u, |A|^{\frac{1}{2}}v)_H + (u, v)_H.$$

以 $\|\cdot\|_E$ 记 $(\cdot,\cdot)_E$ 导出的范数. 则 E 有关于内积 $(\cdot,\cdot)_H$ 和 $(\cdot,\cdot)_E$ 都是正交的分解:

$$E = E^- \oplus E^0 \oplus E^+, \quad u = u^- + u^0 + u^+,$$

其中 $E^\pm = E \cap H^\pm$ 与 $E^0 = H^0$.

设 $\Psi \in \mathcal{C}^1(E, \mathbb{R})$ 且 $\Psi'(u) = N(u)$(在应用中, 只要对非线性项作合适的假设, 就能满足这一要求). 在 E 上定义泛函

$$\Phi(u) = \frac{1}{2}(\||A|^{\frac{1}{2}}u^+\|_H^2 - \||A|^{\frac{1}{2}}u^-\|_H^2) - \Psi(u), \quad \forall u = u^- + u^0 + u^+ \in E.$$

则 $\Phi \in \mathcal{C}^1(E, \mathbb{R})$. 进一步, 当 $u \in \mathscr{D}(A)$ 是 Φ 的临界点时, 它就是方程 (3.2.1) 的

解. 事实上, 对任意 $v \in E$,

$$
\begin{aligned}
0 &= (|A|^{\frac{1}{2}}u^+, |A|^{\frac{1}{2}}v^+)_H - (|A|^{\frac{1}{2}}u^-, |A|^{\frac{1}{2}}v^-)_H - (N(u), v)_H \\
&= (|A|(u^+ - u^-), v)_H - (N(u), v)_H \\
&= (|A|Uu, v)_H - (N(u), v)_H \\
&= (Au - N(u), v)_H.
\end{aligned}
$$

注 3.2.1 当 0 至多是 $\sigma(A)$ 的孤立点时, 即存在 $\delta > 0$ 充分小使得 $(-\delta, \delta) \cap \sigma(A)$ 至多含有单点 0. 令

$$
P^- = \int_{-\infty}^{-\delta} dE_\lambda, \quad P^+ = \int_{\delta}^{+\infty} dE_\lambda, \quad P^0 = \int_{-\delta}^{\delta} dE_\lambda,
$$

则 $I = P^- + P^0 + P^+$, $E^\pm = P^\pm H, H^0 = P^0 H$. 此时为方便起见, 通常在 E 上定义下述等价范数

$$
(u, v) = (|A|^{\frac{1}{2}}u, |A|^{\frac{1}{2}}v)_H + (u^0, v^0)_H.
$$

此时, 以 $\|\cdot\|$ 记由 $(\cdot,\cdot)$ 导出的范数, Φ 可表示为

$$
\Phi(u) = \frac{1}{2}(\|u^+\|^2 - \|u^-\|^2) - \Psi(u).
$$

3.2.2 Dirac 方程的变分框架

考虑非线性 Dirac 方程

$$
-i\hbar c \sum_{k=1}^{3} \alpha_k \partial_k u + mc^2 \beta u = G_u(x, u). \tag{3.2.2}
$$

方程中的 c 是光速, $\hbar$ 是 Planck 常数, m 是带电粒子的质量, α_1, α_2, α_3 以及 β 是 4×4 的 Pauli 矩阵:

$$
\beta = \begin{pmatrix} I_2 & 0 \\ 0 & -I_2 \end{pmatrix}, \quad \alpha_k = \begin{pmatrix} 0 & \sigma_k \\ \sigma_k & 0 \end{pmatrix}, \quad k = 1, 2, 3,
$$

其中

$$
\sigma_1 = \begin{pmatrix} 0 & 1 \\ 1 & 0 \end{pmatrix}, \quad \sigma_2 = \begin{pmatrix} 0 & -i \\ i & 0 \end{pmatrix}, \quad \sigma_3 = \begin{pmatrix} 1 & 0 \\ 0 & -1 \end{pmatrix},
$$

以及 I_2 是 2×2 单位矩阵. 很容易验证 β 以及 α_k 满足下面的反交换性质

$$\begin{cases}\alpha_k\alpha_l+\alpha_l\alpha_k=2\delta_{kl}I_4,\\ \alpha_k\beta+\beta\alpha_k=0,\\ \beta^2=I_4.\end{cases}$$

取 $\hbar=1$, 记 $a=mc^2$, $H_0=-ic\alpha\cdot\nabla+a\beta$ 为 $L^2\equiv L^2(\mathbb{R}^3,\mathbb{C}^4)$ 上的自伴微分算子, 其定义域为 $\mathscr{D}(H_0)=H^1\equiv H^1(\mathbb{R}^3,\mathbb{C}^4)$(空间相等都是在范数等价的意义下). 根据命题 3.1.23, $\sigma(H_0)=\sigma_e(H_0)=\mathbb{R}\setminus(-a,a)$. 因此, L^2 将有如下的正交分解:

$$L^2=L^+\oplus L^-,\quad u=u^++u^-$$

使得 H_0 在 L^+ 和 L^- 上分别是正定的和负定的. 取 $E:=\mathscr{D}(|H_0|^{\frac{1}{2}})$, 内积

$$(u,v)_0=\Re(|H_0|^{\frac{1}{2}}u,|H_0|^{\frac{1}{2}}v)_{L^2}+(u,v)_{L^2}$$

以及诱导范数 $\|u\|_0=(u,u)_0^{1/2}$, 这里 $|H_0|$ 和 $|H_0|^{1/2}$ 分别表示算子 H_0 的绝对值和 $|H_0|$ 的平方根.

根据推论 3.1.46,

$$E:=\mathscr{D}(|H_0|^{\frac{1}{2}})=H^{\frac{1}{2}}(\mathbb{R}^3,\mathbb{C}^4).$$

即如此定义的范数与 $H^{1/2}$-范数等价. 因此, 我们得到下面的空间嵌入定理.

定理 3.2.2 *E 连续地嵌入到 $L^q,\forall q\in[2,3]$, 并且紧嵌入到 $L^q_{loc},\forall q\in[1,3)$.*

令

$$P^-=\int_{-\infty}^{-a}dE_\lambda,\quad P^+=\int_a^{+\infty}dE_\lambda,$$

则 $I=P^-+P^+$, $E^\pm=P^\pm L^2$. 为方便起见, 通常在 E 上定义下述等价内积

$$(u,v)=\Re(|H_0|^{\frac{1}{2}}u,|H_0|^{\frac{1}{2}}v)_{L^2}.$$

此时, 以 $\|\cdot\|$ 记由 $(\cdot,\cdot)$ 导出的范数, Φ 可表示为

$$\begin{aligned}\Phi(u)&=\frac{1}{2}(\||H_0|^{\frac{1}{2}}u^+\|_{L^2}^2-\||H_0|^{\frac{1}{2}}u^-\|_{L^2}^2)-\Psi(u)\\&=\frac{1}{2}(\|u^+\|^2-\|u^-\|^2)-\Psi(u).\end{aligned}$$

显然, 通过 E 的定义不难看出其具有如下正交分解

$$E = E^+ \oplus E^-, \quad \text{其中 } E^\pm = E \cap L^\pm, \tag{3.2.3}$$

并且该分解关于 $(\cdot,\cdot)_{L^2}$ 和 $(\cdot,\cdot)$ 都是正交的.

由于 $\sigma(H_0) = \mathbb{R} \setminus (-a, a)$, 我们可以得到: 对所有 $u \in E$,

$$a\|u\|_{L^2}^2 \leqslant \|u\|^2. \tag{3.2.4}$$

在没有歧义的前提下, 仍记 $P^\pm$ 为 E 上的正交投影算子, 定义为

$$\widehat{P^\pm u}(\xi) = \frac{1}{2}\mathbf{U}^{-1}(\xi)(I_4 \pm \beta)\mathbf{U}(\xi)\hat{u}(\xi) = \frac{1}{2}\left(I_4 \pm \frac{mc^2}{\lambda}\beta \pm \frac{c}{\lambda}\alpha \cdot \xi\right)\hat{u}(\xi).$$

所以, 我们有

$$\widehat{P^+ u}(\xi) = a(\xi)\begin{pmatrix} I_2 & \sum_k \frac{\xi_k}{b(\xi)}\sigma_k \\ \sum_k \frac{\xi_k}{b(\xi)}\sigma_k & A(\xi)I_2 \end{pmatrix}\begin{pmatrix} \hat{U} \\ \hat{V} \end{pmatrix},$$

$$\widehat{P^- u}(\xi) = a(\xi)\begin{pmatrix} A(\xi)I_2 & -\sum_k \frac{\xi_k}{b(\xi)}\sigma_k \\ -\sum_k \frac{\xi_k}{b(\xi)}\sigma_k & I_2 \end{pmatrix}\begin{pmatrix} \hat{U} \\ \hat{V} \end{pmatrix},$$

其中 $u = (u_1, u_2, u_3, u_4)^{\mathrm{T}} = (U, V)^{\mathrm{T}} \in \mathbb{C}^4$, $U = (u_1, u_2)^{\mathrm{T}}$, $V = (u_3, u_4)^{\mathrm{T}}$, I_2 是 2×2 单位矩阵并且

$$a(\xi) = \frac{1}{2}\left(1 + \frac{mc^2}{\lambda}\right) = \frac{mc^2 + \sqrt{m^2c^4 + c^2|\xi|^2}}{2\sqrt{m^2c^4 + c^2|\xi|^2}},$$

$$A(\xi) = \frac{\lambda - mc^2}{\lambda + mc^2} = \frac{\sqrt{m^2c^4 + c^2|\xi|^2} - mc^2}{mc^2 + \sqrt{m^2c^4 + c^2|\xi|^2}},$$

$$b(\xi) = \frac{\lambda + mc^2}{c} = mc + \sqrt{m^2c^2 + |\xi|^2},$$

又

$$1 - a(\xi) - a(\xi)A(\xi) = 0, \quad A(\xi) = \frac{|\xi|^2}{b^2(\xi)}, \quad 1 + A(\xi) = \frac{1}{a(\xi)}.$$

通过直接的计算可以得到

$$\widehat{u_1^+}(\xi) = a(\xi)\left(\hat{u}_1 + \frac{\xi_1 - i\xi_2}{b(\xi)}\hat{u}_4 + \frac{\xi_3}{b(\xi)}\hat{u}_3\right),$$

$$\widehat{u_2^+}(\xi) = a(\xi)\left(\hat{u_2} + \frac{\xi_1 + i\xi_2}{b(\xi)}\hat{u_3} - \frac{\xi_3}{b(\xi)}\hat{u_4}\right),$$

$$\widehat{u_3^+}(\xi) = a(\xi)\left(\frac{\xi_1 - i\xi_2}{b(\xi)}\hat{u_2} + \frac{\xi_3}{b(\xi)}\hat{u_1} + A(\xi)\hat{u_3}\right),$$

$$\widehat{u_4^+}(\xi) = a(\xi)\left(\frac{\xi_1 + i\xi_2}{b(\xi)}\hat{u_1} - \frac{\xi_3}{b(\xi)}\hat{u_2} + A(\xi)\hat{u_4}\right),$$

并且

$$\widehat{u_1^-}(\xi) = a(\xi)\left(A(\xi)\hat{u_1} - \frac{\xi_1 - i\xi_2}{b(\xi)}\hat{u_4} - \frac{\xi_3}{b(\xi)}\hat{u_3}\right),$$

$$\widehat{u_2^-}(\xi) = a(\xi)\left(A(\xi)\hat{u_2} - \frac{\xi_1 + i\xi_2}{b(\xi)}\hat{u_3} + \frac{\xi_3}{b(\xi)}\hat{u_4}\right),$$

$$\widehat{u_3^-}(\xi) = a(\xi)\left(-\frac{\xi_1 - i\xi_2}{b(\xi)}\hat{u_2} - \frac{\xi_3}{b(\xi)}\hat{u_1} + \hat{u_3}\right),$$

$$\widehat{u_4^-}(\xi) = a(\xi)\left(-\frac{\xi_1 + i\xi_2}{b(\xi)}\hat{u_1} + \frac{\xi_3}{b(\xi)}\hat{u_2} + \hat{u_4}\right).$$

进而, $L^p = L^p(\mathbb{R}^3, \mathbb{C}^4)$ 也有相应的空间分解.

引理 3.2.3　记 $E_p^\pm := E^\pm \cap L^p$, $p \in (1, \infty)$. 则

$$L^p = \mathrm{cl}_p E_p^+ \oplus \mathrm{cl}_p E_p^-,$$

其中 cl_p 表示 L^p 中关于其范数的闭包, 并且对任意的 $p \in (1, \infty)$, 存在常数 $\tau_p > 0$ 使得

$$\tau_p \|u^\pm\|_{L^p} \leqslant \|u\|_{L^p}, \quad \forall u \in E \cap L^p.$$

证明　令 $m_\pm(\xi) = \dfrac{1}{2}\left(I_4 \pm \dfrac{mc^2}{\lambda}\beta \pm \dfrac{c}{\lambda}\alpha \cdot \xi\right)$, 其中 $\lambda = \sqrt{m^2c^4 + c^2|\xi|^2}$, 则 $\widehat{u^\pm}(\xi) = m_\pm(\xi)\hat{u}(\xi)$. 因为 $|\alpha \cdot \xi| = 2|\xi|$, 我们有

$$|m_\pm(\xi)|_2 \leqslant \frac{1}{2}\left(2 + \frac{2mc^2}{\lambda(\xi)} + \frac{2c|\xi|}{\lambda(\xi)}\right) \leqslant 1 + 1 + 1 = 3.$$

其中 $|\cdot|_2$ 表示矩阵的 2–范数. 显然 $\dfrac{\partial}{\partial \xi_i}\dfrac{1}{\lambda} = \dfrac{\partial}{\partial \xi_i}\dfrac{1}{\sqrt{m^2c^4 + c^2|\xi|^2}} = -\dfrac{c^2\xi_i}{\lambda^3}$. 那么,

$$\frac{\partial m_\pm(\xi)}{\partial \xi_i} = \pm\frac{1}{2}mc^2\beta\left(\frac{\partial}{\partial \xi_i}\frac{1}{\lambda}\right) \pm \frac{1}{2}\left(c\alpha \cdot \xi\left(\frac{\partial}{\partial \xi_i}\frac{1}{\lambda}\right) + \frac{c}{\lambda}\alpha_i\right)$$

$$= \pm\frac{1}{2}\left(\frac{c}{\lambda}\alpha_i - \frac{mc^4\xi_i}{\lambda^3}\beta - \frac{c^3\xi_i}{\lambda^3}\alpha\cdot\xi\right).$$

所以,

$$\left|\frac{\partial m_\pm(\xi)}{\partial\xi_i}\right|_2 \leqslant \frac{mc^4\xi_i}{\lambda^3} + \frac{c^3\xi_i|\xi|}{\lambda^3} + \frac{c}{\lambda} \leqslant mc^4\frac{2}{3\sqrt{3}m^2c^4c} + \frac{c^3|\xi|^2}{\lambda^3} + \frac{1}{mc}$$
$$\leqslant \frac{2}{3\sqrt{3}mc} + \frac{2}{3\sqrt{3}mc} + \frac{1}{mc} \leqslant \frac{2}{mc},$$

并且

$$\left|\frac{\partial m_\pm(\xi)}{\partial\xi_i}\right|_2 \leqslant \frac{mc^4\xi_i}{\lambda^3} + \frac{c^3\xi_i|\xi|}{\lambda^3} + \frac{c}{\lambda} \leqslant \frac{C_m}{\sqrt{m^2c^2+|\xi|^2}} \leqslant \frac{C_m}{|\xi|}.$$

同样地, 还可以得到

$$\left|\frac{\partial^2 m_\pm(\xi)}{\partial\xi_i\partial\xi_j}\right|_2 \leqslant \frac{C_m}{|\xi|^2}, \quad \left|\frac{\partial^3 m_\pm(\xi)}{\partial\xi_1\partial\xi_2}\right|_2 \leqslant \frac{C_m}{|\xi|^3}.$$

因此, $m_\pm$ 满足 Mihlin 条件, 则 $m_\pm \in \mathcal{M}_p(\mathbb{R}^3, \mathbb{C}^4)$, 其中 $\mathcal{M}_p(\mathbb{R}^3, \mathbb{C}^4)$ 表示 $\mathcal{L}^p$-乘子空间, 并且存在不依赖于 c 的 τ_p, 使得

$$\tau_p\|u^\pm\|_{L^p} \leqslant \|u\|_{L^p}, \quad \forall u \in E\cap L^p.$$ □

最后, 在 E 上定义泛函

$$\Phi(u) = \frac{1}{2}\left(\|u^+\|^2 - \|u^-\|^2\right) - \Psi(u), \quad \forall\, u = u^- + u^+ \in E = E^- \oplus E^+,$$

其中 $\Psi(u) = \int_{\mathbb{R}^3} G(x,u)dx$.

命题 3.2.4 $u \in E$ 是 Φ 的临界点当且仅当 u 是 Dirac 方程 (3.2.2) 的 (弱) 解.

关于非线性 Dirac 方程的相关结果参看 [11, 34, 46, 49, 52, 73, 74, 101].

3.2.3 非线性 Dirac-Klein-Gordon 系统的变分框架

考虑非线性 Dirac-Klein-Gordon 系统

$$\begin{cases} -i\sum_{k=1}^{3}\alpha_k\partial_k u + (m+V(x))\beta u + \omega u = \phi\beta u + K(x)|u|^{p-2}u, \\ -\Delta\phi + (M^2+\hat{V}(x))\phi = \langle\beta u, u\rangle + \hat{K}(x)|\phi|^{q-2}\phi \end{cases} \tag{3.2.5}$$

和

$$\begin{cases} -i\sum_{k=1}^{3}\alpha_k\partial_k u+(m+V(x))\beta u+\omega u=\frac{s_1}{2}|u|^{s_1-2}|\phi|^{s_2}u+K(x)|u|^{p-2}u, \\ -\Delta\phi+(M^2+\hat{V}(x))\phi=s_2|u|^{s_1}|\phi|^{s_2-2}\phi+\hat{K}(x)|\phi|^{q-2}\phi, \end{cases} \tag{3.2.6}$$

其中 $x\in\mathbb{R}^3$, $u(x)\in\mathbb{C}^4$, $\phi(x)\in\mathbb{R}$, $\partial_k=\partial/\partial x_k$, $m,M>0$ 分别为对应电子和介子的质量.

记

$$\mathcal{A}=\begin{pmatrix} -2\hat{\beth}_0 & 0 \\ 0 & -\hat{\Delta} \end{pmatrix},$$

其中 $-\hat{\beth}_0=-\sum_{k=1}^{3}i\alpha_k\partial_k+(V(x)+m)\beta$, $-\hat{\Delta}=-\sum_{k=1}^{3}\partial_k^2+\hat{V}(x)+M^2$. 线性算子 $\mathcal{A}$ 在 $L^2(\mathbb{R}^3,\mathbb{C}^4)\times L^2(\mathbb{R}^3,\mathbb{R})$ 上是自伴的. 容易看出 $\mathcal{A}$ 是闭算子, 这是因为 $\mathcal{A}$ 是一些微分算子和乘性算子的线性组合. 这里, 我们把空间 $L^2(\mathbb{R}^3,\mathbb{C}^4)\times L^2(\mathbb{R}^3,\mathbb{R})$ 简记为 $L^2\times L^2$. 我们知道 $\lambda\in\sigma(\mathcal{A})$ 当且仅当 $\mathcal{A}-\lambda I$ 没有有界逆, $\lambda\in\sigma_d(\mathcal{A})$ 当且仅当 λ 是算子 $\mathcal{A}$ 的有限重特征值, $\lambda\in\sigma_e(\mathcal{A})$ 当且仅当 $\mathcal{A}-\lambda I$ 不是 Fredholm 算子, $\lambda\in\sigma_c(\mathcal{A})$ 当且仅当 $\mathcal{A}-\lambda I$ 是单射有稠密的像空间, 并且不是满射. 记 $\mathscr{D}(\mathcal{A})=\{z\in L^2\times L^2:\|z\|_{\mathscr{D}(\mathcal{A})}<\infty\}$, 其中 $\|z\|_{\mathscr{D}(\mathcal{A})}$ 是由内积 $(z_1,z_2)_{\mathscr{D}(\mathcal{A})}=(\mathcal{A}z_1,\mathcal{A}z_2)_{L^2}+(z_1,z_2)_{L^2}$ 诱导的范数. 根据命题 3.1.34 可知 $0\notin\sigma_e(\mathcal{A})$, 我们有如下的正交分解

$$L^2=L^-\oplus L^+,\quad u=u^-+u^+,$$

其中 $\mathcal{A}$ 在 L^- 上负定, 在 L^+ 上正定. 令 $E=\mathscr{D}(|\mathcal{A}|^{1/2})$ 是定义了如下内积的 Hilbert 空间

$$(z_1,z_2)=(|\mathcal{A}|^{\frac{1}{2}}z_1,|\mathcal{A}|^{\frac{1}{2}}z_2)_{L^2}+\omega(u_1,u_2)_{L^2},$$

其诱导的范数定义为 $\|z\|^2=\left\||\mathcal{A}|^{1/2}z\right\|_{L^2}^2+\omega\|z\|_{L^2}^2$. 那么有如下的空间分解

$$E=E^-\oplus E^+,$$

其中 $E^{\pm}=E\cap L^{\pm}$. 因此, 我们有

定理 3.2.5 如果 (V_0), (V_1) 其中之一成立, 那么 E 连续嵌入 $H^{1/2}(\mathbb{R}^3,\mathbb{R}^8)\times H^1(\mathbb{R}^3,\mathbb{R})$, 进而连续嵌入 $L^r(\mathbb{R}^3,\mathbb{R}^8)\times L^{r'}(\mathbb{R}^3,\mathbb{R})$, 其中 $r\in[2,3]$, $r'\in[2,6]$ 并且 E 紧嵌入到 $L^r_{loc}(\mathbb{R}^3,\mathbb{R}^8)\times L^{r'}_{loc}(\mathbb{R}^3,\mathbb{R})$, 其中 $r\in(1,3)$, $r'\in(1,6)$.

因此, 对应的能量泛函分别为

$$\begin{aligned}\mathcal{I}_{NDK}(u,\phi)&=(-\hat{\beth}u,u)_{L^2}+\frac{1}{2}(-\hat{\Delta}\phi,\phi)_{L^2}-\Re\int_{\mathbb{R}^3}u^\dagger\beta\phi udx\\&\quad-\frac{2}{p}\int_{\mathbb{R}^3}K|u|^pdx-\frac{1}{q}\int_{\mathbb{R}^3}\hat{K}|\phi|^qdx\\&=\frac{1}{2}\|u^+\|^2-\frac{1}{2}\|u^-\|^2-\Re\int_{\mathbb{R}^3}u^\dagger\beta\phi udx\\&\quad-\frac{2}{p}\int_{\mathbb{R}^3}K|u|^pdx-\frac{1}{q}\int_{\mathbb{R}^3}\hat{K}|\phi|^qdx,\end{aligned}$$

$$\begin{aligned}\mathcal{I}_{NDK'}(u,\phi)&=(-\hat{\beth}u,u)_{L^2}+\frac{1}{2}(-\hat{\Delta}\phi,\phi)_{L^2}-\int_{\mathbb{R}^3}|u|^{s_1}|\phi|^{s_2}dx\\&\quad-\frac{2}{p}\int_{\mathbb{R}^3}K|u|^pdx-\frac{1}{q}\int_{\mathbb{R}^3}\hat{K}|\phi|^qdx\\&=\frac{1}{2}\|u^+\|^2-\frac{1}{2}\|u^-\|^2-\int_{\mathbb{R}^3}|u|^{s_1}|\phi|^{s_2}dx\\&\quad-\frac{2}{p}\int_{\mathbb{R}^3}K|u|^pdx-\frac{1}{q}\int_{\mathbb{R}^3}\hat{K}|\phi|^qdx,\end{aligned}$$

其中 $-\hat{\beth}=-i\sum\limits_{k=1}^{3}\alpha_k\partial_k+(V(x)+m)\beta+\omega$, $-\hat{\Delta}=-\sum\limits_{k=1}^{3}\partial_k^2+\hat{V}(x)$.

命题 3.2.6 $(u,\phi)\in E$ 是 $\mathcal{I}_{NDK}$(或 $\mathcal{I}_{NDK'}$) 的临界点当且仅当 (u,ϕ) 是非线性 Dirac-Klein-Gordon 系统 (3.2.5)(或 (3.2.6)) 的解.

证明 对于任意的 $v\in\mathcal{C}_0^\infty(\mathbb{R}^3,\mathbb{R}^8),\psi\in\mathcal{C}_0^\infty(\mathbb{R}^3,\mathbb{R})$,

$$\begin{aligned}\mathcal{I}'_{NDK}(u,\phi)(v,\psi)&=(-2\hat{\beth}u,v)_{L^2}-2\Re\int_{\mathbb{R}^3}\phi\beta uvdx-\int_{\mathbb{R}^3}2K|u|^{p-2}uvdx\\&\quad+(-\hat{\Delta}\phi,\psi)_{L^2}-\Re\int_{\mathbb{R}^3}\langle\beta u,u\rangle\psi dx-\int_{\mathbb{R}^3}\hat{K}|\phi|^{q-2}\phi\psi dx.\end{aligned}$$

同样地, 对于 $\mathcal{I}'_{NDK'}$ 有类似的计算. 所以, $(u,\phi)\in E$ 是 $\mathcal{I}_{NDK}$ 的临界点当且仅当 (u,ϕ) 是非线性 Dirac-Klein-Gordon 系统的解. □

3.2.4 非线性 Dirac-Maxwell 系统的变分框架

为了方便, 记 $\alpha_0=I_4$. 我们考虑非线性 Dirac-Maxwell 系统:

$$\begin{cases}-i\sum\limits_{k=1}^{3}\alpha_k\partial_ku+(m+V)\beta u+\omega u=\sum\limits_{k=0}^{3}\alpha_k\mathbf{A}_ku+K|u|^{p-2}u,\\-\Delta\mathbf{A}_k+\hat{V}\mathbf{A}_k=\langle\alpha_ku,u\rangle+\hat{K}|\mathbf{A}|^{q-2}\mathbf{A}_k,\quad k=0,1,2,3\end{cases}\tag{3.2.7}$$

和

$$\begin{cases} -i\sum_{k=1}^{3}\alpha_k\partial_k u+(m+V)\beta u+\omega u=\dfrac{s_1}{2}|u|^{s_1-2}|\mathbf{A}|^{s_2}u+K|u|^{p-2}u, \\ -\Delta\mathbf{A}_k+\hat{V}\mathbf{A}_k=s_2|u|^{s_1}|\mathbf{A}|^{s_2-2}\mathbf{A}_k+\hat{K}|\mathbf{A}|^{q-2}\mathbf{A}_k, \quad k=0,1,2,3. \end{cases} \tag{3.2.8}$$

记 $A=\begin{pmatrix} -2\hat{\beth} & 0 \\ 0 & -\hat{\Delta} \end{pmatrix}$, 其中 $-\hat{\beth}=-\sum\limits_{k=1}^{3} i\alpha_k\partial_k+(V(x)+m)\beta+\omega$, $-\hat{\Delta}=-\sum\limits_{k=1}^{3}\partial_k^2+\hat{V}(x)$. 根据命题 3.1.38, $0\notin\sigma(A)$, 并且得到了 $L^2(\mathbb{R}^3,\mathbb{C}^4)\times L^2(\mathbb{R}^3,\mathbb{R}^4)$ 关于算子 A 的谱分解. 显然算子 A 是上下无界的算子, 并且是自伴算子. 事实上,

$$\begin{aligned} (Az_1,z_2)_{L^2} &= (-2\hat{\beth}u_1,u_2)_{L^2}+(-\hat{\Delta}v_1,v_2)_{L^2} \\ &= -2\sum_{k=1}^{3}(i\alpha_k\partial_k u_1,u_2)_{L^2}+2((V(x)+m)\beta u_1,u_2)_{L^2} \\ &\quad +2\omega(u_1,u_2)_{L^2}+(v_1,-\hat{\Delta}v_2)_{L^2} \\ &= (z_1,Az_2)_{L^2}. \end{aligned}$$

这里, 我们将 $L^2(\mathbb{R}^3,\mathbb{C}^4)\times L^2(\mathbb{R}^3,\mathbb{R}^4)$ 简记为 $L^2\times L^2$. 记

$$\mathscr{D}(A)=\{z\in L^2\times L^2:\|z\|_{\mathscr{D}(A)}<\infty\},$$

其中 $\|z\|_{\mathscr{D}(A)}$ 对应于内积

$$(z_1,z_2)_{\mathscr{D}(A)}=(Az_1,Az_2)_{L^2}+(z_1,z_2)_{L^2}.$$

实际上, 如果 $\omega\in(-m,m)$, 则 $0\notin\sigma(A)$. 为了简化计算, 我们假设 $\omega=0$.

因为 $0\notin\sigma_e(A)$, 所以在 $L^2(\mathbb{R}^3,\mathbb{C}^4)$ 上有如下正交分解:

$$L^2=L^-\oplus L^0\oplus L^+,\quad u=u^-+u^0+u^+,$$

使得 A 在 L^- 上负定, 在 L^+ 上正定, 在 L^0 上为 0. 令 $E=\mathscr{D}(|A|^{1/2})$ 为赋予如下内积的 Hilbert 空间

$$(z_1,z_2)=(|A|^{\frac{1}{2}}z_1,|A|^{\frac{1}{2}}z_2)_{L^2}+(z_1^0,z_2^0)_{L^2},$$

并且其上范数由此内积诱导, 记为 $\|\cdot\|$, 并且 E 可做如下正交分解

$$E=E^-\oplus E^0\oplus E^+,$$

其中 $E^\pm=E\cap L^\pm$, $E^0=E\cap L^0$. 根据 E 的定义, 得到嵌入定理.

定理 3.2.7 如果 (V_0), (V_1') 或者 (V_2) 成立, 我们有 E 能嵌入 $H^{1/2}(\mathbb{R}^3,\mathbb{R}^8)\times H^1(\mathbb{R}^3,\mathbb{R}^4)$, 那么, E 嵌入到 $L^r(\mathbb{R}^3,\mathbb{R}^8)\times L^{r'}(\mathbb{R}^3,\mathbb{R}^4)$, 其中 $r\in[2,3]$, $r'\in[2,6]$, 并且 E 紧嵌入到 $L^r_{loc}(\mathbb{R}^3,\mathbb{R}^8)\times L^{r'}_{loc}(\mathbb{R}^3,\mathbb{R}^4)$, 其中 $r\in(1,3)$, $r'\in(1,6)$.

非线性 Dirac-Maxwell 系统对应的能量泛函分别为

$$\begin{aligned}\mathcal{I}(u,\mathbf{A})&=(-\hat{\beth}u,u)_{L^2}+\frac{1}{2}(-\hat{\Delta}\mathbf{A},\mathbf{A})_{L^2}-(\alpha\cdot\mathbf{A}u,u)_{L^2}\\&\quad-\frac{2}{p}\int_{\mathbb{R}^3}K|u|^pdx-\frac{1}{q}\int_{\mathbb{R}^3}\hat{K}|\mathbf{A}|^qdx\\&=\frac{1}{2}\|u^+\|^2-\frac{1}{2}\|u^-\|^2-(\alpha\cdot\mathbf{A}u,u)_{L^2}\\&\quad-\frac{2}{p}\int_{\mathbb{R}^3}K|u|^pdx-\frac{1}{q}\int_{\mathbb{R}^3}\hat{K}|\mathbf{A}|^qdx,\end{aligned}$$

$$\begin{aligned}\hat{\mathcal{I}}(u,\mathbf{A})&=(-\hat{\beth}u,u)_{L^2}+\frac{1}{2}(-\hat{\Delta}\mathbf{A},\mathbf{A})_{L^2}-\int_{\mathbb{R}^3}|u|^{s_1}|\mathbf{A}|^{s_2}dx\\&\quad-\frac{2}{p}\int_{\mathbb{R}^3}K|u|^pdx-\frac{1}{q}\int_{\mathbb{R}^3}\hat{K}|\mathbf{A}|^qdx\\&=\frac{1}{2}\|u^+\|^2-\frac{1}{2}\|u^-\|^2-\int_{\mathbb{R}^3}|u|^{s_1}|\mathbf{A}|^{s_2}dx\\&\quad-\frac{2}{p}\int_{\mathbb{R}^3}K|u|^pdx-\frac{1}{q}\int_{\mathbb{R}^3}\hat{K}|\mathbf{A}|^qdx.\end{aligned}$$

命题 3.2.8 $(u,\mathbf{A})\in E$ 是 $\mathcal{I}$(或 $\hat{\mathcal{I}}$) 的临界点当且仅当 $(u,\mathbf{A})$ 是对应非线性 Dirac-Maxwell 系统 (3.2.7)(或 (3.2.8)) 的解.

证明 对于任意的 $v\in\mathcal{C}_0^\infty(\mathbb{R}^3,\mathbb{R}^8),\mathbf{B}\in\mathcal{C}_0^\infty(\mathbb{R}^3,\mathbb{R}^4)$,

$$\begin{aligned}\mathcal{I}'(u,\mathbf{A})(v,\mathbf{B})&=(-2\hat{\beth}u,v)_{L^2}-2\Re\int_{\mathbb{R}^3}\alpha\cdot\mathbf{A}uvdx-2\int_{\mathbb{R}^3}K|u|^{p-2}uvdx\\&\quad+(-\hat{\Delta}\mathbf{A},\mathbf{B})_{L^2}-\Re\int_{\mathbb{R}^3}\langle\alpha u,u\rangle\mathbf{B}dx-\int_{\mathbb{R}^3}\hat{K}|\mathbf{A}|^{q-2}\mathbf{A}\mathbf{B}dx.\end{aligned}$$

同样地, 对于 $\hat{\mathcal{I}}'$ 有类似的计算. 所以, $(u,\mathbf{A})\in E$ 是 $\mathcal{I}$(或$\hat{\mathcal{I}}$) 的临界点当且仅当 $(u,\mathbf{A})$ 是对应非线性 Dirac-Maxwell 系统 (3.2.7)(或 (3.2.8)) 的解. □

3.3 抽象的临界点定理

为了发展相应的临界点理论, 我们假设存在实向量空间 E 上的范数 $\|\cdot\|:E\to\mathbb{R}$ 使得 $(E,\|\cdot\|)$ 是一个 Banach 空间, 并且对所有的 $p\in\mathcal{P}$, 有其形式 $p(u)=$

$|u_p^*(u)|$, 其中 $u_p^* \in E^*$. 因此, 由 $\mathcal{P}$ 诱导的拓扑 $\mathcal{T}_\mathcal{P}$ 含于 E 的弱拓扑中. 为了便于区分, 记 $\mathcal{T}_\mathcal{P}$ 拓扑意义下的开集, 闭集分别为 $\mathcal{P}$-开, $\mathcal{P}$-闭. 注意到, 如果 $f:(E,\|\cdot\|)\to(M,d)$ 是 (局部) Lipschitz 的, 则 $f:(E,\|\cdot\|)\to(M,d)$ 也是 (局部) Lipschitz 的, 其中 (M,d) 为度量空间. 在本节, 我们总是假设 E 的每个 $\mathcal{P}$-开子集在 $\mathcal{P}$ 拓扑意义下是仿紧的和 Lipschitz 正规的. 本节相关结论可以参看 [15, 23, 30, 55, 57, 98].

3.3.1 形变引理

考虑在范数拓扑意义下是 $\mathcal{C}^1$ 的泛函 $\Phi: E\to\mathbb{R}$. 对于 $a,b\in\mathbb{R}$, 记 $\Phi^a := \{u\in E:\Phi(u)\leqslant a\}$, $\Phi_a := \{u\in E:\Phi(u)\geqslant a\}$, $\Phi_a^b := \Phi_a\cap\Phi^b$. 在实际应用中, 泛函 Φ 是 $\mathcal{P}$-上半连续的但不是 $\mathcal{P}$-连续的. 集合 Φ_a 在 $\mathcal{P}$ 拓扑下没有内点以及集合 Φ^a 不是 $\mathcal{P}$-闭的, 其中 $a\in\mathbb{R}$. 此外, 映射 $\Phi':(E,\mathcal{T}_\mathcal{P})\to(E^*,\mathcal{T}_{w^*})$ 不是连续的, 除非限制在 Φ_a 上. 记 $\mathcal{T}_{w^*}$ 为 E^* 上的弱 * 拓扑. 映射

$$\tau(u) := \sup\{t\geqslant 0:\phi(t,u)\in\Phi^a\}$$

不是 $\mathcal{P}$-连续的, 并且不存在连续映射 $r:(\Phi^b,\mathcal{T}_\mathcal{P})\to(\Phi^a,\mathcal{T}_\mathcal{P})$ 使得 r 在 Φ^a 上是恒同映射.

下面的定理是临界点理论中 $\mathcal{P}$ 拓扑版本的形变引理.

定理 3.3.1 设 $a<b$, Φ_a 是 $\mathcal{P}$-闭的, $\Phi':(\Phi_a^b,\mathcal{T}_\mathcal{P})\to(E^*,\mathcal{T}_{w^*})$ 是连续的. 此外, 假设

$$\alpha := \inf\{\|\Phi'(u)\|:u\in\Phi_a^b\}>0. \tag{3.3.1}$$

则存在形变 $\eta:[0,1]\times\Phi^b\to\Phi^b$ 满足:

(i) η 在 Φ^b 关于 $\mathcal{P}$-拓扑和范数拓扑都是连续的;

(ii) 对每一个 t, 从 Φ^b 到 $\eta(t,\Phi^b)$ 上的映射 $u\mapsto\eta(t,u)$ 关于 $\mathcal{P}$-拓扑和范数拓扑都是同胚的;

(iii) $\eta(0,u)=u$, $\forall u\in\Phi^b$;

(iv) $\eta(t,\Phi^c)\subset\Phi^c, \forall c\in[a,b]$ 及 $\forall t\in[0,1]$;

(v) $\eta(1,\Phi^b)\subset\Phi^a$;

(vi) 对每个 $u\in\Phi^b$, 有 $\mathcal{P}$-邻域 $U\subset\Phi^b$ 使得集合 $\{v-\eta(t,v):v\in U, 0\leqslant t\leqslant 1\}$ 包含在 E 的有限维子空间中;

(vii) 若有限群 G-等距作用于 E 且 Φ 是 G-不变的, 则 η 关于 u 是 G-等变的.

如果对每个 $g\in G$ 诱导了一个等距有界线性映射 $R_g\in\mathcal{L}(E)$ 且使得 G 中单位元 e 诱导恒同映射 $R_e=\mathrm{Id}_E$, 并且对任意的 $g,h\in G$, 成立 $R_g\circ R_h=R_{gh}$, 我们就称 G 等距作用在 E 上. 注意到, $R_g:(E,\mathcal{T}_\mathcal{P})\to(E,\mathcal{T}_\mathcal{P})$ 也是连续的. 记 $gu:=R_g(u)$, 一个重要的例子是在 E 上的作用 $G=\{1,-1\}\cong\mathbb{Z}/2$.

定义 $P_X : E = X \oplus Y \to X$ 为 X 上的连续投影映射, $P_Y := I - P_X : E \to Y$. 我们还可以得到下面的形变引理.

定理 3.3.2 设 $a < b$, Φ_a 是 $\mathcal{P}$-闭的, $\Phi' : (\Phi_a^b, \mathcal{T}_{\mathcal{P}}) \to (E^*, \mathcal{T}_{w^*})$ 是连续的. 又设

$$\alpha := \inf\{(1 + \|u\|)\|\Phi'(u)\| : u \in \Phi_a^b\} > 0 \tag{3.3.2}$$

且

$$\text{存在 } \gamma > 0 \text{ 使得 } \|u\| < \gamma\|P_Y u\|, \quad \forall u \in \Phi_a^b. \tag{3.3.3}$$

则存在形变 $\eta : [0,1] \times \Phi^b \to \Phi^b$ 满足定理 3.3.1 中的性质 (i)–(vii).

3.3.2 临界点定理

令 X, Y 是 Banach 空间且 $E = X \oplus Y$, 其中 X 是可分的自反空间. 取 $\mathcal{S} \subset X^*$ 为一稠密子集, 记 $\mathcal{D} = \{d_s : s \in \mathcal{S}\}$ 为 $X \cong X^{**}$ 上对应的半范数族. 如前令 $\mathcal{P}$ 记 E 上的半范数族: $p_s \in \mathcal{P}$ 当且仅当

$$p_s : E = X \oplus Y \to \mathbb{R}, \quad p_s(x + y) = |s(x)| + \|y\|, \quad s \in S.$$

因此 $\mathcal{P}$ 诱导的 E 上的乘积拓扑由 X 上的 $\mathcal{D}$-拓扑和 Y 上的范数拓扑给出. 它包含在 $(X, \mathcal{T}_w) \times (Y, \|\cdot\|)$ 中. 由前面的讨论, $(X \times Y, \mathcal{D} \times \{\|\cdot\|\})$ 是度规空间. 相关的拓扑就是 $\mathcal{T}_{\mathcal{P}}$. 回顾, 如果 S 是可数可加的, 则任意开集是仿紧的和 Lipschitz 正规的. 显然 S 是可数的当且仅当 $\mathcal{P}$ 是可数的.

回顾, 如果当 $n \to \infty$ 时, 有 $\Phi(u_n) \to c$ 以及 $\Phi'(u_n) \to 0$, 则称 $\{u_n\} \subset E$ 是 Φ 的 $(PS)_c$-序列. 如果当 $n \to \infty$ 时, 有 $\Phi(u_n) \to c$ 以及 $(1+\|u_n\|)\Phi'(u_n) \to 0$, 则称 $\{u_n\} \subset E$ 是 Φ 的 $(C)_c$-序列. 如果对任意的 $\varepsilon, \delta > 0$ 以及任意的 $(PS)_c$-序列 $\{u_n\}$, 存在 $n_0 \in \mathbb{N}$ 使得当 $n \geqslant n_0$ 时, 都有 $u_n \in U_\varepsilon(\mathscr{A} \cap \Phi_{c-\delta}^{c+\delta})$, 则称集合 $\mathscr{A} \subset E$ 为 $(PS)_c$-吸引集. 类似地, 如果这一性质对任何 $(C)_c$-序列成立, 则可定义 $(C)_c$-吸引集. $(PS)_c$-吸引集一定是 $(C)_c$-吸引集, 反之不对. 任给 $I \subset \mathbb{R}$, 我们称 $\mathscr{A}$ 是 $(PS)_I$-吸引集 (或 $(C)_I$-吸引集), 如果任给 $c \in I$, $\mathscr{A}$ 是 $(PS)_c$-吸引集 (或 $(C)_c$-吸引集).

我们的基本假设是

(Φ_0) $\Phi \in \mathcal{C}^1(E, \mathbb{R}), \Phi : (E, T_{\mathcal{P}}) \to \mathbb{R}$ 是上半连续的, 也就是, Φ_a 对任意的 $a \in \mathbb{R}$ 是 $\mathcal{P}$-闭的, 且 $\Phi' : (\Phi_a, \mathcal{T}_{\mathcal{P}}) \to (E^*, \mathcal{T}_{w^*})$ 对任意的 $a \in \mathbb{R}$ 是连续的.

事实上, 我们的临界点理论可以弱化 Φ' 的条件. 可以只要求 a 在一个区间内, Φ_a 可以换作 Φ_a^b. 下面的定理可以用于判断 (Φ_0) 是否成立.

定理 3.3.3 如果 $\Phi \in \mathcal{C}^1(E, \mathbb{R})$ 有形式

$$\Phi(u) = \frac{1}{2}\left(\|y\|^2 - \|x\|^2\right) - \Psi(u), \quad \forall u = x + y \in E = X \oplus Y$$

且满足

(i) $\Psi \in \mathcal{C}^1(E,\mathbb{R})$ 下方有界;

(ii) $\Psi : (E,\mathcal{T}_w) \to \mathbb{R}$ 下半序列连续, 也就是, 若在 E 中 $u_n \rightharpoonup u$, 就有 $\Psi(u) \leqslant \liminf\limits_{n\to\infty} \Psi(u_n)$;

(iii) $\Psi' : (E,\mathcal{T}_w) \to (E^*,\mathcal{T}_{w^*})$ 序列连续;

(iv) $\nu : E \to \mathbb{R}, \nu(u) = \|u\|^2$ 是 $\mathcal{C}^1$ 的, $\nu' : (E,\mathcal{T}_w) \to (E^*,\mathcal{T}_{w^*})$ 序列连续.

则 Φ 满足 (Φ_0). 此外, 对任意的可数稠子集 $\mathcal{S}_0 \subset \mathcal{S}$, Φ 满足 (Φ_0) 取对应的子拓扑.

下面我们引入无穷维空间中的有限环绕. 环绕本质上是从代数拓扑中度理论方法的有限维概念中来的. 这里我们用更简单一般的方法来推广它. 给定 $A \subset Z$ 是一个局部凸的拓扑向量空间的子集, 我们记 $L(A) := \overline{\operatorname{span}(A)}$ 为包含 A 的最小的闭的线性子空间, 记 ∂A 为 A 在 $L(A)$ 中的边界. 对于线性子空间 $F \subset Z$, 我们令 $A_F := A \cap F$. 最后, 我们令 $I = [0,1]$.

定义 3.3.4 ([15]) 任给 $Q, S \subset Z$ 使得 $S \cap \partial Q = \varnothing$, 如果对任何与 S 相交的有限维线性子空间 $F \subset Z$, 以及任何连续的形变 $h : I \times Q_F \to F + L(S)$ 满足 $h(0,u) = u, \forall u$, $h(I \times \partial Q_F) \cap S = \varnothing$, 必有 $h(t, Q_F) \cap S \neq \varnothing$, $\forall t \in I$, 则称 Q 与 S 是有限环绕.

下面我们给出有限环绕的三个例子. 关于有限环绕的证明可以类比 Brouwer 度理论.

例 3.3.1 有限环绕的三个例子:

a) 给定一个开子集 $\mathcal{O} \subset Z, u_0 \in \mathcal{O}$ 且 $u_1 \in Z \setminus \overline{\mathcal{O}}$, 则 $Q = \{tu_1 + (1-t)u_0 : t \in I\}$ 和 $S := \partial \mathcal{O}$ 有限环绕.

b) 设 Z 是两个线性子空间的拓扑直和, $Z = Z_1 \oplus Z_2, \mathcal{O} \subset Z_1$ 是开的且 $u_0 \in \mathcal{O}$, 则 $Q = \overline{\mathcal{O}}$ 和 $S = \{u_0\} \times Z_2$ 有限环绕.

c) 给定 $Z = Z_1 \oplus Z_2$, 两个开子集 $\mathcal{O}_1 \subset Z_1, \mathcal{O}_2 \subset Z_2$ 且 $u_1 \in \mathcal{O}_1, u_2 \in \mathbb{Z}_2 \setminus \overline{\mathcal{O}_2}$, 则 $Q = \overline{\mathcal{O}_1} \times \{tu_2 : t \in I\}$ 和 $S = \{u_1\} \times \partial \mathcal{O}_2$ 有限环绕.

现在我们考虑泛函 $\Phi : E \to \mathbb{R}$. 如果 $Q \subset E$ 和 $S \subset E$ 有限环绕, 令

$$\Gamma_{Q,S} := \{h \in C(I \times Q, E) : h \text{ 满足 } (h_1) - (h_5)\},$$

其中

(h_1) $h : I \times (Q,\mathcal{T}_{\mathcal{P}}) \to (E,\mathcal{T}_{\mathcal{P}})$ 是连续的;

(h_2) $h(0,u) = u, \forall\, u \in Q$;

(h_3) $\Phi(h(t,u)) \leqslant \Phi(u), \forall\, t \in I, u \in Q$;

(h_4) $h(I \times \partial Q) \cap S = \varnothing$;

(h_5) 每一点 $(t,u)\in I\times Q$ 有 $\mathcal{P}$-开邻域 W 使得集合 $\{v-h(s,v):(s,v)\in W\cap(I\times Q)\}$ 包含于 E 的有限维子空间中.

定理 3.3.5 设 Φ 满足 (Φ_0), $\mathcal{P}$ 可数; $Q,S\subset E$ 使得 Q 是 $\mathcal{P}$-紧的且 Q 与 S 有限地环绕. 若 $\sup\Phi(\partial Q)\leqslant\inf\Phi(S)$, 则存在 $(PS)_c$-序列, 其中

$$c:=\inf_{h\in\Gamma_{Q,S}}\sup_{u\in Q}\Phi(h(1,u))\in[\inf\Phi(S),\sup\Phi(Q)].$$

如果 $c=\inf\Phi(S)$ 且对任何 $\delta>0$ 集合 $S^\delta:=\{u\in E:\mathrm{dist}_{\|\cdot\|}(u,S)\leqslant\delta\}$ 是 $\mathcal{P}$-闭的, 则存在 $(PS)_c$-序列 $\{u_n\}$ 满足 $u_n\to S$(关于范数).

类似地, 有限环绕也能产生 $(C)_c$-序列. 这需要额外的假设:

(Φ_+) 存在 $\zeta>0$ 使得 $\|u\|<\zeta\|P_Yu\|$, $\forall\, u\in\Phi_0$.

注 3.3.6 令 $\mathcal{S}_0\subset\mathcal{S}$ 是 $\mathcal{P}_0$ 的任意可数稠密子集.

(1) 假设 (Φ_0) 和 (Φ_+) 蕴含了 Φ_a 是 $\mathcal{P}_0$-闭的且 $\Phi':(\Phi_a,\mathcal{T}_{\mathcal{P}_0})\to(E^*,\mathcal{T}_{w^*})$ 对每个 $a\geqslant0$ 都是连续的. 事实上, 令 Φ_a 中的序列 $\{u_n\}$ 按 $\mathcal{P}_0$-收敛到 $u\in E$. 记 $u_n=x_n+y_n$, $u=x+y\in X\oplus Y$, 则 $\|y_n-y\|\to0$, 因此 y_n 是有界的. 由 (Φ_+) 可得 x_n 和 u_n 都是有界的. 于是 u_n 按照 $\mathcal{P}$ 拓扑收敛到 u. 由 (Φ_0), 我们有 $u\in\Phi_a$ 以及 $\Phi'(u_n)v\to\Phi'(u)v$, $\forall v\in E$.

(2) (Φ_+) 蕴含着 (3.3.3), 其中 $0\leqslant a\leqslant b$.

定理 3.3.7 设 Φ 满足 (Φ_0) 和 (Φ_+). 又设 Q,S 为有限环绕且 Q 是 $\mathcal{P}$-紧的. 若 $\kappa:=\inf\Phi(S)>0,\sup\Phi(\partial Q)\leqslant\kappa$, 则 Φ 有 $(C)_c$-序列满足 $\kappa\leqslant c\leqslant\sup\Phi(Q)$.

作为定理 3.3.5 的推论, 我们得到了一个被广泛应用的临界点定理.

定理 3.3.8 考虑定理 3.3.3 中所述泛函 $\Phi:E\to\mathbb{R}$. 设 (Φ_0) 满足, $\mathcal{P}$ 可数. 又设存在 $R>r>0$ 和 $e\in Y$, $\|e\|=1$, 使得对于 $S:=\{u\in Y:\|u\|=r\}$ 和 $Q=\{v+te\in E:v\in X,\ \|v\|<R,0<t<R\}$ 成立: $\inf\Phi(S)\geqslant\Phi(0)\geqslant\sup\Phi(\partial Q)$. 则存在 $(PS)_c$-序列, 其中

$$c:=\inf_{h\in\Gamma_{Q,S}}\sup_{u\in Q}\Phi(h(1,u))\in[\inf\Phi(S),\sup\Phi(Q)].$$

如果 $c=\inf\Phi(S)$, 则存在 $(PS)_c$-序列 $\{u_n\}$ 满足 $u_n\to S$(关于范数).

作为定理 3.3.8 的推论, 我们有

定理 3.3.9 设 Φ 满足 (Φ_0) 和 (Φ_+), 且存在 $R>r>0$ 和 $e\in Y$, $\|e\|=1$, 使得对于 $S:=\{u\in Y:\|u\|=r\}$ 和 $Q=\{v+te\in E:v\in X,\ \|v\|<R,0<t<R\}$ 有 $\kappa:=\inf\Phi(S)>0$ 和 $\sup\Phi(\partial Q)\leqslant\kappa$, 则 Φ 有 $(C)_c$-序列满足 $\kappa\leqslant c\leqslant\sup\Phi(Q)$.

下面我们考虑对称泛函. 考虑对称群 $G=\{e^{2k\pi i/p}:0\leqslant k<p\}\cong\mathbb{Z}/p$, 其中 p 是一个素数. 应用 [12] 的方法, 我们可以处理更一般的对称群. 设对称群作用

是线性等距的. 也假设群在 $E\setminus\{0\}$ 上作用是自由的, 即不动点集 $E^G:=\{u\in E: gu=u,\forall g\in G\}=\{0\}$ 是平凡的. 如果 A 是一个拓扑空间, G 连续作用在 A 上, 则我们可以定义 A 的亏格如下: $\mathrm{gen}(A)=\inf\{k\in\mathbb{N}_0:$ 存在不变开子集 $U_1,\cdots,U_k\subset A$ 使得 $\bigcup\limits_k U_k=A$ 以及存在等变映射 $U_j\to G, j=1,\cdots,k\}$. 这里我们约定 $\mathrm{gen}(\varnothing)=\infty$. 特别地, 如果 $A^G\neq\varnothing$, 约定 $\mathrm{gen}(A)=\infty$. 从 [12] 或 [36,106] 中, 可得这样定义的亏格有如下的性质:

1° 正规性: 如果 $u\notin E^G, \mathrm{gen}(Gu)=1$;

2° 映射性质: 如果 $f\in C(A,B)$ 且 f 是等变的, 也就是 $fg=gf,\forall g\in G$, 则 $\mathrm{gen}(A)\leqslant\mathrm{gen}(B)$;

3° 单调性: 如果 $A\subset B$, 则 $\mathrm{gen}(A)\leqslant\mathrm{gen}(B)$;

4° 次可加性: $\mathrm{gen}(A\cup B)\leqslant\mathrm{gen}(A)+\mathrm{gen}(B)$;

5° 连续性: 如果 A 是紧的, 并且 $A\cap E^G=\varnothing$, 则 $\mathrm{gen}(A)<\infty$, 并且存在 A 的不变邻域 U 使得 $\mathrm{gen}(A)=\mathrm{gen}(U)$.

除了 (Φ_0) 之外, 我们还要求如下的条件:

(Φ_1) Φ 是 G-不变的;

(Φ_2) 存在 $r>0$ 使得 $\kappa:=\inf\Phi(S_rY)>\Phi(0)=0$, 其中 $S_rY:=\{y\in Y:\|y\|=r\}$;

(Φ_3) 存在有限维 G-不变子空间 $Y_0\subset Y$ 和 $R>r$ 使得 $b:=\sup\Phi(E_0)<\infty$ 且 $\sup\Phi(E_0\setminus B_0)<\inf\Phi(B_rY)$, 其中 $E_0:=X\times Y_0, B_0:=\{u\in E_0:\|u\|\leqslant R\}$.

我们定义一种下水平集 Φ^c 的伪指标. 首先我们考虑满足如下性质的映射 $g:\Phi^c\to E$ 的集合 $\mathcal{M}(\Phi^c)$.

(P_1) g 是 $\mathcal{P}$-连续和等变的;

(P_2) $g(\Phi^a)\subset\Phi^a, \forall a\in[\kappa,b]$;

(P_3) 每个 $u\in\Phi^c$ 有一个 $\mathcal{P}$-开邻域 $W\subset E$ 使得集合 $(\mathrm{id}-g)(W\cap\Phi^c)$ 包含在 E 的有限维线性子空间中.

注意到, 如果 $g\in\mathcal{M}(\Phi^a)$, $h\in\mathcal{M}(\Phi^c)$, 其中 $a<c$, $h(\Phi^c)\subset\Phi^a$, 则 $g\circ h\in\mathcal{M}(\Phi^c)$. 于是 $g\circ h$ 满足性质 (P_1), (P_2). 由于 $\mathrm{id}-g\circ h=\mathrm{id}-h+(\mathrm{id}-g)\circ h$, 故性质 (P_3) 满足. 于是我们定义 Φ^c 的伪指标如下:

$$\psi(c):=\min\{\mathrm{gen}(g(\Phi^c)\cap S_rY):g\in\mathcal{M}(\Phi^c)\}\in\mathbb{N}_0\cup\{\infty\}.$$

注意到, 在 Φ^c 上不管使用范数拓扑还是使用 $\mathcal{P}$-拓扑并不是本质的, 因为两者在 $S_rY\subset Y$ 上诱导出相同的拓扑. 因此, 由亏格的单调性可知函数 $\psi:\mathbb{R}\to\mathbb{N}_0\cup\{\infty\}$ 是不减的. 此外, 由 $\Phi^c\cap S_rY=\varnothing$ 易见 $\psi(c)=0$ 对任意的 $c<\kappa$ 成立.

引理 3.3.10 如果 Φ 满足 (Φ_0)–(Φ_3), 则 $\psi(c) \geqslant n := \dim Y_0$, 其中 $c \geqslant b = \sup\Phi(E_0)$.

最后, 引入比较函数 $\psi_d : [0,d] \to \mathbb{N}_0$. 对固定的 $d > 0$, 令

$$\mathcal{M}_0(\Phi^d) := \{g \in \mathcal{M}(\Phi^d) : g \text{ 是从 } \Phi^d \text{ 到 } g(\Phi^d) \text{ 的同胚映射}\}.$$

对于 $c \in [0,d]$, 定义

$$\psi_d(c) := \min\{(\mathrm{gen}(\Phi^c) \cap S_r Y) : g \in \mathcal{M}_0(\Phi^d)\}.$$

由于 $\mathcal{M}_0(\Phi^d) \subset \mathcal{M}(\Phi^d) \hookrightarrow \mathcal{M}(\Phi^c)$, 我们有 $\psi(c) \leqslant \psi_d(c)$ 对所有的 $c \in [0,d]$ 成立.

定理 3.3.11 假设 (Φ_1)–(Φ_3) 成立, 并且假设 Φ 是偶的且满足 $(PS)_c$ 条件, 对于 $c \in [\rho, b]$. 则 Φ 至少有 $n := \dim Y_0$ 对临界点, 其临界值为

$$c_i := \inf\{c \geqslant 0 : \psi(c) \geqslant i\} \in [\rho, b], \quad i = 1, \cdots, n.$$

若 Φ 在 Φ_ρ^b 中只有有限多临界点, 则 $\rho < c_1 < c_2 < \cdots < c_n \leqslant b$.

接下来的几个临界点理论是关于一列临界值序列的存在性 (在对称条件下). 我们总是假设 $G = \mathbb{Z}/p$ 在 E 上的作用是线性等距的且在 $E \setminus \{0\}$ 中没有不动点. 此外, (Φ_3) 被下面的 (Φ_4) 代替,

(Φ_4) 存在空间 Y 的 G-不变的递增子空间序列 $Y_n \subset Y$ 及存在 $R_n > r$ 使得 $\sup\Phi(X \times Y_n) < \infty$ 以及 $\sup\Phi(X \times Y_n \setminus B_n) < \beta := \inf\Phi(\{u \in Y : \|u\| \leqslant r\})$, 其中 $B_n = \{u \in X \times Y_n : \|u\| \leqslant R_n\}$, $r > 0$ 来自于 (Φ_2).

我们也需要下面的紧性条件:

(Φ_I) 下面条件之一成立:

– $\mathcal{P}$ 是可数的且对任意的 $c \in I$, Φ 满足 $(PS)_c$-条件;

– $\mathcal{P}$ 是可数的, Φ 有一个 $(PS)_I$-吸引集 $\mathscr{A}$ 满足 $P_Y\mathscr{A} \subset X \setminus \{0\}$ 是有界的且满足

$$\beta := \inf \|P_Y u - P_Y v\| : u, v \in \mathscr{A}, P_Y u \neq P_Y v > 0; \tag{3.3.4}$$

– (Φ_+) 成立, (Φ) 有一个 $(C)_I$-吸引集 $\mathscr{A}$ 满足 $P_Y\mathscr{A} \subset X \setminus \{0\}$ 是有界的且满足 (3.3.4).

定理 3.3.12 设 Φ 满足 (Φ_0)–(Φ_2), (Φ_4) 以及对任意的紧区间 $I \subset (0,\infty)$, (Φ_I) 成立. 则 Φ 有一个无界的临界值序列.

注意到对于如下形式的泛函

$$\mathcal{I}(z) = \|u^+\|^2 - \|u^-\|^2 + \frac{1}{2}\|v\|^2 - \Phi(z), \quad \forall\, z = (u,v).$$

考虑 $X=E^-$ 和 $Y=E^+$ 上的范数, 令 $z=(u,v)$, 那么 $\|z^+\|^2\sim 2\|u^+\|^2+\|v\|^2$, $\|z^-\|^2\sim 2\|u^-\|^2$. 通过考虑工作空间的等价范数, 显然上面的临界点定理依然成立. 对于临界点定理的进一步讨论可以参考 [15] 或 [57].

最后, 通过下面的临界点定理可以得到一列负能量解, 参考 ([59]). 记

$$Y_1^{k-1}:=\bigoplus_{i=1}^{k-1}E_i,\quad Y_k:=\bigoplus_{i=k}^{\infty}E_i.$$

定理 3.3.13 假设 $I\in\mathcal{C}^1(E,\mathbb{R})$ 是偶泛函且 $\mathcal{P}$-下半连续, 即, 对任意的 $C\in\mathbb{R}$ 集合 $\{u\in E:I(u)\leqslant C\}$ 是 $\mathcal{P}$-是闭的, 并且 ∇I 是弱序列连续. 如果存在常数 $k_0>0$ 使得对任意的 $k\geqslant k_0$, I 满足下面的条件:

(A_1) 存在 $\sigma_k>0$ 使得 $a^k:=\inf I(\partial B^k)\geqslant 0$, 其中 $\partial B^k:=\{u\in Y_k:\|u\|=\sigma_k\}$;

(A_2) 存在一个有限维 G-不变子空间 $\hat{E}_k\subset E_k$ 和 $0<s_k<\sigma_k$ 使得 $b^k:=\sup I(N^k)<0$, 其中 $N^k:=\{u\in E^-\oplus\hat{E}_k:\|u\|=s_k\}$;

(A_3) $d^k:=\inf I(B^k)\to 0$, 当 $k\to\infty$, 其中 $B^k:=\{u\in Y_k:\|y\|\leqslant\sigma_k\}$;

(A_4) I 满足 $(PS)_c$-条件.

则 I 有一列临界点 $\{u_k\}$ 使得 $I(u_k)<0$ 且当 $k\to\infty$ 时, $I(u_k)\to 0$.

证明 令 Γ^k 表示映射 $g:B^k\to E$ 的集合, 使得

(g_1) g 是奇的, $\mathcal{P}$-连续且 $g\,|_{\partial B^k}=\mathrm{id}$;

(g_2) 每个 $u\in\mathrm{int}(B^k)$ 有一个在 Y_k 中的 $\mathcal{P}$-开邻域 $\mathcal{N}_u$ 使得集合 $(\mathrm{id}-g)(\mathcal{N}_u\cap\mathrm{int}(B^k))$ 包含在 E 的一个有限维线性子空间中;

(g_3) $I(g(u))\geqslant I(u)$, $\forall u\in B^k$.

定义

$$c^k:=\sup_{g\in\Gamma^k}\inf_{u\in B^k}I(g(u)).$$

显然, 根据定义我们有 $d^k\leqslant c^k$. 若 $g(B^k)\cap N^k\neq\varnothing$, 对所有的 $g\in\Gamma^k$, 令 $u_0\in g(B^k)\cap N^k$, 我们可以得到

$$\inf_{u\in B^k}I(g(u))\leqslant I(u_0)\leqslant\sup_{u\in N^k}I(u)=b^k.$$

因此, $c^k\leqslant b^k$. 现在, 我们只需要证明 $g(B^k)\cap N^k\neq\varnothing$, 对所有的 $g\in\Gamma^k$. 固定 $g\in\Gamma^k$, 因为 B_k 是 $\mathcal{P}$-紧的, 根据 (g_2) 可以得到 $(\mathrm{id}-g)(B^k)$ 包含在 E 的有限维线性子空间 F 中. 我们可以假设 $F\supset\hat{E}_k$. 令 $\tilde{Y}=\left(\bigoplus_{j=1}^{k}E_j\setminus\hat{E}_k\right)\bigoplus\left(\bigoplus_{k+1}^{\infty}E_j\right)$ 且 $F_{\tilde{Y}}:=P_{\tilde{Y}}F\subset F$. 考虑集合

$$\mathcal{O}:=\{u\in B^k\cap F:\|g(u)\|<s_k\}\subset F$$

和映射

$$h : \partial\mathcal{O} \to F_{\tilde{Y}}, \quad h(u) := P_{\tilde{Y}} \circ g(u).$$

由于 $(\mathrm{id} - g)(B_k) \subset F$, 我们注意到 $g(B_k \cap F) \subset F$. 所以 h 是良定义的. 进而, 因为 F 是有限维的, 根据 (g_1) 可知 $g : B_k \cap F \to F$ 是连续的. 我们可以断定 $g(h^{-1}(0)) \neq \varnothing$. 事实上, 因为 $0 < s_k < \sigma_k$, $g(0) = 0$, 且 $\mathcal{O}$ 是 0 在 $F_n := F \cap Y_k$ 中的有界开邻域, 因此, $\mathrm{gen}(\partial\mathcal{O}) = \dim F_n$. 根据亏格的单调性, 我们有

$$\mathrm{gen}(\partial\mathcal{O} \backslash h^{-1}(0)) \leqslant \mathrm{gen}(P_{\tilde{Y}} F_n \setminus \{0\}) = \dim P_{\tilde{Y}} F_n.$$

连续性和次可加性可以推出

$$\mathrm{gen}(\partial\mathcal{O}) \leqslant \mathrm{gen}(h^{-1}(0)) + \mathrm{gen}(\partial\mathcal{O} \backslash h^{-1}(0)).$$

因此,

$$\mathrm{gen}(h^{-1}(0)) \geqslant \dim F_n - \dim P_{\tilde{Y}} F_n = \dim \hat{E}_k.$$

根据亏格的性质 (见 [115]), 还可以得到

$$\mathrm{gen}(g(h^{-1}(0))) \geqslant \mathrm{gen}(h^{-1}(0)) \geqslant \dim \hat{E}_k,$$

也就是说 $g(h^{-1}(0)) \neq \varnothing$. 最后, $h(u) = 0$ 能推出 $g(u) \in E^- \oplus \hat{E}_k$ 并且 $u \in \partial\mathcal{O}$ 可以得到 $\|g(u)\| = s_k$, 所以 $g(h^{-1}(0)) \subset g(B^k) \cap N^k$. 即, $g(B^k) \cap N^k \neq \varnothing$, 对所有的 $g \in \Gamma^k$. 继而, $d^k \leqslant c^k \leqslant b^k$.

接下来证明 c^k 是 I 的临界值. 令 $\varepsilon \in (0, (a^k - c^k)/2), \theta > 0, g \in \Gamma^k$ 使得

$$c^k - \varepsilon \leqslant \inf_{u \in B^k} I(g(u)). \tag{3.3.5}$$

我们断言

$$\exists u \in I^{-1}\left(\left[c^k - 2\varepsilon, c^k + 2\varepsilon\right]\right) \cap \left(g\left(B^k\right)\right)_{2\theta}, \quad \text{使得} \|I'(u)\| \leqslant \frac{8\varepsilon}{\theta}. \tag{3.3.6}$$

事实上, 若 (3.3.6) 不成立, 应用 [20, 引理 8] 其中 $\varphi = -I$ 且 $S = g(B^k)$. 则存在 $\eta \in \mathcal{C}([0,1] \times I_{c-2\varepsilon}, E)$ 使得

(i) $\eta(t, u) = u$, 若 $t = 0$ 或 $u \notin I^{-1}([c - 2\epsilon, c + 2\varepsilon]) \cap S_{2\delta}$;

(ii) $\eta\left(1, I_{c-\varepsilon} \cap g(B^k)\right) \subset I_{c+\varepsilon}$;

(iii) $\|\eta(t, u) - u\| \leqslant \theta/2$, $\forall u \in I_{c-2\varepsilon}, \forall\, t \in [0,1]$;

(iv) $I(\eta(\cdot, u))$ 是非减的, $\forall u \in \varphi_{c-2\varepsilon}$;

(v) 每个点 $(t, u) \in [0,1] \times I_{c-2\varepsilon}$ 有一个 $\mathcal{P}$-邻域 $\mathcal{N}_{(t,u)}$ 使得

$$\left\{v - \eta(s, v) : (s, v) \in N_{(t,u)} \cap ([0,1] \times I_{c-2\varepsilon})\right\}$$

包含在 E 的一个有限维子空间中;

(vi) η 是 $\mathcal{P}$-连续的;

(vii) $\eta(t,\cdot)$ 是奇的, $\forall\, t\in[0,1]$.

我们在 B^k 上定义映射 $\beta(u):=\eta(1,g(u))$ 并断言 $\beta\in\Gamma^k$. 事实上, 显然 β 是奇的、等变的且 $\mathcal{P}$-连续的. 因为 $g\,|_{\partial B^k}=\mathrm{id}$ 且 $u\notin I^{-1}\left(\left[c^k-2\varepsilon,c^k+2\varepsilon\right]\right)\cap\left(g\left(B^k\right)\right)_{2\theta}$, 根据 (i), 我们有 $\beta(u)=\eta(1,g(u))=\eta(1,u)=u$. 因此, $\beta\,|_{\partial B^k}=\mathrm{id}$. 另外, (iv) 可以推出 $I(u)\leqslant I(\eta(1,u))=I(\beta(u))$, $\forall u\in B^k$. 令 $u\in\mathrm{int}(B^k)$. 因为 $g\in\Gamma_k$, 所以 u 有一个 Y_k 中的 $\mathcal{P}$-邻域 $\mathcal{N}_u$ 使得 $(\mathrm{id}-g)\left(\mathcal{N}_u\cap\mathrm{int}(B_k)\right)\subset W_1$, 其中 W_1 是 E 的一个有限维子空间. 从形变引理的 (v) 可知: 点 $(1,g(u))$ 有一个 $\mathcal{P}$-邻域 $M_{(1,g(u))}=M_1\times M_{g(u)}$ 使得 $\{z-\eta(s,z):(s,z)\in M_{(1,g(u))}\cap([0,1]\times I_{c-2\varepsilon})\}$ 包含在 E 的有限维子空间 W_2 中. 因此, 对任意的 $v\in\mathcal{N}_u\cap g^{-1}(M_{g(u)}\cap B_k)$, 我们有

$$(\mathrm{id}-\beta)(v)=(\mathrm{id}-g)(v)+g(v)-\eta(1,g(v))\in W_1+W_2,$$

其中 W_1+W_2 是有限维的. 所以, $\beta\in\Gamma^k$.

最后, 利用 (3.3.5) 和 (ii), 可以得到

$$c^k+\varepsilon\leqslant\inf_{u\in B^k}I(\beta(u))\leqslant c^k,$$

矛盾. 现在我们可以从 (3.3.6) 推断出存在一列 $\{u_n^k\}\subset E$ 使得

$$I(u_n^k)\to c^k\ \text{ 且 } I'(u_n^k)\to 0,\quad n\to\infty.$$

那么我们可利用 (A_3) 和 (A_4) 得到结论. □

第 4 章　解的存在性结果

本章主要考虑第 2 章中提到的两类无穷维 Hamilton 系统稳态解的存在性问题. 这些问题来源于量子场论 (QFT) 中不同非线性场之间的相互作用. 在标准模型中, 基本粒子分为基本费米子和基本玻色子. 费米子拥有半整数自旋, 遵循 Pauli 不相容原理, 是组成物质的粒子, 而玻色子拥有整数自旋, 不遵循 Pauli 不相容原理, 是负责力传递的粒子. 这些基本粒子的相互作用通常采用量子场论来描述, 它们被看作对应量子场的态, 比如光子来自于电磁场的量子化, 电子和 Higgs 粒子分别对应于 Dirac 场和 Klein-Gordon 场 (或标量场).

量子场论中场之间的相互作用是通过 Lagrange 量的相互作用项实现的. 实际上, 这些系统都是无穷维 Hamilton 系统, 也被称为是一种量子力学系统, 见 [26, 99, 126]. 在超越标准模型的理论中, 某些量子场是不能用 Lagrange 量来描述的, 我们需要从其他角度出发来研究量子场论. 由于粒子频繁地产生和湮灭, 因此考虑相对论效应的粒子对应的量子场论模型在数学上也有很大的复杂性. 相对量子场论可以描述粒子数量不固定的时候多粒子系统的情况. 比如 Dirac 场用来描述自旋-1/2 的带电粒子, 其波函数满足 Dirac 方程. 数学上主要通过 Dirac 方程来研究这种量子场. 实际上, Dirac 方程有三种不同的类型, 分别用来描述三种不同类型的费米子: Weyl 费米子、Dirac 费米子和 Majorana 费米子. 本文中提到的 Dirac 方程都是描述 Dirac 费米子的. 而 Klein-Gordon 场是一类标量场, 其主要描述自旋-0 的粒子, 比如介子、中子、Higgs 粒子. 不同场之间可以通过四种基本作用力产生关系, 这由相交 Lagrange 量来描述并且要求对应的 Lagrange 密度具有同样的对称性.

本章从无穷维 Hamilton 系统的角度出发来考虑非线性 Dirac-Klein-Gordon 系统和非线性 Dirac-Maxwell 系统稳态解的存在性问题.

4.1　非线性 Dirac-Klein-Gordon 系统

本节考虑非线性 Dirac-Klein-Gordon 系统. 记 $\mathcal{H} = L^2(\mathbb{R}^3, \mathbb{C}^4) \times L^2(\mathbb{R}^3, \mathbb{R}) \times L^2(\mathbb{R}^3, \mathbb{R})$, 其上定义实内积为

$$((\psi_1, f_1, g_1), (\psi_2, f_2, g_2))_{L^2} = \Re(\psi_1, \psi_2)_{\mathbb{C}} + (f_1, f_2)_{L^2} + (g_1, g_2)_{L^2}.$$

令 $J:\mathcal{H}\to\mathcal{H}, (\psi,f,g)\to(i\psi,-g,f)$, 那么 J 是 $\mathcal{H}$ 上的一个复结构. $\omega:\mathcal{H}\times\mathcal{H}\to\mathbb{R}$,

$$\omega((\psi_1,f_1,g_1),(\psi_2,f_2,g_2)) = -\Im(\psi_1,\psi_2)_{\mathbb{C}} + (f_1,g_2)_{L^2} - (f_2,g_1)_{L^2}.$$

那么 ω 是 $\mathcal{H}$ 上与内积相容的辛形式. 考虑 Hamilton 函数

$$\begin{aligned} H(\psi,\varphi,\zeta) = & \frac{1}{2}\left(-i\sum_{k=1}^{3}\alpha_k\partial_k\psi,\psi\right)_{L^2} + \frac{1}{2}((m+V)\beta\psi,\psi)_{L^2} - \frac{1}{p}\int_{\mathbb{R}^3}K(x)|\psi|^p dx \\ & + \frac{1}{4}\int_{\mathbb{R}^3}|\nabla\varphi|^2dx + \frac{1}{4}\int_{\mathbb{R}^3}(M^2+\hat{V})\varphi^2dx - \frac{1}{2q}\int_{\mathbb{R}^3}\hat{K}(x)|\varphi|^q dx \\ & - \frac{1}{2}(\varphi\beta\psi,\psi)_{L^2} + 2\int_{\mathbb{R}^3}|\zeta|^2dx. \end{aligned}$$

于是, $(\mathcal{H},\omega,J,H)$ 是一个无穷维 Hamilton 系统, 其对应的 Hamilton 方程即为

$$\begin{cases} i\not{D}\psi - (m+V)\gamma^0\psi + \gamma^0\varphi\psi + K|\psi|^{p-2}\psi = 0, \\ \Box\varphi + (M^2+\hat{V})\varphi - \psi^\dagger\gamma^0\psi - \hat{K}|\varphi|^{q-2}\varphi = 0, \end{cases} \tag{4.1.1}$$

其中 $\not{D} = \gamma^0\gamma^\mu\partial_\mu = \partial_t + \sum\limits_{k=1}^{3}\alpha_k\partial_k$.

4.1.1 Lagrange 系统的观点

非线性 Dirac 场的 Lagrange 密度由下面式子给出了

$$\mathcal{L}_{ND} = \psi^\dagger(i\not{D} - (m+V)\gamma^0)\psi + \frac{2K|\psi|^p}{p},$$

以及非线性 Klein-Gordon 场的 Lagrange 密度由下面的式子给出

$$\mathcal{L}_{NKG} = \frac{1}{2}\left(\frac{\partial\varphi}{\partial x^\mu}\frac{\partial\varphi}{\partial x_\mu} - M^2\varphi^2 - \hat{V}\varphi^2\right) - \frac{\hat{K}|\varphi|^q}{q},$$

其中 $\varphi:\mathbb{R}^{3+1}\to\mathbb{R}$. 非线性 Dirac 场和非线性 Klein-Gordon 场的相互作用主要是通过不带电非自旋粒子的强相互作用. 对于带有正的或者负的电荷的粒子, 非线性的 Klein-Gordon 场对应的 Lagrange 密度由如下的式子给出

$$\mathcal{L}_{NKGC} = \frac{1}{2}\left(\frac{\partial\varphi^*}{\partial x^\mu}\frac{\partial\varphi}{\partial x_\mu} - M^2\varphi^*\varphi - \hat{V}\varphi^*\varphi\right) - \frac{\hat{K}|\varphi|^q}{q},$$

其中 $\varphi = (\varphi_1 + i\varphi_2)/\sqrt{2}$. 我们这里不考虑非线性 Dirac 场与非线性带电 Klein-Gordon 场的相互作用, 因为这时候其相互作用不仅仅通过强相互作用, 也可以通

过电磁力相互作用. 非线性 Dirac 场与非线性 Klein-Gordon 场的相互作用通常是通过极小作用原理, 即将非线性 Dirac 场的 Lagrange 密度中的通常的导数替换为相对于 φ 的协变导数, 比如

$$\not{D} \to \not{D} - i\gamma^0\varphi.$$

于是非线性 Dirac 场和非线性 Klein-Gordon 场的 Lagrange 密度就变成了

$$\begin{aligned}\mathcal{L}_{NDK} = & \psi^\dagger(i\not{D} - (m+V)\gamma^0)\psi + \psi^\dagger\gamma^0\varphi\psi + \frac{2K|\psi|^p}{p} \\ & + \frac{1}{2}\left(\frac{\partial\varphi}{\partial x^\mu}\frac{\partial\varphi}{\partial x_\mu} - (M^2+\hat{V})\varphi^2\right) - \frac{\hat{K}|\varphi|^q}{q}.\end{aligned}$$

记 $\mathcal{S} = \int \mathcal{L}_{NDK}$ 为全作用, 考虑 $\mathcal{S}$ 关于 $\delta\psi$ 和 $\delta\varphi$ 的变分, 于是我们就得到了系统 (4.1.1). 这个系统也被称为非线性 Dirac-Klein-Gordon 系统. 对于方程 (4.1.1), 我们考虑其稳态解或者驻波解, 即有如下形式的解

$$\begin{cases}\psi(t,x) = u(x)e^{-i\omega t/\hbar}, \quad \omega \in \mathbb{R}, \quad u: \mathbb{R}^3 \to \mathbb{C}^4, \\ \varphi(t,x) = \phi(x).\end{cases} \tag{4.1.2}$$

这样的解被认为是类粒子的解, 见 [107], 即波的行为更像粒子因为它们不容易改变形状. 于是, 我们有 (u,ϕ) 是如下方程 (NDK) 的解当且仅当 (ψ,φ) 是方程 (4.1.1)的解.

$$(NDK) \quad \begin{cases}-i\sum_{k=1}^{3}\alpha_k\partial_k u + (m+V(x))\beta u + \omega u = \phi\beta u + K(x)|u|^{p-2}u, \\ -\Delta\phi + (M^2+\hat{V}(x))\phi = \langle\beta u, u\rangle + \hat{K}(x)|\phi|^{q-2}\phi,\end{cases}$$

其中 $x \in \mathbb{R}^3$, $u(x) \in \mathbb{C}^4$, $\phi(x) \in \mathbb{R}$, $\partial_k = \dfrac{\partial}{\partial x_k}$, $m, M > 0$ 分别对应电子和介子的质量. α_1, α_2, α_3, β 为 $\mathbb{R}^3$ 上的 Dirac 矩阵, 并且 $V(x)$, $\hat{V}(x)$, $K(x)$ 以及 $\hat{K}(x)$ 是 $\mathbb{R}^3$ 上的实值函数.

容易看出非线性 Dirac-Klein-Gordon 系统的稳态解就是方程 (NDK) 的解. 另一方面, 方程 (NDK) 的解对应如下泛函的临界点

$$\mathcal{I}_{NDK}(u,\phi) = (-\hat{\beth}u, u)_{L^2} + \frac{1}{2}(-\hat{\Delta}\phi,\phi)_{L^2} - \Re\int_{\mathbb{R}^3} u^\dagger\beta\phi u dx$$

$$-\frac{2}{p}\int_{\mathbb{R}^3} K|u|^p dx - \frac{1}{q}\int_{\mathbb{R}^3} \hat{K}|\phi|^q dx,$$

其中 $-\hat{\beth} = -i\sum_{k=1}^{3}\alpha_k\partial_k + (V(x)+m)\beta+\omega$, $-\hat{\Delta} = -\sum_{k=1}^{3}\partial_k^2 + \hat{V}(x)$. 根据量子场论 (QFT) 的讨论, 非线性 Drirac-Klein-Gordon 系统的 Lagrange 密度包含三部分: 非线性 Dirac 场的 Lagrange 密度、非线性 Klein-Gordon 场的 Lagrange 密度以及相互作用项的 Lagrange 密度. 根据摄动理论的原理, 相互作用项的 Lagrange 量的高阶项可以通过多项式逼近的方法来修正. 因此, 有的文献也会考虑如下的 Lagrange 密度:

$$\begin{aligned}\mathcal{L}_{NDK'} = \psi^\dagger(i\not{D} - (m+V)\gamma^0)\psi + |\psi|^{s_1}|\varphi|^{s_2} + \frac{2K|\psi|^p}{p} \\ + \frac{1}{2}\left(\frac{\partial\varphi}{\partial x^\mu}\frac{\partial\varphi}{\partial x_\mu} - (M^2+\hat{V})\varphi^2\right) - \frac{\hat{K}|\varphi|^q}{q}.\end{aligned}$$

$\mathcal{L}_{NDK'}$ 对应的方程为

$$\begin{cases} i\not{D}\psi - (m+V)\gamma^0\psi + \dfrac{s_1}{2}|\psi|^{s_1-2}|\varphi|^{s_2}\psi + K|\psi|^{p-2}\psi = 0, \\ \Box\varphi + (M^2+\hat{V})\varphi - s_2|\psi|^{s_1}|\varphi|^{s_2-2}\varphi - \hat{K}|\varphi|^{q-2}\varphi = 0, \end{cases} \tag{4.1.3}$$

这里我们假设 $2s_1 + s_2 < 6$, $s_1, s_2 > 1$, $p \in (2,3)$, $q \in (2,6)$. 于是上面的系统的稳态解是如下方程的解

$$(NDK') \quad \begin{cases} -i\sum_{k=1}^{3}\alpha_k\partial_k u + (m+V(x))\beta u + \omega u = \dfrac{s_1}{2}|u|^{s_1-2}|\phi|^{s_2}u + K(x)|u|^{p-2}u, \\ -\Delta\phi + (M^2+\hat{V}(x))\phi = s_2|u|^{s_1}|\phi|^{s_2-2}\phi + \hat{K}(x)|\phi|^{q-2}\phi. \end{cases}$$

那么 (NDK') 的解对应如下泛函的临界点

$$\begin{aligned}\mathcal{I}_{NDK'}(u,\phi) = (-\hat{\beth}u, u)_{L^2} + \frac{1}{2}(-\hat{\Delta}\phi,\phi)_{L^2} - \int_{\mathbb{R}^3}|u|^{s_1}|\phi|^{s_2}dx \\ - \frac{2}{p}\int_{\mathbb{R}^3} K|u|^p dx - \frac{1}{q}\int_{\mathbb{R}^3}\hat{K}|\phi|^q dx.\end{aligned}$$

我们从数学的角度来考虑系统 (4.1.1) 与系统 (4.1.3). 系统 (4.1.1) 中当 $K = \hat{K} = 0$ 的时候已经有一些结果, 见 [27,35,97]. 通过假设非共振条件 $2m > M > 0$, Wang 在 [124] 中证明了这个系统在临界 Besov 空间中关于小初值的全局适定性.

在同样的假定下, Bejenaru 与 Herr 在 [22] 中证明了次临界正则性的时候小初值的全局适定性与散射结果. 对于此系统的稳态解, Esteban、Georgiev 与 Séré 等人引入变分法来研究这个问题, 并且用打靶法得到了某种形式解的多重性结果, 见 [81,82]. 之后, Ding 与合作者发展了一些方法用来研究非线性 Dirac 方程与非线性 Dirac-Klein-Gordon 系统解的性质与半经典解的性质, 见 [44,47,51,71].

从变分法的角度看, Dirac-Klein-Gordon 系统是复杂的, 因为其变分结构是强不定类型的. 与之前关于非线性 Dirac-Klein-Gordon 方程的工作相比, 系统 (4.1.1) 和系统 (4.1.3) 的困难主要来自介子场的非线性效应. 在 [51,81,82] 中, ϕ 可以外部解出, 于是这个系统可以约化为一个带有局部项的方程. 然而, 由于关于 ϕ 的方程出现了非线性项, 这样的约化的方法并不可行. 为了克服这个困难, 我们从整体的角度来处理这个问题, 即将之视为一个整体, 再根据抽象的临界点定理, 我们得到其稳态解的存在性与多重性结果. 为了得到更高的正则性, 我们需要对指标有更精确的刻画, 比如对于系统 (4.1.1), 我们要求 $q \leqslant 4$, 而对于系统 (4.1.3), 我们要求 $q \leqslant 4$ 以及 $s_2 < 2$.

4.1.2 假设和主要结果

对于线性位势, 我们做如下假设.

(V_0) $V(x) \equiv 0$, $\hat{V}(x) \equiv a$, $a \in (-M^2, \infty)$.

(V_1) $V(x) \in \mathcal{C}^1(\mathbb{R}^3, (0,\infty))$, $\hat{V}(x) \in \mathcal{C}^2(\mathbb{R}^3, (0,\infty))$, 且关于 x_k 是 1-周期的, $k = 1,2,3$.

注 4.1.1 实际上, $\hat{V}(x) + M^2 > 0$ 的假设已经足够了, 因为我们可以把介子的质量分给负的线性位势项, 使得整体为正能量. 为了方便, 我们这里只假设 $\hat{V} \geqslant 0$.

记

$$K_{\min} = \min_{x \in \mathbb{R}^3} K(x), \quad K_{\max} = \max_{x \in \mathbb{R}^3} K(x),$$
$$\hat{K}_{\min} = \min_{x \in \mathbb{R}^3} \hat{K}(x), \quad \hat{K}_{\max} = \max_{x \in \mathbb{R}^3} \hat{K}(x),$$

对于非线性位势, 我们做如下假设.

(K_1) $K \in \mathcal{C}^1(\mathbb{R}^3, \mathbb{R})$, $\hat{K} \in \mathcal{C}^2(\mathbb{R}^3, \mathbb{R})$, K, $\hat{K}$ 关于 x_k 是 1-周期的, $k = 1,2,3$.

(K_2) $K_{\min} > \dfrac{(4-p)^{1-p/2}}{(p-2)^{2-p/2}} \hat{K}_{\min}^{1-p/2} > 0$.

下面我们分别用 $\mathcal{I}$ 和 $\hat{\mathcal{I}}$ 来代替 $\mathcal{I}_{NDK}$ 和 $\mathcal{I}_{NDK'}$. 令

$$\theta := \inf \left\{ \mathcal{I}(u,\phi) : (u,\phi) \neq 0 \text{ 是 } \mathcal{I} \text{ 的临界点} \right\}.$$

如果非平凡解 (u,ϕ) 满足 $\mathcal{I}(u,\phi)=\theta$, 则称 (u,ϕ) 为 $\mathcal{I}$ 的极小能量解. 记 S_θ 为 $\mathcal{I}$ 的极小能量解的集合. 假设 z_1,z_2 是两个解, 如果对于任意的 $k\in\mathbb{Z}^3$ 都有 $k*z_1\neq z_2$, 则称 z_1,z_2 是几何不同解, 这里 $(k*z)(x)=z(x+k)$. 实际上, 如果 z 是系统的一个解, 那么 $k*z$ 也是系统的一个解. 因此, $(PS)_c$-条件或者 $(C)_c$-条件这种情况下不成立. 我们采用集中紧原理来处理这个问题, 之后我们考虑非平凡的几何不同解的多重性问题. 记

$$\mathcal{K}=\{z\in E:\mathcal{I}'(z)=0\}$$

为 $\mathcal{I}$ 的临界点集. 因此,

$$\#\{(NDK)\text{ 的几何不同解}\}\ =\ \#\mathcal{K}/\mathbb{Z}^3.$$

类似地, 记 $\hat{\mathcal{K}}$ 为 $\hat{\mathcal{I}}$ 的临界点集, $\hat{\theta}:=\inf\{\hat{\mathcal{I}}(z):z\in\hat{\mathcal{K}}\setminus\{0\}\}$. 记 $S_{\hat{\theta}}$ 为 $\hat{\mathcal{I}}$ 的极小能量解的集合. 那么, 为了证明 (NDK) 与 (NDK') 有无穷多的几何不同解, 我们只需证明 $\mathcal{K}/\mathbb{Z}^3$ 和 $\hat{\mathcal{K}}/\mathbb{Z}^3$ 都不是有限集. 我们的主定理叙述如下:

定理 4.1.2　令 $\omega\in(-m,m)$, $p\in(2,3)$, $q\in(2,6)$, $2/p+1/q=1$, 令 (K_1) 和 (K_2) 成立, 假设 (V_0) 或 (V_1) 成立. 那么 (NDK) 至少存在一个基态解 $(u,\phi)\in H^{1/2}(\mathbb{R}^3,\mathbb{C}^4)\times H^1(\mathbb{R}^3,\mathbb{R})$. 进一步地, 如果 $q\leqslant 4$, 那么 $(u,\phi)\in W^{1,r}(\mathbb{R}^3,\mathbb{C}^4)\times W^{2,s}(\mathbb{R}^3,\mathbb{R})$, $r,s\geqslant 2$.

下面我们考虑 ω, V 以及 K 的假设条件相同时系统 (NDK') 的情况,

定理 4.1.3　令 $\omega\in(-m,m)$, $s_1,s_2>1, 2s_1+s_2<6$, $p\in(2,3)$, $q\in(2,6)$, 令 (K_1) 成立, 假设 (V_0) 或 (V_1) 成立. 那么 (NDK') 至少有一个基态解 $(u,\phi)\in H^{1/2}(\mathbb{R}^3,\mathbb{C}^4)\times H^1(\mathbb{R}^3,\mathbb{R})$. 进一步地, 如果 $q\leqslant 4$, $s_2<2$, 那么我们有 $(u,\phi)\in W^{1,r}(\mathbb{R}^3,\mathbb{C}^4)\times W^{2,s}(\mathbb{R}^3,\mathbb{R})$, $\forall r,s\geqslant 2$.

4.1.3　泛函的拓扑性质

为了方便, 仍记 $\mathcal{A}$ 为

$$\mathcal{A}=\begin{pmatrix}-2\hat{\beth}_0 & 0\\ 0 & -\hat{\Delta}\end{pmatrix},$$

其中 $-\hat{\beth}_0=-i\sum\limits_{k=1}^{3}\alpha_k\partial_k+(V(x)+m)\beta$, $-\hat{\Delta}=-\sum\limits_{k=1}^{3}\partial_k^2+\hat{V}(x)+M^2$. 在 3.2.3 小节, 已经给出了非线性 Dirac-Klein-Gordon 系统的变分框架. 回顾其能量泛函为

$$\begin{aligned}\mathcal{I}_{NDK}(u,\phi)=&(-\hat{\beth}u,u)_{L^2}+\frac{1}{2}(-\hat{\Delta}\phi,\phi)_{L^2}-\Re\int_{\mathbb{R}^3}u^\dagger\beta\phi u dx\\&-\frac{2}{p}\int_{\mathbb{R}^3}K|u|^p dx-\frac{1}{q}\int_{\mathbb{R}^3}\hat{K}|\phi|^q dx\end{aligned}$$

$$
\begin{aligned}
&= \|u^+\|^2 - \|u^-\|^2 + \frac{1}{2}\|\phi\|^2 - \Re\int_{\mathbb{R}^3} u^\dagger \beta\phi u dx \\
&\quad - \frac{2}{p}\int_{\mathbb{R}^3} K|u|^p dx - \frac{1}{q}\int_{\mathbb{R}^3} \hat{K}|\phi|^q dx,
\end{aligned}
$$

$$
\begin{aligned}
\mathcal{I}_{NDK'}(u,\phi) &= (-\hat{\beth} u, u)_{L^2} + \frac{1}{2}(-\hat{\Delta}\phi, \phi)_{L^2} - \int_{\mathbb{R}^3} |u|^{s_1}|\phi|^{s_2} dx \\
&\quad - \frac{2}{p}\int_{\mathbb{R}^3} K|u|^p dx - \frac{1}{q}\int_{\mathbb{R}^3} \hat{K}|\phi|^q dx \\
&= \|u^+\|^2 - \|u^-\|^2 + \frac{1}{2}\|\phi\|^2 - \int_{\mathbb{R}^3} |u|^{s_1}|\phi|^{s_2} dx \\
&\quad - \frac{2}{p}\int_{\mathbb{R}^3} K|u|^p dx - \frac{1}{q}\int_{\mathbb{R}^3} \hat{K}|\phi|^q dx.
\end{aligned}
$$

在这一部分, 分别把 $\mathcal{I}_{NDK}$, $\mathcal{I}_{NDK'}$ 记为 $\mathcal{I}$, $\hat{\mathcal{I}}$. 注意到 $\mathcal{I}$ 与 $\hat{\mathcal{I}}$ 的区别在于相互作用项.

非线性 Dirac-Klein-Gordon 系统稳态解的存在性结果可以应用前一章的临界点定理得到. 注意到对于 $p\in(2,3)$, $q\in(2,6)$, $2/p+1/q=1$, 我们有

$$
|\langle\beta\phi u, u\rangle| \leqslant |\phi|\cdot|u|^2 \leqslant \frac{\varepsilon^q}{q}|\phi|^q + \frac{q-1}{q\varepsilon^{q/(q-1)}}|u|^p.
$$

因此,

$$
\begin{aligned}
&2K\frac{|u|^p}{p} + \hat{K}\frac{|\phi|^q}{q} + \langle\beta\phi u, u\rangle \\
\geqslant\ & \frac{2K_{\min}}{p}|u|^p + \frac{\hat{K}_{\min}}{q}|\phi|^q - \frac{\varepsilon^q}{q}|\phi|^q - \frac{q-1}{q\varepsilon^{q/(q-1)}}|u|^p \\
=\ & \left(\frac{2K_{\min}}{p} - \frac{q-1}{q\varepsilon^{q/(q-1)}}\right)|u|^p + \left(\frac{\hat{K}_{\min}}{q} - \frac{\varepsilon^q}{q}\right)|\phi|^q.
\end{aligned}
$$

令 $\delta = \left(\hat{K}_{\min} - K_{\min}^{2/(2-p)}\right)/2$, $\varepsilon = \left(\hat{K}_{\min}-\delta\right)^{1/q}$, 根据 (K_2) 条件, 有 $K_{\min} > \hat{K}_{\min}^{1-p/2}$. 则

$$
\begin{aligned}
\frac{2K_{\min}}{p} - \frac{q-1}{q\varepsilon^{q/(q-1)}} &= \frac{2K_{\min}}{p} - \frac{q-1}{q}\left(\hat{K}_{\min}-\delta\right)^{1/(1-q)} \\
&= \frac{2}{p}\left(K_{\min} - \left(\hat{K}_{\min}-\delta\right)^{1-p/2}\right) > 0.
\end{aligned}
$$

因此, 对任意的 $x \in \mathbb{R}^3$,

$$2K\frac{|u|^p}{p} + \hat{K}\frac{|\phi|^q}{q} + \langle \beta\phi u, u\rangle \geqslant C_1|u|^p + C_2|\phi|^q \geqslant 0.$$

此外, 记

$$\Psi(u,\phi) = (\beta\phi u, u)_{L^2} + \int_{\mathbb{R}^3} 2K\frac{|u|^p}{p}dx + \int_{\mathbb{R}^3}\hat{K}\frac{|\phi|^q}{q}dx.$$

对于 $\hat{\mathcal{I}}$ 的情况, 根据 $2s_1 + s_2 < 6$, $s_1, s_2 > 1$, 存在 $\hat{r} > s_1$, $\hat{s} > s_2$, 使得 $s_1/\hat{r} + s_2/\hat{s} = 1$, $2 \leqslant \hat{r} < 3$, $2 \leqslant \hat{s} < 6$. 因此,

$$\int_{\mathbb{R}^3}|u|^{s_1}|\phi|^{s_2}dx \leqslant \int_{\mathbb{R}^3}\frac{s_1|u|^{\hat{r}}}{\hat{r}}dx + \int_{\mathbb{R}^3}\frac{s_2|\phi|^{\hat{s}}}{\hat{s}}dx \leqslant \frac{s_2}{\hat{s}}\|\phi\|_{L^{\hat{s}}}^{\hat{s}} + \frac{s_1}{\hat{r}}\|u\|_{L^{\hat{r}}}^{\hat{r}}.$$

令

$$\hat{\Psi}(u,\phi) = \int_{\mathbb{R}^3}|u|^{s_1}|\phi|^{s_2}dx + \int_{\mathbb{R}^3}2K\frac{|u|^p}{p}dx + \frac{2}{p}\int_{\mathbb{R}^3}K|u|^p dx + \frac{1}{q}\int_{\mathbb{R}^3}\hat{K}|\phi|^q dx.$$

根据 $\int_{\mathbb{R}^3}|u|^{s_1}|\phi|^{s_2}dx \geqslant 0$, 类似于之前的方法, $\hat{\Psi}$ 满足下面所有的性质.

引理 4.1.4 在定理 4.1.2 或 定理 4.1.3 的假设下, 下面结论成立:

(i) $\Psi, \hat{\Psi} \in \mathcal{C}^1(E,\mathbb{R})$ 是下有界的;

(ii) Ψ, $\hat{\Psi}$ 是弱序列下半连续的;

(iii) Ψ', $\hat{\Psi}'$ 是弱序列连续的;

(iv) $\forall c > 0$, $\exists \zeta > 0$, 有 $\|z\| < \zeta\|z^+\|$, 对任意的 $z \in \mathcal{I}_c$ (或 $\hat{\mathcal{I}}_c$) 都成立.

证明 我们这里只给出 Ψ 的证明, $\hat{\Psi}$ 的证明类似.

(i) 容易看出 $\Psi \in \mathcal{C}^1(E,\mathbb{R})$, 根据

$$2K\frac{|u|^p}{p} + \hat{K}\frac{|\phi|^q}{q} + \langle\beta\phi u, u\rangle \geqslant 0,$$

可知 $\Psi(u,\phi) \geqslant 0$.

(ii) 令 $z_j = (u_j, \phi_j) \in E$, $z_j \rightharpoonup z = (u,\phi)$. 于是,

$$\langle\beta\phi_j u_j, u_j\rangle + 2K\frac{|u_j|^p}{p} + \hat{K}\frac{|\phi_j|^q}{q} \to \langle\beta\phi u, u\rangle + 2K\frac{|u|^p}{p} + \hat{K}\frac{|\phi|^q}{q},$$

对几乎所有的 $x \in \mathbb{R}^3$. 那么根据 Fatou 引理, 我们有

$$\Psi(z) = \int_{\mathbb{R}^3}\langle\beta\phi u, u\rangle dx + \frac{2}{p}\int_{\mathbb{R}^3}K|u|^p dx + \frac{1}{q}\int_{\mathbb{R}^3}\hat{K}|\phi|^q dx$$

$$\leqslant \liminf_{j\to\infty}\left(\int_{\mathbb{R}^3}\langle\beta\phi_j u_j,u_j\rangle dx+\frac{2}{p}\int_{\mathbb{R}^3}K|u_j|^p dx+\frac{1}{q}\int_{\mathbb{R}^3}\hat{K}|\phi_j|^q dx\right),$$

这意味着 Ψ 是弱序列下半连续的.

(iii) 显然对于 $\varphi=(\varphi_1,\varphi_2)\in\mathcal{C}_0^\infty(\mathbb{R}^3,\mathbb{C}^4)\times\mathcal{C}_0^\infty(\mathbb{R}^3,\mathbb{R})$, 我们有

$$\Psi'(z)\varphi=2(\beta\phi u,\varphi_1)_{L^2}+(\beta\varphi_2 u,u)_{L^2}+2\Re\int_{\mathbb{R}^3}K|u|^{p-2}u\cdot\varphi_1 dx$$
$$+\int_{\mathbb{R}^3}\hat{K}|\phi|^{q-2}\phi\cdot\varphi_2 dx.$$

根据 Lebesgue 控制收敛定理, 我们有 $\Psi'(z_j)\varphi\to\Psi'(z)\varphi$, 因此 Ψ' 是弱序列连续的.

(iv) 若不然, 则对某个 $c>0$, 存在序列 $\{z_j\}\subset\mathcal{I}_c$, 以及 $\|z_j\|^2\geqslant j\|z_j^+\|^2$. 那么

$$0\geqslant(2-j)\|z_j^-\|^2\geqslant(j-1)(\|z_j^+\|^2-\|z_j^-\|^2),$$

因此, $0\geqslant\mathcal{I}(z_j)\geqslant c>0$, 矛盾. □

可以得到泛函 $\mathcal{I}$ 与 $\hat{\mathcal{I}}$ 有如下的环绕结构.

引理 4.1.5 (i) *存在 $\rho>0$, 使得 $\kappa=\inf\mathcal{I}(\partial B_\rho\cap E^+)>0$;*

(ii) 存在 $\hat{\rho}>0$, 使得 $\hat{\kappa}=\inf\hat{\mathcal{I}}(\partial B_{\hat{\rho}}\cap E^+)>0$;

(iii) 存在 $R>\rho>0$, $e_1\in E^+$, $\|e_1\|=1$, 使得 $\mathcal{I}(\partial Q)\leqslant 0$, 其中 $Q=\{z=z^-+se_1:\|z\|<R,s\geqslant 0\}$;

(iv) 存在 $\hat{R}>\hat{\rho}>0$ 以及 $\hat{e}_1\in E^+$, $\|\hat{e}_1\|=1$, 使得 $\hat{\mathcal{I}}(\partial\hat{Q})\leqslant 0$, 其中 $\hat{Q}=\left\{z=z^-+s\hat{e}_1:\|z\|<\hat{R},s\geqslant 0\right\}$.

证明 (i) 根据

$$\Psi(z)\leqslant\frac{\hat{K}_{\max}}{q}\|\phi\|_{L^q}^q+\frac{2K_{\max}}{p}\|u\|_{L^p}^p+\frac{1}{q}\|\phi\|_{L^q}^q+\frac{q-1}{q}\|u\|_{L^p}^p\leqslant C(\|\phi\|^q+\|u\|^p).$$

对于 $z=(u,\phi)\in\partial B_\rho\cap E^+$, 我们有

$$\mathcal{I}(z)=\|u\|^2+\frac{1}{2}\|\phi\|^2-\Psi(z)\geqslant\|u\|^2+\frac{1}{2}\|\phi\|^2-C(\|\phi\|^q+\|u\|^p).$$

因此, 存在 $\rho>0$, 使得 $\kappa>0$.

(ii) 根据

$$\hat{\Psi}(z)\leqslant\frac{\hat{K}_{\max}}{q}\|\phi\|_{L^q}^q+\frac{2K_{\max}}{p}\|u\|_{L^p}^p+\frac{s_2}{\hat{s}}\|\phi\|_{L^{\hat{s}}}^{\hat{s}}+\frac{s_1}{\hat{r}}\|u\|_{L^{\hat{r}}}^{\hat{r}}$$

$$\leqslant C(\|\phi\|^q + \|\phi\|^{\hat{s}} + \|u\|^p + \|u\|^{\hat{r}}).$$

对于 $z = (u, \phi) \in \partial B_\rho \cap E^+$, 我们有

$$\hat{\mathcal{I}}(z) = \|u\|^2 + \frac{1}{2}\|\phi\|^2 - \Psi(z) \geqslant \|u\|^2 + \frac{1}{2}\|\phi\|^2 - C(\|\phi\|^q + \|\phi\|^{\hat{s}} + \|u\|^p + \|u\|^{\hat{r}}).$$

因此, 存在 $\hat{\rho} > 0$, 使得 $\hat{\kappa} > 0$.

(iii) 对于 $z = z^- + se_1 = se_{1,u} + se_{1,\phi} + z^-$, 只需要证明当 $\|z\| \to \infty$ 时, $\mathcal{I}(z) \to -\infty$. 根据引理 3.2.3 与之前的讨论, 我们有

$$\begin{aligned}\mathcal{I}(z) &= -\|z^-\|^2 + s^2\|e_{1,u}\|^2 + \frac{s^2}{2}\|e_{1,\phi}\|^2 - \Psi(z)\\ &\leqslant -\|z^-\|^2 + \frac{s^2}{2} - C_1\|se_{1,u} + z^-\|_{L^p}^p - C_2\|se_{1,\phi}\|_{L^q}^q\\ &\leqslant -\|z^-\|^2 + \frac{s^2}{2} - C_3 s^p - C_4 s^q.\end{aligned}$$

于是, 当 $\|z\| \to \infty$ 时, $\mathcal{I}(z) \to -\infty$. 因此, 存在 $R > \rho > 0$, $e_1 \in E^+$, $\|e_1\| = 1$, 使得 $\mathcal{I}(\partial Q) \leqslant 0$.

(iv) 对于 $z = z^- + se_1 = se_{1,u} + se_{1,\phi} + z^-$, 只需要证明当 $\|z\| \to \infty$ 时, $\hat{\mathcal{I}}(z) \to -\infty$. 根据引理 3.2.3 与之前的讨论, 我们有

$$\begin{aligned}\hat{\mathcal{I}}(z) &= -\|z^-\|^2 + s^2\|e_{1,u}\|^2 + \frac{s^2}{2}\|e_{1,\phi}\|^2 - \hat{\Psi}(z)\\ &\leqslant -\|z^-\|^2 + \frac{s^2}{2} - C_1\big(\|se_{1,u} + z^-\|_{L^p}^p + \|se_{1,\phi}\|_{L^q}^q\\ &\quad + \|se_{1,u} + z^-\|_{L^{\hat{r}}}^{\hat{r}} + \|se_{1,\phi}\|_{L^{\hat{s}}}^{\hat{s}}\big)\\ &\leqslant -\|z^-\|^2 + \frac{s^2}{2} - C_2\left(s^p + s^q + s^{\hat{s}} + s^{\hat{r}}\right).\end{aligned}$$

于是, 当 $\|z\| \to \infty$ 时, $\hat{\mathcal{I}}(z) \to -\infty$. 因此, 存在 $\hat{R} > \hat{\rho} > 0$, $e_1 \in E^+$, $\|e_1\| = 1$, 使得 $\hat{\mathcal{I}}(\partial Q) \leqslant 0$. □

4.1.4 Cerami 序列

这一部分我们证明泛函 $\mathcal{I}$ 以及 $\hat{\mathcal{I}}$ 对应的 Cerami 序列都是有界的.

引理 4.1.6 在定理 4.1.2 的假设下, $\mathcal{I}$ 上的 $(C)_c$-序列都是有界的.

证明 令 $\{z_j\} \subset E$ 为泛函 $\mathcal{I}$ 的 $(C)_c$-序列, 即 $\mathcal{I}(z_j) \to c$, 并且 $(1+\|z_j\|)\mathcal{I}'(z_j) \to 0(j \to \infty)$. 记 $z_j = (u_j, \phi_j)$, 那么当 j 充分大时, 我们有

$$\begin{aligned}
&\mathcal{I}(z_j) - \frac{1}{2}\mathcal{I}'(z_j)z_j \\
&= \frac{1}{2}(\beta\phi_j u_j, u_j)_{L^2} + 2\left(\frac{1}{2}-\frac{1}{p}\right)\int_{\mathbb{R}^3} K|u_j|^p dx + \left(\frac{1}{2}-\frac{1}{q}\right)\int_{\mathbb{R}^3} \hat{K}|\phi_j|^q dx \\
&\geqslant \left(2\left(\frac{1}{2}-\frac{1}{p}\right)K_{\min} - \frac{q-1}{2q\varepsilon^{q/(q-1)}}\right)\|u_j\|_{L^p}^p + \left(\left(\frac{1}{2}-\frac{1}{q}\right)\hat{K}_{\min} - \frac{\varepsilon^q}{2q}\right)\|\phi_j\|_{L^q}^q \\
&\geqslant C_1\|u_j\|_{L^p}^p + C_2\|\phi_j\|_{L^q}^q.
\end{aligned}$$

因此, $\|u_j\|_{L^p}$, $\|\phi_j\|_{L^q}$ 是有界的. 那么我们有 $|(\beta\phi_j u_j, u_j)_{L^2}|$ 也是有界的. 根据

$$\|u_j^+\|^2 - \|u_j^-\|^2 - (\beta\phi_j u_j, u_j)_{L^2} - \int_{\mathbb{R}^3} K|u_j|^p dx = o(1), \tag{4.1.4}$$

$$\|\phi_j\|^2 - (\beta\phi_j u_j, u_j)_{L^2} - \int_{\mathbb{R}^3} \hat{K}|\phi_j|^q dx = o(1). \tag{4.1.5}$$

因此, $\|\phi_j\|$ 是有界的. 由于

$$\begin{aligned}
\mathcal{I}'(u_j,\phi_j)(u_j^+ - u_j^-, 0) = \|u_j\|^2 &- 2(\beta\phi_j u_j, u_j^+ - u_j^-)_{L^2} \\
&- 2\Re\int_{\mathbb{R}^3} K|u_j|^{p-2}u_j \cdot (u_j^+ - u_j^-)dx,
\end{aligned}$$

我们有 $\|u_j\| < C$, 这意味着 $\|z_j\| < C$. □

对于 $\hat{\mathcal{I}}$ 对应的 $(C)_c$-序列也是有界的.

引理 4.1.7 *在定理 4.1.3 的假设下, $\hat{\mathcal{I}}$ 上的 $(C)_c$-序列都是有界的.*

证明 令 $z_k = (u_k, \phi_k)$ 为 $\hat{\mathcal{I}}$ 上的 $(C)_c$-序列, 我们假定 $\|z_k\|$ 不是有界的, 那么不妨取子列, 我们有

$$\begin{aligned}
\hat{\mathcal{I}}(z_k) - \frac{1}{2}\hat{\mathcal{I}}'(z_k)z_k = &\left(\frac{s_1+s_2}{2}-1\right)\int_{\mathbb{R}^3}|u_k|^{s_1}|\phi_k|^{s_2}dx + \left(1-\frac{2}{p}\right)\int_{\mathbb{R}^3}K|u_k|^p dx \\
&+ \left(\frac{1}{2}-\frac{1}{q}\right)\int_{\mathbb{R}^3}\hat{K}|\phi_k|^q dx.
\end{aligned}$$

更进一步地, 存在 $C > 0$, 使得 $\hat{\mathcal{I}}(z_k) - \frac{1}{2}\hat{\mathcal{I}}'(z_k)z_k \leqslant C$. 因此, 存在一致的常数 $C > 0$, 使得

$$\int_{\mathbb{R}^3}|u_k|^{s_1}|\phi_k|^{s_2}dx \leqslant C, \quad \int_{\mathbb{R}^3}|u_k|^p dx \leqslant C, \quad \int_{\mathbb{R}^3}|\phi_k|^q dx \leqslant C.$$

那么当 k 足够大的时候, 我们有

$$\begin{aligned}
&\hat{\mathcal{I}}'(z_k)(u_k^+ - u_k^-, \phi_k)\\
&= 2\|u_k\|^2 + \|\phi_k\|^2 - \Re\int_{\mathbb{R}^3}(s_1|u_k|^{s_1-2}|\phi_k|^{s_2}u_k\cdot(u_k^+ - u_k^-) + s_2|u_k|^{s_1}|\phi_k|^{s_2})dx\\
&\quad - 2\Re\int_{\mathbb{R}^3}K|u_k|^{p-2}u_k\cdot(u_k^+ - u_k^-)dx - \int_{\mathbb{R}^3}\hat{K}|\phi_k|^q dx\\
&\geqslant \|z_k\|^2 - C - o(\|z_k\|).
\end{aligned}$$

根据 $\mathcal{I}'(z_k)(u_k^+ - u_k^-, \phi_k) = o(\|z_k\|)$, 我们有 $\mathcal{I}$ 上的 $(C)_c$-序列都是有界的. □

下面, 我们证明乘积空间 $E = E_1 \oplus E_2$ 上的集中紧原理.

引理 4.1.8 令 E 为 Hilbert 空间, $E = E_1 \times E_2$, $E_i \subset L^{p_i}(\mathbb{R}^n)$, 其中 $2 \leqslant p_i \leqslant c_i(n)$. 如果 $\{z_j\} \subset E$ 是一个有界序列, 并且存在 $R > 0$, 使得

$$\liminf_{j\to\infty}\sup_{y\in\mathbb{R}^n}\int_{B_R(y)}|z_j|^2 dx = 0,$$

那么存在子列 $\{z_{j_k}\}$, 使得在 $L^{p_1'}(\mathbb{R}^n) \times L^{p_2'}(\mathbb{R}^n)$ 中 $z_{j_k} \to 0$ 对任意 $p_i' \in (2, c_i(n))$ 都成立.

证明 首先, 我们先证明对于 $E_i \subset L^{p_i}(\mathbb{R}^n)$, 以及有界序列 $\{u_j\} \subset E_i$, 如果存在 $R > 0$, 使得

$$\liminf_{j\to\infty}\sup_{y\in\mathbb{R}^n}\int_{B_R(y)}|u_j|^2 dx = 0,$$

那么存在子列 $\{u_{j_k}\}$, 使得在 $L^{p_i'}(\mathbb{R}^n)$ 中 $u_{j_k} \to 0$, 其中 $2 < p_i' < c_i(n)$.

令 $r < s < c_i(n)$, $u \in E_i$, 根据 Hölder 不等式和嵌入定理, 我们有

$$\|u\|_{L^s(B_R(y))} \leqslant \|u\|_{L^r(B_R(y))}^{1-\lambda}\|u\|_{L^{c_i(n)}(\mathbb{R}^n)}^{\lambda} \leqslant C\|u\|_{L^r(B_R(y))}^{1-\lambda}\|u\|_{E_i}^{\lambda},$$

其中 $\lambda = \dfrac{s-r}{c_i(n)-r}\dfrac{c_i(n)}{s}$, 通过选 $\lambda = 2/s$, 我们有

$$\int_{B_R(y)}|u|^s dx \leqslant C\|u\|_{L^r(B_R(y))}^{(1-\lambda)s}\|u\|^2.$$

由于 $\mathbb{R}^n$ 是仿紧的, 我们有

$$\int_{\mathbb{R}^n}|u|^s dx \leqslant C\sup_{y\in\mathbb{R}^n}\left(\int_{B_R(y)}|u|^r dx\right)^{(1-\lambda)s/r}\|u\|_{E_i}^2.$$

根据假设, 在 $L^s(\mathbb{R}^n)$ 上我们有 $u_j \to 0$. 根据 $2 < s < c_i(n)$, 在 $L^{p_i'}(\mathbb{R}^n)$ 上我们有 $u_j \to 0$, 其中 $2 < p_i' < c_i(n)$.

对于 $\{z_j\} \subset E$, $\liminf\limits_{j\to\infty} \sup\limits_{y\in\mathbb{R}^n} \int_{B_R(y)} |z_j|^2 dx = 0$ 意味着

$$\liminf_{j\to\infty} \sup_{y\in\mathbb{R}^n} \int_{B_R(y)} |u_j|^2 dx = 0, \ \liminf_{j\to\infty} \sup_{y\in\mathbb{R}^n} \int_{B_R(y)} |v_j|^2 dx = 0,$$

其中 $z_j = (u_j, v_j)$. 那么在 $L^{p_1'}(\mathbb{R}^n) \times L^{p_2'}(\mathbb{R}^n)$ 上, 我们有 $z_j \to 0$. □

4.1.5 存在性的证明

情形 I (*NDK*) 的存在性结果.

记 $X = E^-, Y = E^+$, 根据定理 3.3.7, $\mathcal{I}$ 上存在一个 $(C)_c$-序列 $\{z_k\}$ 使得 $\kappa \leqslant c \leqslant \sup \mathcal{I}(Q)$. 根据引理 4.1.6, $\mathcal{I}$ 上的 $(C)_c$-序列在 E 上是有界的. 记 $\{z_k\}$ 为 $\mathcal{I}$ 的 $(C)_c$-序列. 在 $L^2 \times L^2$ 中考虑 $z_k \rightharpoonup z$. 我们断言存在 $a > 0$ 以及 $\{y_k\} \subset \mathbb{R}^3$ 使得

$$\int_{B(y_k)} |z_k|^2 dx \geqslant a, \quad \forall k \in \mathbb{N}.$$

否则, 我们有在 $L^s \times L^{s'}$ 中, $z_k \to 0$, $\forall s \in (2,3)$, $s' \in (2,6)$. 因此,

$$\begin{aligned}\lim_{k\to\infty} \left| \int_{\mathbb{R}^3} K(x) |u_k|^{p-2} u_k \cdot u_k^{\pm} dx \right| &\leqslant C \lim_{k\to\infty} \int_{\mathbb{R}^3} (|u_k|^p + |u_k^{\pm}|^p) dx \\ &\leqslant C \lim_{k\to\infty} \|u_k\|_{L^p}^p = 0,\end{aligned}$$

$$\begin{aligned}\lim_{k\to\infty} |(\beta\phi_k u_k, u_k^{\pm})_{L^2}| &\leqslant C \lim_{k\to\infty} \int_{\mathbb{R}^3} |\phi_k|^s dx + \int_{\mathbb{R}^3} |u_k \cdot u_k^{\pm}|^r dx \\ &\leqslant C \lim_{k\to\infty} (\|\phi_k\|_{L^s}^s + |u_k|_{L^{2r}}^{2r}) = 0.\end{aligned}$$

对于 $\Psi(u,\phi) = (\beta\phi u, u)_{L^2} + \dfrac{2}{p}\int_{\mathbb{R}^3} K|u|^p dx + \dfrac{1}{q}\int_{\mathbb{R}^3} \hat{K}|\phi|^q dx$, 我们有

$$\begin{aligned}\Psi'(u_k,\phi_k)(u_k^+,\phi_k) &= 2(\beta\phi_k u_k, u_k^+)_{L^2} + (\beta\phi_k u_k, u_k)_{L^2} \\ &\quad + 2\Re \int_{\mathbb{R}^3} K|u_k|^{p-2} u_k \cdot u_k^+ dx + \int_{\mathbb{R}^3} \hat{K}|\phi_k|^q dx.\end{aligned}$$

于是, $\Psi'(u_k,\phi_k)(u_k^+,\phi_k) \to 0$, $k \to \infty$. 那么

$$2\|u_k^+\|^2 + \|\phi_k\|^2 = \mathcal{I}'(u_k,\phi_k)(u_k^+,\phi_k) + \Psi'(u_k,\phi_k)(u_k^+,\phi_k) \to 0.$$

根据 $\mathcal{I}'(u_k,\phi_k)(u_k^-,0)\to 0,\ k\to\infty$, 我们有

$$\|u_k^-\|^2=-\frac{1}{2}\mathcal{I}'(u_k,\phi_k)(u_k^-,0)-(\beta\phi_k u_k,u_k^-)_{L^2}-\Re\int_{\mathbb{R}^3}K|u_k|^{p-2}u_k\cdot u_k^-dx\to 0.$$

因此, $\lim\limits_{k\to\infty}\mathcal{I}(z_k)=0$, 矛盾. 于是, 存在 $\rho>0$, $y_k'\in\mathbb{Z}^3$, 使得

$$\int_{B_\rho(y_k')}|z_k|^2dx>\frac{a}{2}.$$

令 $\bar{z}_k(x)=z_k(x_1+y_1',x_2+y_2',x_3+y_3')$, 那么在 E 中 $\bar{z}_k\rightharpoonup z$, 并且根据定理 3.2.5, 我们有在 $L^2_{loc}\times L^2_{loc}$ 中, $\bar{z}_k\to z$. 因此, 根据引理 4.1.4, $z=(u,\phi)\neq 0$ 是 $\mathcal{I}(z)$ 的一个非平凡临界点.

情形 Ⅱ (NDK') 的存在性结果.

记 $z=(u,\phi)$. (NDK') 对应的能量泛函为

$$\hat{\mathcal{I}}(z)=\|u^+\|^2-\|u^-\|^2+\frac{1}{2}\|\phi\|^2-\int_{\mathbb{R}^3}\left(|u|^{s_1}|\phi|^{s_2}+\frac{|u|^p}{p}+\frac{|\phi|^q}{q}\right)dx.$$

容易看出 $\hat{\Psi}(z)=\int_{\mathbb{R}^3}\left(|u|^{s_1}|\phi|^{s_2}+\frac{|u|^p}{p}+\frac{|\phi|^q}{q}\right)dx$ 是弱序列下半连续的并且其关于 z 的导数是弱序列连续的. 类似于 (NDK) 的存在性结果的证明, 对于 $c>0$, 存在 $\zeta>0$, 使得 $\|z\|<\zeta\|z^+\|$, $\forall z\in\hat{\mathcal{I}}_c$. 更进一步地, $\hat{\mathcal{I}}$ 具有环绕结构. 那么存在 $\hat{\mathcal{I}}$ 上的 $(C)_c$-序列, 记为 $\{z_k\}$, 其中 $c\in[\kappa,\sup\hat{\mathcal{I}}(Q)]$. 根据引理 4.1.7, 关于 $\hat{\mathcal{I}}$ 的任何 $(C)_c$-序列 $\{z_k\}$ 都是有界的. 在 $L^2\times L^2$ 中记 $z_k\rightharpoonup z$.

我们断言存在 $a>0$, $\{y_k\}\subset\mathbb{R}^3$, 使得

$$\int_{B(y_k)}|z_k|^2dx\geqslant a.$$

否则, 根据引理 4.1.8, 在 $L^s\times L^{s'}$ 中, 我们有 $z_k\to 0$, 其中 $s\in(2,3)$, $s'\in(2,6)$. 那么我们有

$$\begin{aligned}\lim_{k\to\infty}\Re\int_{\mathbb{R}^3}|u_k|^{s_1-2}|\phi_k|^{s_2}u_k\cdot u_k^{\pm}dx&=\lim_{k\to\infty}\Re\int_{\mathbb{R}^3}|u_k|^{p-2}u_k\cdot u_k^{\pm}dx\\&=\lim_{k\to\infty}\int_{\mathbb{R}^3}|u_k|^{s_1}|\phi_k|^{s_2}dx=0.\end{aligned}$$

因此,

$$\lim_{k\to\infty}\|u_k^+\|^2=\lim_{k\to\infty}\|\phi_k\|^2=\lim_{k\to\infty}\|u_k^-\|^2=0.$$

于是 $\lim\limits_{k\to\infty}\hat{\mathcal{I}}(z_k)=0$, 矛盾.

因此, 存在 $\rho>0$, $y_k'\in\mathbb{Z}^3$, 使得 $\int_{B_\rho(y_k')}|z_k|^2dx>\frac{a}{2}$. 令 $\bar{z}_k(x)=z_k(x_1+y_1', x_2+y_2', x_3+y_3')$, 那么在 E 中 $\bar{z}_k\rightharpoonup z$. 于是, 根据定理 3.2.5, 在 $L^2_{loc}\times L^2_{loc}$ 中 $\bar{z}_k\to z$. 那么 $z\neq 0$ 是 $\hat{\mathcal{I}}(z)$ 的一个非平凡临界点.

为了得到基态解, 我们先来证明泛函 $\mathcal{I}$ 与 $\hat{\mathcal{I}}$ 对应的表示引理. 首先, 我们考虑 $(C)_c$-序列 $\{z_k\}\subset E$. 根据引理 4.1.6 和引理 4.1.7, $\mathcal{I}(z)$ 与 $\hat{\mathcal{I}}(z)$ 的 $(C)_c$-序列都是有界的. 因此, 我们不妨假设 $z_k\rightharpoonup z$. 记 $\bar{z}_k=z_k-z$, 我们证明 $\{\bar{z}_k\}$ 是 $\mathcal{I}(z)$ 的 $(PS)_{\bar{c}}$-序列, 其中 $\bar{c}=c-\mathcal{I}(z)$.

引理 4.1.9 在定理 4.1.2 的假设下, 考虑子列当 $k\to\infty$, 我们有

(i) $\mathcal{I}(\bar{z}_k)\to c-\mathcal{I}(z)$;

(ii) $\mathcal{I}'(\bar{z}_k)\to 0$.

证明 (i) 根据 $z_k\rightharpoonup z=(u,\phi)$, 我们有

$$\|z_k^\pm-z^\pm\|^2-(\|z_k^\pm\|^2+\|z^\pm\|^2)\to 0,\quad k\to\infty.$$

我们先证明

$$\lim_{k\to\infty}\int_{\mathbb{R}^3}\left(\beta\phi_k u_k\cdot u_k-\beta(\phi_k-\phi)(u_k-u)\cdot(u_k-u)\right)dx=\int_{\mathbb{R}^3}\beta\phi u\cdot udx.$$

注意到

$$\begin{aligned}&\int_{\mathbb{R}^3}\left(\beta\phi_k u_k\cdot u_k-\beta(\phi_k-\phi)(u_k-u)\cdot(u_k-u)\right)dx\\&=-\int_{\mathbb{R}^3}\int_0^1\frac{d}{dt}\beta(\phi_k-t\phi)(u_k-tu)\cdot(u_k-tu)dx\\&=\int_{\mathbb{R}^3}\int_0^1\big(\beta\phi(u_k-tu)\cdot(u_k-tu)\\&\quad+\beta(\phi_k-t\phi)u\cdot(u_k-tu)+\beta(\phi_k-t\phi)(u_k-tu)\cdot u\big)dtdx.\end{aligned}$$

再根据 $\mathcal{I}$ 的 $(C)_c$-序列有界, 我们不妨取子列, 并且假设

$$\text{在 } L^{r_1}_{loc}(\mathbb{R}^3)\times L^{r_2}_{loc}(\mathbb{R}^3) \text{ 中},\ z_k=(u_k,\phi_k)\to z,\ 2<r_1<3, 2<r_2<6,$$

$$z_k(x)\to z(x)\text{ a.e. },\ x\in\mathbb{R}^3.$$

因此, 我们有对于几乎每个 $x\in\mathbb{R}^3$,

$$\beta\phi(u_k-tu)\cdot(u_k-tu)+\beta(\phi_k-t\phi)u\cdot(u_k-tu)+\beta(\phi_k-t\phi)(u_k-tu)\cdot u\to 3(1-t)^2\beta\phi u\cdot u,$$

所以,

$$\int_{\mathbb{R}^3} (\beta\phi_k u_k \cdot u_k - \beta(\phi_k - \phi)(u_k - u) \cdot (u_k - u))\, dx \to \int_{\mathbb{R}^3} \beta\phi u \cdot u dx, \quad k \to \infty.$$

类似地, 我们有

$$\lim_{k\to\infty} \int_{\mathbb{R}^3} (K|u_k|^p - K|u_k - u|^p)\, dx = \int_{\mathbb{R}^3} K|u|^p dx,$$

$$\lim_{k\to\infty} \int_{\mathbb{R}^3} \left(\hat{K}|\phi_k|^q - \hat{K}|\phi_k - \phi|^q\right) dx = \int_{\mathbb{R}^3} \hat{K}|\phi|^q dx.$$

因此, 结论成立.

(ii) 记

$$f_k^1(x) = \beta\phi_k u_k - \beta\phi u - \beta(\phi_k - \phi)(u_k - u),$$

$$g_k^1(x) = \beta u_k \cdot u_k - \beta u \cdot u - \beta(u_k - u) \cdot (u_k - u),$$

$$f_k^2(x) = |u_k|^{p-2}u_k - |u|^{p-2}u - |u_k - u|^{p-2}(u_k - u),$$

$$g_k^2(x) = |\phi_k|^{q-2}\phi_k - |\phi|^{q-2}\phi - |\phi_k - \phi|^{q-2}(\phi_k - \phi).$$

那么我们有

$$\mathcal{I}'(z_k - z)w = (\mathcal{I}'(z_k) - \mathcal{I}'(z))w + \Re \int_{\mathbb{R}^3} (2f_k^1 \cdot v + g_k^1\varphi + f_k^2 \cdot v + g_k^2 \cdot \varphi) dx,$$

其中 $w = (v, \varphi) \in E^*$. 由标准的讨论可知,

$$\Re \int_{\mathbb{R}^3} (2f_k^1 \cdot v + g_k^1\varphi + f_k^2 \cdot v + g_k^2 \cdot \varphi) dx = o(1)\|w\|.$$

因此, (ii) 成立. □

引理 4.1.10　在定理 4.1.3 的假设下, 考虑子列当 $k \to \infty$, 我们有

(i) $\hat{\mathcal{I}}(\bar{z}_k) \to c - \hat{\mathcal{I}}(z)$;

(ii) $\hat{\mathcal{I}}'(\bar{z}_k) \to 0$.

证明　(i) 因为 $z_k \rightharpoonup z = (u, \phi)$, 我们有 $\|z_k^\pm - z^\pm\|^2 - (\|z_k^\pm\|^2 + \|z^\pm\|^2) \to 0$, $k \to \infty$. 我们先证明当 $k \to \infty$ 时,

$$\int_{\mathbb{R}^3} (|u_k|^{s_1}|\phi_k|^{s_2} - |u_k - u|^{s_1}|\phi_k - \phi|^{s_2})\, dx \to \int_{\mathbb{R}^3} |u|^{s_1}|\phi|^{s_2} dx.$$

注意到

$$
\begin{aligned}
&\int_{\mathbb{R}^3}\left(|u_k|^{s_1}|\phi_k|^{s_2}-|u_k-u|^{s_1}|\phi_k-\phi|^{s_2}\right)dx\\
=&-\int_{\mathbb{R}^3}\int_0^1\frac{d}{dt}|u_k-tu|^{s_1}|\phi_k-t\phi|^{s_2}dx\\
=&\Re\int_{\mathbb{R}^3}\int_0^1 s_1|u_k-tu|^{s_1-2}|\phi_k|^{s_2}(u_k-tu)\cdot u\\
&+s_2|u_k-u|^{s_1}|\phi_k-t\phi|^{s_2-2}(\phi_k-t\phi)\cdot\phi dtdx.
\end{aligned}
$$

再根据 $\mathcal{I}$ 的 $(C)_c$-序列都有界, 通过取子列, 我们假定

$$z_k=(u_k,\phi_k)\to z \text{ 在 } L^{r_1}_{loc}(\mathbb{R}^3)\times L^{r_2}_{loc}(\mathbb{R}^3) \text{ 中},\quad 2<r_1<3, 2<r_2<6,$$

$$z_k(x)\to z(x) \text{ a.e., } x\in\mathbb{R}^3.$$

因此, 我们有几乎对每个 $x\in\mathbb{R}^3$,

$$|u_k-tu|^{s_1-2}|\phi_k|^{s_2}(u_k-tu)\to(1-t)^{s_1-1}|u|^{s_1-2}|\phi|^{s_2}u,$$

$$|u_k-u|^{s_1}|\phi_k-t\phi|^{s_2-2}(\phi_k-t\phi)\to 0.$$

那么

$$\int_{\mathbb{R}^3}\left(|u_k|^{s_1}|\phi_k|^{s_2}-|u_k-u|^{s_1}|\phi_k-\phi|^{s_2}\right)dx\to\int_{\mathbb{R}^3}|u|^{s_1}|\phi|^{s_2}dx,\quad k\to\infty.$$

类似地, 我们有

$$\lim_{k\to\infty}\int_{\mathbb{R}^3}\left(|u_k|^p-|u_k-u|^p\right)dx=\int_{\mathbb{R}^3}|u|^p dx,$$

$$\lim_{k\to\infty}\int_{\mathbb{R}^3}\left(|\phi_k|^q-|\phi_k-\phi|^q\right)dx=\int_{\mathbb{R}^3}|\phi|^q dx.$$

(ii) 记

$$f_k^1(x)=|u_k|^{s_1-2}|\phi_k|^{s_2}u_k-|u|^{s_1-2}|\phi|^{s_2}u-|u_k-u|^{s_1-2}|\phi_k-\phi|^{s_2}(u_k-u),$$

$$g_k^1(x)=|u_k|^{s_1}|\phi_k|^{s_2-2}\phi_k-|u|^{s_1}|\phi|^{s_2-2}\phi-|u_k-u|^{s_1}|\phi_k-\phi|^{s_2-2}(\phi_k-\phi),$$

$$f_k^2(x)=|u_k|^{p-2}u_k-|u|^{p-2}u-|u_k-u|^{p-2}(u_k-u),$$

$$g_k^2(x) = |\phi_k|^{q-2}\phi_k - |\phi|^{q-2}\phi - |\phi_k - \phi|^{q-2}(\phi_k - \phi).$$

那么我们有

$$\hat{\mathcal{I}}'(z_k - z)w = (\hat{\mathcal{I}}'(z_k) - \hat{\mathcal{I}}'(z))w + \Re\int_{\mathbb{R}^3}(s_1 f_k^1 \cdot v + s_2 g_k^1 \cdot \varphi + f_k^2 \cdot v + g_k^2 \cdot \varphi)dx,$$

其中 $w = (v, \varphi) \in H^{-1}(\mathbb{R}^3)$. 同样地, 由标准的讨论可知,

$$\Re\int_{\mathbb{R}^3}(s_1 f_k^1 \cdot v + s_2 g_k^1 \cdot \varphi + f_k^2 \cdot v + g_k^2 \cdot \varphi)dx = o(1)\|w\|.$$

因此, (ii) 成立. □

对于 $\mathcal{I}$ 和 $\hat{\mathcal{I}}$ 的临界点集, 我们有如下结论.

引理 4.1.11 *在定理 4.1.2 的假设下,*

(i) $\nu := \inf\{\|z\| : z \in \mathcal{K}\setminus\{0\}\} > 0$;

(ii) $\theta := \inf\{\mathcal{I}(z) : z \in \mathcal{K}\setminus\{0\}\} > 0$.

证明 (i) 假设存在序列 $\{z_j\} \subset \mathcal{K}\setminus\{0\}$, 并且在 E 中 $z_j \to 0$. 那么

$$\begin{aligned}
\|z_j\|^2 &= \Re\int_{\mathbb{R}^3}\beta\phi_j u_j \cdot (u_j^+ - u_j^-)dx + \Re\int_{\mathbb{R}^3}\beta\phi_j(u_j^+ - u_j^-)\cdot u_j dx + \Re\int_{\mathbb{R}^3}\beta\phi_j u_j \cdot u_j dx \\
&\quad + 2\int_{\mathbb{R}^3} K|u_j|^{p-2}(|u_j^+|^2 - |u_j^-|^2)dx + \int_{\mathbb{R}^3}\hat{K}|\phi_j|^q dx \\
&\leqslant \int_{\mathbb{R}^3} 2|\phi_j|(|u_j^+|^2 - |u_j^-|^2)dx + \int_{\mathbb{R}^3}|\phi_j||u_j|^2 dx \\
&\quad + 2\int_{\mathbb{R}^3} K|u_j|^p dx + \int_{\mathbb{R}^3}\hat{K}|\phi_j|^q dx \\
&\leqslant C\left(\int_{\mathbb{R}^3}|u_j|^2|\phi_j|dx + \int_{\mathbb{R}^3}|u_j|^p dx + \int_{\mathbb{R}^3}|\phi_j|^q dx\right) \\
&\leqslant C\left(\|z_j\|^p + \|z_j\|^q\right).
\end{aligned}$$

因为 $p, q > 2$, 上式与 $\|z_j\| \to 0$ $(j \to \infty)$ 矛盾.

(ii) 假定存在序列 $\{z_j\} \subset \mathcal{K}\setminus\{0\}$ 使得 $\mathcal{I}(z_j) \to 0$, $j \to \infty$. 那么 $\{z_j\}$ 是 $\mathcal{I}$ 的 $(C)_0$-序列. 容易看出 $\{z_j\}$ 是有界序列并且 $\liminf\limits_{j\to\infty}\|z_j\|^2 > 0$. 由于

$$\begin{aligned}
o(1) &= \mathcal{I}(z_j) - \frac{1}{2}\mathcal{I}'(z_j)z_j \\
&= \frac{1}{2}\int_{\mathbb{R}^3}\beta\phi_j u_j \cdot u_j dx + \left(1 - \frac{2}{p}\right)\int_{\mathbb{R}^3} K|u_j|^p dx + \left(\frac{1}{2} - \frac{1}{q}\right)\int_{\mathbb{R}^3}\hat{K}|\phi_j|^q dx.
\end{aligned}$$

因此, 对任意的 $\epsilon>0$, $\limsup\limits_{j\to\infty}\|z_j\|^2\leqslant\epsilon$, 矛盾. □

引理 4.1.12 在定理 4.1.3 的假设下, 我们有

(i) $\hat{\nu}:=\inf\{\|z\|:z\in\hat{\mathcal{K}}\setminus\{0\}\}>0$;

(ii) $\hat{\theta}:=\inf\{\hat{\mathcal{I}}(z):z\in\hat{\mathcal{K}}\setminus\{0\}\}>0$.

证明 (i) 假设在 E 上存在序列 $\{z_j\}\subset\mathcal{K}\setminus\{0\}$, $z_j\to0$. 那么

$$\begin{aligned}\|z_j\|^2&=s_1\int_{\mathbb{R}^3}|u_j|^{s_1-2}|\phi_j|^{s_2}(|u_j^+|^2-|u_j^-|^2)dx+s_2\int_{\mathbb{R}^3}|u_j|^{s_1}|\phi_j|^{s_2}dx\\&\quad+2\int_{\mathbb{R}^3}K|u_j|^{p-2}(|u_j^+|^2-|u_j^-|^2)dx+\int_{\mathbb{R}^3}\hat{K}|\phi_j|^qdx\\&\leqslant C\left(\int_{\mathbb{R}^3}|u_j|^{s_1}|\phi_j|^{s_2}dx+\int_{\mathbb{R}^3}|u_j|^pdx+\int_{\mathbb{R}^3}|\phi_j|^qdx\right)\\&\leqslant C\left(\|z_j\|^p+\|z_j\|^q+\|z_j\|^{\hat{s}}+\|z_j\|^{\hat{r}}\right).\end{aligned}$$

因为 $p,q,\hat{s},\hat{r}>2$, 上式与 $\|z_j\|\to0$ $(j\to\infty)$ 矛盾.

(ii) 假定存在序列 $\{z_j\}\subset\mathcal{K}\setminus\{0\}$, 使得 $\hat{\mathcal{I}}(z_j)\to0$, $j\to\infty$. 那么 $\{z_j\}$ 是 $\hat{\mathcal{I}}$ 的一个 $(C)_0$-序列. 容易看出 $\{z_j\}$ 是有界的并且 $\liminf\limits_{j\to\infty}\|z_j\|^2>0$. 由于

$$\begin{aligned}o(1)&=\hat{\mathcal{I}}(z_j)-\frac{1}{2}\hat{\mathcal{I}}'(z_j)z_j\\&=\left(\frac{s_1+s_2}{2}-1\right)\int_{\mathbb{R}^3}|u_j|^{s_1}|\phi_j|^{s_2}dx\\&\quad+\left(1-\frac{2}{p}\right)\int_{\mathbb{R}^3}K|u_j|^pdx+\left(\frac{1}{2}-\frac{1}{q}\right)\int_{\mathbb{R}^3}\hat{K}|\phi_j|^qdx.\end{aligned}$$

因此, 对于任意的 $\epsilon>0$, $\limsup\limits_{j\to\infty}\|z_j\|^2\leqslant\epsilon$, 矛盾. □

我们记 $\mathcal{F}$ 为 $\mathcal{K}$ 上的 $\mathbb{Z}^3$-轨道的任意代表元构成的集合. 显然 $\mathcal{I}'(\cdot)$ 关于 z 是奇的并且 $\mathcal{F}=-\mathcal{F}$. 令 $[r]$ 是 $r\in\mathbb{R}$ 的整数部分. 这里 $\mathbb{Z}^3$ 在 E 上的作用定义为 $a*z(x)=z(x+a)$, 其中 $a\in\mathbb{Z}^3$.

引理 4.1.13 令 $\{z_j\}$ 是 $\mathcal{I}$ 上的 $(C)_c$-序列. 那么, 在定理 4.1.2 的假设下, 要么

(i) $z_j\to0$, $c=0$, 要么

(ii) $c\geqslant\theta$, 并且存在 $l\leqslant\left[\dfrac{c}{\theta}\right]$, $\hat{z}_1,\cdots,\hat{z}_l\in\mathcal{F}$, $\{a_j^k\}_{k=1,\cdots,l}\subset\mathbb{Z}^3$ 使得

$$\left\|z_j-\sum_{k=1}^l a_j^k*\hat{z}_k\right\|\to0,\quad \sum_{k=1}^l\mathcal{I}(\hat{z}_k)=c.$$

证明　因为 $\{z_j\}$ 有界, 于是有 $\mathcal{I}'(z_j) \to 0$ 并且 $\mathcal{I}(z_j) \to c \geqslant 0$, $j \to \infty$. 根据引理 4.1.11, $c=0$ 当且仅当在 E 中 $z_j \to 0$. 那么不妨假设 $c>0$, 并且 $\{z_j\}$ 是非消失的. 根据 $\mathcal{I}$ 的 $\mathbb{Z}^3$-不变性, 我们能找到 $\{\alpha_j^l\} \subset \mathbb{Z}^3$ 使得 $\alpha_j^1 * z_j \rightharpoonup \hat{z}_1 \in \mathcal{F}$. 记 $z_j^1 = \alpha_j^1 * z_j - \hat{z}_1$. 由引理 4.1.9 和引理 4.1.11 可知 $\{z_j^1\}$ 是 $(C)_{c-\mathcal{I}(\hat{z}_1)}$-序列并且 $\theta \leqslant \mathcal{I}(\hat{z}_1) \leqslant c$. 那么只有两种可能: $c=\mathcal{I}(\hat{z}_1)$ 或者 $c>\mathcal{I}(\hat{z}_1)$.

如果 $c=\mathcal{I}(\hat{z}_1)$, 根据集中紧原理, 我们有在 E 中 $z_j^1 \to 0$, 因此, 引理成立对于 $l=1$ 以及 $a_j^1=-\alpha_j^1$.

如果 $c > \mathcal{I}(\hat{z}_1)$, 那么我们可以类似上面的讨论并且把 $\{z_j\}$, c 分别替换为 $\{z_j^1\}$, $c-\mathcal{I}(\hat{z}_j^1)$. 那么 $\hat{z}_2 \in \mathcal{F}$ 并且 $\theta \leqslant \mathcal{I}(\hat{z}_2) \leqslant c-\mathcal{I}(\hat{z}_1)$. 经过最多 $\left[\dfrac{c}{\theta}\right]$ 步后, 我们得到结论. □

在定理 4.1.3 的假设下, 类似的结果对 $\hat{\mathcal{I}}$ 也成立.

在这一部分, 我们证明系统 (4.1.1) 和系统 (4.1.3) 基态解的存在性. 我们以 $\mathcal{I}$ 为例来证明, $\hat{\mathcal{I}}$ 的证明几乎是一样的. 根据之前的结果, 存在序列 $\{z_k\} \subset E$, 使得 $\mathcal{I}(z_k) \to c \geqslant \kappa$, $\mathcal{I}'(z_k) \to 0$, $k \to \infty$. 那么 $z_k \rightharpoonup z$, 其中 $z \neq 0$.

引理 4.1.14　$\theta := \inf\{\mathcal{I}(z) : z \in \mathcal{K} \setminus \{0\}\}$ 是可达的.

证明　根据引理 4.1.9, 我们有

$$\mathcal{I}(z) = \sup_{\hat{E}(z)} \mathcal{I} \geqslant \inf_{z \in E^+,\, \|z\|=\rho} \mathcal{I} \geqslant \kappa,$$

其中 $\hat{E}(z) := E^- \oplus \mathbb{R}^+ z = E^- \oplus \mathbb{R}^+ z^+$. 那么 $\theta > 0$, 这意味着 $\mathcal{K} \neq \varnothing$, 并且 $\theta < \infty$. 令 $\{z_k = (u_k, \phi_k)\} \subset \mathcal{K}$ 为 θ 的极小化序列. 显然, $\{z_k\}$ 是泛函 $\mathcal{I}$ 对应的 $(PS)_\theta$-序列. 那么 $\{z_k\}$ 是一个有界集. 根据引理 4.1.11, $\|z_k\| \geqslant \nu > 0$, 因此 $\{z_k\}$ 是非消失的. 通过平移, $\{z_k\}$ 有弱极限, 记为 $\bar{z} \in \mathcal{K}$. 根据 Fatou 引理, 我们有

$$\begin{aligned}
\theta =& \lim_{k\to\infty} \mathcal{I}(z_k) \\
\geqslant& \liminf_{k\to\infty} \left(\Re \frac{1}{2} \int_{\mathbb{R}^3} \beta \phi_k u_k \cdot u_k dx + \left(1-\frac{2}{p}\right) \int_{\mathbb{R}^3} K|u_k|^p dx \right. \\
&\left. + \left(\frac{1}{2}-\frac{1}{q}\right) \int_{\mathbb{R}^3} \hat{K}|\phi_k|^q dx \right) \\
\geqslant& \Re \frac{1}{2} \int_{\mathbb{R}^3} \beta \phi u \cdot u dx + \left(1-\frac{2}{p}\right) \int_{\mathbb{R}^3} K|u|^p dx + \left(\frac{1}{2}-\frac{1}{q}\right) \int_{\mathbb{R}^3} \hat{K}|\phi|^q dx \\
=& \mathcal{I}(\bar{z}),
\end{aligned}$$

再根据 $\bar{z} \in \mathcal{K}$ 我们知道 θ 可达. □

类似地, 我们有

引理 4.1.15 $\hat{\theta} := \inf\{\hat{\mathcal{I}}(z) : z \in \hat{\mathcal{K}} \setminus \{0\}\}$ 是可达的.

4.2 非线性 Dirac-Maxwell 系统

这一节我们考虑非线性 Dirac-Maxwell 系统. 记 $\mathcal{H} = L^2(\mathbb{R}^3, \mathbb{C}^4) \times L^2(\mathbb{R}^3, \mathbb{R}^4) \times L^2(\mathbb{R}^3, \mathbb{R}^4)$, 其上定义实内积, 为

$$((\psi_1, \mathbf{A}, \mathbf{B}), (\psi_2, \mathbf{C}, \mathbf{D}))_{L^2} = \Re(\psi_1, \psi_2)_{\mathbb{C}} + (\mathbf{A}, \mathbf{C})_{L^2} + (\mathbf{B}, \mathbf{D})_{L^2}.$$

令 $J : \mathcal{H} \to \mathcal{H}$, $(\psi, \mathbf{A}, \mathbf{B}) \to (i\psi, -\mathbf{B}, \mathbf{A})$, 那么 J 是 $\mathcal{H}$ 上的一个复结构. $\omega : \mathcal{H} \times \mathcal{H} \to \mathbb{R}$,

$$\omega((\psi_1, \mathbf{A}, \mathbf{B}), (\psi_2, \mathbf{C}, \mathbf{D})) = -\Im(\psi_1, \psi_2)_{\mathbb{C}} + (\mathbf{A}, \mathbf{D})_{L^2} - (\mathbf{B}, \mathbf{C})_{L^2}.$$

那么 ω 是 $\mathcal{H}$ 上与内积相容的辛形式. 考虑 Hamilton 函数

$$\begin{aligned} H(\psi, \mathbf{A}, \mathbf{B}) = & \frac{1}{2}\left(-i\sum_{k=1}^{3}\alpha_k\partial_k\psi, \psi\right)_{\mathbb{C}} + \frac{1}{2}((m+V)\beta\psi, \psi) - \frac{1}{p}\int_{\mathbb{R}^3} K(x)|\psi|^p dx \\ & + \frac{1}{4}\int_{\mathbb{R}^3} |\nabla\mathbf{A}|^2 dx + \frac{1}{4}\int_{\mathbb{R}^3} \hat{V}|\mathbf{A}|^2 dx - \frac{1}{2q}\int_{\mathbb{R}^3} \hat{K}(x)|\mathbf{A}|^q dx \\ & - \frac{1}{2}\sum_{k=0}^{3}(\alpha_k\mathbf{A}_k\psi, \psi)_{\mathbb{C}} + 2\int_{\mathbb{R}^3} |\mathbf{B}|^2 dx. \end{aligned}$$

于是, $(\mathcal{H}, \omega, J, H)$ 是一个无穷维 Hamilton 系统, 其对应的 Hamilton 方程即为

$$\begin{cases} i\not{D}\psi - (m+V)\gamma^0\psi + (\alpha\cdot\mathbf{A})\psi + K|\psi|^{p-2}\psi = 0, \\ \Box\mathbf{A}_k + \hat{V}\mathbf{A}_k - \langle\alpha_k\psi, \psi\rangle - \hat{K}|\mathbf{A}|^{q-2}\mathbf{A}_k = 0, \end{cases}$$

其中 $\mathbf{A} = (\mathbf{A}_0, \mathbf{A}_1, \mathbf{A}_2, \mathbf{A}_3)$.

4.2.1 Lagrange 系统的观点

物理上有许多不同的方法来表示电磁场, 我们这里将电磁场看作是一种由 Maxwell 方程确定的三维向量场. 量子电动力学 (QED) 将非线性电子的极化项引入到 Maxwell 方程中. 在 QED 中, 非线性项对强电场的影响非常小. 然而, 在非线性光学理论中, 由于介质的原因, 非线性效应变得非常明显. 量子场的相互作用在物理中非常自然. 相交项的结构大多是根据守恒量通过实验得到, 其原理是

要求 Lagrange 密度具有相应的对称性. 我们考虑电磁相互作用的例子, 即非线性 Dirac 场与非线性电磁场通过电磁相互作用力发生作用. 这时候其 Lagrange 密度由下式给定

$$\mathcal{L}_{NDEM}=\psi^\dagger(i\not{D}-(m+V)\gamma^0)\psi+\psi^\dagger(\alpha\cdot\mathbf{A})\psi$$
$$+\frac{2K|\psi|^p}{p}-\frac{1}{4}\mathbf{F}_{\mu\nu}\mathbf{F}^{\mu\nu}+\frac{1}{2}\hat{V}|\mathbf{A}|^2-\frac{\hat{K}|\mathbf{A}|^q}{q},$$

其中 $\mathbf{F}_{\mu\nu}=\partial_\mu\mathbf{A}_\nu-\partial_\nu\mathbf{A}_\mu$, $\alpha\cdot\mathbf{A}=\sum\limits_{k=0}^{3}\alpha_k\mathbf{A}_k$. Lagrange 密度描述了电子和光子在同一位置 x 的局部相互作用. 于是, 我们就得到了下面的非线性 Dirac-Maxwell 方程

$$\begin{cases}i\not{D}\psi-(m+V)\gamma^0\psi+(\alpha\cdot\mathbf{A})\psi+K|\psi|^{p-2}\psi=0,\\ \Box\mathbf{A}_k+\hat{V}\mathbf{A}_k-\langle\alpha_k\psi,\psi\rangle-\hat{K}|\mathbf{A}|^{q-2}\mathbf{A}_k=0,\end{cases}\tag{4.2.1}$$

这里, $\Box=-\partial_\mu\partial^\mu=\partial_{tt}-\partial_{xx}$, $\mathbf{A}=(\mathbf{A}_0,\mathbf{A}_1,\mathbf{A}_2,\mathbf{A}_3)$. 考虑 $\widehat{\mathbf{P}}_{\mathbf{NL}}=\hat{K}|\mathbf{A}|^{q-2}\mathbf{A}$, 这代表了非线性极化项. 这一项来自非线性光学现象, 就是当光密度非常高的时候的情况. 关于 $\widehat{\mathbf{P}}_{\mathbf{NL}}=0$ 的非线性 Dirac-Maxwell 方程已经有一些结果, 比如 [40, 50, 53, 70, 81]. 在这些情况中, 电磁场满足 Poisson 方程, 因此可以被形式解出来. 于是这个系统就约化为一个方程. 然而, 这种约化方法在非线性极化项出现的时候并不适用.

我们已经知道非线性 Dirac 场的 Lagrange 密度为

$$\mathcal{L}_{ND}=\psi^\dagger(i\not{D}-(m+V)\gamma^0)\psi+\frac{2K|\psi|^p}{p}.$$

根据 Faraday 电磁感应定律和 Gauss 定律, 我们有电势 ϕ 和向量位势 $\mathbf{A}$ 满足 $\mathbf{B}=\nabla\times\mathbf{A}$, $\mathbf{E}=-\nabla\phi-\dfrac{\partial\mathbf{A}}{\partial t}$. 不失一般性, 我们记 $\mathbf{A}^0=\phi$. 本节, 我们用 Lorentz 规范条件来消除向量位势和标量位势的任意性, 即 $\partial_\mu\mathbf{A}^\mu=0$. 那么经典 Maxwell 方程的非齐次部分约化为

$$\left(-\nabla^2+\frac{1}{c^2}\frac{\partial^2}{\partial t^2}\right)\mathbf{A}=\mu_0\mathbf{J},$$
$$\left(-\nabla^2+\frac{1}{c^2}\frac{\partial^2}{\partial t^2}\right)\phi=\frac{\rho}{\epsilon_0},$$

这里 ρ 为全电荷密度, $\mathbf{J}$ 为电流密度. 其中我们用的常数有真空介电常数 ϵ_0, 真空磁导率 μ_0, 以及光速 $c=\dfrac{1}{\sqrt{\epsilon_0\mu_0}}$. 为了简化方程, 令 $c=\epsilon_0=\mu_0=1$. Maxwell

方程的非线性项是因为电磁场受到了极化材料的影响, 非线性极化现象最早是来自 Franken 等人在 1961 年的实验, 理论方面最早是 Bloembergen 与其合作者在 1962 年左右建立, 见 [25]. 根据非线性光学理论, 介电极化率 $\mathbf{p}$ 跟光的电场是非线性相关的, 见 [111]. 最近, Minardi 及合作者发表了三维光弹的实验观测, 见 [102]. 非线性电磁场的 Lagrange 密度为

$$\mathcal{L}_{NEM} = -\frac{1}{4}\mathbf{F}_{\mu\nu}\mathbf{F}^{\mu\nu} + \frac{1}{2}\hat{V}|\mathbf{A}|^2 - \frac{\hat{K}|\mathbf{A}|^q}{q},$$

这里, $G(\mathbf{A}) = \dfrac{\hat{K}|\mathbf{A}|^q}{q}$ 表示电磁位势的非线性部分.

非线性 Dirac 场与电磁场的相互作用通常是将非线性 Dirac 场的 Lagrange 密度的时空导数换位规范协变的导数, 即

$$\partial_\mu \to \partial_\mu - i\mathbf{A}_\mu,$$

其中 $\mathbf{A}_0 = \phi$, $\mathbf{A}$ 是对应非线性电磁场的规范位势. 于是, 非线性 Dirac 场的 Lagrange 密度就变成

$$\mathcal{L}_{ND} = \psi^\dagger(i\partial\!\!\!/ - (m+V)\gamma^0)\psi + \psi^\dagger\left(\sum_{k=0}^{3}\alpha_k\mathbf{A}_k\right)\psi + \frac{2K|\psi|^p}{p}.$$

因此, 总的 Lagrange 密度就变成了

$$\begin{aligned}\mathcal{L}_{NDEM} = {} & \psi^\dagger(i\partial\!\!\!/ - (m+V)\gamma^0)\psi + \psi^\dagger(\alpha\cdot\mathbf{A})\psi \\ & + \frac{2K|\psi|^p}{p} - \frac{1}{4}\mathbf{F}_{\mu\nu}\mathbf{F}^{\mu\nu} + \frac{1}{2}\hat{V}|\mathbf{A}|^2 - \frac{\hat{K}|\mathbf{A}|^q}{q},\end{aligned}$$

这里, $\alpha\cdot\mathbf{A} = \sum\limits_{k=0}^{3}\alpha_k\mathbf{A}_k$. 记 $\mathcal{S} = \displaystyle\int \mathcal{L}_{NDEM}$ 为全作用量, 对 $\mathcal{S}$ 关于 $\delta\psi$, $\delta\mathbf{A}$ 做变分, 我们有

$$i\partial\!\!\!/\psi - (m+V)\gamma^0\psi + \sum_{k=0}^{3}\alpha_k\mathbf{A}_k\psi + K|\psi|^{p-2}\psi = 0, \tag{4.2.2}$$

$$\Box\mathbf{A}_k + \hat{V}\mathbf{A}_k - \langle\alpha_k\psi, \psi\rangle - \hat{K}|\mathbf{A}|^{q-2}\mathbf{A}_k = 0. \tag{4.2.3}$$

这个系统就是通常说的非线性 Dirac-Maxwell 系统.

我们考虑这个系统的稳态解, 即电磁位势不依赖于时间并且旋量 ψ 有如下的形式

$$\psi(t,x) = u(x)e^{iwt},$$

其中 $u:\mathbb{R}^3 \to \mathbb{C}^4$. 那么非线性 Dirac-Maxwell 系统的稳态解满足如下方程:

$$-i\sum_{k=1}^{3}\alpha_k\partial_k u + (m+V)\beta u + \omega u - \sum_{k=0}^{3}\alpha_k\mathbf{A}_k u - K|u|^{p-2}u = 0, \tag{4.2.4}$$

$$-\Delta\mathbf{A}_k + \hat{V}\mathbf{A}_k - \langle\alpha_k u, u\rangle - \hat{K}|\mathbf{A}|^{q-2}\mathbf{A}_k = 0. \tag{4.2.5}$$

记 $-\hat{\eth} = -i\sum\limits_{k=1}^{3}\alpha_k\partial_k + (m+V)\beta + \omega$, $-\hat{\Delta} = -\Delta + \hat{V}$, 上面方程的解对应如下泛函的临界点

$$\begin{aligned}\mathcal{I}_{NDEM}(u,\mathbf{A}) = {} & (-\hat{\eth}u,u)_{L^2} + \frac{1}{2}(-\hat{\Delta}\mathbf{A},\mathbf{A})_{L^2} - (\alpha\cdot\mathbf{A}u,u)_{L^2} \\ & - \frac{2}{p}\int_{\mathbb{R}^3}K|u|^p dx - \frac{1}{q}\int_{\mathbb{R}^3}\hat{K}|\mathbf{A}|^q dx.\end{aligned}$$

由于非线性的影响, 它们的相互作用项可能是不一样的, 因此我们有 II-型非线性相交项, 其对应的 Lagrange 量为

$$\begin{aligned}\mathcal{L}_{NNDEM} = {} & \psi^\dagger(i\not{D} - (m+V)\gamma^0)\psi + |\psi|^{s_1}|\mathbf{A}|^{s_2} \\ & + \frac{2K|\psi|^p}{p} - \frac{1}{4}\mathbf{F}_{\mu\nu}\mathbf{F}^{\mu\nu} + \frac{1}{2}\hat{V}|\mathbf{A}|^2 - \frac{\hat{K}|\mathbf{A}|^q}{q}.\end{aligned}$$

那么对应的 Ⅱ-型非线性 Dirac-Maxwell 方程为

$$i\not{D}\psi - (m+V)\gamma^0\psi + \frac{s_1}{2}|\psi|^{s_1-2}|\mathbf{A}|^{s_2}\psi + K|\psi|^{p-2}\psi = 0, \tag{4.2.6}$$

$$\Box\mathbf{A}_k + \hat{V}\mathbf{A}_k - s_2|\psi|^{s_1}|\mathbf{A}|^{s_2-2}\mathbf{A}_k - \hat{K}|\mathbf{A}|^{q-2}\mathbf{A}_k = 0. \tag{4.2.7}$$

进一步地, 上面问题的稳态解对应如下方程的解

$$-i\sum_{k=1}^{3}\alpha_k\partial_k u + (m+V)\beta u + \omega u - \frac{s_1}{2}|u|^{s_1-2}|\mathbf{A}|^{s_2}u - K|u|^{p-2}u = 0, \tag{4.2.8}$$

$$-\Delta\mathbf{A}_k + \hat{V}\mathbf{A}_k - s_2|u|^{s_1}|\mathbf{A}|^{s_2-2}\mathbf{A}_k - \hat{K}|\mathbf{A}|^{q-2}\mathbf{A}_k = 0. \tag{4.2.9}$$

于是上面方程的解可以转化为如下泛函的临界点

$$\mathcal{I}_{NNDEM}(u,\mathbf{A}) = (-\hat{\eth}u,u)_{L^2} + \frac{1}{2}(-\hat{\Delta}\mathbf{A},\mathbf{A})_{L^2} - \int_{\mathbb{R}^3}|u|^{s_1}|\mathbf{A}|^{s_2}dx$$

$$- \frac{2}{p}\int_{\mathbb{R}^3} K|u|^p dx - \frac{1}{q}\int_{\mathbb{R}^3} \hat{K}|\mathbf{A}|^q dx.$$

后面, 我们将 $\mathcal{I}_{NDEM}$ 简记为 $\mathcal{I}$, 将 $\mathcal{I}_{NNDEM}$ 简记为 $\hat{\mathcal{I}}$.

4.2.2 主要结论

首先, 我们考虑的方程为

$$(NDM)\quad \begin{cases} -i\sum_{k=1}^{3}\alpha_k\partial_k u + (m+V)\beta u + \omega u = \sum_{k=0}^{3}\alpha_k \mathbf{A}_k u + K|u|^{p-2}u, \\ -\Delta \mathbf{A}_k + \hat{V}\mathbf{A}_k = \langle \alpha_k u, u\rangle + \hat{K}|\mathbf{A}|^{q-2}\mathbf{A}_k, \end{cases}$$

另外, 我们也考虑如下的方程

$$(NDM')\quad \begin{cases} -i\sum_{k=1}^{3}\alpha_k\partial_k u + (m+V)\beta u + \omega u = \frac{s_1}{2}|u|^{s_1-2}|\mathbf{A}|^{s_2}u + K|u|^{p-2}u, \\ -\Delta \mathbf{A}_k + \hat{V}\mathbf{A}_k = s_2|u|^{s_1}|\mathbf{A}|^{s_2-2}\mathbf{A}_k + \hat{K}|\mathbf{A}|^{q-2}\mathbf{A}_k. \end{cases}$$

其对应的能量泛函分别为 $\mathcal{I}_{NDEM}$ (简记为 $\mathcal{I}$), $\mathcal{I}_{NNDEM}$(简记为 $\hat{\mathcal{I}}$). 我们沿用非线性 Dirac-Klein-Gordon 方程关于线性位势和非线性位势的假设条件, 不同点是在对 $\hat{V}$ 的假设上. 对于线性位势, 我们假设

(V_0) $V(x)\equiv 0$, $\hat{V}(x)\equiv a$, $a\in(0,\infty)$;

(V_1') $V(x)\in\mathcal{C}^1(\mathbb{R}^3,(0,\infty))$, $\hat{V}(x)\in\mathcal{C}^2(\mathbb{R}^3,(M,\infty))$, $M>0$, 并且它们关于 x_k 是 1-周期的, $k=1,2,3$.

对于非线性位势, 我们做如下假设.

(K_1) $K\in\mathcal{C}^1(\mathbb{R}^3,(0,\infty))$, $\hat{K}\in\mathcal{C}^2(\mathbb{R}^3,(0,\infty))$, 并且它们关于 x_k 是 1-周期的, $k=1,2,3$.

(K_2) $K_{\min} > \dfrac{2^{p/2}(4-p)^{1-p/2}}{(p-2)^{2-p/2}}\hat{K}_{\min}^{1-p/2} > 0$.

令

$$c_M := \inf\left\{\mathcal{I}(u,\phi) : (u,\phi)\neq 0 \text{ 是 } \mathcal{I} \text{ 的临界点}\right\}$$

为 $\mathcal{I}$ 的极小能量. 如果 $\mathcal{I}(u,\phi)=c_M$, 非平凡解 (u,ϕ) 被称为 $\mathcal{I}$ 的极小能量解(或基态解). 记 S_M 为 $\mathcal{I}$ 的极小能量解的集合.

定理 4.2.1 假设 $\omega\in(-m,m)$, $p\in(2,3)$, $q\in(2,6)$, $2/p+1/q=1$, (V_0) 或者 (V_1) 成立, 且 $(K_1),(K_2)$ 成立. 那么

(1) (NDM) 存在至少一个非平凡解 $(u,\mathbf{A})\in H^{\frac{1}{2}}(\mathbb{R}^3,\mathbb{C}^4)\times H^1(\mathbb{R}^3,\mathbb{R}^4)$. 更进一步地, 如果 $q\leqslant 4$, 我们有 $(u,\mathbf{A})\in W^{1,r}(\mathbb{R}^3,\mathbb{C}^4)\times W^{2,s}(\mathbb{R}^3,\mathbb{R}^4)$, $\forall r,s\geqslant 2$;

(2) 存在 $C, c > 0$, 使得

$$|u(x)| + |\mathbf{A}(x)| \leqslant Ce^{-c|x|}, \quad \forall\, x \in \mathbb{R}^3, (u, \mathbf{A}) \in S_M;$$

(3) (NDM) 有无穷多的几何不同解.

对于 II-型非线性 Dirac-Maxwell 方程, 我们有

定理 4.2.2　令 $\omega \in (-m, m)$, $s_1, s_2 > 1, 2s_1 + s_2 < 6$, $p \in (2,3)$, $q \in (2,6)$, (V_0) 或者 (V_1) 成立, 且 (K_1) 成立. 那么

(1) (NDM') 存在至少一个非平凡解 $(u, \mathbf{A}) \in H^{1/2}(\mathbb{R}^3, \mathbb{C}^4) \times H^1(\mathbb{R}^3, \mathbb{R}^4)$. 除此之外, 如果 $q \leqslant 4$, 并且 $s_2 < 2$ 成立, 我们有 $(u, \mathbf{A}) \in W^{1,r}(\mathbb{R}^3, \mathbb{C}^4) \times W^{2,s}(\mathbb{R}^3, \mathbb{R}^4)$, $\forall r, s \geqslant 2$;

(2) 存在 $C, c > 0$, 使得

$$|u(x)| + |\mathbf{A}(x)| \leqslant Ce^{-c|x|}, \quad \forall x \in \mathbb{R}^3, (u, \mathbf{A}) \in S_M;$$

(3) (NDM') 有无穷多的几何不同解.

4.2.3　变分结构与泛函的拓扑性质

在 3.2.4 小节, 已经给出了非线性 Dirac-Maxwell 系统的变分框架. 回顾其能量泛函为

$$\begin{aligned}
\mathcal{I}(u, \mathbf{A}) &= (-\hat{\beth} u, u)_{L^2} + \frac{1}{2}(-\hat{\Delta}\mathbf{A}, \mathbf{A})_{L^2} - (\alpha \cdot \mathbf{A}u, u)_{L^2} \\
&\quad - \frac{2}{p}\int_{\mathbb{R}^3} K|u|^p dx - \frac{1}{q}\int_{\mathbb{R}^3} \hat{K}|\mathbf{A}|^q dx \\
&= \frac{1}{2}\|u^+\|^2 - \frac{1}{2}\|u^-\|^2 - (\alpha \cdot \mathbf{A}u, u)_{L^2} \\
&\quad - \frac{2}{p}\int_{\mathbb{R}^3} K|u|^p dx - \frac{1}{q}\int_{\mathbb{R}^3} \hat{K}|\mathbf{A}|^q dx,
\end{aligned}$$

$$\begin{aligned}
\hat{\mathcal{I}}(u, \mathbf{A}) &= (-\hat{\beth} u, u)_{L^2} + \frac{1}{2}(-\hat{\Delta}\mathbf{A}, \mathbf{A})_{L^2} - \int_{\mathbb{R}^3} |u|^{s_1}|\mathbf{A}|^{s_2} dx \\
&\quad - \frac{2}{p}\int_{\mathbb{R}^3} K|u|^p dx - \frac{1}{q}\int_{\mathbb{R}^3} \hat{K}|\mathbf{A}|^q dx \\
&= \frac{1}{2}\|u^+\|^2 - \frac{1}{2}\|u^-\|^2 - \int_{\mathbb{R}^3} |u|^{s_1}|\mathbf{A}|^{s_2} dx \\
&\quad - \frac{2}{p}\int_{\mathbb{R}^3} K|u|^p dx - \frac{1}{q}\int_{\mathbb{R}^3} \hat{K}|\mathbf{A}|^q dx.
\end{aligned}$$

由于 $\mathcal{I}$ 和 $\hat{\mathcal{I}}$ 的唯一区别在于相互作用项, 它是非线性部分. 因此, 我们可以选取同样的工作空间来研究 $\mathcal{I}$ 与 $\hat{\mathcal{I}}$. 泛函的相交项引入了新的困难, 其中困难最本质的地方可以由下面的不等式来克服. 由于 $\dfrac{2}{p}+\dfrac{1}{q}=1$, 因此, 我们有

$$\left|\sum_{k=0}^{3}\langle\alpha_k\mathbf{A}_k u,u\rangle\right|\leqslant 2|\mathbf{A}|\cdot|u|^2\leqslant\frac{2\varepsilon^q}{q}|\mathbf{A}|^q+\frac{2(q-1)}{q\varepsilon^{q/(q-1)}}|u|^p.$$

因此,

$$\begin{aligned}&2K\frac{|u|^p}{p}+\hat{K}\frac{|\phi|^q}{q}+\sum_{k=0}^{3}\langle\alpha_k\mathbf{A}_k u,u\rangle\\ \geqslant&\frac{2K_{\min}}{p}|u|^p+\frac{\hat{K}_{\min}}{q}|\mathbf{A}|^q-\frac{2\varepsilon^q}{q}|\mathbf{A}|^q-\frac{2(q-1)}{q\varepsilon^{q/(q-1)}}|u|^p\\ =&2\left(\frac{K_{\min}}{p}-\frac{q-1}{q\varepsilon^{q/(q-1)}}\right)|u|^p+\left(\frac{\hat{K}_{\min}}{q}-\frac{2\varepsilon^q}{q}\right)|\mathbf{A}|^q.\end{aligned}$$

令 $\delta=\left(\hat{K}_{\min}-2^{2/(p-2)}K_{\min}^{2/(2-p)}\right)/2>0$, $\varepsilon=\left(\hat{K}_{\min}/2-\delta/2\right)^{1/q}>0$, 则

$$\begin{aligned}\frac{K_{\min}}{p}-\frac{q-1}{q\varepsilon^{q/(q-1)}}&=\frac{K_{\min}}{p}-\frac{q-1}{q}\left(\hat{K}_{\min}-\delta\right)^{1/(1-q)}\\&=\frac{1}{p}\left(K_{\min}-2\left(\hat{K}_{\min}-\delta\right)^{1-p/2}\right)>0.\end{aligned}$$

因此, 对任意的 $x\in\mathbb{R}^3$,

$$2K\frac{|u|^p}{p}+\hat{K}\frac{|\phi|^q}{q}+\sum_{k=0}^{3}\langle\alpha_k\mathbf{A}_k u,u\rangle\geqslant C_1|u|^p+C_2|\mathbf{A}|^q\geqslant 0.$$

除此之外, 记 $\Psi(u,\mathbf{A})=\sum\limits_{k=0}^{3}(\alpha_k\mathbf{A}_k u,u)_{L^2}+\dfrac{2}{p}\displaystyle\int_{\mathbb{R}^3}K|u|^p dx+\dfrac{1}{q}\int_{\mathbb{R}^3}\hat{K}|\mathbf{A}|^q dx$. 至于 Ⅱ-型非线性 Dirac-Maxwell 方程, 根据 $2s_1+s_2<6$, $s_1,s_2>1$, 存在 $\hat{r}>s_1$, $\hat{s}>s_2$, 使得 $s_1/\hat{r}+s_2/\hat{s}=1$, $2\leqslant\hat{r}<3$, $2\leqslant\hat{s}<6$. 因此,

$$\int_{\mathbb{R}^3}|u|^{s_1}|\mathbf{A}|^{s_2}dx\leqslant\int_{\mathbb{R}^3}\frac{s_1|u|^{\hat{r}}}{\hat{r}}dx+\int_{\mathbb{R}^3}\frac{s_2|\mathbf{A}|^{\hat{s}}}{\hat{s}}dx\leqslant\frac{s_2}{\hat{s}}\|\mathbf{A}\|_{L^{\hat{s}}}^{\hat{s}}+\frac{s_1}{\hat{r}}\|u\|_{L^{\hat{r}}}^{\hat{r}}.$$

令 $\hat{\Psi}(u,\mathbf{A})=\displaystyle\int_{\mathbb{R}^3}|u|^{s_1}|\mathbf{A}|^{s_2}dx+\frac{2}{p}\int_{\mathbb{R}^3}K|u|^p dx+\frac{1}{q}\int_{\mathbb{R}^3}\hat{K}|\mathbf{A}|^q dx$. 那么根据

$$\int_{\mathbb{R}^3} |u|^{s_1}|\mathbf{A}|^{s_2}dx > 0,$$

我们有 $\hat{\Psi}$ 满足下面的性质. 实际上, $\hat{\Psi}$ 的估计比 Ψ 更容易一些, 并且由于相交项目的正性, $\hat{\Psi}$ 与 Ψ 处理起来稍有不同. 显然 $\hat{\Psi}$ 是弱序列下半连续的, 并且 $\hat{\Psi}'$ 是弱序列连续的. 严格来说, 我们有下面的引理.

引理 4.2.3 在定理 4.2.1 的假设下, 下面结论成立:

(i) $\Psi \in \mathcal{C}^1(E,\mathbb{R})$ 是下有界的;

(ii) Ψ 是弱序列下半连续的并且 Ψ' 是弱序列连续的;

(iii) 对任意的 $c>0$, 存在 $\zeta>0$, 使得 $\|z\|<\zeta\|z^+\|, \forall z\in\mathcal{I}_c$.

类似非线性 Dirac-Klein-Gordon 系统的证明, 有如下引理成立.

引理 4.2.4 在定理 4.2.1 的假设下, 下面结论成立:

(i) 存在 $\rho>0$ 使得 $\kappa=\inf\mathcal{I}(\partial B_\rho\cap E^+)>0$;

(ii) 存在 $R>\rho>0$, $e_1\in E^+$, $\|e_1\|=1$, 使得 $\mathcal{I}(\partial Q)\leqslant 0$, 其中 $Q=\{z=z^-+se_1:\|z\|<R, s\geqslant 0\}$.

4.2.4 Cerami 序列

我们可以得到在相应的假设下, $\mathcal{I}$ 与 $\hat{\mathcal{I}}$ 相关的 $(C)_c$-序列是有界的.

引理 4.2.5 在定理 4.2.1 的假设下, $\mathcal{I}$ 的 $(C)_c$-序列在 E 中有界.

证明 令 $\{z_j\}\subset E$ 为泛函 $\mathcal{I}$ 的 $(C)_c$-序列, 即 $\mathcal{I}(z_j)\to c$, 并且 $(1+\|z_j\|)\mathcal{I}'(z_j)\to 0$, $j\to\infty$. 记 $\mathbf{A}_j=(\mathbf{A}_{0j},\mathbf{A}_{1j},\mathbf{A}_{2j},\mathbf{A}_{3j})$, $z_j=(u_j,\mathbf{A}_j)$, 那么当 j 足够大时, 我们有

$$\begin{aligned}
&\mathcal{I}(z_j)-\frac{1}{2}\mathcal{I}'(z_j)z_j\\
&=\frac{1}{2}\sum_{k=0}^{3}(\alpha_k\cdot\mathbf{A}_{kj}u_j,u_j)_{L^2}+2\left(\frac{1}{2}-\frac{1}{p}\right)\int_{\mathbb{R}^3}K|u_j|^p dx+\left(\frac{1}{2}-\frac{1}{q}\right)\int_{\mathbb{R}^3}\hat{K}|\mathbf{A}_j|^q dx\\
&\geqslant\left(2\left(\frac{1}{2}-\frac{1}{p}\right)K_{\min}-\frac{q-1}{q\varepsilon^{q/(q-1)}}\right)\|u_j\|_{L^p}^p+\left(\left(\frac{1}{2}-\frac{1}{q}\right)\hat{K}_{\min}-\frac{\varepsilon^q}{q}\right)\|\mathbf{A}_j\|_{L^q}^q\\
&\geqslant C_1\|u_j\|_{L^p}^p+C_2\|\mathbf{A}_j\|_{L^q}^q.
\end{aligned}$$

因此, $\|u_j\|_{L^p}$, $\|\mathbf{A}_j\|_{L^q}$ 是有界的. 那么我们有 $\left|\sum\limits_{k=0}^{3}(\alpha_k\cdot\mathbf{A}_{kj}u_j,u_j)_{L^2}\right|$ 也是有界的. 根据

$$\|u_j^+\|^2-\|u_j^-\|^2-\sum_{k=0}^{3}(\alpha_k\cdot\mathbf{A}_{kj}u_j,u_j)_{L^2}-\int_{\mathbb{R}^3}K|u_j|^p dx=o(1), \tag{4.2.10}$$

$$\|\mathbf{A}_j\|^2 - \sum_{k=0}^{3}(\alpha_k \cdot \mathbf{A}_{kj}u_j, u_j)_{L^2} - \int_{\mathbb{R}^3} \hat{K}|\mathbf{A}_j|^q dx = o(1). \tag{4.2.11}$$

我们有 $\|\mathbf{A}_j\|$ 是有界的. 由于

$$\begin{aligned}\mathcal{I}'(u_j, \mathbf{A}_j)(u_j^+ - u_j^-, 0) = \|u_j\|^2 - 2\sum_{k=0}^{3}(\alpha_k \cdot \mathbf{A}_{kj}u_j,, u_j^+ - u_j^-)_{L^2} \\ - 2\Re \int_{\mathbb{R}^3} K|u_j|^{p-2}u_j \cdot (u_j^+ - u_j^-)dx,\end{aligned}$$

我们有 $\|u_j\| < C$, 这意味着 $\|z_j\| < C$.

□

对于 $\hat{\mathcal{I}}(u, \mathbf{A}) = \|u^+\|^2 - \|u^-\|^2 + \frac{1}{2}\|\mathbf{A}\|^2 - \hat{\Psi}(u, \mathbf{A})$, 其中

$$\hat{\Psi}(u, \mathbf{A}) = \int_{\mathbb{R}^3} |u|^{s_1}|\mathbf{A}|^{s_2}dx + \int_{\mathbb{R}^3} 2K\frac{|u|^p}{p}dx + \int_{\mathbb{R}^3} \hat{K}\frac{|\mathbf{A}|^q}{q}dx,$$

于是 $\hat{\mathcal{I}}$ 的 $(C)_c$-序列也是有界的.

引理 4.2.6 在定理 4.2.2 的假设下, $\hat{\mathcal{I}}$ 的 $(C)_c$-序列在 E 中有界.

证明 根据

$$\begin{aligned}\hat{\mathcal{I}}'(u, \mathbf{A})(u, \mathbf{A}) = 2(\|u^+\|^2 - \|u^-\|^2) + \|\mathbf{A}\|^2 - (s_1 + s_2)\int_{\mathbb{R}^3} |u|^{s_1}|\mathbf{A}|^{s_2}dx \\ - \int_{\mathbb{R}^3} 2K|u|^p dx - \int_{\mathbb{R}^3} \hat{K}|\mathbf{A}|^q dx.\end{aligned}$$

记 $z_k = (u_k, \mathbf{A}_k)$, 那么

$$\begin{aligned}\hat{\mathcal{I}}(z_k) - \frac{1}{2}\hat{\mathcal{I}}'(z_k)z_k = \left(\frac{s_1 + s_2}{2} - 1\right)\int_{\mathbb{R}^3} |u_k|^{s_1}|\mathbf{A}_k|^{s_2}dx \\ + \left(1 - \frac{2}{p}\right)\int_{\mathbb{R}^3} K|u_k|^p dx + \left(\frac{1}{2} - \frac{1}{q}\right)\int_{\mathbb{R}^3} \hat{K}|\mathbf{A}_k|^q dx.\end{aligned}$$

进一步地, 我们有 $\hat{\mathcal{I}}(z_k) - \frac{1}{2}\hat{\mathcal{I}}'(z_k)z_k = C + o(\|z_k\|)$. 因此, 存在一个一致常数 $C > 0$, 使得

$$\int_{\mathbb{R}^3} |u_k|^{s_1}|\mathbf{A}_k|^{s_2}dx < C + o(\|z_k\|), \quad \int_{\mathbb{R}^3} |u_k|^p dx < C + o(\|z_k\|),$$

$$\int_{\mathbb{R}^3} |\mathbf{A}_k|^q dx < C + o(\|z_k\|).$$

那么对于足够大的 k，我们有

$$\begin{aligned}\hat{\mathcal{I}}'(z_k)(u_k^+ - u_k^-, \mathbf{A}_k) = 2\|u_k\|^2 + \|\mathbf{A}_k\|^2 - \Re\int_{\mathbb{R}^3} s_1|u_k|^{s_1-2}|\mathbf{A}_k|^{s_2}u_k \cdot (u_k^+ - u_k^-)dx \\ + \int_{\mathbb{R}^3} s_2|u_k|^{s_1}|\mathbf{A}_k|^{s_2}dx - 2\int_{\mathbb{R}^3} K|u_k|^{p-2}u_k \cdot (u_k^+ - u_k^-)dx \\ - \int_{\mathbb{R}^3} \hat{K}|\mathbf{A}_k|^q dx \geqslant \|z_k\|^2 - C - o(\|z_k\|).\end{aligned}$$

由于 $\hat{\mathcal{I}}'(z_k)(u_k^+ - u_k^-, \mathbf{A}_k) = o(\|z_k\|)$, 我们有 $\hat{\mathcal{I}}$ 的 $(C)_c$-序列都是有界的. □

4.2.5 存在性证明

下面我们来证明存在性.

情形 I　首先, 令 $X = E^-$, $Y = E^+$, 那么根据前面引理, 我们有 (I_0), (I_1), (I_2), (I_3) 成立. 那么, 存在关于 $\mathcal{I}$ 的 $(C)_c$-序列 $\{z_k\}$, 使得 $\kappa \leqslant c \leqslant \sup \mathcal{I}(Q)$. 由于在 E 中 $\mathcal{I}$ 的 $(C)_c$-序列是有界的. 在 $L^2 \times L^2$ 中, 记 $z_k \rightharpoonup z$.

我们声称存在 $a > 0$, $\{y_k\} \subset \mathbb{R}^3$, 使得

$$\lim_{k\to\infty} \int_{B(y_k)} |z_k|^2 dx \geqslant a.$$

若不然, 在 $L^s \times L^{s'}$ 中, 我们有 $z_k \to 0$, $\forall s \in (2,3)$, $s' \in (2,6)$. 因此,

$$\begin{aligned}\lim_{k\to\infty} \Re\int_{\mathbb{R}^3} K(x)|u_k|^{p-2}u_k \cdot u_k^{\pm}dx &\leqslant C\lim_{k\to\infty}\int_{\mathbb{R}^3}(|u_k|^p + |u_k^{\pm}|^p)dx \\ &\leqslant C\lim_{k\to\infty}\|u_k\|_{L^p}^p \\ &= 0,\end{aligned}$$

$$\begin{aligned}\lim_{k\to\infty} |(\alpha\cdot\mathbf{A}_k u_k, u_k^{\pm})_{L^2}| &\leqslant C\lim_{k\to\infty}\int_{\mathbb{R}^3}|\mathbf{A}_k|^s dx + \int_{\mathbb{R}^3}|u_k\cdot u_k^{\pm}|^r dx \\ &\leqslant C\lim_{k\to\infty}\|\mathbf{A}_k\|_{L^s}^s + \|u_k\|_{L^{2r}}^{2r} \\ &= 0.\end{aligned}$$

对于 $\Psi(u,\mathbf{A}) = (\alpha\cdot\mathbf{A}u, u)_{L^2} + \dfrac{2}{p}\displaystyle\int_{\mathbb{R}^3} K|u|^p dx + \dfrac{1}{q}\int_{\mathbb{R}^3}\hat{K}|\mathbf{A}|^q dx$, 我们有

$$\Psi'(u_k,\mathbf{A}_k)(u_k^+,\mathbf{A}_k) = 2(\alpha\cdot\mathbf{A}_k u_k, u_k^+)_{L^2} + (\alpha\cdot\mathbf{A}_k u_k, u_k)_{L^2}$$

$$+ 2\Re\int_{\mathbb{R}^3} K|u_k|^{p-2}u_k \cdot u_k^+ dx + \int_{\mathbb{R}^3} \hat{K}|\mathbf{A}_k|^q dx.$$

因此, $\Psi'(u_k, \mathbf{A}_k)(u_k^+, \mathbf{A}_k) \to 0$, $k \to \infty$. 那么

$$2\|u_k^+\|^2 + \|\mathbf{A}_k\|^2 = \mathcal{I}'(u_k, \mathbf{A}_k)(u_k^+, \mathbf{A}_k) + \Psi(u_k, \mathbf{A}_k)(u_k^+, \mathbf{A}_k) \to 0.$$

根据 $\mathcal{I}'(u_k, \mathbf{A}_k)(u_k^-, 0) \to 0$, $k \to \infty$, 我们有

$$\|u_k^-\|^2 = -\frac{1}{2}\mathcal{I}'(u_k, \mathbf{A}_k)(u_k^-, 0) - (\alpha \cdot \mathbf{A}_k u_k, u_k^-)_{L^2} - \Re\int_{\mathbb{R}^3} K|u_k|^{p-2}u_k \cdot u_k^- dx \to 0.$$

那么 $\lim\limits_{k\to\infty} \mathcal{I}(z_k) = 0$, 矛盾.

因此, 存在 $\rho > 0$, $y_k' \in T_1\mathbb{Z}\times T_2\mathbb{Z}\times T_3\mathbb{Z}$, 使得 $\int_{B_\rho(y_k')} |z_k|^2 dx > \frac{a}{2}$. 令 $\bar{z}_k(x) = z_k(x_1 + y_1', x_2 + y_2', x_3 + y_3')$, 那么在 E 中 $\bar{z}_k \rightharpoonup z$, 并且在 $L^2_{loc} \times L^2_{loc}$ 中 $\bar{z}_k \to z$. 因此 $z = (u, \mathbf{A}) \neq 0$ 是 $\mathcal{I}(z)$ 的一个临界点.

情形 II 记 $z = (u, \mathbf{A})$, $E = \mathscr{D}(|A|^{\frac{1}{2}})$. 考虑

$$\hat{\mathcal{I}}(z) = \|u^+\|^2 - \|u^-\|^2 + \frac{1}{2}\|\mathbf{A}\|^2 - \int_{\mathbb{R}^3} \left(|u|^{s_1}|\mathbf{A}|^{s_2} + \frac{|u|^p}{p} + \frac{|\mathbf{A}|^q}{q}\right) dx.$$

显然 $\hat{\Psi}(z) = \int_{\mathbb{R}^3} \left(|u|^{s_1}|\mathbf{A}|^{s_2} + \frac{|u|^p}{p} + \frac{|\mathbf{A}|^q}{q}\right) dx$ 是弱序列下半连续的并且其导数关于 z 是弱序列连续的. 类似之前的证明, 我们有对于 $c > 0$, 存在 $\zeta > 0$, 使得 $\|z\| < \zeta\|z^+\|$, $\forall z \in \hat{\mathcal{I}}_c$. 进一步地, $\hat{\mathcal{I}}$ 有环绕结构. 那么根据抽象临界点定理, 存在关于 $\hat{\mathcal{I}}$ 的 $(C)_c$-序列, 记为 $\{z_k\}$, 其中 $c \in [\kappa, \sup\hat{\mathcal{I}}(Q)]$. 由于 $(C)_c$-序列 $\{z_k\}$ 有界, 在 $L^2 \times L^2$ 中, 我们记 $z_k \rightharpoonup z$. 我们假设存在 $a > 0$, $\{y_k\} \subset \mathbb{R}^3$, 使得

$$\lim_{k\to\infty} \int_{B(y_k)} |z_k|^2 dx \geqslant a.$$

否则, 在 $L^s \times L^{s'}$ 中, 我们有 $z_k \to 0$, $\forall s \in (2,3)$, $s' \in (2,6)$. 那么我们有

$$\begin{aligned}\lim_{k\to\infty} \Re\int_{\mathbb{R}^3} |u_k|^{s_1-2}|\mathbf{A}_k|^{s_2}u_k \cdot u_k^\pm dx &= \lim_{k\to\infty} \Re\int_{\mathbb{R}^3} |u_k|^{p-2}u_k \cdot u_k^\pm dx \\ &= \lim_{k\to\infty} \int_{\mathbb{R}^3} |u_k|^{s_1}|\mathbf{A}_k|^{s_2} dx \\ &= 0.\end{aligned}$$

因此,

$$\lim_{k\to\infty}\|u_k^+\|^2=\lim_{k\to\infty}\|\mathbf{A}_k\|^2=\lim_{k\to\infty}\|u_k^-\|^2=0.$$

那么 $\lim\limits_{k\to\infty}\hat{\mathcal{I}}(z_k)=0$, 矛盾. 因此, 存在 $\rho>0$, $y_k'\in T_1\mathbb{Z}\times T_2\mathbb{Z}\times T_3\mathbb{Z}$, 使得 $\displaystyle\int_{B_{y_k'}(\rho)}|z_k|^2dx>\frac{a}{2}$. 令 $\bar{z}_k(x)=z_k(x_1+y_1',x_2+y_2',x_3+y_3')$, 那么在 E 中 $\bar{z}_k\rightharpoonup z$, 于是在 $L^2_{loc}\times L^2_{loc}$ 中 $\bar{z}_k\to z$. 那么 $z\neq 0$ 是 $\hat{\mathcal{I}}(z)$ 的一个临界点.

第 5 章　系统的极限问题

本章讨论依赖于参数的无穷维 Hamilton 系统的两类问题. 以非线性 Dirac 方程为例, 这两类问题分别对应半经典极限和非相对论极限. 对于半经典极限问题, 本章讨论带有非线性位势的情况和带有竞争位势的情况. 对于非相对论极限, 通过变分的讨论, 我们得到在取极限之后, 非线性 Dirac 方程描述的无穷维 Hamilton 系统会出现本质的改变.

5.1　半经典极限

本节的目的是研究非线性 Dirac 方程在不同假设条件下半经典解的存在性及集中性. 在 5.1.1 和 5.1.2 小节, 我们分别研究带有非线性位势 Dirac 方程以及带有竞争位势 Dirac 方程的集中性.

5.1.1　带有非线性位势 Dirac 方程的半经典极限

1. 假设和主要结果

在这节, 我们研究如下带有非线性位势的 Dirac 方程

$$-i\varepsilon\sum_{k=1}^{3}\alpha_k\partial_k u + a\beta u = P(x)|u|^{p-2}u, \quad x\in\mathbb{R}^3. \tag{5.1.1}$$

即考虑下面等价的方程

$$-i\alpha\cdot\nabla u + a\beta u = P_\varepsilon(x)|u|^{p-2}u, \quad x\in\mathbb{R}^3, \tag{5.1.2}$$

其中 $P_\varepsilon(x)=P(\varepsilon x)$, 假设 P 满足

(P_0) $\inf\limits_{x\in\mathbb{R}^3}P(x)>0$ 以及 $\limsup\limits_{|x|\to\infty}P(x)<\max\limits_{x\in\mathbb{R}^3}P(x)$.

令 $m:=\max\limits_{x\in\mathbb{R}^3}P(x)$ 以及

$$\mathscr{P}:=\{x\in\mathbb{R}^3 : P(x)=m\}.$$

定理 5.1.1 ([44])　设 $p\in(2,3)$ 以及 (P_0) 成立. 则对充分小的 $\varepsilon>0$,

(i) 方程 (5.1.1) 至少有一个极小能量解 w_ε 且满足 $w_\varepsilon\in W^{1,q}(\mathbb{R}^3,\mathbb{C}^4), \forall q\geqslant 2$;

(ii) 基态解集 (极小能量解集) $\mathscr{J}_\varepsilon$ 在 $H^1(\mathbb{R}^3,\mathbb{C}^4)$ 中是紧的;

(iii) 存在 $|w_\varepsilon|$ 的最大值点 x_ε 使得 $\lim\limits_{\varepsilon\to 0}\mathrm{dist}(x_\varepsilon,\mathscr{P})=0$. 此外, 对任意这种最大值序列 x_ε, 则 $u_\varepsilon(x):=w_\varepsilon(\varepsilon x+x_\varepsilon)$ 收敛到下面极限方程

$$-i\alpha\cdot\nabla u+a\beta u=m|u|^{p-2}u$$

的极小能量解;

(iv) 存在与 ε 无关的正常数 C_1,C_2 使得

$$|w_\varepsilon(x)|\leqslant C_1e^{-\frac{C_2}{\varepsilon}|x-x_\varepsilon|},\quad \forall x\in\mathbb{R}^3.$$

2. 泛函的拓扑性质

对应于方程 (5.1.2) 的能量泛函定义为

$$\Phi_\varepsilon(u):=\frac{1}{2}\int_{\mathbb{R}^3}H_0u\cdot\bar{u}dx-\Psi_\varepsilon(u)=\frac{1}{2}\|u^+\|^2-\frac{1}{2}\|u^-\|^2-\Psi_\varepsilon(u),$$

其中 $u=u^++u^-\in E$ 以及

$$\Psi_\varepsilon(u):=\frac{1}{p}\int_{\mathbb{R}^3}P_\varepsilon(x)|u|^pdx.$$

不难验证, $\Phi_\varepsilon\in\mathcal{C}^1(E,\mathbb{R})$ 且泛函 Φ_ε 的临界点即为方程 (5.1.2) 的解.

不难验证如下引理.

引理 5.1.2 Ψ_ε 是弱序列下半连续的以及 Φ_ε' 是弱序列连续的.

引理 5.1.3 泛函 Φ_ε 拥有下面的性质:

(i) 存在与 $\varepsilon>0$ 无关的常数 $r>0$ 以及 $\rho>0$, 使得 $\Phi_\varepsilon|_{B_r^+}\geqslant 0$ 以及 $\Phi_\varepsilon|_{S_r^+}\geqslant\rho$, 其中 $B_r^+=\{u\in E^+:\|u\|\leqslant r\}$, $S_r^+=\{u\in E^+:\|u\|=r\}$;

(ii) 对任意的 $e\in E^+\setminus\{0\}$, 存在与 $\varepsilon>0$ 无关的常数 $R=R_e>0$ 以及 $C=C_e>0$, 使得 $\Phi_\varepsilon(u)<0,\forall u\in E_e\setminus B_R$ 以及 $\max\Phi_\varepsilon(E_e)\leqslant C$.

证明 (i) 对任意 $u\in E^+$, 则

$$\Phi_\varepsilon(u)=\frac{1}{2}\|u\|^2-\Psi_\varepsilon(u)\geqslant\frac{1}{2}\|u\|^2-\frac{1}{p}m\|u\|_{L^p}^p,$$

因为 $p>2$, 我们可知 (i) 成立.

(ii) 取 $e\in E^+\setminus\{0\}$. 对任意的 $u=se+v\in E_e$, 我们有

$$\Phi_\varepsilon(u)=\frac{1}{2}\|se\|^2-\frac{1}{2}\|v\|^2-\Psi_\varepsilon(u)$$

$$\leqslant \frac{1}{2}s^2\|e\|^2 - \frac{1}{2}\|v\|^2 - \frac{\tau_p s^p}{p}\inf_{x\in\mathbb{R}^3} P\|e\|_{L^p}^p, \tag{5.1.3}$$

因为 $p > 2$, 我们可知 (ii) 也成立. □

正如 [104,117], 定义

$$c_\varepsilon := \inf_{e\in E^+\setminus\{0\}} \max_{u\in E_e} \Phi_\varepsilon(u).$$

引理 5.1.4 *存在与 $\varepsilon > 0$ 无关的常数 C 使得 $\rho \leqslant c_\varepsilon < C$.*

证明 一方面, 由引理 5.1.3 以及 c_ε 的定义, 不难看出 $c_\varepsilon \geqslant \rho$. 另一方面, 任取 $e \in E^+$ 且满足 $\|e\| = 1$, 则从 (5.1.3) 可得 $c_\varepsilon \leqslant C \equiv C_e$. □

对任意的 $u \in E^+$, 定义如下映射 $\phi_u : E^- \to \mathbb{R}$,

$$\phi_u(v) = \Phi_\varepsilon(u+v).$$

对任意 $v, w \in E^-$, 有

$$\phi_u''(v)[w,w] = -\|w\|^2 - \Psi_\varepsilon''(u+v)[w,w] \leqslant -\|w\|^2.$$

此外,

$$\phi_u(v) \leqslant \frac{1}{2}(\|u\|^2 - \|v\|^2).$$

因此, 存在唯一的 $h_\varepsilon : E^+ \to E^-$ 使得

$$\phi_u(h_\varepsilon(u)) = \max_{v\in E^-} \phi_u(v).$$

显然, 对任意 $v \in E^-$, 我们有

$$0 = \phi_u'(h_\varepsilon(u))v = -(h_\varepsilon(u), v) - \Psi_\varepsilon'(u + h_\varepsilon(u))v,$$

以及

$$v \neq h_\varepsilon(u) \Leftrightarrow \Phi_\varepsilon(u+v) < \Phi_\varepsilon(u + h_\varepsilon(u)).$$

注意到, 对任意的 $u \in E^+$ 以及 $v \in E^-$,

$$\begin{aligned}&\phi_u(v) - \phi_u\big(h_\varepsilon(u)\big)\\ =&\int_0^1 (1-t)\phi_u''\big(h_\varepsilon(u) + t(v - h_\varepsilon(u))\big)[v - h_\varepsilon(u), v - h_\varepsilon(u)]dt\end{aligned}$$

$$= - \int_0^1 (1-t)\Big(\|v - h_\varepsilon(u)\|^2 + (p-1)\int_{\mathbb{R}^3} P_\varepsilon(x)|u + h_\varepsilon(u) + t(v - h_\varepsilon(u))|^{p-2}|v - h_\varepsilon(u)|^2 dx\Big) dt.$$

进而, 我们能推出

$$\begin{aligned}\Phi_\varepsilon\big(u + h_\varepsilon(u)\big) - \Phi_\varepsilon(u+v) =&(p-1)\int_0^1\int_{\mathbb{R}^3}(1-t)P_\varepsilon(x)|u + h_\varepsilon(u) \\ &+ t(v - h_\varepsilon(u))|^{p-2}|v - h_\varepsilon(u)|^2 dxdt \\ &+ \frac{1}{2}\|v - h_\varepsilon(u)\|^2. \end{aligned} \tag{5.1.4}$$

定义 $I_\varepsilon : E^+ \to \mathbb{R}$ 为

$$I_\varepsilon(u) = \Phi_\varepsilon(u + h_\varepsilon(u)) = \frac{1}{2}(\|u\|^2 - \|h_\varepsilon(u)\|^2) - \Psi_\varepsilon(u + h_\varepsilon(u)).$$

令

$$\mathscr{N}_\varepsilon := \{u \in E^+ \setminus \{0\} : I'_\varepsilon(u)u = 0\}.$$

引理 5.1.5 对任意的 $u \in E^+ \setminus \{0\}$, 存在唯一的 $t_\varepsilon = t_\varepsilon(u) > 0$ 使得

$$t_\varepsilon u \in \mathscr{N}_\varepsilon.$$

证明 注意到, 如果 $z \in E^+ \setminus \{0\}$ 且满足 $I'_\varepsilon(z)z = 0$, 则不难验证

$$I''_\varepsilon(z)[z, z] < 0 \tag{5.1.5}$$

(可参见 [3, 定理 5.1]). 对任意的 $u \in E^+ \setminus \{0\}$. 令 $\alpha(t) = I_\varepsilon(tu)$, 则 $\alpha(0) = 0$ 以及对充分小的 $t > 0$, 我们有 $\alpha(t) > 0$. 此外, 不难看出, 当 $t \to \infty$ 时, $\alpha(t) \to -\infty$. 因此, 存在 $t_\varepsilon = t_\varepsilon(u) > 0$ 使得

$$I_\varepsilon(t_\varepsilon(u)u) = \max_{t \geqslant 0} I_\varepsilon(tu).$$

注意到,

$$\left.\frac{dI_\varepsilon(tu)}{dt}\right|_{t=t_\varepsilon(u)} = I'_\varepsilon(t_\varepsilon(u)u)u = \frac{1}{t_\varepsilon(u)} I'_\varepsilon(t_\varepsilon(u)u)(t_\varepsilon(u)u) = 0.$$

故由 (5.1.5) 知

$$I''_\varepsilon(t_\varepsilon(u)u)[t_\varepsilon(u)u, t_\varepsilon(u)u] < 0.$$

因此, $t_\varepsilon(u)$ 是唯一的. □

定义

$$d_\varepsilon = \inf_{u\in\mathscr{N}_\varepsilon} I_\varepsilon(u).$$

引理 5.1.6 $d_\varepsilon = c_\varepsilon$, 因此存在与 ε 无关的常数 $C>0$ 使得 $d_\varepsilon \leqslant C$.

证明 事实上, 给定 $e\in E^+$, 如果 $u=v+se\in E_e$ 且 $\Phi_\varepsilon(u)=\max\limits_{z\in E_e}\Phi_\varepsilon(z)$, 则 Φ_ε 在 E_e 上的限制 $\Phi_\varepsilon|_{E_e}$ 满足 $(\Phi_\varepsilon|_{E_e})'(u)=0$, 这意味着 $v=h_\varepsilon(se)$ 以及 $I_\varepsilon'(se)(se)=\Phi_\varepsilon'(u)(se)=0$, 即 $se\in\mathscr{N}_\varepsilon$. 因此 $d_\varepsilon\leqslant c_\varepsilon$. 另一方面, 如果 $w\in\mathscr{N}_\varepsilon$, 则 $(\Phi_\varepsilon|_{E_w})'(w+h_\varepsilon(w))=0$, 故 $c_\varepsilon\leqslant\max\limits_{u\in E_w}\Phi_\varepsilon(u)=I_\varepsilon(w)$. 因此 $d_\varepsilon\geqslant c_\varepsilon$. 这就证明了 $d_\varepsilon=c_\varepsilon$. 再结合引理 5.1.5 可知结论成立. □

引理 5.1.7 任给 $e\in E^+\setminus\{0\}$, 存在与 $\varepsilon>0$ 无关的常数 $T_e>0$, 使得 $t_\varepsilon\leqslant T_e$, 其中 $t_\varepsilon>0$ 满足 $t_\varepsilon e\in\mathscr{N}_\varepsilon$.

证明 由 $I_\varepsilon'(t_\varepsilon e)(t_\varepsilon e)=0$ 易知 $(\Phi_\varepsilon|_{E_e})'(t_\varepsilon e+h_\varepsilon(t_\varepsilon e))=0$. 因此

$$\Phi_\varepsilon(t_\varepsilon e+h_\varepsilon(t_\varepsilon e))=\max_{w\in E_e}\Phi_\varepsilon(w).$$

结合引理 5.1.6 以及 (5.1.3), 这就推出了结论. □

3. 极限方程

我们将充分使用极限方程来证明我们的主要结果. 对任意 $b>0$, 考虑下面的常系数方程

$$-i\alpha\cdot\nabla u+a\beta u=b|u|^{p-2}u,\quad u\in H^1(\mathbb{R}^3,\mathbb{C}^4), \tag{5.1.6}$$

方程 (5.1.6) 的解是下面泛函的临界点

$$\Gamma_b(u):=\frac{1}{2}(\|u^+\|^2-\|u^-\|^2)-\frac{b}{p}\int_{\mathbb{R}^3}|u|^p dx=\frac{1}{2}(\|u^+\|^2-\|u^-\|^2)-\Psi_b(u),$$

其中 $u=u^-+u^+\in E=E^-\oplus E^+$ 以及

$$\Psi_b(u)=\frac{b}{p}\int_{\mathbb{R}^3}|u|^p dx.$$

下面的集合分别表示 Γ_b 的临界点集、极小能量以及极小能量集.

$$\mathscr{L}_b:=\{u\in E:\Gamma_b'(u)=0\},$$

$$\gamma_b:=\inf\{\Gamma_b(u):u\in\mathscr{L}_b\setminus\{0\}\},$$

$$\mathscr{R}_b:=\{u\in\mathscr{L}_b:\Gamma_b(u)=\gamma_b,|u(0)|=\|u\|_{L^\infty}\}.$$

由文献 [69], 我们有如下引理成立.

引理 5.1.8　(i) $\mathscr{L}_b \neq \varnothing, \gamma_b > 0$ 以及对任意的 $q \geqslant 2$, 成立 $\mathscr{L}_b \subset \bigcap_{q\geqslant 2} W^{1,q}$;

(ii) γ_b 是可达的以及 $\mathscr{R}_b$ 在 $H^1(\mathbb{R}^3, \mathbb{C}^4)$ 中是紧的;

(iii) 对任意的 $u \in \mathscr{R}$, 存在常数 $C, c > 0$ 使得

$$|u(x)| \leqslant Ce^{-c|x|}, \quad \forall x \in \mathbb{R}^3.$$

正如之前, 我们介绍一些记号:

$$\mathscr{J}_b : E^+ \to E^- : \ \Gamma_b(u + \mathscr{J}_b(u)) = \max_{v\in E^-} \Gamma_b(u+v),$$

$$J_b : E^+ \to \mathbb{R} : \ J_b(u) = \Gamma_b(u + \mathscr{J}_b(u)),$$

$$\mathscr{M}_b := \{u \in E^+ \setminus \{0\} : J_b'(u)u = 0\}.$$

显然, 通过从 E^+ 到 E 上的单映射 $u \to u + \mathscr{J}_b(u)$ 可知 J_b 和 Γ_b 的临界点是一一对应的.

注意到, 类似于 (5.1.4), 对任意的 $u \in E^+$ 以及 $v \in E^-$, 成立

$$\begin{aligned}\Gamma_b\big(u + \mathscr{J}_b(u)\big) - \Gamma_b(u+v) =& (p-1)\int_0^1 \int_{\mathbb{R}^3} (1-t)b|u + h_\varepsilon(u) \\ &+ t(v - \mathscr{J}_b(u))|^{p-2}|v - h_\varepsilon(u)|^2 dxdt \\ &+ \frac{1}{2}\|v - \mathscr{J}_b(u)\|^2. \end{aligned} \tag{5.1.7}$$

类似于引理 5.1.7, 对每一个 $u \in E^+ \setminus \{0\}$, 存在唯一的 $t = t(u) > 0$ 使得 $tu \in \mathscr{M}_b$. 显然, J_b 拥有山路结构. 令

$$b_1 := \inf\{J_b(u) : u \in \mathscr{M}_b\},$$

$$b_2 := \inf_{\gamma\in\Omega_b} \max_{t\in[0,1]} J_b(\gamma(t)),$$

$$b_3 := \inf_{\gamma\in\tilde{\Omega}_b} \max_{t\in[0,1]} J_b(\gamma(t)),$$

其中

$$\Omega_b := \{\gamma \in \mathcal{C}([0,1], E^+) : \gamma(0) = 0, J_b(\gamma(1)) < 0\},$$

以及

$$\tilde{\Omega}_b := \{\gamma \in \mathcal{C}([0,1], E^+) : \gamma(0) = 0, \gamma(1) = u_0\},$$

这里 $u_0 \in E^+$ 且满足 $J_b(u_0) < 0$. 则

$$\gamma_b = b_1 = b_2 = b_3,$$

可参见 [69, 引理 3.8].

引理 5.1.9 令 $u \in \mathscr{M}_b$ 使得 $J_b(u) = \gamma_b$. 则

$$\max_{w \in E_u} \Gamma_b(w) = J_b(u).$$

证明 首先, 由 $u + \mathscr{J}_b(u) \in E_u$ 知

$$J_b(u) = \Gamma_b(u + \mathscr{J}_b(u)) \leqslant \max_{w \in E_u} \Gamma_b(w).$$

另一方面, 对任意的 $w = v + su \in E_u$, 我们有

$$\Gamma_b(w) := \frac{1}{2}\|su\|^2 - \frac{1}{2}\|v\|^2 - \Psi_b(u + sv) \leqslant \Gamma_b(su + \mathscr{J}_b(su)) = J_b(su).$$

因此, 由 $u \in \mathscr{M}_b$ 可得

$$\max_{w \in E_u} \Gamma_b(w) \leqslant \max_{s \geqslant 0} J_b(su) = J_b(u).$$

故结论成立. □

下面的引理描述了对不同参数之间极小能量值的比较, 这对证明解的存在性是非常重要的.

引理 5.1.10 如果 $b_1 < b_2$, 则 $\gamma_{b_1} > \gamma_{b_2}$.

证明 令 $u \in \mathscr{L}_{b_1}$ 满足 $\Gamma_{b_1}(u) = \gamma_{b_1}$ 并且取 $e = u^+$. 则

$$\gamma_{b_1} = \Gamma_{b_1}(u) = \max_{w \in E_e} \Gamma_{b_1}(w).$$

令 $u_1 \in E_e$ 使得 $\Gamma_{b_2}(u_1) = \max_{w \in E_e} \Gamma_{b_2}(w)$. 我们有

$$\begin{aligned}\gamma_{b_1} &= \Gamma_{b_1}(u) \geqslant \Gamma_{b_1}(u_1) = \Gamma_{b_2}(u_1) + \frac{1}{p}(b_2 - b_1)\|u_1\|_{L^p}^p \\ &\geqslant \gamma_{b_2} + \frac{1}{p}(b_2 - b_1)\|u_1\|_{L^p}^p.\end{aligned}$$

因此, $\gamma_{b_1} > \gamma_{b_2}$. □

引理 5.1.11 对任意的 $\varepsilon > 0$, 我们有 $d_\varepsilon \geqslant \gamma_m$.

证明　若不然, 则存在 $\varepsilon_0 > 0$ 使得 $d_{\varepsilon_0} < \gamma_m$. 由定义以及引理 5.1.6, 我们能选择 $e \in E^+ \setminus \{0\}$ 使得 $\max\limits_{u \in E_e} \Phi_{\varepsilon_0}(u) < \gamma_m$. 再次由定义可得 $\gamma_m \leqslant \max\limits_{u \in E_e} \Gamma_m(u)$. 因为 $P_{\varepsilon_0}(x) \leqslant m, \Phi_{\varepsilon_0}(u) \geqslant \Gamma_m(u), \forall u \in E$, 我们得到

$$\gamma_m > \max_{u \in E_e} \Phi_{\varepsilon_0}(u) \geqslant \max_{u \in E_e} \Gamma_m(u) \geqslant \gamma_m$$

矛盾. □

4. 极小能量解的存在性

现在我们将证明方程 (5.1.2) 基态解的存在性. 关键的一步是证明如下引理.

引理 5.1.12　当 $\varepsilon \to 0$ 时, $d_\varepsilon \to \gamma_m$.

证明　令 $W^0(x) = m - P(x), W^0_\varepsilon(x) = W^0(\varepsilon x)$. 则

$$\Phi_\varepsilon(v) = \Gamma_m(v) + \frac{1}{p} \int_{\mathbb{R}^3} W^0_\varepsilon(x)|v|^p dx. \tag{5.1.8}$$

由引理 5.1.8, 令 $u = u^- + u^+ \in \mathscr{R}_m$ 是方程 (5.1.6) 对应于 $b = m$ 的一个极小能量解, 且令 $e = u^+$. 显然, $e \in \mathscr{M}_m, \mathscr{J}_m(e) = u^-$ 以及 $J_m(e) = \gamma_m$. 则存在唯一的 $t_\varepsilon > 0$ 使得 $t_\varepsilon e \in \mathscr{N}_\varepsilon$. 从而就有

$$d_\varepsilon \leqslant I_\varepsilon(t_\varepsilon e).$$

由引理 5.1.7 知 $\{t_\varepsilon\}$ 是有界的, 不失一般性, 当 $\varepsilon \to 0$ 时, 可假设 $t_\varepsilon \to t_0$. 记

$$\begin{aligned}(\mathrm{I}) :=& (p-1) \int_{\mathbb{R}^3} \int_0^1 (1-s) P_\varepsilon(x) \Big(|t_\varepsilon e + h_\varepsilon(t_\varepsilon e) \\ &+ s\big(\mathscr{J}_m(t_\varepsilon e) - h_\varepsilon(t_\varepsilon e)\big)|^{p-2} \cdot |\mathscr{J}_m(t_\varepsilon e) - h_\varepsilon(t_\varepsilon e)|^2 \Big) ds dx,\end{aligned}$$

$$\begin{aligned}(\mathrm{II}) :=& (p-1) \int_{\mathbb{R}^3} \int_0^1 (1-s) m \Big(|t_\varepsilon e + \mathscr{J}_m(t_\varepsilon e) \\ &+ s\big(h_\varepsilon(t_\varepsilon e) - \mathscr{J}_m(t_\varepsilon e)\big)|^{p-2} \cdot |h_\varepsilon(t_\varepsilon e) - \mathscr{J}_m(t_\varepsilon e)|^2 \Big) ds dx.\end{aligned}$$

从 (5.1.4), (5.1.7) 可得

$$\begin{aligned}&\frac{1}{2} \| \mathscr{J}_m(t_\varepsilon e) - h_\varepsilon(t_\varepsilon e) \|^2 + (\mathrm{I}) \\ \leqslant& \Phi_\varepsilon(t_\varepsilon e + h_\varepsilon(t_\varepsilon e)) - \Phi_\varepsilon(t_\varepsilon e + \mathscr{J}_m(t_\varepsilon e))\end{aligned}$$

$$
\begin{aligned}
&= \Gamma_m(t_\varepsilon e + h_\varepsilon(t_\varepsilon e)) + \frac{1}{p}\int_{\mathbb{R}^3} W_\varepsilon^0(x)|t_\varepsilon e + h_\varepsilon(t_\varepsilon e)|^p dx \\
&\quad - \Gamma_m(t_\varepsilon e + \mathscr{J}_m(t_\varepsilon e)) - \frac{1}{p}\int_{\mathbb{R}^3} W_\varepsilon^0(x)|t_\varepsilon e + \mathscr{J}_m(t_\varepsilon e)|^p dx \\
&= -\Big(\Gamma_m(t_\varepsilon e + \mathscr{J}_m(t_\varepsilon e)) - \Gamma_m(t_\varepsilon e + h_\varepsilon(t_\varepsilon e))\Big) \\
&\quad + \frac{1}{p}\int_{\mathbb{R}^3} W_\varepsilon^0(x)\Big(|t_\varepsilon e + h_\varepsilon(t_\varepsilon e)|^p - |t_\varepsilon e + \mathscr{J}_m(t_\varepsilon e)|^p\Big) dx.
\end{aligned}
$$

因此

$$
\begin{aligned}
&\|h_\varepsilon(t_\varepsilon e) - \mathscr{J}_m(t_\varepsilon e)\|^2 + (\mathrm{I}) + (\mathrm{II}) \\
\leqslant\ & \frac{1}{p}\int_{\mathbb{R}^3} W_\varepsilon^0(x)\Big(|t_\varepsilon e + \mathscr{J}_m(t_\varepsilon e)|^p - |t_\varepsilon e + \mathscr{J}_m(t_\varepsilon e)|^p\Big) dx,
\end{aligned} \tag{5.1.9}
$$

注意到

$$
\begin{aligned}
&|t_\varepsilon e + h_\varepsilon(t_\varepsilon e)|^p - |t_\varepsilon e + \mathscr{J}_m(t_\varepsilon e)|^p \\
=\ & |t_\varepsilon e + \mathscr{J}_m(t_\varepsilon e)|^{p-2}\langle t_\varepsilon e + \mathscr{J}_m(t_\varepsilon e), h_\varepsilon(t_\varepsilon e) - \mathscr{J}_m(t_\varepsilon e)\rangle \\
&+ (p-1)\int_0^1 (1-s)(|t_\varepsilon e + \mathscr{J}_m(t_\varepsilon e) + s\big(h_\varepsilon(t_\varepsilon e) \\
&- \mathscr{J}_m(t_\varepsilon e)\big)|^{p-2} \cdot |h_\varepsilon(t_\varepsilon e) - \mathscr{J}_m(t_\varepsilon e)|^2) ds.
\end{aligned}
$$

代入 (5.1.9), 就有

$$
\begin{aligned}
&\|h_\varepsilon(t_\varepsilon e) - \mathscr{J}_m(t_\varepsilon e)\|^2 + (\mathrm{I}) + \left(1 - \frac{1}{p}\right)(\mathrm{II}) \\
\leqslant & \frac{1}{p}\int_{\mathbb{R}^3} W_\varepsilon^0(x)|t_\varepsilon e + \mathscr{J}_m(t_\varepsilon e)|^{p-1}|h_\varepsilon(t_\varepsilon e) - \mathscr{J}_m(t_\varepsilon e)| dx \\
\leqslant & \left(\int_{\mathbb{R}^3} \left(W_\varepsilon^0(x)\right)^{\frac{p}{p-1}}|t_\varepsilon e + \mathscr{J}_m(t_\varepsilon e)|^p dx\right)^{\frac{p}{p-1}} \|h_\varepsilon(t_\varepsilon e) - \mathscr{J}_m(t_\varepsilon e)\|_{L^p}.
\end{aligned} \tag{5.1.10}
$$

由 $t_\varepsilon \to t_0$ 以及 e 的指数衰减, 可得

$$
\limsup_{R\to\infty} \int_{|x|\geqslant R} |t_\varepsilon e + \mathscr{J}_m(t_\varepsilon e)|^p dx = 0,
$$

这就蕴含着, 当 $\varepsilon \to 0$ 时

$$
\begin{aligned}
&\int_{\mathbb{R}^3} (W_\varepsilon^0(x))^{\frac{p}{p-1}} |t_\varepsilon e + \mathscr{J}_m(t_\varepsilon e)|^p dx \\
&= \left(\int_{|x| \leqslant R} + \int_{|x|>R} \right) (W_\varepsilon^0(x))^{\frac{p}{p-1}} |t_\varepsilon e + \mathscr{J}_m(t_\varepsilon e)|^p dx \\
&\leqslant \int_{|x| \leqslant R} (W_\varepsilon^0(x))^{\frac{p}{p-1}} |t_\varepsilon e + \mathscr{J}_m(t_\varepsilon e)|^p dx + m^{\frac{p}{p-1}} \int_{|x|>R} |t_\varepsilon e + \mathscr{J}_m(t_\varepsilon e)|^p dx \\
&= o_\varepsilon(1).
\end{aligned}
$$

因此, 由 (5.1.10) 可得 $\|h_\varepsilon(t_\varepsilon e) - \mathscr{J}_m(t_\varepsilon e)\|^2 \to 0$. 也就是 $h_\varepsilon(t_\varepsilon e) \to \mathscr{J}_m(t_0 e)$. 故当 $\varepsilon \to 0$ 时

$$
\int_{\mathbb{R}^3} W_\varepsilon^0(x) |t_\varepsilon e + h_\varepsilon(t_\varepsilon e)|^p dx \to 0.
$$

结合 (5.1.8) 可得

$$
\Phi_\varepsilon(t_\varepsilon e + h_\varepsilon(t_\varepsilon e)) = \Gamma_m(t_\varepsilon e + h_\varepsilon(t_\varepsilon e)) + o_\varepsilon(1) = \Gamma_m(t_0 e + \mathscr{J}_m(t_0 e)) + o(1),
$$

也就是

$$
I_\varepsilon(t_\varepsilon e) = J_m(t_0 e) + o(1).
$$

由引理 5.1.9 知

$$
J_m(t_0 e) \leqslant \max_{v \in E_e} \Gamma_m(v) = J_m(e) = \gamma_m.
$$

引理 5.1.11 以及 $d_\varepsilon \leqslant I_\varepsilon(t_\varepsilon e)$ 蕴含着

$$
\gamma_m \leqslant \lim_{\varepsilon \to 0} d_\varepsilon \leqslant \lim_{\varepsilon \to 0} I_\varepsilon(t_\varepsilon e) = J_m(t_0 e) \leqslant \gamma_m.
$$

因此 $d_\varepsilon \to \gamma_m$. □

引理 5.1.13 对充分小的 $\varepsilon > 0$, c_ε 是可达的.

证明 给定 $\varepsilon > 0$, 令 $u_n \in \mathscr{N}_\varepsilon$ 是 I_ε 的极小化序列: $I_\varepsilon(u_n) \to d_\varepsilon$. 由 Ekeland 变分原理, 我们可假设 $\{u_n\}$ 是 I_ε 在 $\mathscr{N}_\varepsilon$ 上的 $(PS)_{d_\varepsilon}$-序列. 由标准的讨论可知, $\{u_n\}$ 实际上是 I_ε 在 E^+ 上的 $(PS)_{d_\varepsilon}$-序列 (参见 [104, 125]). 则 $w_n = u_n + \mathscr{J}_\varepsilon(u_n)$ 是 Φ_ε 在 E 上的 $(PS)_{d_\varepsilon}$-序列. 不难验证, $\{w_n\}$ 是有界的. 不失一般性, 可假设在 E 中 $w_n \rightharpoonup w_\varepsilon = z_\varepsilon^+ + z_\varepsilon^- \in \mathscr{K}_\varepsilon$($\Phi_\varepsilon$ 的临界点集). 如果 $w_\varepsilon \neq 0$, 则易证 $\Phi_\varepsilon(w_\varepsilon) = d_\varepsilon$. 接下来我们只需证明, 对充分小的 $\varepsilon > 0$, 有 $w_\varepsilon \neq 0$.

取 $\limsup\limits_{|x|\to\infty} P(x) < b < m$ 且定义

$$P^b(x) = \min\{b, P(x)\}.$$

考虑下面的泛函

$$\Phi_\varepsilon^b(u) = \frac{1}{2}\left(\|u^+\|^2 - \|u^-\|^2\right) - \frac{1}{p}\int_{\mathbb{R}^3} P_\varepsilon^b(x)|u|^p dx,$$

正如之前, 定义 $h_\varepsilon^b : E^+ \to E^-, I_\varepsilon^b : E^+ \to \mathbb{R}, \mathscr{N}_\varepsilon, d_\varepsilon^b$ 等等. 从前面的证明, 不难看到, 当 $\varepsilon \to 0$ 时

$$\gamma_b \leqslant d_\varepsilon^b \to \gamma_b. \tag{5.1.11}$$

假设存在序列满足 $\varepsilon_j \to 0$ 且 $w_{\varepsilon_j} = 0$. 则在 E 中 $w_n = u_n + h_{\varepsilon_j}(u_n) \rightharpoonup 0$, 在 $L^t_{loc}(\mathbb{R}^3, \mathbb{C}^4)$ 中 $u_n \to 0$, $t \in [1,3)$ 以及 $w_n(x) \to 0$ a.e., $x \in \mathbb{R}^3$. 设 $t_n > 0$ 使得 $t_n u_n \in \mathscr{N}_{\varepsilon_j}^b$. 则 $\{t_n\}$ 是有界的, 故当 $n \to \infty$ 时, 可假设 $t_n \to t_0$. 由假设 (P_0) 知, 集合 $A_\varepsilon := \{x \in \mathbb{R}^3 : P_\varepsilon(x) > b\}$ 是有界的. 注意到, 当 $n \to \infty$ 时, 在 E 中 $h_{\varepsilon_j}^b(t_n u_n) \rightharpoonup 0$ 以及在 $L^t_{loc}(\mathbb{R}^3, \mathbb{C}^4)$ 中 $h_{\varepsilon_j}^b(t_n u_n) \to 0$. 此外, 由引理 5.1.9 可知, $\Phi_{\varepsilon_j}(t_n u_n + h_{\varepsilon_j}^b t_n u_n) \leqslant I_{\varepsilon_j}(u_n)$. 因此, 当 $n \to \infty$ 时

$$\begin{aligned}
d_{\varepsilon_j}^b &\leqslant I_{\varepsilon_j}^b(t_n u_n) = \Phi_{\varepsilon_j}^b(t_n u_n + h_{\varepsilon_j}^b(t_n u_n)) \\
&= \Phi_{\varepsilon_j}(t_n u_n + h_{\varepsilon_j}^b(t_n u_n)) + \frac{1}{p}\int_{\mathbb{R}^3} \left(P_{\varepsilon_j}(x) - P_{\varepsilon_j}^b(x)\right)|t_n u_n + h_{\varepsilon_j}^b(t_n u_n)|^p dx \\
&\leqslant I_{\varepsilon_j}(u_n) + \frac{1}{p}\int_{A_{\varepsilon_j}} \left(P_{\varepsilon_j}(x) - P_{\varepsilon_j}^b(x)\right)|t_n u_n + h_{\varepsilon_j}^b(t_n u_n)|^p dx \\
&= d_{\varepsilon_j} + o(1),
\end{aligned}$$

故 $d_{\varepsilon_j}^b \leqslant d_{\varepsilon_j}$. 令 $\varepsilon_j \to 0$ 可得

$$\gamma_b \leqslant \gamma_m,$$

这与 $\gamma_m < \gamma_b$ 矛盾. □

引理 5.1.14 对充分小的 $\varepsilon > 0$, $\mathscr{J}_\varepsilon$ 是紧的.

证明 若不然, 即假设存在序列满足 $\varepsilon_j \to 0$ 且 $\mathscr{J}_{\varepsilon_j}$ 是非紧的. 设 $u_n^j \in \mathscr{J}_{\varepsilon_j}$ 且满足 $u_n^j \rightharpoonup 0 (n \to \infty)$. 正如引理 5.1.13 证明, 我们可以得到矛盾. □

为了记号使用方便, 记 $D = -i\alpha \cdot \nabla$, 则 (5.1.2) 可以改写成

$$Du = -a\beta u + P_\varepsilon(x)|u|^{p-2}u.$$

对任意的 $u \in \mathscr{H}_\varepsilon$, 由解的一致正则性结果知 $u \in \bigcap_{q\geqslant 2} W^{1,q}$. 算子 D 作用在上式的两边以及使用事实 $D^2 = -\Delta$ 可得

$$-\Delta u = -a^2 u + r_\varepsilon(x, |u|),$$

其中

$$r_\varepsilon(x,|u|) = |u|^{p-2}\left(D(P_\varepsilon(x)) - i(p-2)P_\varepsilon(x)\sum_{k=1}^{3}\alpha_k \frac{\Re\langle \partial_k u, u\rangle}{|u|^2} + P_\varepsilon^2(x)|u|^{p-2}\right).$$

令

$$\operatorname{sgn} u = \begin{cases} \bar{u}/|u|, & u \neq 0, \\ 0, & u = 0. \end{cases}$$

则由 Kato 不等式[43] 可得

$$\Delta|u| \geqslant \Re[\Delta u(\operatorname{sgn} u)].$$

注意到

$$\Re\left[\left(D(P_\varepsilon(x)) - i(p-2)P_\varepsilon(x)\sum_{k=1}^{3}\alpha_k \frac{\Re\langle \partial_k u, u\rangle}{|u|^2}\right)u\frac{\bar{u}}{|u|}\right] = 0.$$

因此

$$\Delta|u| \geqslant (a^2 - (P_\varepsilon(x)|u|^{p-2})^2|u|. \tag{5.1.12}$$

因为 $u \in W^{1,q}$ 对任意的 $q \geqslant 2$ 成立, 由 Laplace 方程的下解估计[85,113] 我们有

$$|u(x)| \leqslant C_0 \int_{B_1(x)} |u(y)|dy, \tag{5.1.13}$$

其中 C_0 与 $x, u \in \mathscr{H}_\varepsilon, \varepsilon > 0$ 无关.

引理 5.1.15　*存在 $|u_\varepsilon|$ 的最大值点 x_ε 使得 $\lim_{\varepsilon\to 0}\operatorname{dist}(y_\varepsilon, \mathscr{P}) = 0$, 其中 $y_\varepsilon = \varepsilon x_\varepsilon$. 此外, 对任意的这种 x_ε, $v_\epsilon(x) := u_\varepsilon(x + x_\varepsilon)$ 在 E 中收敛到下面极限方程*

$$-i\alpha\cdot\nabla u + a\beta u = m|u|^{p-2}u$$

的极小能量解.

证明 令 $\varepsilon_j \to 0$ 以及 $u_j \in \mathscr{S}_j$, 其中 $\mathscr{S}_j = \mathscr{S}_{\varepsilon_j}$. 则 $\{u_j\}$ 是有界的. 由标准的集中紧原理讨论可知, 存在序列 $\{x_j\} \subset \mathbb{R}^3$ 以及常数 $R > 0, \delta > 0$ 使得

$$\liminf_{j\to\infty} \int_{B_R(x_j)} |u_j|^2 dx \geqslant \delta.$$

令

$$v_j(x) := u_j(x + x_j), \quad \hat{P}_{\varepsilon_j}(x) := P(\varepsilon_j(x + x_j)).$$

则 v_j 是下面方程的解

$$-i\alpha \cdot \nabla v_j + a\beta v_j = \hat{P}_{\varepsilon_j}(x)|v_j|^{p-2}v_j, \tag{5.1.14}$$

以及其能量为

$$\begin{aligned}\mathcal{E}(v_j) &= \frac{1}{2}\|v_j^+\|^2 - \frac{1}{2}\|v_j^-\|^2 - \frac{1}{p}\int_{\mathbb{R}^3} \hat{P}_{\varepsilon_j}(x)|v_j|^p dx \\ &= \Phi_{\varepsilon_j}(u_j) = \left(\frac{1}{2} - \frac{1}{p}\right)\int_{\mathbb{R}^3} \hat{P}_{\varepsilon_j}(x)|v_j|^p dx \\ &= d_{\varepsilon_j}.\end{aligned} \tag{5.1.15}$$

此外由 v_j 的有界性, 我们可设在 E 中 $v_j \rightharpoonup v$, 在 L^t_{loc} 中 $v_j \to v$, $t \in [1,3)$ 且 $v \neq 0$.

接下来我们断言 $\{\varepsilon_j x_j\}$ 在 $\mathbb{R}^3$ 中是有界的. 若不然, 在子列意义下, 我们可假设 $|\varepsilon_j x_j| \to \infty$. 不失一般性, 不妨假设 $P(\varepsilon_j x_j) \to P_\infty$. 显然, 由假设 (P_0) 知 $m > P_\infty$. 注意到, 对任意的 $\varphi \in \mathcal{C}_0^\infty$, 成立

$$0 = \lim_{j\to\infty}\int_{\mathbb{R}^3}\left(H_0 v_j - \hat{P}_{\varepsilon_j}(x)|v_j|^{p-2}v_j, \varphi\right)dx = \int_{\mathbb{R}^3}\left(H_0 v - P_\infty|v|^{p-2}v, \varphi\right)dx.$$

因此 v 是下面方程的解

$$-i\alpha \cdot \nabla v + a\beta v = P_\infty|v|^{p-2}v, \tag{5.1.16}$$

以及其能量满足

$$\mathcal{E}(v) := \frac{1}{2}(\|v^+\|^2 - \|v^-\|^2) - \frac{1}{p}\int_{\mathbb{R}^3} P_\infty|v|^p dx \geqslant \gamma_{P_\infty}.$$

注意到, 由引理 5.1.10 以及 $m > P_\infty$ 可知 $\gamma_m < \gamma_{P_\infty}$. 此外, 由 Fatou 引理可得

$$\lim_{j\to\infty}\left(\frac{1}{2} - \frac{1}{p}\right)\int_{\mathbb{R}^3} \hat{P}_{\varepsilon_j}|v_j|^p dx \geqslant \left(\frac{1}{2} - \frac{1}{p}\right)\int_{\mathbb{R}^3} P_\infty|v|^p dx = \mathcal{E}(v).$$

结合 (5.1.15) 便可得

$$\gamma_m < \gamma_{P_\infty} \leqslant \mathcal{E}(v) \leqslant \lim_{\varepsilon\to 0} d_{\varepsilon_j} = \gamma_m,$$

这就得到一个矛盾. 因此 $\{\varepsilon_j x_j\}$ 是有界的. 不妨假设 $y_j = \varepsilon_j x_j \to y_0$. 则 v 是下面方程的解

$$-i\alpha\cdot\nabla v + a\beta v = P(y_0)|v|^{p-2}v.$$

因为 $P(y_0)\leqslant m$, 则能量满足

$$\mathcal{E}(v) := \frac{1}{2}(\|v^+\|^2 - \|v^-\|^2) - \frac{1}{p}\int_{\mathbb{R}^3} P(y_0)|v|^p dx \geqslant \gamma_{P_\infty} \geqslant \gamma_m.$$

再次应用 (5.1.15) 可得

$$\mathcal{E}(v) = \left(\frac{1}{2} - \frac{1}{p}\right)\int_{\mathbb{R}^3} P(y_0)|v|^p dx \leqslant \lim_{j\to\infty} d_{\varepsilon_j} = \gamma_m.$$

这就蕴含着 $\mathcal{E}(v) = \gamma_m$. 因此 $P(y_0) = m$, 则由引理 5.1.10 可知 $y_0 \in \mathscr{P}$.

从上面的讨论也可知

$$\lim_{j\to\infty}\int_{\mathbb{R}^3} \hat{P}_{\varepsilon_j}|v_j|^p dx = \int_{\mathbb{R}^3} P(y_0)|v|^p dx = \frac{2p\gamma_m}{p-2},$$

则由 Brezis-Lieb 引理可得 $\|v_j - v\|_{L^p} \to 0$, 进而有 $\|(v_j - v)^\pm\|_{L^p} \to 0$. 为了证明 v_j 在 E 中收敛到 v, 记 $z_j = v_j - v$. 注意到, $z_j^\pm$ 在 L^p 中收敛到 0, 用 z_j^+ 在方程 (5.1.14) 中作为检验函数可得

$$(v^+, z_j^+) = o(1).$$

类似地, 由 v 的衰减性, 方程(5.1.16) 以及 $z_j^\pm$ 在 L^2_{loc} 中收敛到 0 可得

$$\|z_j^+\|^2 = o(1).$$

类似地

$$\|z_j^-\|^2 = o(1).$$

这就证明了 v_j 在 E 中收敛到 v.

现在我们验证 v_j 在 H^1 中收敛到 v. 由方程 (5.1.14) 以及方程 (5.1.16), 我们有

$$H_0 z_j = \hat{P}_{\varepsilon_j}(x)(|v_j|^{p-2}v_j - |v|^{p-2}v) + (\hat{P}_{\varepsilon_j}(x) - m)|v|^{p-2}v,$$

以及由 v 的衰减性可知

$$\lim_{R\to\infty}\int_{|x|\leqslant R}\left|(\hat{P}_{\varepsilon_j}(x)-m)|v|^{p-2}v\right|^2 dx=0.$$

结合一致估计就有 $\|H_0 z_j\|_{L^2}\to 0$. 因此, v_j 在 H^1 中收敛到 v.

由于 (5.1.13), 我们不妨假设 $x_j\in\mathbb{R}^3$ 是 $|u_j|$ 的最大值点. 此外, 从上面的讨论我们很容易看到, 任意这种满足 $y_j=\varepsilon_j x_j$ 的序列收敛到 $\mathscr{P}$ 中. □

5.1.2 带有竞争位势 Dirac 方程解的集中性

1. 假设和主要结论

在这节, 我们研究如下带有竞争位势的 Dirac 方程

$$-i\varepsilon\sum_{k=1}^{3}\alpha_k\partial_k u+a\beta u+V(x)u=K(x)f(|u|)u,\quad x\in\mathbb{R}^3. \tag{5.1.17}$$

即考虑下面等价的方程

$$-i\alpha\cdot\nabla u+a\beta u+V_\varepsilon(x)u=K_\varepsilon(x)f(|u|)u,\quad x\in\mathbb{R}^3. \tag{5.1.18}$$

其中 $V_\varepsilon(x)=V(\varepsilon x), K_\varepsilon(x)=K(\varepsilon x)$.

对于非线性项 f, 我们假设:

(f_1) $f\in\mathcal{C}(\mathbb{R}^+,\mathbb{R})$, $\lim\limits_{t\to 0^+}f(t)=0$;

(f_2) 存在 $p\in(2,3), c_1>0$ 使得对 $t\geqslant 0$, 有 $f(t)\leqslant c_1(1+|t|^{p-2})$;

(f_3) f 在 $\mathbb{R}^+$ 是严格递增的;

(f_4) 存在 $\mu>2$, 使得对所有的 $t>0$, 有 $0<\mu F(t)\leqslant f(t)t^2$, 其中 $F(t)=\int_0^t f(s)sds$.

为叙述我们的结果, 首先引入几个记号. 记

$$V_{\min}:=\min_{x\in\mathbb{R}^3}V,\quad \mathcal{V}:=\{x\in\mathbb{R}^3:V(x)=V_{\min}\},\quad V_\infty:=\liminf_{|x|\to\infty}V(x),$$

$$K_{\max}:=\max_{x\in\mathbb{R}^3}K,\quad \mathcal{K}:=\{x\in\mathbb{R}^3:K(x)=K_{\max}\},\quad K_\infty:=\limsup_{|x|\to\infty}K(x).$$

我们假设 V,K 满足如下条件:

(A_0) V,K 是两个连续有界的函数且满足 $\sup\limits_{x\in\mathbb{R}^3}|V(x)|<a, K_{\min}:=\inf\limits_{x\in\mathbb{R}^3}K(x)>0$;

并且下面两个假设之一成立:

(A_1) $V_{\min} < V_\infty < \infty$, 且存在充分大的 $R > 0$ 以及 $x_1 \in \mathcal{V}$, 使得当 $|x| \geqslant R$ 时, $K(x_1) \geqslant K(x)$(图 5.1);

(A_2) $K_{\max} > K_\infty > 0$, 且存在充分大的 $R > 0$ 以及 $x_2 \in \mathcal{K}$, 使得当 $|x| \geqslant R$ 时, $V(x_2) \leqslant V(x)$(图 5.2).

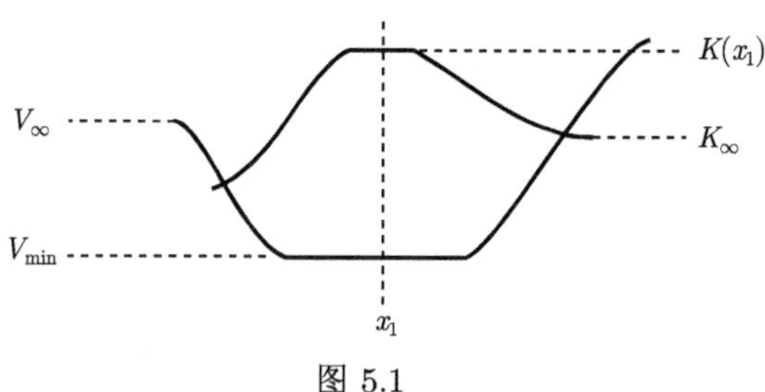

图 5.1

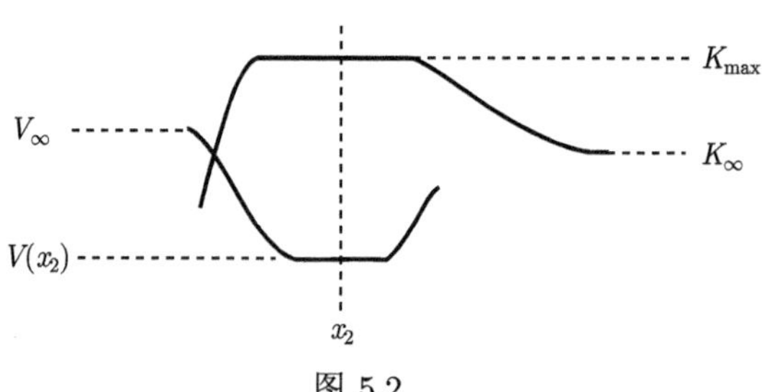

图 5.2

若 (A_1) 成立, 我们不妨假设 $K(x_1) = \max\limits_{x \in \mathcal{V}} K(x)$, 且

$$\mathcal{H}_1 = \{x \in \mathcal{V} : K(x) = K(x_1)\} \cup \{x \notin \mathcal{V} : K(x) > K(x_1)\}.$$

若 (A_2) 成立, 我们不妨假设 $V(x_2) = \max\limits_{x \in \mathcal{K}} V(x)$, 且

$$\mathcal{H}_2 = \{x \in \mathcal{K} : V(x) = V(x_2)\} \cup \{x \notin \mathcal{K} : V(x) > V(x_2)\}.$$

注 5.1.16 这里有很多满足条件 (f_1)-(f_4), 但不是可微的非线性的例子, 例如

$$f(t) = \begin{cases} t^{p-2}, & 0 \leqslant t \leqslant 1, \\ t^\sigma, & t \geqslant 1, \end{cases}$$

其中 $\sigma \in (0, p-2)$(图 5.3).

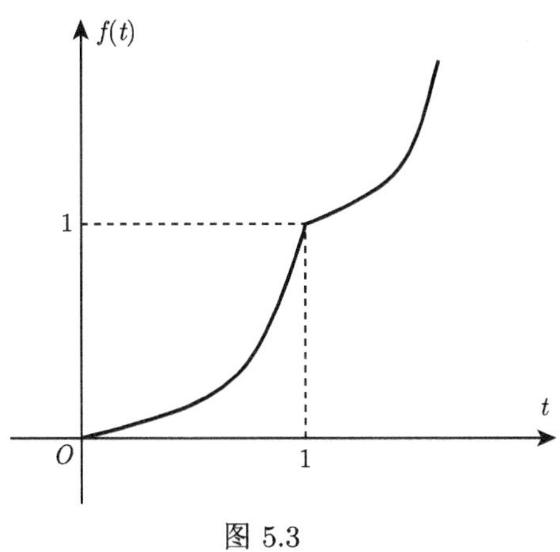

图 5.3

注 5.1.17 由 (f_1) 和 (f_2) 知: 对任意 $\varepsilon > 0$, 存在 $C_\varepsilon > 0$ 使得

$$f(t) \leqslant \varepsilon + C_\varepsilon t^{p-2}, \quad F(t) \leqslant \varepsilon t^2 + C_\varepsilon t^p, \quad \forall t \geqslant 0. \tag{5.1.19}$$

由 (f_3) 知

$$F(t) > 0, \quad \frac{1}{2}f(t)t^2 - F(t) > 0, \quad \forall t > 0. \tag{5.1.20}$$

此外, 由 (f_4) 可得存在常数 $C_0 > 0$ 使得

$$F(t) \geqslant C_0 t^\mu - \frac{a - |V|_\infty}{4K_{\min}} t^2, \quad \forall t \geqslant 0. \tag{5.1.21}$$

注 5.1.18 (1) 显然, $x_1 \in \mathcal{H}_1$ 以及 $x_2 \in \mathcal{H}_2$. 因此, $\mathcal{H}_1$ 和 $\mathcal{H}_2$ 是非空且有界的集合.

(2) 若 (A_1) 成立以及 $\mathcal{V} \cap \mathcal{K} \neq \varnothing$, 令 $K(x_1) = \max\limits_{x \in \mathcal{V} \cap \mathcal{K}} K(x)$ 以及

$$\mathcal{H}_1 = \{x \in \mathcal{V} \cap \mathcal{K} : K(x) = K(x_1)\},$$

则 $\mathcal{H}_1 = \mathcal{V} \cap \mathcal{K}$.

(3) 若 (A_1) 成立以及 $\mathcal{V} \cap \mathcal{K} \neq \varnothing$, 令 $V(x_2) = \min\limits_{x \in \mathcal{V} \cap \mathcal{K}} V(x)$ 以及

$$\mathcal{H}_2 = \{x \in \mathcal{V} \cap \mathcal{K} : V(x) = V(x_2)\},$$

则 $\mathcal{H}_2 = \mathcal{V} \cap \mathcal{K}$.

现在我们陈述我们的主要结论.

定理 5.1.19 ([54]) 设 (f_1)–(f_4), (A_0) 以及 (A_1) 成立, 则对充分小的 $\varepsilon > 0$,

(i) 方程 (5.1.17) 有一个基态解 ω_ε;

(ii) $|\omega_\varepsilon|$ 拥有最大值点 x_ε 使得在子列意义下, $x_\varepsilon \to x_0$, $\lim\limits_{\varepsilon\to 0} \mathrm{dist}(x_\varepsilon, \mathcal{H}_1) = 0$. 此外, $u_\varepsilon(x) := w_\varepsilon(\varepsilon x + x_\varepsilon)$ 收敛到下面方程的基态解

$$-i\alpha \cdot \nabla u + a\beta u + V(x_0)u = K(x_0)f(|u|)u, \quad x \in \mathbb{R}^3.$$

特别地, 当 $\mathcal{V} \cap \mathcal{K} \neq \varnothing$ 时, 则 $\lim\limits_{\varepsilon\to 0} \mathrm{dist}(x_\varepsilon, \mathcal{V} \cap \mathcal{K}) = 0$ 并且 v_ε 在 $H^1(\mathbb{R}^3, \mathbb{C}^4)$ 中收敛于下面方程的基态解

$$-i\alpha \cdot \nabla u + a\beta u + V_{\min} u = K_{\max} f(|u|)u, \quad x \in \mathbb{R}^3.$$

定理 5.1.20 ([54]) 假设 (f_1)–(f_4), (A_0) 以及 (A_2) 成立, 且 $(\mathcal{H}_2)$ 代替 $(\mathcal{H}_1)$, 则在定理 5.1.19 中所有的结论都成立.

注 5.1.21 在位势函数和非线性项都是 $\mathcal{C}^1$ 的情况下, 文献 [2, 47] 也证明了其基态解的存在性以及具有同样的性质. 但是, 在这种情况下, 我们考虑位势函数和非线性项仅仅是连续的. 为了获得其相应的结论, 我们将使用 [116] 中的约化方法.

2. 泛函的拓扑性质

对应于方程 (5.1.18) 的能量泛函定义为

$$\begin{aligned}\Phi_\varepsilon(u) &= \frac{1}{2}\int_{\mathbb{R}^3} H_0 u \cdot u dx + \frac{1}{2}\int_{\mathbb{R}^3} V_\varepsilon(x)|u|^2 dx - \int_{\mathbb{R}^3} K_\varepsilon(x) F(|u|) dx \\ &= \frac{1}{2}\left(\|u^+\|^2 - \|u^-\|^2\right) + \frac{1}{2}\int_{\mathbb{R}^3} V_\varepsilon(x)|u|^2 dx - \int_{\mathbb{R}^3} K_\varepsilon(x) F(|u|) dx,\end{aligned}$$

其中 $u = u^+ + u^- \in E$. 不难验证, $\Phi_\varepsilon \in \mathcal{C}^1(E, \mathbb{R})$ 以及对任意的 $u, v \in E$, 我们有

$$\Phi_\varepsilon'(u)v = (u^+ - u^-, v) + \Re\int_{\mathbb{R}^3} V_\varepsilon(x) u\bar{v} dx - \Re\int_{\mathbb{R}^3} K_\varepsilon(x) f(|u|) u\bar{v} dx.$$

此外, 泛函 Φ_ε 的临界点对应于方程 (5.1.18) 的解.

为了寻找 Φ_ε 的临界点, 定义下面的集合

$$\mathcal{M}_\varepsilon := \{u \in E \setminus E^- : \Phi_\varepsilon'(u)u = 0,\ \Phi_\varepsilon'(u)v = 0,\ \forall v \in E^-\},$$

这个集合首先被 Pankov 在文献 [104] 中引入, 之后被 Szulkin 和 Weth 在文献 [117] 中深入研究, 并且这个集合称为广义的 Nehari 集合. 很自然地, 定义下面的基态能量值

$$c_\varepsilon := \inf_{u \in \mathcal{M}_\varepsilon} \Phi_\varepsilon(u).$$

如果 c_ε 在 $u \in \mathcal{M}_\varepsilon$ 可达, 则 u 是 Φ_ε 的临界点. 因为 c_ε 是 Φ_ε 在 $\mathcal{M}_\varepsilon$ 上的最小水平值, u 称为方程 (5.1.18) 的基态解.

注 5.1.22 如果 $u \in E, u \neq 0$ 且 $\Phi'_\varepsilon(u) = 0$, 则从 (5.1.20) 可得

$$\Phi_\varepsilon(u) = \Phi_\varepsilon(u) - \frac{1}{2}\Phi'_\varepsilon(u)u = \int_{\mathbb{R}^3} K_\varepsilon(x)\left(\frac{1}{2}f(|u|)|u|^2 - F(|u|)\right)dx > 0.$$

同时, 对任意的 $u \in E^-$, 我们有

$$\begin{aligned}\Phi_\varepsilon(u) &= -\frac{1}{2}\|u\|^2 + \frac{1}{2}\int_{\mathbb{R}^3} V_\varepsilon(x)|u|^2dx - \int_{\mathbb{R}^3} K_\varepsilon(x)F(|u|)dx \\ &\leqslant -\frac{a - \|V\|_{L^\infty}}{2a}\|u\|^2 - \int_{\mathbb{R}^3} K_\varepsilon(x)F(|u|)dx \leqslant 0.\end{aligned}$$

因此, Φ_ε 的所有的非平凡临界点属于 $E \setminus E^-$, 进而 $\mathcal{M}_\varepsilon$ 包含所有的非平凡的临界点.

对每一个 $u \in E \setminus E^-$, 定义 $\gamma_u : \mathbb{R}^+ \times E^- \to \mathbb{R}$,

$$\gamma_u(t, v) = \Phi_\varepsilon(tu^+ + v),$$

其中 $(t, v) \in \mathbb{R}^+ \times E^-$. 显然, $\gamma_u \in \mathcal{C}^1(\mathbb{R}^+ \times E^-, \mathbb{R})$. 注意到

$$\frac{\partial \gamma_u(t, v)}{\partial t} = \Phi'_\varepsilon(tu^+ + v)u^+, \tag{5.1.22}$$

以及

$$\frac{\partial \gamma_u(t, v)}{\partial v}w = \Phi'_\varepsilon(tu^+ + v)w, \quad \forall w \in E^-. \tag{5.1.23}$$

引理 5.1.23 $(t, v) \in \mathbb{R}^+ \times E^-$ 是 γ_u 的临界点当且仅当 $tu^+ + v \in \mathcal{M}_\varepsilon$.

证明 一方面, 如果 $(t, v) \in \mathbb{R}^+ \times E^-$ 是 γ_u 的临界点, 也就得

$$\frac{\partial \gamma_u(t, v)}{\partial t} = 0,$$

以及在 $(E^-)'$ 中成立

$$\frac{\partial \gamma_u(t, v)}{\partial v} = 0.$$

由 (5.1.22) 以及 (5.1.23), 我们可得

$$\Phi'_\varepsilon(tu^+ + v)(tu^+ + v) = t\Phi'_\varepsilon(tu^+ + v)u^+ + \Phi'_\varepsilon(tu^+ + v)v = 0.$$

此外, 再次由 (5.1.23) 知

$$\Phi'_\varepsilon(tu^+ + v)w = 0, \quad \forall w \in E^-,$$

从而 $tu^+ + v \in \mathcal{M}_\varepsilon$.

另一方面, 如果 $(t, v) \in \mathbb{R}^+ \times E^-$ 且满足 $tu^+ + v \in \mathcal{M}_\varepsilon$, 则

$$\frac{\partial \gamma_u(t,v)}{\partial v} w = \Phi'_\varepsilon(tu^+ + v)w, \quad \forall w \in E^-.$$

因此,

$$\Phi'_\varepsilon(tu^+ + v)(tu^+ + v) = 0 \Leftrightarrow t\Phi'_\varepsilon(tu^+ + v)u^+ = 0,$$

这就蕴含了

$$\frac{\partial \gamma_u(t,v)}{\partial t} = 0.$$

因此, (t, v) 是 γ_u 的临界点. □

下面的引理在证明 $\Phi_\varepsilon\big|_{E_u}$ 最大值的唯一性时起着很重要的作用.

引理 5.1.24 令 $t \in \mathbb{R}, t \geqslant 0$ 以及 $u, v \in \mathbb{C}^4$, $u \neq tu + v$. 则

$$\Re f(|u|)u \cdot \left(\frac{t^2-1}{2}u + tv\right) + F(|u|) - F(|tu+v|) < 0.$$

证明 定义

$$h(t) := \Re f(|u|)u \cdot \left(\frac{t^2-1}{2}u + tv\right) + F(|u|) - F(|tu+v|).$$

我们需要证明 $h(t) < 0$. 首先考虑 $u = 0$. 则由假设我们有 $v \neq 0$, 再由 (5.1.20) 知 $h(t) = -F(|v|) < 0$. 因此, 从现在开始假设 $u \neq 0$. 我们分下面两种情形讨论.

情形 1 $\Re(u \cdot (tu + v)) \leqslant 0$. 在这种情形, 再次使用 (5.1.20) 可得

$$\begin{aligned} h(t) &< \frac{t^2}{2} f(|u|)|u|^2 + \Re t f(|u|)u \cdot v - F(|tu+v|) \\ &= -\frac{t^2}{2} f(|u|)|u|^2 + \Re t f(|u|)u \cdot (tu+v) - F(|tu+v|) \\ &\leqslant -\frac{t^2}{2} f(|u|)|u|^2 - F(|tu+v|) \leqslant 0. \end{aligned}$$

情形 2 $\Re(u \cdot (tu + v)) > 0$. 注意到, 在这种情形下, 我们有

$$h(0) = -\frac{1}{2} f(|u|)|u|^2 + F(|u|) < 0,$$

以及 $\lim\limits_{t\to\infty} h(t) = -\infty$. 因此存在最大值点 $t_0 \geqslant 0$ 使得

$$h(t_0) = \max_{t\geqslant 0} h(t).$$

如果 $t_0 = 0$, 则 $h(t) \leqslant h(0) < 0$, $t \geqslant 0$. 如果 $t_0 > 0$, 则 $h'(t_0) = 0$, 也就是

$$\Re(u \cdot (t_0 u + v))(f(u) - f(|t_0 u + v|)) = 0.$$

因此, 由 (f_3) 可得 $|u| = |t_0 u + v|$, 从而由假设条件可知 $v \neq 0$ 以及 $(t_0^2 - 1)|u|^2 + |v|^2 + 2t_0 \Re u \cdot v = 0$. 所以,

$$h(t_0) = \frac{t_0^2 - 1}{2} f(|u|)|u|^2 + t_0 \Re f(|u|) u \cdot v = -\frac{1}{2} f(|u|)|v|^2 < 0.$$

故结论得证. □

应用引理 5.1.24, 我们能证明下面的结果.

引理 5.1.25 若 $u \in \mathcal{M}_\varepsilon, v \in E^-, t \geqslant 0$ 且 $u \neq tu + v$. 则

$$\Phi_\varepsilon(tu + v) < \Phi_\varepsilon(u).$$

因此, u 是 $\Phi_\varepsilon\big|_{E_u}$ 的全局最大值点.

证明 首先注意到, 对所有的 $w \in E_u$, 我们有 $\Phi_\varepsilon'(u)w = 0$. 因此, 从引理 5.1.24 以及 $(t^2 - 1)u/2 + tv \in E_u$ 可得

$$\begin{aligned}
&\Phi_\varepsilon(tu + v) - \Phi_\varepsilon(u) \\
=&\frac{1}{2}\big[\Re\big(H_0(tu + v), tu + v\big)_{L^2} - \Re\big(H_0 u, u\big)_{L^2}\big] + \frac{1}{2}\int_{\mathbb{R}^3} V_\varepsilon(x)\big(|tu + v|^2 - |u|^2\big)dx \\
&+ \int_{\mathbb{R}^3} \Re K_\varepsilon(x)\big(F(|u|) - F(|tu + v|)\big)dx \\
=&\int_{\mathbb{R}^3} \Re K_\varepsilon(x)\big[f(|u|)u \cdot \big(\frac{t^2 - 1}{2}u + tv\big) + F(|u|) - F(|tu + v|)\big]dx \\
&- \frac{1}{2}\|v\|^2 + \frac{1}{2}\int_{\mathbb{R}^3} V_\varepsilon(x)|v|^2 dx \\
\leqslant&\int_{\mathbb{R}^3} \Re K_\varepsilon(x)\left[f(|u|)u \cdot \left(\frac{t^2 - 1}{2}u + tv\right) + F(|u|) - F(|tu + v|)\right]dx \\
&- \frac{a - \|V\|_{L^\infty}}{2a}\|v\|^2 < 0.
\end{aligned}$$

故结论得证. □

引理 5.1.26 (i) 存在常数 $\rho, r_* > 0$ 使得 $c_\varepsilon := \inf_{\mathcal{M}_\varepsilon} \Phi_\varepsilon \geqslant \inf_{S_\rho^+} \Phi_\varepsilon \geqslant r_* > 0$.

(ii) 对任意的 $u \in \mathcal{M}_\varepsilon$, 则

$$\|u^+\| \geqslant \max\left\{\sqrt{(2r_*)/(a+\|V\|_{L^\infty})}, \sqrt{(a-\|V\|_{L^\infty})/(a+\|V\|_{L^\infty})}\|u^-\|\right\} > 0.$$

证明 (i) 对任意的 $u \in S_\rho^+$, 由 (5.1.19) 以及嵌入定理可得对充分小的 $\rho > 0$, 我们有

$$\begin{aligned}
\Phi_\varepsilon(u) &= \frac{1}{2}\|u\|^2 + \frac{1}{2}\int_{\mathbb{R}^3} V_\varepsilon(x)|u|^2 dx - \int_{\mathbb{R}^3} K_\varepsilon(x)F(|u|)dx \\
&\geqslant \frac{1}{2}\|u\|^2 - \frac{\|V\|_{L^\infty}}{2}\int_{\mathbb{R}^3}|u|^2dx - \varepsilon\int_{\mathbb{R}^3}|u|^2dx - C_\varepsilon\int_{\mathbb{R}^3}|u|^p dx \\
&\geqslant \frac{a-\|V\|_{L^\infty}-2\varepsilon}{2a}\|u\|^2 - \tau_p^p C_\varepsilon\|u\|^p \\
&= \frac{a-\|V\|_{L^\infty}-2\varepsilon}{2a}\rho^2 - \tau_p^p C_\varepsilon \rho^p \\
&\geqslant \frac{a-\|V\|_{L^\infty}}{4a}\rho^2,
\end{aligned}$$

这就蕴含了 $\inf_{S_\rho^+}\Phi_\varepsilon \geqslant (a-\|V\|_{L^\infty})\rho^2/(4a) := r_* > 0$ 对充分小的 $\varepsilon > 0$ 成立. 因此第二个不等式成立. 注意到, 由 $u \in \mathcal{M}_\varepsilon$ 可知 $u^+ \neq 0$. 因此存在 $s > 0$ 使得 $su^+ \in \hat{E}(u) \cap S_\rho^+$. 进而由引理 5.1.25 便有

$$\Phi_\varepsilon(u) = \max_{w\in\hat{E}(u)} \Phi_\varepsilon(u) \geqslant \Phi_\varepsilon(su^+) \geqslant \inf_{S_\rho^+}\Phi_\varepsilon,$$

因此第一个不等式成立.

(ii) 对任意的 $u \in \mathcal{M}_\varepsilon$, 由 (5.1.20) 可得

$$\begin{aligned}
r_* \leqslant c_\varepsilon &= \inf_{\mathcal{M}_\varepsilon}\Phi_\varepsilon \leqslant \Phi_\varepsilon(u) \\
&= \frac{1}{2}\|u^+\|^2 - \frac{1}{2}\|u^-\|^2 + \frac{1}{2}\int_{\mathbb{R}^3} V_\varepsilon(x)|u|^2dx - \int_{\mathbb{R}^3}K_\varepsilon(x)F(|u|)dx \\
&\leqslant \frac{1}{2}\|u^+\|^2 - \frac{1}{2}\|u^-\|^2 + \frac{\|V\|_{L^\infty}}{2}\int_{\mathbb{R}^3}|u|^2dx \\
&\leqslant \frac{a+\|V\|_{L^\infty}}{2}\|u^+\|^2 - \frac{a-\|V\|_{L^\infty}}{2}\|u^-\|^2,
\end{aligned}$$

这就蕴含着

$$\|u^+\| \geqslant \max\{\sqrt{2r_*/(a+\|V\|_{L^\infty})}, \sqrt{(a-\|V\|_{L^\infty})/(a+\|V\|_{L^\infty})}\|u^-\|\}. \quad \square$$

引理 5.1.27 若 $\mathcal{W}$ 是 $E^+\setminus\{0\}$ 中的紧子集, 则存在 $R_0>0$ 使得对每一个 $u\in\mathcal{W}$ 成立

$$\Phi_\varepsilon(w)<0,\quad \forall w\in E_u\setminus B_{R_0}(0).$$

证明 若不然, 则存在序列 $\{u_n\}\subset\mathcal{W}$ 以及 $w_n\in E_{u_n}$ 使得对所有的 $n\in\mathbb{N}$ 都成立 $\Phi_\varepsilon(w_n)\geqslant 0$, 且当 $n\to\infty$ 时, $\|w_n\|\to\infty$. 由 $\mathcal{W}$ 的紧性, 可假设 $u_n\to u\in\mathcal{W}, \|u\|=1$. 令 $v_n=w_n/\|w_n\|=s_nu_n+v_n^-$, 则

$$\begin{aligned}0\leqslant\frac{\Phi_\varepsilon(w_n)}{\|w_n\|^2}&=\frac{1}{2}(s_n^2-\|v_n^-\|^2)+\frac{1}{2}\int_{\mathbb{R}^3}V_\varepsilon(x)|v_n|^2dx-\int_{\mathbb{R}^3}K_\varepsilon(x)\frac{F(|w_n|)}{|w_n|^2}|v_n|^2dx\\&\leqslant\frac{a+\|V\|_{L^\infty}}{2a}s_n^2-\frac{a-\|V\|_{L^\infty}}{2a}\|v_n^-\|^2-K_{\min}\int_{\mathbb{R}^3}\frac{F(|w_n|)}{|w_n|^2}|v_n|^2dx,\end{aligned}\tag{5.1.24}$$

这就蕴含着

$$\frac{a-\|V\|_{L^\infty}}{a+\|V\|_{L^\infty}}\|v_n^-\|^2\leqslant s_n^2=1-\|v_n^-\|^2.\tag{5.1.25}$$

从而就有

$$0\leqslant\|v_n^-\|^2\leqslant\frac{a+\|V\|_{L^\infty}}{2a},\quad 0<\left(\frac{a-\|V\|_{L^\infty}}{2a}\right)^{\frac{1}{2}}\leqslant s_n\leqslant 1.$$

因此, 子列意义下, 不妨假设 $s_n\to s>0, v_n\rightharpoonup v$, $v_n(x)\to v(x)$ a.e., $x\in\mathbb{R}^3$. 因此 $v=su+v^-\neq 0$. 令 $\Omega:=\{x\in\mathbb{R}^3: v(x)\neq 0\}$. 则 $|\Omega|>0$. 因此, 对任意的 $x\in\Omega$, 都有 $|w_n(x)|\to\infty$. 因此, 由 Fatou 引理以及 (5.1.21) 可得

$$\int_{\mathbb{R}^3}K_\varepsilon(x)\frac{F(|w_n|)}{|w_n|^2}|v_n|^2dx\geqslant K_{\min}\int_\Omega\frac{F(|w_n|)}{|w_n|^2}|v_n|^2dx\to\infty,$$

这就与 (5.1.24) 矛盾. □

注意到, 下面的估计成立:

$$\frac{a-\|V\|_{L^\infty}}{a}\|u^+\|^2\leqslant\|u^+\|^2\pm\|V\|_{L^\infty}\|u^+\|_{L^2}^2\leqslant\frac{a+\|V\|_{L^\infty}}{a}\|u^+\|^2,\tag{5.1.26}$$

$$\frac{a-\|V\|_{L^\infty}}{a}\|u^-\|^2\leqslant\|u^-\|^2\pm\|V\|_{L^\infty}\|u^-\|_{L^2}^2\leqslant\frac{a+\|V\|_{L^\infty}}{a}\|u^-\|^2.\tag{5.1.27}$$

由 (5.1.26)–(5.1.27),

$$\|u\|_V=\left(\|u\|^2+\|V\|_{L^\infty}(\|u^+\|_{L^2}^2-\|u^-\|_{L^2}^2)\right)^{\frac{1}{2}}$$

是在 E 上的一个等价范数, 对应的内积定义为 $(\cdot,\cdot)_V$. 此外

$$\frac{a-\|V\|_{L^\infty}}{a}\|u\|^2 \leqslant \|u\|_V^2 \leqslant \frac{a+\|V\|_{L^\infty}}{a}\|u\|^2.$$

直接计算, 我们有

$$\Phi_\varepsilon(u)=\frac{1}{2}\|u^+\|_V^2-\frac{1}{2}\|u^-\|_V^2-\int_{\mathbb{R}^3}\left(\frac{1}{2}\big(\|V\|_{L^\infty}-V_\varepsilon(x)\big)|u|^2+K_\varepsilon(x)F(|u|)\right)dx. \tag{5.1.28}$$

引理 5.1.28 对任意的 $u\in E\setminus E^-$, 我们有

(i) 集合 $\mathcal{M}_\varepsilon\cap E_u$ 仅仅包含一个点 $\hat{m}_\varepsilon(u)\neq 0$, 这里 $\hat{m}_\varepsilon(u)$ 是 $\Phi_\varepsilon\big|_{E_u}$ 的全局最大值点. 换句话说, 存在唯一的 $t_\varepsilon>0$ 以及 $v_\varepsilon\in E^-$ 使得 $\hat{m}_\varepsilon(u):=t_\varepsilon u^++v_\varepsilon\in\mathcal{M}_\varepsilon$ 且满足

$$\Phi_\varepsilon(\hat{m}_\varepsilon(u))=\max_{t\geqslant 0, v\in E^-}\Phi_\varepsilon(tu^++v).$$

此外, 如果 $u\in\mathcal{M}_\varepsilon$, 则 $t_\varepsilon=1$ 以及 $v_\varepsilon=u^-$.

(ii) 存在与 $\varepsilon>0$ 无关的常数 $T_i=T_i(u^+)>0(i=1,2,3)$ 使得 $T_1\leqslant t_\varepsilon\leqslant T_2$ 以及 $\|v_\varepsilon\|\leqslant T_3$.

证明 (i) 由引理 5.1.10, 我们只需证明 $\mathcal{M}_\varepsilon\cap E_u\neq\varnothing$. 因为 $E_u=E_{\frac{u^+}{\|u^+\|}}$, 我们不妨假设 $u\in E^+, \|u\|=1$. 由引理 5.1.27 知, 存在 $R_0>0$ 使得对每一个 $u\in\mathcal{W}$ 成立

$$\Phi_\varepsilon(w)<0,\quad \forall w\in E_u\setminus B_{R_0}(0). \tag{5.1.29}$$

注意到, $\Phi_\varepsilon(tu)>0$ 对所有充分小的 $t>0$ 成立. 结合 (5.1.29) 便有 Φ_ε 在 E_u 是有界的. 取极大化序列 $\{u_n\}\subset E_u$ 使得

$$\lim_{n\to\infty}\Phi_\varepsilon(u_n)=\beta:=\max_{E_u}\Phi_\varepsilon.$$

因为 $0<\beta<\infty$, 则对所有的 $n\in\mathbb{N}$ 成立 $\|u_n\|\leqslant R_0$. 记 $u_n=t_nu+u_n^-$. 注意到

$$R_0^2\geqslant\|u_n\|^2=t_n^2+\|u_n^-\|^2,$$

这就蕴含着 $\{t_n\}\subset\mathbb{R}^+$ 以及 $\{u_n^-\}\subset E^-$ 都是有界的. 则子列意义下, 我们可假设 $t_n\to t_0$ 以及在 E^- 中 $u_n^-\rightharpoonup u_0^-$. 因此,

$$u_n=t_nu+u_n^-\rightharpoonup t_0u+u_0^-=:u_0\in E_u.$$

因此, 由范数的弱下半连续以及 Fatou 引理可得

$$-\Phi_\varepsilon(u_0)=\frac{1}{2}\big(\|u_0^-\|_V^2-\|u_0^+\|_V^2\big)+\int_{\mathbb{R}^3}\left(\frac{1}{2}\big(\|V\|_{L^\infty}-V_\varepsilon(x)\big)|u_0|^2+K_\varepsilon(x)F(|u_0|)\right)dx$$

$$
\begin{aligned}
&\leqslant \liminf_{n\to\infty}\left[\frac{1}{2}\big(\|u_n^-\|_V^2 - t_n^2\|u\|_V^2\big)\right.\\
&\quad\left. + \int_{\mathbb{R}^3}\left(\frac{1}{2}\big(\|V\|_{L^\infty} - V_\varepsilon(x)\big)|u_n|^2 + K_\varepsilon(x)F(|u_n|)\right)dx\right]\\
&= \liminf_{n\to\infty}\big(-\Phi_\varepsilon(u_n)\big) = -\beta.
\end{aligned}
$$

则 $\Phi_\varepsilon(u_0)\geqslant\beta$, 进而就有 $\Phi_\varepsilon(u_0)=\beta=\max\limits_{E_u}\Phi_\varepsilon$. 由引理 5.1.10, 我们有 $u_0\in\mathcal{M}_\varepsilon$. 因此, $u_0\in\mathcal{M}_\varepsilon\cap E_u$.

(ii) 首先, 引理 5.1.26 (ii) 蕴含着

$$
t_\varepsilon\|u^+\|\geqslant\sqrt{\frac{2r_*}{a+\|V\|_{L^\infty}}}.
$$

则 $t_\varepsilon\geqslant\sqrt{2r_*/(a+\|V\|_{L^\infty})}/\|u^+\|:=T_1(u^+)$. 此外, 从 $w_\varepsilon:=t_\varepsilon u^++v_\varepsilon\in\mathcal{M}_\varepsilon$, 由(5.1.21) 以及引理 3.2.3 可得

$$
\begin{aligned}
0&=\Phi_\varepsilon'(w_\varepsilon)w_\varepsilon=t_\varepsilon^2\|u^+\|^2-\|v_\varepsilon\|^2+\int_{\mathbb{R}^3}V_\varepsilon(x)|w_\varepsilon|^2dx-\int_{\mathbb{R}^3}K_\varepsilon(x)f(|w_\varepsilon|)|w_\varepsilon|^2dx\\
&\leqslant t_\varepsilon^2\|u^+\|^2-\|v_\varepsilon\|^2+\|V\|_{L^\infty}\int_{\mathbb{R}^3}|w_\varepsilon|^2dx-2K_{\min}C_0\int_{\mathbb{R}^3}|w_\varepsilon|^\mu dx\\
&\quad+\frac{a-\|V\|_{L^\infty}}{2}\int_{\mathbb{R}^3}|w_\varepsilon|^2dx\\
&\leqslant t_\varepsilon^2\|u^+\|^2-\|v_\varepsilon\|^2+\frac{a+\|V\|_{L^\infty}}{2}\int_{\mathbb{R}^3}|w_\varepsilon|^2dx-2K_{\min}C_0\tau_\mu t_\varepsilon^\mu\int_{\mathbb{R}^3}|u^+|^\mu dx\\
&\leqslant t_\varepsilon^2\|u^+\|^2-\|v_\varepsilon\|^2+\frac{a+\|V\|_{L^\infty}}{2}\big(t_\varepsilon^2\|u^+\|_2^2+\|v_\varepsilon\|_2^2\big)-2K_{\min}C_0\tau_\mu t_\varepsilon^\mu\int_{\mathbb{R}^3}|u^+|^\mu dx\\
&\leqslant t_\varepsilon^2\|u^+\|^2-\|v_\varepsilon\|^2+\frac{a+\|V\|_{L^\infty}}{2a}\big(t_\varepsilon^2\|u^+\|^2+\|v_\varepsilon\|^2\big)-2K_{\min}C_0\tau_\mu t_\varepsilon^\mu\int_{\mathbb{R}^3}|u^+|^\mu dx\\
&=\frac{3a+\|V\|_{L^\infty}}{2a}t_\varepsilon^2\|u^+\|^2-\frac{a-\|V\|_{L^\infty}}{2a}\|v_\varepsilon\|^2-2K_{\min}C_0\tau_\mu t_\varepsilon^\mu\int_{\mathbb{R}^3}|u^+|^\mu dx,
\end{aligned}
$$

这就蕴含着

$$
t_\varepsilon\leqslant T_2,\quad \|v_\varepsilon\|\leqslant T_3,
$$

其中

$$T_2 = \left(\frac{(3a+\|V\|_{L^\infty})\|u^+\|^2}{4aK_{\min}C_0\tau_\mu \int_{\mathbb{R}^3} |u^+|^\mu dx} \right)^{\frac{1}{\mu-2}}, \quad T_3 = \sqrt{\frac{3a+\|V\|_{L^\infty}}{a-\|V\|_{L^\infty}}}\|u^+\|T_2.$$

从而完成引理的证明. □

注 5.1.29　由引理 5.1.28, 基态能量值 c_ε 有下面的极小极大刻画

$$c_\varepsilon = \inf_{u\in\mathcal{M}_\varepsilon} \Phi_\varepsilon(u) = \inf_{w\in E\setminus E^-} \max_{u\in E_w} \Phi_\varepsilon(u) = \inf_{w\in E^+\setminus\{0\}} \max_{u\in E_w} \Phi_\varepsilon(u).$$

引理 5.1.30　*Φ_ε 在 $\mathcal{M}_\varepsilon$ 上是强制的.*

证明　若不然, 则存在序列 $\{u_n\}\subset\mathcal{M}_\varepsilon$ 使得 $\|u_n\|\to\infty$ 以及 $\Phi_\varepsilon(u_n)\leqslant d$, 其中 $d\in[r_*,\infty)$ 是一个常数. 令 $v_n = u_n/\|u_n\|$. 则在子列意义下, 在 E 中 $v_n \rightharpoonup v$ 以及 $v_n(x)\to v(x)$ a.e., $x\in\mathbb{R}^3$. 由引理 5.1.26 (ii) 可得

$$\|v_n^+\|^2 = \frac{\|u_n^+\|^2}{\|u_n\|^2} = \frac{\|u_n^+\|^2}{\|u_n^+\|^2+\|u_n^-\|^2} \geqslant \frac{\|u_n^+\|^2}{\|u_n^+\|^2 + \dfrac{a+\|V\|_{L^\infty}}{a-\|V\|_{L^\infty}}\|u_n^+\|^2} = \frac{a-\|V\|_{L^\infty}}{2a}. \tag{5.1.30}$$

由 Lions 集中紧性原理[96], $\{v_n^+\}$ 是消失的或非消失的.

假设 $\{v_n^+\}$ 是消失的. 则在 $L^r(\mathbb{R}^3,\mathbb{C}^4)$ 中 $v_n^+\to 0$ 对任意的 $r\in(2,3)$ 成立, 因此由 (5.1.19) 就可推出 $\int_{\mathbb{R}^3} K_\varepsilon(x)F(|sv_n^+|)dx \to 0$ 对任意的 $s>0$ 成立. 由 $sv_n^+\in E_{u_n}$ 对任意的 $s\geqslant 0$ 成立以及引理 5.1.25, (5.1.30) 就可得

$$\begin{aligned} d \geqslant \Phi_\varepsilon(u_n) \geqslant \Phi_\varepsilon(sv_n^+) &= \frac{s^2}{2}\|v_n^+\|^2 + \frac{s^2}{2}\int_{\mathbb{R}^3} V_\varepsilon(x)|v_n^+|^2 dx - \int_{\mathbb{R}^3} K_\varepsilon(x)F(|sv_n^+|)dx \\ &\geqslant \frac{a-\|V\|_{L^\infty}}{2a} s^2\|v_n^+\|^2 - \int_{\mathbb{R}^3} K_\varepsilon(x)F(|sv_n^+|)dx \\ &\geqslant \left(\frac{a-\|V\|_{L^\infty}}{2a}\right)^2 s^2 - \int_{\mathbb{R}^3} K_\varepsilon(x)F(|sv_n^+|)dx \to \left(\frac{a-\|V\|_{L^\infty}}{2a}\right)^2 s^2. \end{aligned}$$

当 $s > 2a\sqrt{d}/(a-\|V\|_\infty)$ 时, 这就得到矛盾.

因此, $\{v_n^+\}$ 是非消失的, 也就是, 存在常数 $r,\delta>0$ 以及序列 $\{y_n\}\subset\mathbb{R}^3$ 使得

$$\int_{B_r(y_n)} |v_n^+|^2 dx \geqslant \delta.$$

令 $\tilde{v}_n(x)=v_n(x+y_n)$, 则

$$\int_{B_r(0)}|\tilde{v}_n^+|^2dx\geqslant\delta.$$

因此, 子列意义下, 在 $L^2_{loc}(\mathbb{R}^3,\mathbb{C}^4)$ 我们有 $\tilde{v}_n^+\to\tilde{v}^+$ 且 $\tilde{v}^+\neq 0$. 令 $\Omega_1=\{x\in\mathbb{R}^3:\tilde{v}(x)\neq 0\}$. 则 $|\Omega_1|>0$ 以及对任意的 $x\in\Omega_1$, 成立 $|u_n(x+y_n)|=|v_n(x+y_n)|\|u_n\|=|\tilde{v}_n(x)|\|u_n\|\to\infty$. 因此, 由 Fatou 引理, 当 $n\to\infty$ 时可得

$$\begin{aligned}0\leqslant\frac{\Phi_\varepsilon(u_n)}{\|u_n\|^2}&=\frac{1}{2}(\|v_n^+\|^2-\|v_n^-\|^2)+\frac{1}{2}\int_{\mathbb{R}^3}V_\varepsilon(x)|v_n|^2dx-\int_{\mathbb{R}^3}K_\varepsilon(x)\frac{F(|u_n|)}{\|u_n\|^2}dx\\&\leqslant\frac{a+\|V\|_{L^\infty}}{2a}\|v_n^+\|^2-\frac{a-\|V\|_{L^\infty}}{2a}\|v_n^-\|^2-K_{\min}\int_{\mathbb{R}^3}\frac{F(|u_n|)}{\|u_n\|^2}dx\\&=\frac{a+\|V\|_{L^\infty}}{2a}-\|v_n^-\|^2-K_{\min}\int_{\Omega_1}\frac{F(|u_n(x+y_n)|)}{|u_n(x+y_n)|^2}|\tilde{v}_n|^2dx\to-\infty,\end{aligned}$$

这就得到矛盾. □

引理 5.1.31 映射 $\hat{m}_\varepsilon:E^+\setminus\{0\}\to\mathcal{M}_\varepsilon$ 是连续的, 且 $\hat{m}_\varepsilon|_{S^+}$ 是一个同胚映射, 其逆映射为

$$\check{m}:\mathcal{M}_\varepsilon\to S^+,\quad \check{m}(u)=\frac{u^+}{\|u^+\|},$$

其中 $S^+:=\{u\in E^+:\|u\|=1\}$.

定义映射 $\hat{\Psi}_\varepsilon:E^+\setminus\{0\}\to\mathbb{R}$ 以及 $\Psi_\varepsilon:S^+\to\mathbb{R}$ 如下

$$\hat{\Psi}_\varepsilon(u)=\Phi_\varepsilon(\hat{m}_\varepsilon(u)),\quad \Psi_\varepsilon=\hat{\Psi}_\varepsilon|_{S^+}.$$

由引理 5.1.31 知此映射是连续的.

正如 [116, 命题 2.9, 推论 2.10], 我们有下面的引理, 为了完整性, 我们给出其证明.

引理 5.1.32 (i) $\hat{\Psi}_\varepsilon\in\mathcal{C}^1(E^+\setminus\{0\},\mathbb{R})$, 且对任意的 $w,z\in E^+,w\neq 0$, 我们有

$$\hat{\Psi}'_\varepsilon(w)z=\frac{\|\hat{m}_\varepsilon(w)^+\|}{\|w\|}\Phi'_\varepsilon(\hat{m}_\varepsilon(w))z.$$

(ii) $\Psi_\varepsilon\in\mathcal{C}^1(S^+,\mathbb{R})$ 且对每一个 $w\in S^+$, 我们有

$$\Psi'_\varepsilon(w)z=\|\hat{m}_\varepsilon(w)^+\|\Phi'_\varepsilon(\hat{m}_\varepsilon(w))z$$

对任意的 $z\in T_w(S^+)=\{v\in E^+:(w,v)=0\}$ 成立.

(iii) $\{w_n\}$ 是 Ψ_ε 的 (PS)-序列当且仅当 $\{\hat{m}_\varepsilon(w_n)\}$ 是 Φ_ε 的 (PS)-序列.

(iv) $w \in S^+$ 是 Ψ_ε 的临界点当且仅当 $\hat{m}_\varepsilon(w) \in \mathcal{M}_\varepsilon$ 是 Φ_ε 的临界点. 此外,

$$\inf_{S^+} \Psi_\varepsilon = \inf_{\mathcal{M}_\varepsilon} \Phi_\varepsilon = c_\varepsilon.$$

证明 (i) 令 $u \in E^+ \setminus \{0\}, z \in E^+$ 且 $\hat{m}_\varepsilon(u) = s_u u + v_u$, 其中 $v_u \in E^-$. 由 $\hat{m}_\varepsilon(u)$ 的最大值性质以及中值定理, 我们有

$$\begin{aligned}\hat{\Psi}_\varepsilon(u+tz) - \hat{\Psi}_\varepsilon(u) &= \Phi_\varepsilon(s_{u+tz}(u+tz) + v_{u+tz}) - \Phi_\varepsilon(s_u u + v_u)\\ &\leqslant \Phi_\varepsilon(s_{u+tz}(u+tz) + v_{u+tz}) - \Phi_\varepsilon(s_{u+tz} u + v_{u+tz})\\ &= \Phi_\varepsilon'(s_{u+tz} u + v_{u+tz} + \tau_t s_{u+tz} tz) s_{u+tz} tz, \end{aligned} \tag{5.1.31}$$

其中 $\tau_t \in (0,1)$. 类似地, 我们也有

$$\begin{aligned}\hat{\Psi}_\varepsilon(u+tz) - \hat{\Psi}_\varepsilon(u) &= \Phi_\varepsilon(s_{u+tz}(u+tz) + v_{u+tz}) - \Phi_\varepsilon(s_u u + v_u)\\ &\geqslant \Phi_\varepsilon(s_u(u+tz) + v_u) - \Phi_\varepsilon(s_u u + v_u)\\ &= \Phi_\varepsilon'(s_u u + v_u + \eta_t s_u tz) s_u tz, \end{aligned} \tag{5.1.32}$$

其中 $\eta_t \in (0,1)$. 由 s_u 关于 u 的连续性以及 (5.1.31)–(5.1.32), 我们有

$$\hat{\Psi}_\varepsilon'(w)z = s_u \Phi_\varepsilon'(\hat{m}_\varepsilon(w))z = \frac{\|\hat{m}_\varepsilon(w)^+\|}{\|w\|}\Phi_\varepsilon'(\hat{m}_\varepsilon(w))z.$$

(ii) 可从 (i) 得到.

(iii) 注意到, 对每一个 $w \in S^+$, 成立 $E = T_w(S^+) \oplus E_w$. 令 $u = \hat{m}_\varepsilon(w) \in S \in \mathcal{M}_\varepsilon$, 则

$$\|\Psi_\varepsilon'(w)\| = \sup_{z \in T_w(S^+), \|z\|=1} \Psi_\varepsilon'(w)z = \|u^+\| \sup_{z \in T_w(S^+), \|z\|=1} \Phi_\varepsilon'(u)z = \|u^+\| \|\Phi_\varepsilon'(u)\|,$$

其中最后一个不等式是因为 $\Phi_\varepsilon'(u)v = 0, \forall v \in E_w$ 以及 E_w 与 $T_w(S^+)$ 是正交的. 由引理 5.1.26 知, 对任意的 $u \in \mathcal{M}_\varepsilon$, 我们有 $\|u^+\| \geqslant \sqrt{2r_*} > 0$. 因此 $\{w_n\}$ 是 Ψ_ε 的 (PS)-序列当且仅当 $\{u_n\}$ 是 Φ_ε 的 (PS)-序列.

(iv) 的证明类似于 (iii), 这里我们将省略其证明. □

3. 极限方程

我们将利用极限方程的一些性质来证明我们的结论. 对任意的 $\mu \in (-a, a)$ 以及 $\nu > 0$, 我们考虑下面的常系数方程

$$-i\alpha \cdot \nabla u + a\beta u + \mu u = \nu f(|u|)u, \quad x \in \mathbb{R}^3,$$

且对应的能量泛函为

$$\mathcal{J}_{\mu\nu}(u)=\frac{1}{2}\left(\|u^+\|^2-\|u^-\|^2\right)+\frac{\mu}{2}\int_{\mathbb{R}^3}|u|^2dx-\nu\int_{\mathbb{R}^3}F(|u|)dx.$$

对应泛函 $\mathcal{J}_{\mu\nu}$ 的广义 Nehari 集合定义为

$$\mathcal{M}^{\mu\nu}:=\{u\in E\setminus E^-:\mathcal{J}'_{\mu\nu}(u)u=0,\ \mathcal{J}'_{\mu\nu}(u)v=0,\ v\in E^-\},$$

以及基态能量值定义为

$$\gamma_{\mu\nu}:=\inf_{u\in\mathcal{M}^{\mu\nu}}\mathcal{J}_{\mu\nu}(u).$$

$\gamma_{\mu\nu}$ 和 $\mathcal{M}^{\mu\nu}$ 有类似于 c_ε 和 $\mathcal{M}_\varepsilon$ 的性质. 因此, 对每一个 $u\in E\setminus E^-$, 存在唯一的 $t_u>0$ 以及 $v_u\in E^-$ 使得 $t_uu^++v_u\in\mathcal{M}^{\mu\nu}$. 定义映射 $\tilde{m}_{\mu\nu}:E^+\setminus\{0\}\to\mathcal{M}^{\mu\nu}$ 为 $\tilde{m}_{\mu\nu}(u)=t_uu+v_u$ 以及 $m_{\mu\nu}=\tilde{m}_{\mu\nu}|_{S^+}$. 此外, $m_{\mu\nu}$ 的逆映射为 $m_{\mu\nu}^{-1}(u)=u^+/\|u^+\|$. 定义泛函 $\tilde{\Upsilon}:E^+\setminus\{0\}\to\mathbb{R}$ 为

$$\tilde{\Upsilon}_{\mu\nu}(u)=\mathcal{J}_{\mu\nu}(m_{\mu\nu}(u)),\quad \Upsilon_{\mu\nu}=\tilde{\Upsilon}_{\mu\nu}|_{S^+}.$$

此外, 我们也有

$$\gamma_{\mu\nu}=\inf_{u\in\mathcal{M}^{\mu\nu}}\mathcal{J}_{\mu\nu}(u)=\inf_{w\in E\setminus E^-}\max_{u\in E_w}\mathcal{J}_{\mu\nu}(u)=\inf_{w\in E^+\setminus\{0\}}\max_{u\in E_w}\mathcal{J}_{\mu\nu}(u)=\inf_{S^+}\Upsilon_{\mu\nu}.$$

引理 5.1.33 $\gamma_{\mu\nu}$ 是可达的.

证明 如果 $u\in\mathcal{M}^{\mu\nu}$ 满足 $\mathcal{J}_{\mu\nu}(u)=\gamma_{\mu\nu}$, 则

$$\Upsilon_{\mu\nu}(m_{\mu\nu}^{-1}(u))=\mathcal{J}_{\mu\nu}(m_{\mu\nu}m_{\mu\nu}^{-1}(u))=\mathcal{J}_{\mu\nu}(u)=\gamma_{\mu\nu}=\inf_{S^+}\Upsilon_{\mu\nu}.$$

也就是, $m_{\mu\nu}^{-1}(u)$ 是 $\Upsilon_{\mu\nu}$ 的极小元, 从而是 $\Upsilon_{\mu\nu}$ 的临界点. 因此, 类似于引理 5.1.32 可知 u 是 $\mathcal{J}_{\mu\nu}$ 的临界点. 因此, 我们仅仅需证明存在极小元 $u\in\mathcal{M}^{\mu\nu}$ 使得 $\mathcal{J}_{\mu\nu}(u)=\gamma_{\mu\nu}$. 事实上, 由 Ekeland 变分原理[125], 存在序列 $\{w_n\}\subset S^+$ 使得当 $n\to\infty$ 时, $\Upsilon_{\mu\nu}(w_n)\to\gamma_{\mu\nu},\Upsilon'_{\mu\nu}(w_n)\to 0$. 令 $u_n=m_{\mu\nu}(w_n)$, 则由 $m_{\mu\nu}$ 的定义可知 $u_n\in\mathcal{M}^{\mu\nu},\forall n\in\mathbb{N}$. 类似于引理 5.1.32 知, 当 $n\to\infty$ 时, $\mathcal{J}_{\mu\nu}(u_n)\to\gamma_{\mu\nu},\mathcal{J}'_{\mu\nu}(u_n)\to 0$. 此外, 由引理 5.1.30 知, $\{u_n\}$ 在 E 中是有界的. 因此, 由 $\mathcal{J}_{\mu\nu}$ 平移变换下是不变的, 我们不难验证 $\gamma_{\mu\nu}$ 是可达的. □

下面的引理描述了对于不同参数 $\mu\in(-a,a)$ 和 $\nu>0$ 之间基态能量值的比较, 这对证明解的存在性是非常重要的.

引理 5.1.34 设 $\mu_j\in(-a,a),\nu_j>0,j=1,2$ 且 $\mu_1\leqslant\mu_2,\ \nu_1\geqslant\nu_2$, 则 $\gamma_{\mu_1\nu_1}\leqslant\gamma_{\mu_2\nu_2}$. 此外, 如果有一个不等式严格成立, 则 $\gamma_{\mu_1\nu_1}<\gamma_{\mu_2\nu_2}$.

证明 令 $u \in \mathcal{M}^{\mu_2\nu_2}$ 使得

$$\gamma_{\mu_2\nu_2} = \mathcal{J}_{\mu_2\nu_2}(u) = \max_{t\geqslant 0, v\in E^-} \mathcal{J}_{\mu_2\nu_2}(tu^+ + v^-).$$

令 $t_0 \geqslant 0, v_0 \in E^-$ 使得 $u_0 := t_0u^+ + v_0$ 且满足 $\mathcal{J}_{\mu_1\nu_1}(u_0) = \max_{t\geqslant 0, v\in E^-} \mathcal{J}_{\mu_1\nu_1}(tu^+ + v^-)$. 则

$$\begin{aligned}\gamma_{\mu_2\nu_2} &= \mathcal{J}_{\mu_2\nu_2}(u) \geqslant \mathcal{J}_{\mu_2\nu_2}(u_0) \\ &= \mathcal{J}_{\mu_1\nu_1}(u_0) + \frac{\mu_2 - \mu_1}{2}\int_{\mathbb{R}^3} |u_0|^2 dx + (\nu_1 - \nu_2)\int_{\mathbb{R}^3} F(|u_0|)dx \\ &\geqslant \gamma_{\mu_1\nu_1}.\end{aligned}$$

从而完成引理的证明. □

4. 基态解的存在性

我们将证明方程 (5.1.18) 基态解的存在性. 注意到, 对任意的 $x_1 \in \mathcal{V}$, 令 $\tilde{V}(x) = V(x + x_1)$ 以及 $\tilde{K}(x) = K(x + x_1)$. 显然, 若 $\tilde{u}(x)$ 是下面方程的解

$$-i\alpha \cdot \nabla\tilde{u} + a\beta\tilde{u} + \tilde{V}(\varepsilon x)\tilde{u} = \tilde{K}(\varepsilon x)f(|\tilde{u}|)\tilde{u}, \quad x \in \mathbb{R}^3,$$

则 $u(x) = \tilde{u}(x - x_1)$ 是方程 (5.1.18) 的解. 不失一般性, 我们可假设

$$x_1 = 0 \in \mathcal{V},$$

因此

$$V(0) = V_{\min} \text{ 且当 } |x| \geqslant R \text{ 时, 有 } \kappa := K(0) \geqslant K(x).$$

引理 5.1.35 $\limsup_{\varepsilon\to 0} c_\varepsilon \leqslant \gamma_{V_{\min}\kappa}$.

证明 设 w 是 $\mathcal{J}_{V_{\min}\kappa}$ 的一个基态解, 即 $w \in \mathcal{M}^{V_{\min}\kappa}, \mathcal{J}_{V_{\min}\kappa}(w) = \gamma_{V_{\min}\kappa}$ 且 $\mathcal{J}'_{V_{\min}\kappa}(w) = 0$. 则存在 $t_\varepsilon > 0$ 以及 $v_\varepsilon \in E^-$ 使得 $w_\varepsilon = t_\varepsilon w^+ + v_\varepsilon \in \mathcal{M}_\varepsilon$. 由引理 5.1.28(ii), 可假设 $t_\varepsilon \to t_0 > 0$ 以及在 E^- 中, $v_\varepsilon \rightharpoonup v$. 因为 $w_\varepsilon \in \mathcal{M}_\varepsilon$, 我们有

$$\Phi'_\varepsilon(w_\varepsilon)w^+ = 0, \quad \Phi'_\varepsilon(w_\varepsilon)\varphi = 0, \quad \forall\varphi \in E^-,$$

结合 w_ε 在 E^- 中弱收敛到 $t_0w^+ + v$, 我们就有

$$\mathcal{J}'_{V_{\min}\kappa}(t_0w^+ + v)w^+ = 0, \quad \mathcal{J}'_{V_{\min}\kappa}(t_0w^+ + v)\varphi = 0, \quad \forall\varphi \in E^-,$$

这就蕴含着 $t_0w^+ + v \in \mathcal{M}^{V_{\min}\kappa}$. 此外, w 也属于 $\mathcal{M}^{V_{\min}\kappa}$. 因此, 引理 5.1.28 就蕴含了 $t_0w^+ + v = w$, 进而有 $t_0 = 1, v = w^-$ 以及 w_ε 在 E 中弱收敛到 w.

断言 w_ε 在 E 中收敛到 w. 记 $z_\varepsilon = w - w_\varepsilon$, 则

$$\begin{aligned}\Phi_\varepsilon(w) - \Phi_\varepsilon(w_\varepsilon) &= \int_0^1 \Phi'_\varepsilon(w_\varepsilon + sz_\varepsilon)z_\varepsilon ds \\ &= \Re\int_{\mathbb{R}^3} \big(H_0 w_\varepsilon + V_\varepsilon(x)w_\varepsilon - K_\varepsilon(x)f(|w_\varepsilon|)w_\varepsilon\big)\cdot z_\varepsilon dx \\ &\quad + \int_0^1 \Re\int_{\mathbb{R}^3} \big(H_0 sz_\varepsilon + V_\varepsilon(x)sz_\varepsilon + K_\varepsilon(x)f(|w_\varepsilon|)w_\varepsilon\big)\cdot z_\varepsilon dxds \\ &\quad - \int_0^1 \Re\int_{\mathbb{R}^3} K_\varepsilon(x)f(|w_\varepsilon + sz_\varepsilon|)(w_\varepsilon + sz_\varepsilon)\cdot z_\varepsilon dxds. \end{aligned} \tag{5.1.33}$$

重写 z_ε 为 $z_\varepsilon = w - w_\varepsilon = (1-t_\varepsilon)w^+ + (w^- - v_\varepsilon)$, 其中 $w^- - v_\varepsilon \in E^-$. 因为 $t_\varepsilon \to 1, \{w_\varepsilon\}$ 是有界的以及 $w_\varepsilon \in \mathcal{M}_\varepsilon$, 则

$$\begin{aligned}&\Re\int_{\mathbb{R}^3} \big(H_0 w_\varepsilon + V_\varepsilon(x)w_\varepsilon - K_\varepsilon(x)f(|w_\varepsilon|)w_\varepsilon\big)\cdot z_\varepsilon dx \\ &= \Phi'_\varepsilon(w_\varepsilon)z_\varepsilon = (1-t_\varepsilon)\Phi'_\varepsilon(w_\varepsilon)w^+ + \Phi'_\varepsilon(w_\varepsilon)(w^- - v_\varepsilon) = o(1). \end{aligned} \tag{5.1.34}$$

注意到

$$\int_0^1 \int_{\mathbb{R}^3} \big(H_0 sz_\varepsilon + V_\varepsilon(x)sz_\varepsilon\big)\cdot z_\varepsilon dxds = \frac{1}{2}\int_{\mathbb{R}^3} \big(H_0 z_\varepsilon + V_\varepsilon(x)z_\varepsilon\big)\cdot z_\varepsilon dx. \tag{5.1.35}$$

由 (5.1.33)–(5.1.35) 可得

$$\begin{aligned}&\int_{\mathbb{R}^3} K_\varepsilon(x)F(|w|)dx - \int_{\mathbb{R}^3} K_\varepsilon(x)F(|w_\varepsilon|)dx \\ &= \int_0^1 \Re\int_{\mathbb{R}^3} K_\varepsilon(x)f(|w_\varepsilon + sz_\varepsilon|)(w_\varepsilon + sz_\varepsilon)\cdot z_\varepsilon dxds \\ &= \Phi_\varepsilon(w_\varepsilon) - \Phi_\varepsilon(w) + \frac{1}{2}\int_{\mathbb{R}^3} \big(H_0 z_\varepsilon + V_\varepsilon(x)z_\varepsilon\big)\cdot z_\varepsilon dx \\ &\quad + \Re\int_{\mathbb{R}^3} K_\varepsilon(x)f(|w_\varepsilon|)w_\varepsilon \cdot z_\varepsilon dx + o(1). \end{aligned} \tag{5.1.36}$$

类似地, 我们也有

$$\begin{aligned}&\int_{\mathbb{R}^3} \kappa F(|w|)dx - \int_{\mathbb{R}^3} \kappa F(|w_\varepsilon|)dx \\ &= \mathcal{J}_{V_{\min}\kappa}(w_\varepsilon) - \mathcal{J}_{V_{\min}\kappa}(w) - \frac{1}{2}\int_{\mathbb{R}^3} \big(H_0 z_\varepsilon + V_{\min} z_\varepsilon\big)\cdot z_\varepsilon dx \end{aligned}$$

$$+\Re\int_{\mathbb{R}^3}\kappa f(|w|)w\cdot z_\varepsilon dx+o(1). \tag{5.1.37}$$

直接计算, 有

$$\Phi_\varepsilon(u)=\mathcal{J}_{V_{\min}\kappa}(u)+\frac{1}{2}\int_{\mathbb{R}^3}(V_\varepsilon(x)-V_{\min})|u|^2dx+\int_{\mathbb{R}^3}(\kappa-K_\varepsilon(x))F(|u|)dx.$$

因此,

$$\begin{aligned}&\big(\Phi_\varepsilon(w_\varepsilon)-\mathcal{J}_{V_{\min}\kappa}(w_\varepsilon)\big)-\big(\Phi_\varepsilon(w)-\mathcal{J}_{V_{\min}\kappa}(w)\big)\\=&\frac{1}{2}\int_{\mathbb{R}^3}\big(V_\varepsilon(x)-V_{\min}\big)\big(|w_\varepsilon|^2-|w|^2\big)dx+\int_{\mathbb{R}^3}\big(\kappa-K_\varepsilon(x)\big)\big(F(|w_\varepsilon|)-F(|w|)\big)dx.\end{aligned}$$

将 (5.1.36)–(5.1.37) 代入上式可得

$$\begin{aligned}&\int_{\mathbb{R}^3}H_0z_\varepsilon\cdot z_\varepsilon dx+\frac{1}{2}\int_{\mathbb{R}^3}(V_\varepsilon(x)+V_{\min})|z_\varepsilon|^2dx\\&+\frac{1}{2}\int_{\mathbb{R}^3}(V_\varepsilon(x)-V_{\min})(|w_\varepsilon|^2-|w|^2)dx\\&+\Re\int_{\mathbb{R}^3}K_\varepsilon(x)f(|w_\varepsilon|)w_\varepsilon\cdot z_\varepsilon dx-\Re\int_{\mathbb{R}^3}\kappa f(|w|)w\cdot z_\varepsilon dx=o(1).\end{aligned} \tag{5.1.38}$$

不难验证

$$\begin{aligned}&\int_{\mathbb{R}^3}\big(V_\varepsilon(x)-V_{\min}\big)\big(|w_\varepsilon|^2-|w|^2\big)dx\\=&\int_{\mathbb{R}^3}\big(V_\varepsilon(x)-V_{\min}\big)|z_\varepsilon|^2dx-2\Re\int_{\mathbb{R}^3}\big(V_\varepsilon(x)-V_{\min}\big)w\cdot z_\varepsilon dx\\=&\int_{\mathbb{R}^3}\big(V_\varepsilon(x)-V_{\min}\big)|z_\varepsilon|^2dx+o(1),\end{aligned} \tag{5.1.39}$$

以及

$$\Re\int_{\mathbb{R}^3}\kappa f(|w|)w\cdot z_\varepsilon dx=o(1). \tag{5.1.40}$$

因此, 由 (5.1.38)–(5.1.40) 就可得

$$\int_{\mathbb{R}^3}H_0z_\varepsilon\cdot z_\varepsilon dx+\int_{\mathbb{R}^3}V_\varepsilon(x)|z_\varepsilon|^2dx+\Re\int_{\mathbb{R}^3}K_\varepsilon(x)f(|w_\varepsilon|)w_\varepsilon\cdot z_\varepsilon dx=o(1). \tag{5.1.41}$$

此外, 由 z_ε^+ 在 E 中收敛到 0 可得

$$\int_{\mathbb{R}^3}H_0z_\varepsilon\cdot z_\varepsilon dx+\int_{\mathbb{R}^3}V_\varepsilon(x)|z_\varepsilon|^2dx\leqslant\frac{a+\|V\|_{L^\infty}}{a}\|z_\varepsilon^+\|^2-\frac{a-\|V\|_{L^\infty}}{a}\|z_\varepsilon^-\|^2$$

$$= -\frac{a-\|V\|_{L^\infty}}{a}\|z_\varepsilon^-\|^2 + o(1). \tag{5.1.42}$$

因此, 由 (5.1.41)–(5.1.42) 以及 Fatou 引理可得

$$\begin{aligned}
&\Re\int_{\mathbb{R}^3} K_\varepsilon(x)f(|w_\varepsilon|)w_\varepsilon\cdot z_\varepsilon dx\\
=&\Re\int_{\mathbb{R}^3} K_\varepsilon(x)f(|w_\varepsilon|)w_\varepsilon\cdot (w-w_\varepsilon) dx\\
=&\int_{\mathbb{R}^3} K_\varepsilon(x)f(|w|)|w|^2dx - \int_{\mathbb{R}^3} K_\varepsilon(x)f(|w_\varepsilon|)|w_\varepsilon|^2dx + o_\varepsilon(1) \leqslant o(1).
\end{aligned}$$

因此, $\|z_\varepsilon^-\|\leqslant o_\varepsilon(1)$, 从而就有 z_ε 在 E 中收敛到 0, 进而可知上面的断言成立. 因此, 从 $w_\varepsilon\in\mathcal{M}_\varepsilon$ 就有

$$\limsup_{\varepsilon\to 0} c_\varepsilon \leqslant \limsup_{\varepsilon\to 0}\Phi_\varepsilon(w_\varepsilon) = \mathcal{J}_{V_{\min}\kappa}(w) = \gamma_{V_{\min}\kappa}.$$

故结论得证. □

引理 5.1.36 对充分小的 $\varepsilon>0$, c_ε 是可达的.

证明 类似于引理 5.1.33, 我们仅仅需证明存在极小元 $u_\varepsilon\in\mathcal{M}_\varepsilon$ 使得 $\Phi_\varepsilon(u_\varepsilon)=c_\varepsilon$. 事实上, 由 Ekeland 变分原理[125], 存在序列 $\{w_n\}\subset S^+$ 使得当 $n\to\infty$ 时, $\Psi_\varepsilon(w_n)\to c_\varepsilon, \Psi_\varepsilon'(w_n)\to 0$. 令 $u_n=\hat{m}_\varepsilon(w_n)$, 则由 $\hat{m}_\varepsilon$ 的定义可知 $u_n\in\mathcal{M}_\varepsilon, \forall n\in\mathbb{N}$. 由引理 5.1.32 知, 当 $n\to\infty$ 时, $\Phi_\varepsilon(u_n)\to c_\varepsilon, \Phi_\varepsilon'(u_n)\to 0$. 此外, 由引理 5.1.30 知, $\{u_n\}$ 在 E 中是有界的. 不妨假设在 E 中, $u_n\rightharpoonup u_\varepsilon$, 则由 Φ_ε(参看 [57]) 弱序列连续性, 我们有 $\Phi_\varepsilon'(u_\varepsilon)=0$. 若 $u_\varepsilon\neq 0$, 不难验证 $\Phi_\varepsilon(u_\varepsilon)=c_\varepsilon$. 接下来我们将证明对充分小的 $\varepsilon>0$, 有 $u_\varepsilon\neq 0$. 若不然, 即假设存在序列满足 $\varepsilon_j\to 0$ 且 $u_{\varepsilon_j}=0$, 则在 E 中 $u_n\rightharpoonup 0$, 在 $L^t_{loc}(\mathbb{R}^3,\mathbb{C}^4)$ 中 $u_n\to 0$, $t\in[1,3)$ 以及 $u_n(x)\to 0$ a.e., $x\in\mathbb{R}^3$.

由假设 (A_1), 选取 $\mu\in(V_{\min},V_\infty)$ 且考虑下面的辅助泛函 $\Phi_{\varepsilon_j}^{\mu\kappa}$,

$$\Phi_{\varepsilon_j}^{\mu\kappa}(u)=\frac{1}{2}\left(\|u^+\|^2-\|u^-\|^2\right)+\frac{1}{2}\int_{\mathbb{R}^3}V_\varepsilon^\mu(x)|u|^2dx-\int_{\mathbb{R}^3}K_\varepsilon^\kappa(x)F(|u|)dx,$$

其中 $V_\varepsilon^\mu(x)=\max\{\mu,V_\varepsilon(x)\}, K_\varepsilon^\kappa(x)=\min\{\kappa,K_\varepsilon(x)\}$. 设 $t_{u_n}>0, v_{u_n}\in E^-$ 使得 $t_{u_n}u_n^+ + v_{u_n}\in\mathcal{M}_{\varepsilon_j}^{\mu\kappa}$, 其中 $\mathcal{M}_{\varepsilon_j}^{\mu\kappa}$ 是对应于 $\Phi_{\varepsilon_j}^{\mu\kappa}$ 的广义 Nehari 集合.

接下来, 我们断言: $\{t_{u_n}\}$ 和 $\{v_{u_n}\}$ 都是有界的. 事实上, 如果 $\{t_{u_n}\}$ 是无界的, 也就是存在序列 $t_n\to\infty(n\to\infty)$. 由引理 5.1.26 知, $\|u_n^+\|\geqslant\sqrt{2r_*/(a+\|V\|_{L^\infty})}>$

0. 因此, 类似于引理 5.1.30, 存在 $y_n \in \mathbb{R}^3$ 以及常数 $r, \delta > 0$ 使得

$$\int_{B_r(y_n)} |u_n^+|^2 dx \geqslant \delta, \quad \forall n \in \mathbb{N}.$$

因为 $\{u_n\}$ 是有界的且 $\inf\limits_{x \in \mathbb{R}^3} K(x) = K_{\min} > 0$, 则

$$\begin{aligned}
& t_{u_n}^2 \|u_n^+\|^2 - \|v_{u_n}\|^2 + \int_{\mathbb{R}^3} V_\varepsilon(x) |t_{u_n} u_n^+ + v_{u_n}|^2 dx \\
= & \int_{\mathbb{R}^3} K_\varepsilon(x) f(|t_{u_n} u_n^+ + v_{u_n}|) |t_{u_n} u_n^+ + v_{u_n}|^2 dx \\
\geqslant & C \int_{\mathbb{R}^3} |t_{u_n} u_n^+ + v_{u_n}|^\mu dx - \frac{a - \|V\|_{L^\infty}}{2} \int_{\mathbb{R}^3} |t_{u_n} u_n^+ + v_{u_n}|^2 dx \\
\geqslant & C t_{u_n}^\mu \int_{\mathbb{R}^3} |u_n^+|^\mu dx - \frac{a - \|V\|_{L^\infty}}{2} \int_{\mathbb{R}^3} |t_{u_n} u_n^+ + v_{u_n}|^2 dx \\
\geqslant & C t_{u_n}^\mu \int_{B_r(y_n)} |u_n^+|^\mu dx - \frac{a - \|V\|_{L^\infty}}{2} \int_{\mathbb{R}^3} |t_{u_n} u_n^+ + v_{u_n}|^2 dx \\
\geqslant & C' t_{u_n}^\mu \int_{B_r(y_n)} |u_n^+|^2 dx - \frac{a - \|V\|_{L^\infty}}{2} \int_{\mathbb{R}^3} |t_{u_n} u_n^+ + v_{u_n}|^2 dx.
\end{aligned}$$

因此

$$\begin{aligned}
C' t_{u_n}^\mu \int_{B_r(y_n)} |u_n^+|^2 dx & \leqslant \frac{a + \|V\|_{L^\infty}}{2} \int_{\mathbb{R}^3} |t_{u_n} u_n^+ + v_{u_n}|^2 dx + t_{u_n}^2 \|u_n^+\|^2 - \|v_{u_n}\|^2 \\
& \leqslant \frac{3a + \|V\|_{L^\infty}}{2a} t_{u_n}^2 \|u_n^+\|^2 - \frac{a - \|V\|_{L^\infty}}{2a} \|v_{u_n}\|^2 \\
& \leqslant \frac{3a + \|V\|_{L^\infty}}{2a} t_{u_n}^2 \|u_n^+\|^2,
\end{aligned}$$

这就蕴含着 t_{u_n} 在 $\mathbb{R}^+$ 中是有界的, 同时可得 v_{u_n} 在 E^- 上也是有界的. 故在子列意义下, 当 $n \to \infty$ 时, 我们可假设在 E^- 中 $v_{u_n} \rightharpoonup v$ 以及 $t_{u_n} \to t_0$, 其中 $t_0 \geqslant 0$. 因此, 在 E 中, $t_{u_n} u_n^+ + v_{u_n} \rightharpoonup v$, 在 $L_{loc}^q(\mathbb{R}^3, \mathbb{C}^4)$ 中, $t_{u_n} u_n^+ + v_{u_n} \to 0$ 对任意的 $q \in [1, 3)$ 成立.

再次由假设 (A_1) 知, 集合 $O_\varepsilon := \{x \in \mathbb{R}^3 : V_\varepsilon(x) < \mu\}$ 是有界集合. 因此,

$$\int_{\mathbb{R}^3} \left(V_{\varepsilon_j}^\mu(x) - V(\varepsilon_j x)\right) |t_{u_n} u_n^+ + v_{u_n}|^2 dx = \int_{O_{\varepsilon_j}} \left(\mu - V(\varepsilon_j x)\right) |t_{u_n} u_n^+ + v_{u_n}|^2 dx = o(1). \tag{5.1.43}$$

类似地, 因为 $\{x\in\mathbb{R}^3: K_\varepsilon(x)\geqslant\kappa\}$ 是有界集且 f 是次临界增长的, 我们有

$$\int_{\mathbb{R}^3}\big(K(\varepsilon_j x)-K^\kappa_{\varepsilon_j}(x)\big)F(|t_{u_n}u_n^+ + v_{u_n}|)dx = o(1). \tag{5.1.44}$$

因此, 由 (5.1.43)–(5.1.44) 以及 $\Phi_{\varepsilon_j}(t_{u_n}u_n^+ + v_{u_n})\leqslant\Phi_{\varepsilon_j}(u_n)$ 就有

$$\begin{aligned}
c^{\mu\kappa}_{\varepsilon_j} &\leqslant \Phi^{\mu\kappa}_{\varepsilon_j}(t_{u_n}u_n^+ + v_{u_n})\\
&= \Phi_{\varepsilon_j}(t_{u_n}u_n^+ + v_{u_n}) + \frac{1}{2}\int_{\mathbb{R}^3}\big(V^\mu_\varepsilon(x)-V(\varepsilon_j x)\big)|t_{u_n}u_n^+ + v_{u_n}|^2dx\\
&\quad + \int_{\mathbb{R}^3}\big(K(\varepsilon_j x)-K^\kappa_{\varepsilon_j}(x)\big)F(|t_{u_n}u_n^+ + v_{u_n}|)dx\\
&= \Phi_{\varepsilon_j}(t_{u_n}u_n^+ + v_{u_n}) + o_n(1) \leqslant \Phi_{\varepsilon_j}(u_n) + o_n(1) = c_{\varepsilon_j},
\end{aligned}$$

其中 $c^{\mu\kappa}_{\varepsilon_j}$ 是对应于 $\Phi^{\mu\kappa}_{\varepsilon_j}$ 的基态能量值. 注意到, 由注 5.1.29 知 $\gamma_{\mu\kappa}\leqslant c^{\mu\kappa}_{\varepsilon_j}$, 从而有 $\gamma_{\mu\kappa}\leqslant c_{\varepsilon_j}$. 由引理 5.1.34, 令 $\varepsilon_j\to 0$ 就有

$$\gamma_{\mu\kappa}\leqslant\gamma_{V_{\min}\kappa},$$

这与 $\gamma_{V_{\min}\kappa}<\gamma_{\mu\kappa}$ 矛盾. 因此, 对充分小的 $\varepsilon>0$, c_ε 是可达的. □

类似于文献 [80, 命题 3.2] 中的迭代讨论, 不难得到下面的引理, 我们也可参看文献 [70, 引理 3.19] 以及文献 [128, 引理 4.1].

引理 5.1.37 对充分小的 $\varepsilon>0$, 设 u_ε 是在引理 5.1.36 中所得到的 Φ_ε 的基态解. 则对任意的 $q\geqslant 2, u_\varepsilon\in W^{1,q}(\mathbb{R}^3,\mathbb{C}^4)$ 且满足 $\|u_\varepsilon\|_{W^{1,q}}\leqslant C_q$, 其中 C_q 仅仅与 q 有关. 特别地, 对任意的 $q>3$ 以及 $y\in\mathbb{R}^3$, 存在仅仅与 q 有关的正常数 $C>0$ 使得

$$|u_\varepsilon(y)|\leqslant C\|u_\varepsilon\|_{W^{1,q}(B_1(y))}.$$

5. 基态解的集中性和收敛性

本节的目的是致力于证明基态解的集中行为, 首先我们将证明下面的引理.

定理 5.1.38 设 u_ε 是由引理 5.1.36 所给出的, 则 $|u_\varepsilon|$ 有一个全局最大值点 y_ε, 使得当 $\varepsilon\to 0$ 时, 在子列意义下, $\varepsilon y_\varepsilon\to x_0$ 并且 $\lim\limits_{\varepsilon\to 0}\mathrm{dist}(\varepsilon y_\varepsilon,\mathcal{H}_1)=0$, 记 $v_\varepsilon(x):=u_\varepsilon(x+y_\varepsilon)$, 则 v_ε 在 $H^1(\mathbb{R}^3,\mathbb{C}^4)$ 中收敛于下面方程的基态解

$$-i\alpha\cdot\nabla u + a\beta u + V(x_0)u = K(x_0)f(|u|)u,\quad x\in\mathbb{R}^3.$$

特别地, 如果当 $\mathcal{V}\cap\mathcal{K}\neq\varnothing$ 时, 则 $\lim\limits_{\varepsilon\to 0}\mathrm{dist}(\varepsilon y_\varepsilon,\mathcal{V}\cap\mathcal{K})=0$ 并且 v_ε 在 $H^1(\mathbb{R}^3,\mathbb{C}^4)$ 收敛于下面方程的基态解

$$-i\alpha\cdot\nabla u + a\beta u + V_{\min}u = K_{\max}f(|u|)u,\quad x\in\mathbb{R}^3.$$

引理 5.1.39　*存在 $\varepsilon^*>0$, 对任意的 $\varepsilon\in(0,\varepsilon^*)$, 存在 $\{y'_\varepsilon\}\subset\mathbb{R}^3$ 以及 R', $\delta'>0$ 使得*

$$\int_{B_{R'}(y'_\varepsilon)}|u_\varepsilon|^2dx\geqslant\delta'.$$

证明　若不然, 即当 $j\to\infty$ 时, 存在序列 $\varepsilon_j\to 0$, 使得对任意 $R>0$,

$$\lim_{j\to\infty}\sup_{y\in\mathbb{R}^3}\int_{B_R(y)}|u_{\varepsilon_j}|^2dx=0.$$

因此, 由 Lions 集中性引理[96] 可知, 对任意的 $2<q<3$, 在 $L^q(\mathbb{R}^3,\mathbb{C}^4)$ 中我们有 $u_{\varepsilon_j}\to 0$. 因此, 由 K 的有界性以及 (5.1.19) 可知, 当 $j\to\infty$ 时, 我们有

$$\int_{\mathbb{R}^3}K(\varepsilon_jx)F(|u_{\varepsilon_j}|)dx\to 0,\quad \int_{\mathbb{R}^3}K(\varepsilon_jx)f(|u_{\varepsilon_j}|)|u_{\varepsilon_j}|^2dx\to 0.$$

这就蕴含着

$$\begin{aligned}\Phi_{\varepsilon_j}(u_{\varepsilon_j})&=\Phi_{\varepsilon_j}(u_{\varepsilon_j})-\frac{1}{2}\Phi'_{\varepsilon_j}(u_{\varepsilon_j})u_{\varepsilon_j}\\&=\int_{\mathbb{R}^3}K(\varepsilon_jx)\left(\frac{1}{2}f(|u_{\varepsilon_j}|)|u_{\varepsilon_j}|^2-F(|u_{\varepsilon_j}|)\right)dx\to 0.\end{aligned}$$

这与 $\Phi_{\varepsilon_j}(u_{\varepsilon_j})=c_{\varepsilon_j}\geqslant r_*>0$ 矛盾. □

令 $\{y_\varepsilon\}\subset\mathbb{R}^3$ 是 $|u_\varepsilon|$ 的最大值点, 也就是

$$|u_\varepsilon(y_\varepsilon)|=\max_{x\in\mathbb{R}^3}|u_\varepsilon(x)|,\quad \varepsilon\in(0,\varepsilon^*).$$

断言　存在与 ε 无关的常数 $\theta_0>0$ 使得

$$|u_\varepsilon(y_\varepsilon)|\geqslant\theta_0,\quad \forall\varepsilon\in(0,\varepsilon^*).$$

若不然, 即当 $\varepsilon\to 0$ 时, 我们有 $|u_\varepsilon(y_\varepsilon)|\to 0$. 则由引理 5.1.39, 当 $\varepsilon\to 0$ 时,

$$0<\delta'\leqslant\int_{B_{R'}(y'_\varepsilon)}|u_\varepsilon|^2dx\leqslant C|u_\varepsilon(y_\varepsilon)|^2\to 0.$$

这就得到矛盾. 因此从上面的断言, 存在 $R>R'>0$ 以及 $\delta>0$ 使得

$$\int_{B_R(y_\varepsilon)}|u_\varepsilon|^2dx\geqslant\delta.$$

设 $v_\varepsilon(x) := u_\varepsilon(x+y_\varepsilon)$, 则 v_ε 满足

$$-i\alpha\cdot\nabla v_\varepsilon + a\beta v_\varepsilon + \hat{V}_\varepsilon(x)v_\varepsilon = \hat{K}_\varepsilon(x)f(|v_\varepsilon|)v_\varepsilon, \tag{5.1.45}$$

且相应的能量泛函满足

$$\begin{aligned}\mathcal{E}_\varepsilon(v_\varepsilon) &= \frac{1}{2}\|v_\varepsilon^+\|^2 - \frac{1}{2}\|v_\varepsilon^-\|^2 + \frac{1}{2}\int_{\mathbb{R}^3}\hat{V}_\varepsilon(x)|v_\varepsilon|^2dx - \int_{\mathbb{R}^3}\hat{K}_\varepsilon(x)F(|v_\varepsilon|)dx\\ &= \frac{1}{2}\int_{\mathbb{R}^3}\hat{K}_\varepsilon(x)[f(|v_\varepsilon|)|v_\varepsilon|^2 - 2F(|v_\varepsilon|)]dx\\ &= \Phi_\varepsilon(u_\varepsilon) - \frac{1}{2}\Phi_\varepsilon'(u_\varepsilon)u_\varepsilon = \Phi_\varepsilon(u_\varepsilon) = c_\varepsilon,\end{aligned}$$

其中 $\hat{V}_\varepsilon(x) = V(\varepsilon(x+y_\varepsilon)), \hat{K}_\varepsilon(x) = K(\varepsilon(x+y_\varepsilon))$. 此外由 v_ε 的有界性, 我们可设在 E 中 $v_\varepsilon \rightharpoonup u$, 在 $L_{loc}^t(\mathbb{R}^3,\mathbb{C}^4)$ 中 $v_\varepsilon \to u$, $t\in[1,3)$ 且 $u\neq 0$.

由假设 (A_0), 当 $\varepsilon\to 0$ 时, 我们可设 $V_\varepsilon(y_\varepsilon)\to V_0$ 且 $K_\varepsilon(y_\varepsilon)\to K_0$.

引理 5.1.40 *u 是下面方程的基态解*

$$-i\alpha\cdot\nabla u + a\beta u + V_0 u = K_0 f(|u|)u, \quad x\in\mathbb{R}^3. \tag{5.1.46}$$

证明 由 (5.1.45) 知, 对任意的 $\varphi\in\mathcal{C}_0^\infty(\mathbb{R}^3,\mathbb{C}^4)$, 有

$$0 = \lim_{\varepsilon\to 0}\Re\int_{\mathbb{R}^3}\big(-i\alpha\cdot\nabla v_\varepsilon + a\beta v_\varepsilon + \hat{V}_\varepsilon(x)v_\varepsilon - \hat{K}_\varepsilon(x)f(|v_\varepsilon|)v_\varepsilon\big)\cdot\varphi dx. \tag{5.1.47}$$

因为 V,K 是连续且有界的, 我们有

$$\begin{aligned}&\Re\int_{\mathbb{R}^3}\hat{V}_\varepsilon(x)v_\varepsilon\cdot\varphi dx \to \Re\int_{\mathbb{R}^3}V_0u\cdot\varphi dx,\\ &\Re\int_{\mathbb{R}^3}\hat{K}_\varepsilon(x)f(|v_\varepsilon|)v_\varepsilon\cdot\varphi dx \to \Re\int_{\mathbb{R}^3}K_0f(|u|)u\cdot\varphi dx,\end{aligned}$$

结合 (5.1.47) 就有

$$-i\alpha\cdot\nabla u + a\beta u + V_0u = K_0f(|u|)u, \quad x\in\mathbb{R}^3,$$

也就是, u 是 (5.1.46) 的解且能量为

$$\begin{aligned}\mathcal{J}_{V_0K_0}(u) &= \frac{1}{2}\|u^+\|^2 - \frac{1}{2}\|u^-\|^2 + \frac{1}{2}V_0\int_{\mathbb{R}^3}|u|^2dx - K_0\int_{\mathbb{R}^3}F(|u|)dx \\ &= \mathcal{J}_{V_0K_0}(u) - \frac{1}{2}\mathcal{J}'_{V_0K_0}(u)u \\ &= \frac{1}{2}K_0\int_{\mathbb{R}^3}[f(|u|)|u|^2 - 2F(|u|)]dx \\ &\geqslant \gamma_{V_0K_0}.\end{aligned}$$

由 Fatou 引理以及引理 5.1.34 的证明, 我们有

$$\begin{aligned}\gamma_{V_0K_0} &\leqslant \frac{1}{2}K_0\int_{\mathbb{R}^3}[f(|u|)|u|^2 - 2F(|u|)]dx \\ &\leqslant \liminf_{\varepsilon\to 0}\left[\frac{1}{2}\int_{\mathbb{R}^3}\hat{K}_\varepsilon(x)[f(|v_\varepsilon|)|v_\varepsilon|^2 - 2F(|v_\varepsilon|)]dx\right] \\ &= \liminf_{\varepsilon\to 0}\mathcal{E}_\varepsilon(v_\varepsilon) \\ &\leqslant \limsup_{\varepsilon\to 0}\Phi_\varepsilon(u_\varepsilon) \\ &\leqslant \gamma_{V_0K_0}.\end{aligned}$$

因此,

$$\lim_{\varepsilon\to 0}\mathcal{E}_\varepsilon(v_\varepsilon) = \lim_{\varepsilon\to 0}c_\varepsilon = \mathcal{J}_{V_0K_0}(u) = \gamma_{V_0K_0}. \tag{5.1.48}$$

即 u 是极限问题 (5.1.46) 的基态解. □

引理 5.1.41　$\{\varepsilon y_\varepsilon\}$ *是有界的.*

证明　若不然, 在子列意义下, 我们可假设 $|\varepsilon y_\varepsilon|\to\infty$, 由 $V(\varepsilon y_\varepsilon)\to V_0, V(0)=V_{\min}$, $K(\varepsilon y_\varepsilon)\to K_0$ 以及当 $|x|\geqslant R$ 时, 成立 $\kappa = K(0)\geqslant K(x)$, 我们可得 $V_0 > V_{\min}$ 且 $K_0\leqslant\kappa$. 因此从引理 5.1.34 知 $\gamma_{V_0K_0} > \gamma_{V_{\min}\kappa}$. 另一方面, 由 (5.1.48) 以及引理 5.1.35 知, $c_\varepsilon\to\gamma_{V_0K_0}\leqslant\gamma_{V_{\min}\kappa}$, 这就得到一个矛盾, 因此, $\{\varepsilon y_\varepsilon\}$ 是有界的. 这就完成了引理的证明. □

由引理 5.1.41, 当 $\varepsilon\to 0$ 时, 在子列意义下, 我们可假设 $\varepsilon y_\varepsilon\to x_0$, 则 $V_0 = V(x_0), K_0 = K(x_0)$ 且 (5.1.46) 变为

$$-i\alpha\cdot\nabla u + a\beta u + V(x_0)u = K(x_0)f(|u|)u,$$

其中 u 是其基态解.

引理 5.1.42 $\lim\limits_{\varepsilon\to 0}\operatorname{dist}(\varepsilon y_\varepsilon, \mathcal{H}_1)=0.$

证明 我们只需证明 $x_0\in\mathcal{H}_1$. 如不然, 即 $x_0\notin\mathcal{H}_1$, 则由假设 (A_1) 以及引理 5.1.34, 我们易证 $\gamma_{V(x_0)K(x_0)}>\gamma_{V_{\min}\kappa}$. 因此, 由引理 5.1.35, 我们有

$$\lim_{\varepsilon\to 0}c_\varepsilon=\gamma_{V(x_0)K(x_0)}>\gamma_{V_{\min}\kappa}\geqslant\lim_{\varepsilon\to 0}c_\varepsilon,$$

这是不可能的. □

引理 5.1.43 *对任意 $q\geqslant 2$, v_ε 在 $W^{1,q}(\mathbb{R}^3,\mathbb{C}^4)$ 中收敛于 u.*

证明 首先, 正如文献 [47] 中的讨论, 我们能证明在 $H^1(\mathbb{R}^3,\mathbb{C}^4)$ 中 $v_\varepsilon\to u$. 此外, 从引理 5.1.37 可知, 对任意的 $q\geqslant 2$ 以及充分小的 $\varepsilon>0$, 我们有 v_ε 在 $W^{1,q}(\mathbb{R}^3,\mathbb{C}^4)$ 中是有界的. 因此, Hölder 不等式蕴含着, 当 $\varepsilon\to 0$ 时

$$\|v_\varepsilon-u\|_{L^q}^q\leqslant\|v_\varepsilon-u\|_{L^2}^{\frac{q}{q-1}}\|v_\varepsilon-u\|_{L^{2q}}^{\frac{q(q-2)}{q-1}}\leqslant C\|v_\varepsilon-u\|_{L^2}^{\frac{q}{q-1}}\to 0.$$

类似地, 当 $\varepsilon\to 0$ 时

$$\|\nabla v_\varepsilon-\nabla u\|_{L^q}^q\to 0.$$

因此, 对任意的 $q\geqslant 2$, v_ε 在 $W^{1,q}(\mathbb{R}^3,\mathbb{C}^4)$ 收敛到 u. □

定理 5.1.19 的证明 定义 $\omega_j(x):=u_j(x/\varepsilon_j)$, 则 ω_j 是方程 (5.1.17) 的基态解, $x_{\varepsilon_j}:=\varepsilon_j y_j$ 是 $|\omega_j|$ 最大值点且由定理 5.1.38, 我们知定理 5.1.19(i), (ii) 成立. 因此, 这就完成了定理 5.1.19 的证明. □

5.2 非相对论极限

本节我们将研究下面的非线性 Dirac 方程的非相对论极限问题

$$-ic\sum_{k=1}^{3}\alpha_k\partial_k\psi+mc^2\beta\psi-\omega\psi=g(|\psi|)\psi,\tag{5.2.1}$$

其中 $\psi:\mathbb{R}^3\to\mathbb{C}^4, \partial_k=\dfrac{\partial}{\partial x_k}$, c 表示光速, $m>0$ 是电子的质量, $\omega>0$ 是一个常数. 我们想要研究的是粒子速度远小于光速 c 的情况, 此时相对论效应可以忽略不计. 更准确地, 我们关心的是当 $c,\omega\to\infty$, 方程 (5.2.1) 的稳态解 $\psi:=(u,v)^{\mathrm{T}}\in\mathbb{C}^4$ 的收敛性. 期望得到的结果是 $\psi:=(u,v)^{\mathrm{T}}\in\mathbb{C}^4$ 收敛到下列非线性 Schrödinger 方程组的解

$$\begin{cases}-\Delta u_1-2\nu u_1=2mg(|u|)u_1,\\ -\Delta u_2-2\nu u_2=2mg(|u|)u_2,\end{cases}\tag{5.2.2}$$

其中 $u=(u_1,u_2)^{\mathrm{T}}:\mathbb{R}^3\to\mathbb{C}^2$, $\nu<0$ 是一个常数.

5.2.1　主要结果

考虑非线性项 $g(|\psi|)=|\psi|^{p-2}$. 方程 (5.2.1) 重新写为

$$-ic\alpha\cdot\nabla\psi+mc^2\beta\psi-\omega\psi=|\psi|^{p-2}\psi. \tag{5.2.3}$$

在叙述主要定理之前, 回顾一个相关结论: 对于 $\omega\in(-mc^2,mc^2)$, 通过变分法可以得到非线性 Dirac 方程 (5.2.3) 解的存在性, 证明见 [13]. 那么, 在没有初值假设条件下, 我们可以得到非线性 Dirac 方程 (5.2.1) 与非线性 Schrödinger 方程组 (5.2.2) 的解之间的关系.

定理 5.2.1 ([60])　对于 $m>0,\nu<0,p\in(2,5/2]$, 假设 $\{c_n\},\{\omega_n\}$ 是两个序列满足当 $n\to\infty$ 时,

$$0<c_n,\omega_n\to\infty, \tag{5.2.4}$$

$$0<\omega_n<mc_n^2, \tag{5.2.5}$$

$$\omega_n-mc_n^2\to\frac{\nu}{m}. \tag{5.2.6}$$

如果对于任意的 $n\in\mathbb{N}$, $\{\psi_n=(u_n,v_n)^{\mathrm{T}}\}$ 是非线性 Dirac 方程 (5.2.3) (其中 $\omega=\omega_n,c=c_n$) 的解, 那么存在 $m_0>0$, 使得对于 $0<m\leqslant m_0$, 存在子列仍记为 $\{\psi_n=(u_n,v_n)^{\mathrm{T}}\}$, 当 $n\to\infty$ 时,

$$u_n\to u\quad \text{且}\quad v_n\to 0\quad \text{在 } H^1(\mathbb{R}^3,\mathbb{C}^2)\ \text{中},$$

其中 $u:\mathbb{R}^3\to\mathbb{C}^2$ 是非线性 Schrödinger 方程组 (5.2.2) 的解及 $g(|u|)=|u|^{p-2}$.

5.2.2　变分框架与泛函的拓扑性质

方便起见, 记

$$H_n:=-ic_n\alpha\cdot\nabla+mc_n^2\beta$$

为 Dirac 算子. 众所周知 H_n 是 $L^2(\mathbb{R}^3,\mathbb{C}^4)$ 上的自伴算子, 定义域为 $\mathscr{D}(H_n)=H^1(\mathbb{R}^3,\mathbb{C}^4)$, 参见 [43]. 那么, 类似于命题 3.1.23 可以得到 H_n 的谱.

引理 5.2.2　$\sigma(H_n)=\sigma_e(H_n)=\mathbb{R}\setminus(-mc_n^2,mc_n^2)$, 其中 $\sigma(\cdot)$ 和 $\sigma_e(\cdot)$ 分别表示谱和本质谱.

注 5.2.3　记 $D_n=H_n-\omega_n$, 我们有

$$\sigma(D_n)=(-\infty,-mc_n^2-\omega_n]\cup[mc_n^2-\omega_n,\infty).$$

在关于 c_n 和 ω_n 的假设下, 当 $n\to\infty$ 时, 我们有

$$mc_n^2+\omega_n\to\infty,\quad mc_n^2-\omega_n\to-\frac{\nu}{m}.$$

所以, 从谱的观点, 当 n 趋于无穷时, D_n 的表现行为趋向于一个正算子, 即 Schrödinger 算子. 这个现象也被称为 Dirac 算子的谱集中现象, 这一现象被众多学者研究, 参见 [87,90,121,123].

因此, $L^2(\mathbb{R}^3,\mathbb{C}^4)$ 有如下的正交分解:

$$L^2=L^-\oplus L^+,\quad \psi=\psi^-+\psi^+,$$

使得 H_n 在 L^- 上是负定的, 在 L^+ 上是正定的. 令 $|H_n|$ 表示 H_n 的绝对值以及 $|H_n|^{\frac{1}{2}}$ 表示 H_n 的平方根. 定义 $E:=\mathscr{D}(|H_n|^{\frac{1}{2}})=H^{\frac{1}{2}}(\mathbb{R}^3,\mathbb{C}^4)$ 是 Hilbert 空间, 内积为

$$(\psi,\tilde{\psi})=\Re(|H_n|^{\frac{1}{2}}\psi,|H_n|^{\frac{1}{2}}\tilde{\psi})_{L^2},$$

其诱导的范数 $\|\psi\|=(\psi,\psi)^{\frac{1}{2}}$. 由于 $\sigma(H_n)=\mathbb{R}\setminus(-mc_n^2,mc_n^2)$, 所以

$$mc_n^2\|\psi\|_{L^2}^2\leqslant\|\psi\|^2,\quad \forall\psi\in E. \tag{5.2.7}$$

注意到, 对固定的 n, 此范数与通常的 $H^{\frac{1}{2}}$-范数等价, 所以 E 连续嵌入 $L^q(\mathbb{R}^3,\mathbb{C}^4)$, $q\in[2,3]$ 并且紧嵌入 $L^q_{loc}(\mathbb{R}^3,\mathbb{C}^4)$, $q\in[1,3)$. 进而, E 可分解为

$$E=E^-\oplus E^+,\quad \text{其中 } E^\pm=E\cap L^\pm,$$

且关于内积 $(\cdot,\cdot)_{L^2}$ 和 $(\cdot,\cdot)$ 都是正交的.

在 E 上, 我们定义方程 (5.2.3) 的泛函 Φ_n, 其中 $c:=c_n,\omega:=\omega_n$,

$$\begin{aligned}\Phi_n(\psi)&=\frac{1}{2}\int_{\mathbb{R}^3}\langle\psi,H_n\psi\rangle dx-\frac{\omega_n}{2}\int_{\mathbb{R}^3}|\psi|^2dx-\frac{1}{p}\int_{\mathbb{R}^3}|\psi|^pdx\\&=\frac{1}{2}\|\psi^+\|^2-\frac{1}{2}\|\psi^-\|^2-\frac{\omega_n}{2}\int_{\mathbb{R}^3}|\psi|^2dx-\frac{1}{p}\int_{\mathbb{R}^3}|\psi|^pdx,\end{aligned} \tag{5.2.8}$$

其中 $\psi=\psi^++\psi^-\in E$. 标准的讨论可知 $\Phi_n\in\mathcal{C}^1(E,\mathbb{R})$, 并且对任意的 $\psi,\tilde{\psi}\in E$, 我们有

$$\Phi_n'(\psi)\tilde{\psi}=\int_{\mathbb{R}^3}\langle\psi,H_n\tilde{\psi}\rangle dx-\Re\int_{\mathbb{R}^3}\omega_n\psi\cdot\tilde{\psi}dx-\Re\int_{\mathbb{R}^3}|\psi|^{p-2}\psi\cdot\tilde{\psi}dx.$$

进而, 在 [47, 引理 2.1] 中已经证明了 Φ_n 的临界点就是非线性 Dirac 方程 (5.2.3) 的弱解.

根据 [13], 我们可以得到方程 (5.2.1)解的存在性. 这里我们只概括其证明思路. 值得注意的是, 我们需要重新构造一个更精细的环绕结构.

记 V 是由旋量

$$\eta = \begin{pmatrix} \eta^1 \\ 0 \end{pmatrix}, \quad \text{其中 } \eta^1 \in \mathcal{C}_0^\infty(\mathbb{R}^3, \mathbb{C}^2)$$

构成的 E 的子空间. 通过简单的计算可知

$$\int_{\mathbb{R}^3} \langle \eta, H_n \eta \rangle dx = mc_n^2 \int_{\mathbb{R}^3} |\eta^1|^2 dx. \tag{5.2.9}$$

另外, 假设 (5.2.4)–(5.2.6) 可推出

$$0 < C_1 \leqslant mc_n^2 - \omega_n \leqslant C_2. \tag{5.2.10}$$

显然, 存在 $\bar{\gamma} > \gamma_0 := mc_n^2 - \omega_n$, 使得 $V_0 := V \cap (E_{\bar{\gamma}} - E_{\gamma_0})L^2 \neq \varnothing$, 其中 $\{E_\gamma\}_{\gamma \in \mathbb{R}}$ 表示 H_n 的谱族. 选择一个 $e^+ \in V_0 \subset E^+$ (与 n 无关) 且 $\|e^+\| = 1$. 那么,

$$\gamma_0 \|\psi^+\|_{L^2}^2 \leqslant \|\psi^+\|^2 \leqslant \bar{\gamma} \|\psi^+\|_{L^2}^2, \quad \forall \psi^+ \in V_0. \tag{5.2.11}$$

定义 $\hat{E} := E^- \oplus \mathbb{R}^+ e^+$, 其中 $\mathbb{R}^+ := [0, \infty)$.

引理 5.2.4　对任意的 n, 我们有环绕结构:

(i) 存在常数 $\rho, r^* > 0$ 使得 $\kappa_n := \inf \Phi_n(\partial B_\rho \cap E^+) \geqslant r^* > 0$, 其中 $B_\rho = \{\psi \in E : \|\psi\| \leqslant \rho\}$.

(ii) $\sup \Phi_n(\hat{E}) < \infty$, 并且存在常数 $R > 0$ 使得 $\sup \Phi_n(\hat{E} \setminus B_R) \leqslant 0$, 其中 $B_R = \{\psi \in \hat{E} : \|\psi\| \leqslant R\}$.

记 $\kappa := \inf \kappa_n$, 通过引理 5.2.4 和 [13], 对任意的 n, Φ_n 有一个 $(C)_{\iota_n}$-序列 $\{\psi_n^m\}$, 其中 $\kappa \leqslant \iota_n \leqslant \sup \Phi_n(\hat{E})$. 利用集中紧性原理, Φ_n 关于 $\mathbb{Z}^3$-作用的不变性可产生 Φ_n 的非平凡临界点 ψ_n 使得 $\Phi_n(\psi_n) = \iota_n$.

最后, 我们回顾 Gagliardo-Nirenberg 不等式[103], 这将在后面用到.

引理 5.2.5　对任意的 $q \in [2, 6)$, 存在 $\mu_q > 0$ 使得

$$\|\psi\|_{L^q} \leqslant \mu_q \|\psi\|_{L^2}^{q_1} \|\nabla \psi\|_{L^2}^{q_2}, \quad \forall\, \psi \in H^1(\mathbb{R}^3, \mathbb{C}^4), \tag{5.2.12}$$

其中 $q_1 = \dfrac{6-q}{2q}, q_2 = \dfrac{3q-6}{2q}$.

5.2.3 非线性 Dirac 方程解的一致有界性

这节我们将证明 Dirac 方程 (5.2.3) 解的 H^1-一致有界性. 首先, 证明上一节中临界点序列 $\{\psi_n\}$ 在 $L^p(\mathbb{R}^3,\mathbb{C}^4)$ 中关于 n 一致有界.

引理 5.2.6 序列 $\{\psi_n\}$ 在 $L^p(\mathbb{R}^3,\mathbb{C}^4)$ 中关于 n 一致有界.

证明 对任意的旋量 $\psi\in\hat{E}:=E^-\oplus\mathbb{R}^+e^+$, 我们有 $\psi=\varphi^\perp+\lambda e$, 其中 $\lambda\in\mathbb{C}, e=e^-+e^+$ 并且 $\varphi^\perp\in E^-$ 与 λe 正交. 因此, 根据 (5.2.9) 和 (5.2.10),

$$\begin{aligned}\Phi_n(\psi)&\leqslant\frac{1}{2}\int_{\mathbb{R}^3}\langle\lambda e,(H_n-\omega_n)\lambda e\rangle dx-\frac{1}{p}\int_{\mathbb{R}^3}|\lambda e|^p dx\\&=\frac{mc_n^2-\omega_n}{2}\int_{\mathbb{R}^3}|\lambda e|^2dx-\frac{1}{p}\int_{\mathbb{R}^3}|\lambda e|^pdx\\&\leqslant\frac{C_1|\lambda|^2}{2}\int_{\mathbb{R}^3}|e|^2dx-\frac{|\lambda|^p}{p}\int_{\mathbb{R}^3}|e|^pdx\\&\leqslant|\lambda|^2(C_2-C_3|\lambda|^{p-2})\leqslant C_4,\end{aligned}$$

其中 C_i 是与 n 无关的常数. 因此,

$$C\geqslant\max_{\hat{E}}\Phi_n\geqslant\iota_n=\Phi_n(\psi_n)-\frac{1}{2}\langle\Phi_n'(\psi_n),\psi_n\rangle=\left(\frac{1}{2}-\frac{1}{p}\right)\int_{\mathbb{R}^3}|\psi_n|^pdx.$$

证完. □

引理 5.2.7 $\{\psi_n\}$ 在 $L^2(\mathbb{R}^3,\mathbb{C}^4)$ 中关于 n 一致有界.

证明 注 5.2.3 提到算子 $(H_n-\omega_n)$ 的谱为

$$\sigma(H_n-\omega_n)=(-\infty,-mc_n^2-\omega_n]\cup[mc_n^2-\omega_n,\infty).\tag{5.2.13}$$

那么, 根据 Hölder 不等式, 我们有

$$\begin{aligned}&0\leqslant\int_{\mathbb{R}^3}\langle\psi_n^+,(H_n-\omega_n)\psi_n^+\rangle dx=\int_{\mathbb{R}^3}\langle\psi_n^+,(H_n-\omega_n)\psi_n\rangle dx\\&\leqslant\int_{\mathbb{R}^3}|\psi_n|^{p-1}|\psi_n^+|dx\\&\leqslant\left(\int_{\mathbb{R}^3}|\psi_n|^pdx\right)^{\frac{p-1}{p}}\left(\int_{\mathbb{R}^3}|\psi_n^+|^pdx\right)^{\frac{1}{p}}\\&\leqslant C\int_{\mathbb{R}^3}|\psi_n|^pdx,\end{aligned}$$

结合引理 5.2.6, 可以从 (5.2.13) 推出

$$(mc_n^2-\omega_n)\int_{\mathbb{R}^3}|\psi_n^+|^2dx\leqslant\int_{\mathbb{R}^3}\langle\psi^+,(H_n-\omega_n)\psi^+\rangle dx\leqslant C.$$

因此, 根据 (5.2.10) 可知

$$\int_{\mathbb{R}^3}|\psi_n^+|^2dx\leqslant C.$$

类似的讨论可得

$$(mc_n^2+\omega_n)\int_{\mathbb{R}^3}|\psi_n^-|^2dx\leqslant C.$$

证完. □

接下来, 我们可以得到序列 $\{\psi_n\}$ 在 $H^1(\mathbb{R}^3,\mathbb{C}^4)$ 中的有界性.

引理 5.2.8 $\{\psi_n\}$ 在 $H^1(\mathbb{R}^3,\mathbb{C}^4)$ 中关于 n 一致有界.

证明 显然 ψ_n 满足

$$H_n\psi_n=\omega_n\psi_n+|\psi_n|^{p-2}\psi_n. \tag{5.2.14}$$

进而,

$$\|H_n\psi_n\|_{L^2}^2=\|\omega_n\psi_n+|\psi_n|^{p-2}\psi_n\|_{L^2}^2. \tag{5.2.15}$$

通过简单的计算可知

$$\|\omega_n\psi_n+|\psi_n|^{p-2}\psi_n\|_{L^2}^2=\omega_n^2\|\psi_n\|_{L^2}^2+\int_{\mathbb{R}^3}|\psi_n|^{2p-2}dx+2\omega_n\int_{\mathbb{R}^3}|\psi_n|^pdx. \tag{5.2.16}$$

现在, 我们估计方程 (5.2.16) 的右端. 通过引理 5.2.7和引理 5.2.5, 其中 $q=2p-2$, 可以得到

$$\int_{\mathbb{R}^3}|\psi_n|^{2p-2}dx\leqslant\mu_{2p-2}\|\psi_n\|_{L^2}^{4-p}\|\nabla\psi_n\|_{L^2}^{3p-6}\leqslant C\|\nabla\psi_n\|_{L^2}^{3p-6}. \tag{5.2.17}$$

类似地, 在引理 5.2.5 中取 $q=p$,

$$\int_{\mathbb{R}^3}|\psi_n|^pdx\leqslant\mu_p\|\psi_n\|_{L^2}^{\frac{6-p}{2}}\|\nabla\psi_n\|_{L^2}^{\frac{3p-6}{2}}\leqslant C\|\nabla\psi_n\|_{L^2}^{\frac{3p-6}{2}}. \tag{5.2.18}$$

另一方面, 方程 (5.2.15) 的左端可以重新写为

$$\|H_n\psi_n\|_{L^2}^2=c_n^2\|\nabla\psi_n\|_{L^2}^2+m^2c_n^4\|\psi_n\|_{L^2}^2. \tag{5.2.19}$$

结合 (5.2.15)–(5.2.19), 我们可以得到

$$\|\nabla\psi_n\|_{L^2}^2 \leqslant \|\nabla\psi_n\|_{L^2}^2 + \frac{m^2c_n^4-\omega_n^2}{c_n^2}\|\psi_n\|_{L^2}^2 \leqslant \frac{C}{c_n^2}\|\nabla\psi_n\|_{L^2}^{3p-6} + \frac{C\omega_n}{c_n^2}\|\nabla\psi_n\|_{L^2}^{\frac{3p-6}{2}}.$$

因此, 我们有

$$\|\nabla\psi_n\|_{L^2}^{8-3p} \leqslant \frac{C}{c_n^2} + Cm\|\nabla\psi_n\|_{L^2}^{-\frac{3p-6}{2}},$$

再结合 $p\in(2,5/2]$ 和 $c_n\to\infty$, 可推出

$$\|\nabla\psi_n\|_{L^2} \leqslant C. \tag{5.2.20}$$

最后, 可通过引理 5.2.7 和 (5.2.20) 得到结论. □

5.2.4 定理 5.2.1 的证明

这节将致力于研究非线性 Dirac 方程 (5.2.3) 解 $\{\psi_n=(u_n,v_n)^{\mathrm{T}}\}$ 的收敛性质. 我们可以得到第一个分支序列 $\{u_n\}$ 收敛到 Schrödinger 方程组 (5.2.2)的一个非平凡解, 第二个分支序列 $\{v_n\}$ 收敛到 0.

另外, 定义

$$a_n := (mc_n^2-\omega_n)b_n, \quad b_n := \frac{mc_n^2+\omega_n}{c_n^2}, \quad \forall n\in\mathbb{N}.$$

由 (5.2.4)–(5.2.6) 和 (5.2.10) 可推知, 当 $n\to\infty$ 时,

$$b_n\to 2m, \quad a_n\to -2\nu. \tag{5.2.21}$$

首先我们证明序列的第二个分支 $\{\psi_n\}$ 收敛到 0, 即在 $H^1(\mathbb{R}^3,\mathbb{C}^2)$ 中, $v_n\to 0$. 值得注意的是, 我们将估计 $\{v_n\}$ 的收敛速度.

引理 5.2.9 *序列 $\{v_n\}$ 在 $H^1(\mathbb{R}^3,\mathbb{C}^2)$ 中收敛到 0. 进而, 当 $n\to\infty$ 时,*

$$\|v_n\|_{H^1} = \mathcal{O}\left(\frac{1}{c_n}\right). \tag{5.2.22}$$

证明 因为 $\psi_n=(u_n,v_n)^{\mathrm{T}}$ 是 Dirac 方程 (5.2.3) 的解, 对任意的 $n\in\mathbb{N}$, 那么我们可以重新将 Dirac 方程写为

$$-ic_n\sigma\cdot\nabla v_n + mc_n^2u_n - \omega_nu_n = (|u_n|^2+|v_n|^2)^{\frac{p-2}{2}}u_n, \tag{5.2.23}$$

$$-ic_n\sigma\cdot\nabla u_n - mc_n^2v_n - \omega_nv_n = (|u_n|^2+|v_n|^2)^{\frac{p-2}{2}}v_n, \tag{5.2.24}$$

其中 $\sigma=(\sigma_1,\sigma_2,\sigma_3)$ 且 $\sigma\cdot\nabla=\sum\limits_{k=1}^{3}\sigma_k\partial_k$. 在方程 (5.2.23) 两边同除以 c_n, 然后两边同取 L^2-范数的平方可得

$$\|\nabla v_n\|_{L^2}^2=\left\|\frac{mc_n^2-\omega_n}{c_n}u_n-\frac{1}{c_n}(|u_n|^2+|v_n|^2)^{\frac{p-2}{2}}u_n\right\|_{L^2}^2.$$

因此, 由 (5.2.10) 和引理 5.2.8, 我们有

$$\begin{aligned}\|\nabla v_n\|_{L^2}^2&\leqslant\frac{(mc_n^2-\omega_n)^2}{c_n^2}\|u_n\|_{L^2}^2+\frac{1}{c_n^2}\int_{\mathbb{R}^3}(|u_n|^2+|v_n|^2)^{p-2}|u_n|^2dx\\&\leqslant\frac{(mc_n^2-\omega_n)^2}{c_n^2}\|u_n\|_{L^2}^2+\frac{C}{c_n^2}\int_{\mathbb{R}^3}|u_n|^{2(p-1)}+|v_n|^{2(p-2)}|u_n|^2dx\\&\leqslant\frac{C}{c_n^2},\end{aligned}$$

也就是说

$$\|\nabla v_n\|_{L^2}=\mathcal{O}\left(\frac{1}{c_n}\right).\tag{5.2.25}$$

另一方面, 在方程 (5.2.24) 两边同除以 c_n^2 并且利用引理 5.2.8, 可以推出

$$\left\|-i\frac{1}{c_n}\sigma\cdot\nabla u_n-\frac{mc_n^2+\omega_n}{c_n^2}v_n\right\|_{L^2}^2=\left\|\frac{1}{c_n^2}(|u_n|^2+|v_n|^2)^{\frac{p-2}{2}}v_n\right\|_{L^2}^2\leqslant\frac{C}{c_n^4}.$$

所以, 根据 (5.2.10) 和引理 5.2.8, 我们有

$$\begin{aligned}\frac{mc_n^2+\omega_n}{c_n^2}\|v_n\|_{L^2}&\leqslant\left\|-i\frac{1}{c_n}\sigma\cdot\nabla u_n-\frac{mc_n^2+\omega_n}{c_n^2}v_n\right\|_{L^2}+\frac{1}{c_n}\|\nabla u_n\|_{L^2}\\&\leqslant\frac{C}{c_n^2}+\frac{C}{c_n}\\&=\mathcal{O}\left(\frac{1}{c_n}\right),\end{aligned}$$

再结合 (5.2.25), 得到 $\|v_n\|_{H^1}=\mathcal{O}\left(\frac{1}{c_n}\right)$, 当 $n\to\infty$. □

接下来, 关于第一分支 u_n 收敛到 Schrödinger 方程组 (5.2.2) 的一个非平凡解的证明分为三部分. 首先证明序列 $\{u_n\}$ 在 $H^1(\mathbb{R}^3,\mathbb{C}^4)$ 中有严格一致的正下界. 然后证明, 序列 $\{u_n\}$ 是对应泛函的 (PS)-序列. 最后证明其收敛性.

引理 5.2.10 *存在 $\varrho > 0$ 使得*

$$\inf_{n\in\mathbb{N}} \|u_n\|_{H^1} \geqslant \varrho > 0. \tag{5.2.26}$$

证明 反证, 假设存在子列仍记为 $\{u_n\}$ 满足

$$\lim_{n\to\infty} \|u_n\|_{H^1} = 0. \tag{5.2.27}$$

在方程 (5.2.23) 两边同除以 c_n,

$$-i\sigma\cdot\nabla v_n = \frac{1}{c_n}\left[(|u_n|^2+|v_n|^2)^{\frac{p-2}{2}}u_n - (mc_n^2-\omega_n)u_n\right]. \tag{5.2.28}$$

根据 Hölder 不等式, 引理 5.2.5 和引理 5.2.8, 我们可以由 (5.2.28) 推出

$$\begin{aligned}
\|\nabla v_n\|_{L^2}^2 &\leqslant \frac{(mc_n^2-\omega_n)^2}{c_n^2}\|u_n\|_{L^2}^2 + \frac{1}{c_n^2}\int_{\mathbb{R}^3}(|u_n|^2+|v_n|^2)^{p-2}|u_n|^2dx \\
&\leqslant \frac{(mc_n^2-\omega_n)^2}{c_n^2}\|u_n\|_{L^2}^2 + \frac{1}{c_n^2}\int_{\mathbb{R}^3}(|u_n|^{2(p-1)}+|v_n|^{2(p-2)}|u_n|^2)dx \\
&\leqslant \frac{C}{c_n^2}\|u_n\|_{L^2}^2 + \frac{C}{c_n^2}\|u_n\|_{L^2}^{4-p}\|\nabla u_n\|_{L^2}^{3p-6} \\
&\quad + \frac{C}{c_n^2}\left(\int_{\mathbb{R}^3}|v_n|^{2(p-1)}dx\right)^{\frac{p-2}{p-1}}\left(\int_{\mathbb{R}^3}|u_n|^{2(p-1)}dx\right)^{\frac{1}{p-1}} \\
&\leqslant \frac{C}{c_n^2}\|u_n\|_{L^2}^2 + \frac{C}{c_n^2}\|u_n\|_{H^1}^{2p-2} + \frac{C}{c_n^2}\left(\|u_n\|_{L^2}^{4-p}\|\nabla u_n\|_{L^2}^{3p-6}\right)^{\frac{1}{p-1}} \\
&\leqslant \frac{C}{c_n^2}\|u_n\|_{H^1}^2 + \frac{C}{c_n^2}\|u_n\|_{H^1}^{2p-2} + \frac{C}{c_n^2}\|u_n\|_{H^1}^2,
\end{aligned} \tag{5.2.29}$$

再结合 $p\in(2,5/2]$ 以及 Sobolev 嵌入不等式得到

$$\|\nabla v_n\|_{L^2}^2 \leqslant \frac{C}{c_n^2}\|u_n\|_{H^1}^2.$$

另外, (5.2.24) 等价于

$$v_n\left(1+\frac{(|u_n|^2+|v_n|^2)^{\frac{p-2}{2}}}{mc_n^2+\omega_n}\right) = -i\frac{c_n}{mc_n^2+\omega_n}\sigma\cdot\nabla u_n, \tag{5.2.30}$$

再根据 (5.2.21)可知

$$\|v_n\|_{L^2}^2 \leqslant \frac{c_n^2}{(mc_n^2+\omega_n)^2}\|\nabla u_n\|_{L^2}^2 \leqslant \frac{C}{c_n^2}\|u_n\|_{H^1}^2.$$

所以,

$$\|v_n\|_{H^1} \leqslant \frac{C}{c_n}\|u_n\|_{H^1}. \tag{5.2.31}$$

接下来, 将 (5.2.30) 代入 (5.2.28), 整理可得

$$-\Delta u_n + a_n u_n = -\frac{i}{c_n}\sigma\cdot\nabla\left[(|u_n|^2+|v_n|^2)^{\frac{p-2}{2}}v_n\right] + b_n\left[(|u_n|^2+|v_n|^2)^{\frac{p-2}{2}}u_n\right]. \tag{5.2.32}$$

在方程 (5.2.32) 两边同乘 $\bar{u}_n$, 再在 $\mathbb{R}^3$ 上积分, 我们有

$$\begin{aligned}&\int_{\mathbb{R}^3}|\nabla u_n|^2dx + a_n\int_{\mathbb{R}^3}|u_n|^2dx\\ =& -\frac{i}{c_n}\int_{\mathbb{R}^3}\sigma\cdot\nabla\left[(|u_n|^2+|v_n|^2)^{\frac{p-2}{2}}v_n\right]\bar{u}_n dx + b_n\int_{\mathbb{R}^3}(|u_n|^2+|v_n|^2)^{\frac{p-2}{2}}|u_n|^2dx.\end{aligned} \tag{5.2.33}$$

断言:

$$\begin{aligned}&-\frac{i}{c_n}\int_{\mathbb{R}^3}\sigma\cdot\nabla\left[(|u_n|^2+|v_n|^2)^{\frac{p-2}{2}}v_n\right]\bar{u}_n dx\\ &+ b_n\int_{\mathbb{R}^3}(|u_n|^2+|v_n|^2)^{\frac{p-2}{2}}|u_n|^2dx = o(\|u_n\|_{H^1}^2).\end{aligned} \tag{5.2.34}$$

若断言成立, 结合 (5.2.21), 可以推出

$$o(\|u_n\|_{H^1}^2) = \int_{\mathbb{R}^3}|\nabla u_n|^2dx + a_n\int_{\mathbb{R}^3}|u_n|^2dx \geqslant C\|u_n\|_{H^1}^2,$$

矛盾.

现在只需要证明 (5.2.34) 成立. 事实上, 由 (5.2.27)、(5.2.31) 和 Hölder 不等式可推出

$$\begin{aligned}\int_{\mathbb{R}^3}(|u_n|^2+|v_n|^2)^{\frac{p-2}{2}}|u_n|^2dx &\leqslant \left(\int_{\mathbb{R}^3}(|u_n|^2+|v_n|^2)^{\frac{p}{2}}dx\right)^{\frac{p-2}{p}}\left(\int_{\mathbb{R}^3}|u_n|^pdx\right)^{\frac{2}{p}}\\ &\leqslant \left(\int_{\mathbb{R}^3}(|u_n|^p+|v_n|^p)dx\right)^{\frac{p-2}{p}}\left(\int_{\mathbb{R}^3}|u_n|^pdx\right)^{\frac{2}{p}}\\ &\leqslant (\|u_n\|_{H^1}^{p-2}+\|v_n\|_{H^1}^{p-2})\|u_n\|_{H^1}^2\\ &= o(\|u_n\|_{H^1}^2).\end{aligned} \tag{5.2.35}$$

另外, 我们有

$$
\begin{aligned}
&-\frac{i}{c_n}\int_{\mathbb{R}^3}\sigma\cdot\nabla\left[(|u_n|^2+|v_n|^2)^{\frac{p-2}{2}}v_n\right]\bar{u}_n dx\\
=&\frac{-i}{c_n}\int_{\mathbb{R}^3}\sigma\cdot\nabla v_n(|u_n|^2+|v_n|^2)^{\frac{p-2}{2}}\bar{u}_n dx+\frac{-i}{c_n}\int_{\mathbb{R}^3}\sigma\cdot\nabla\left[(|u_n|^2+|v_n|^2)^{\frac{p-2}{2}}\right]v_n\bar{u}_n dx\\
=:&I_1+I_2.
\end{aligned}
$$

将 (5.2.28) 代入 I_1, 可以根据 (5.2.29) 和 (5.2.35) 推出

$$
\begin{aligned}
|I_1|&=\left|\frac{1}{c_n}\int_{\mathbb{R}^3}\frac{1}{c_n}\left[(|u_n|^2+|v_n|^2)^{\frac{p-2}{2}}-(mc_n^2-\omega_n)\right]|u_n|^2(|u_n|^2+|v_n|^2)^{\frac{p-2}{2}}dx\right|\\
&\leqslant\frac{1}{c_n^2}\int_{\mathbb{R}^3}(|u_n|^2+|v_n|^2)^{p-2}|u_n|^2dx+\frac{C}{c_n^2}\int_{\mathbb{R}^3}|u_n|^2(|u_n|^2+|v_n|^2)^{\frac{p-2}{2}}dx\\
&\leqslant\frac{C}{c_n^2}\|u_n\|_{H^1}^2+\frac{C}{c_n^2}o(\|u_n\|_{H^1}^2)\\
&=o(\|u_n\|_{H^1}^2).
\end{aligned}\tag{5.2.36}
$$

显然, 对于 $p\in(2,5/2]$,

$$
(|u_n|^2+|v_n|^2)^{\frac{p-4}{2}}\leqslant 2^{\frac{p-4}{2}}(|u_n||v_n|)^{\frac{p-4}{2}}.
$$

因此, 结合 Hölder 不等式和 (5.2.17), 我们可以得到

$$
\begin{aligned}
|I_2|=&\left|\frac{-i}{c_n}(p-2)\int_{\mathbb{R}^3}(|u_n|^2+|v_n|^2)^{\frac{p-4}{2}}(\sigma\cdot(\nabla u_n\cdot u_n)+\sigma\cdot(\nabla v_n\cdot v_n))v_n\cdot u_n dx\right|\\
\leqslant&\frac{C}{c_n}\int_{\mathbb{R}^3}|u_n|^{\frac{p}{2}}|v_n|^{\frac{p-2}{2}}|\nabla u_n|dx+\frac{C}{c_n}\int_{\mathbb{R}^3}|u_n|^{\frac{p-2}{2}}|v_n|^{\frac{p}{2}}|\nabla v_n|dx\\
\leqslant&\frac{C}{c_n}\left(\int_{\mathbb{R}^3}|u_n|^{2(p-1)}dx\right)^{\frac{p}{4(p-1)}}\left(\int_{\mathbb{R}^3}|v_n|^{2(p-1)}dx\right)^{\frac{p-2}{4(p-1)}}\left(\int_{\mathbb{R}^3}|\nabla u_n|^2dx\right)^{\frac{1}{2}}\\
&+\frac{C}{c_n}\left(\int_{\mathbb{R}^3}|v_n|^{2(p-1)}dx\right)^{\frac{p}{4(p-1)}}\left(\int_{\mathbb{R}^3}|u_n|^{2(p-1)}dx\right)^{\frac{p-2}{4(p-1)}}\left(\int_{\mathbb{R}^3}|\nabla v_n|^2dx\right)^{\frac{1}{2}}\\
\leqslant&\frac{C}{c_n^2}\|u_n\|_{H^1}^p=o(\|u_n\|_{H^1}^2).
\end{aligned}
$$

这里 $\sigma\cdot(\nabla w\cdot w):=\sum\limits_{k=1}^{3}\sigma_k(\partial_k w\cdot w)$. 再结合 (5.2.35) 和 (5.2.36), 我们可以推出此断言成立. □

回顾 $w:\mathbb{R}^3\to\mathbb{C}^2$ 是 Schrödinger 方程组(5.2.2) 的解当且仅当它是 $\mathcal{C}^2$-能量泛函 $\Phi: H^1(\mathbb{R}^3,\mathbb{C}^2)\to\mathbb{R}$ 的临界点, 其中

$$\Phi(w):=\frac{1}{2}\int_{\mathbb{R}^3}|\nabla w|^2dx-\nu\int_{\mathbb{R}^3}|w|^2dx-\frac{2m}{p}\int_{\mathbb{R}^3}|w|^pdx.$$

引理 5.2.11 令 $\{w_n\}$ 是 $H^1(\mathbb{R}^3,\mathbb{C}^2)$ 中的有界序列. 对任意的 n, 我们定义线性泛函 $\mathcal{A}_n(w_n): H^1(\mathbb{R}^3,\mathbb{C}^2)\to\mathbb{R}$,

$$\langle\mathcal{A}_n(w_n),\phi\rangle:=\Re\int_{\mathbb{R}^3}\nabla w_n\nabla\bar{\phi}dx+a_n\Re\int_{\mathbb{R}^3}w_n\bar{\phi}dx-b_n\Re\int_{\mathbb{R}^3}|w_n|^{p-2}w_n\bar{\phi}dx.$$

那么, $\{w_n\}$ 是 Φ 的一个 (PS)-序列当且仅当

$$\sup_{\|\phi\|_{H^1}\leqslant 1}\langle\mathcal{A}_n(w_n),\phi\rangle\to 0,\quad \text{当 } n\to\infty. \tag{5.2.37}$$

证明 $\{w_n\}$ 是 Φ 的一个 (PS)-序列, 即 $\Phi'(w_n)\to 0$ 在 H^{-1} 中. 这里, H^{-1} 是 H^1 的对偶空间. 另外, 我们注意到

$$\langle\mathcal{A}_n(w_n)-\Phi'(w_n),\phi\rangle=(a_n+2\nu)\Re\int_{\mathbb{R}^3}w_n\bar{\phi}dx-(b_n-2m)\Re\int_{\mathbb{R}^3}|w_n|^{p-2}w_n\bar{\phi}dx.$$

根据 (5.2.21) 和假设: $\{w_n\}$ 在 $H^1(\mathbb{R}^3,\mathbb{C}^2)$ 中是有界的, 我们可以得到引理. □

接下来, 我们证明 $\{u_n\}$ 是 Φ 的一个 (PS)-序列.

引理 5.2.12 序列 $\{u_n\}$ 是 Φ 的一个 (PS)-序列.

证明 根据引理 5.2.11, 我们只需要证明 (5.2.37). 任取 $\phi\in H^1$ 满足 $\|\phi\|_{H^1}\leqslant 1$. 在 (5.2.32) 上作用 ϕ 并在 $\mathbb{R}^3$ 上积分得到

$$\begin{aligned}-\Re\int_{\mathbb{R}^3}\Delta u_n\bar{\phi}dx+a_n\Re\int_{\mathbb{R}^3}u_n\bar{\phi}dx&=-\frac{i}{c_n}\Re\int_{\mathbb{R}^3}\sigma\cdot\nabla\left[(|u_n|^2+|v_n|^2)^{\frac{p-2}{2}}v_n\right]\bar{\phi}dx\\&\quad+b_n\Re\int_{\mathbb{R}^3}(|u_n|^2+|v_n|^2)^{\frac{p-2}{2}}u_n\bar{\phi}dx\\&=:J_1+J_2.\end{aligned}\tag{5.2.38}$$

根据 Hölder 不等式、引理 5.2.8 和引理 5.2.9, 我们可以得到

$$\begin{aligned}|J_1|&=\left|\frac{1}{c_n}\int_{\mathbb{R}^3}\left[(|u_n|^2+|v_n|^2)^{\frac{p-2}{2}}v_n\right]\sigma\cdot\nabla\bar{\phi}dx\right|\\&\leqslant\frac{1}{c_n}\int_{\mathbb{R}^3}(|u_n|^2+|v_n|^2)^{\frac{p-2}{2}}|v_n||\sigma\cdot\nabla\bar{\phi}|dx\end{aligned}$$

$$
\begin{aligned}
&\leqslant \frac{1}{c_n}\left(\int_{\mathbb{R}^3}(|u_n|^2+|v_n|^2)^{p-2}|v_n|^2dx\right)^{\frac{1}{2}}\left(\int_{\mathbb{R}^3}|\nabla\bar{\phi}|^2dx\right)^{\frac{1}{2}}\\
&\leqslant \frac{1}{c_n}\left(\left(\int_{\mathbb{R}^3}|u_n|^{2p-2}dx\right)^{\frac{p-2}{p-1}}\left(\int_{\mathbb{R}^3}|v_n|^{2p-2}dx\right)^{\frac{1}{p-1}}+\int_{\mathbb{R}^3}|v_n|^{2p-2}dx\right)^{\frac{1}{2}}\\
&\leqslant \frac{C}{c_n}\left(\|v_n\|_{H^1}^2+\|v_n\|_{H^1}^{2p-2}\right)^{\frac{1}{2}}\to 0. \qquad (5.2.39)
\end{aligned}
$$

根据引理 5.2.9 可得

$$
\begin{aligned}
&\int_{\mathbb{R}^3}\left[(|u_n|^2+|v_n|^2)^{\frac{p-2}{2}}-|u_n|^{p-2}\right]|u_n||\phi|dx\\
\leqslant\ &\int_{\mathbb{R}^3}|v_n|^{p-2}|u_n||\bar{\phi}|dx\\
\leqslant\ &\left(\int_{\mathbb{R}^3}|v_n|^pdx\right)^{\frac{p-2}{p}}\left(\int_{\mathbb{R}^3}|u_n|^pdx\right)^{\frac{1}{p}}\left(\int_{\mathbb{R}^3}|\bar{\phi}|^pdx\right)^{\frac{1}{p}}\\
\leqslant\ &C\|v_n\|_{H^1}^{p-2}\to 0.
\end{aligned}
$$

这意味着

$$
\begin{aligned}
J_2&=b_n\Re\int_{\mathbb{R}^3}|u_n|^{p-2}u_n\bar{\phi}dx+b_n\Re\int_{\mathbb{R}^3}\left[(|u_n|^2+|v_n|^2)^{\frac{p-2}{2}}-|u_n|^{p-2}\right]u_n\bar{\phi}dx\\
&=b_n\Re\int_{\mathbb{R}^3}|u_n|^{p-2}u_n\bar{\phi}dx+o(1).
\end{aligned}
$$

因此, 结合 (5.2.38) 和 (5.2.39), 我们可以推出

$$
\Re\int_{\mathbb{R}^3}\nabla u_n\nabla\bar{\phi}dx+a_n\Re\int_{\mathbb{R}^3}u_n\bar{\phi}dx=b_n\Re\int_{\mathbb{R}^3}|u_n|^{p-2}u_n\bar{\phi}dx+o(1),
$$

即

$$
\sup_{\|\phi\|_{H^1}\leqslant 1}\langle\mathcal{A}_n(w_n),\phi\rangle\to 0,\quad n\to\infty.
$$

□

定理 5.2.1 的证明 定义线性泛函 $\mathcal{B}(u):H^1(\mathbb{R}^3,\mathbb{C}^2)\to\mathbb{R}$,

$$
\mathcal{B}(u)w:=\Re\int_{\mathbb{R}^3}\nabla u\nabla\bar{w}dx-2\nu\Re\int_{\mathbb{R}^3}u\bar{w}dx.
$$

根据引理 5.2.8, 序列 $\{u_n\}$ 在 $H^1(\mathbb{R}^3,\mathbb{C}^2)$ 中是有界的, 结合引理 5.2.12 可推知它是 Φ 的一个 (PS)-序列. 因此, 存在 $u\in H^1(\mathbb{R}^3,\mathbb{C}^2)$ 使得 $u_n\rightharpoonup u$ 在 $H^1(\mathbb{R}^3,\mathbb{C}^2)$ 中, 并且 $u_n\to u$ 在 $L^p_{loc}(\mathbb{R}^3,\mathbb{C}^2)$ 中. 利用 (5.2.21) 和 $\{u_n\}$ 的 H^1-有界性, 我们得到

$$
\begin{aligned}
o(1)&=\langle\mathcal{A}_n(u_n)-\mathcal{B}(u_n),u_n-u\rangle\\
&=\int_{\mathbb{R}^3}|\nabla u_n-\nabla u|^2dx+a_n\Re\int_{\mathbb{R}^3}u_n(\bar{u}_n-\bar{u})dx\\
&\quad-b_n\Re\int_{\mathbb{R}^3}|u_n|^{p-2}u_n(\bar{u}_n-\bar{u})dx+2\nu\Re\int_{\mathbb{R}^3}u(\bar{u}_n-\bar{u})dx\\
&=\int_{\mathbb{R}^3}|\nabla u_n-\nabla u|^2dx-2\nu\int_{\mathbb{R}^3}|u_n-u|^2dx-2m\Re\int_{\mathbb{R}^3}|u_n|^{p-2}u_n(\bar{u}_n-\bar{u})dx\\
&\geqslant C_1\|u_n-u\|^2_{H^1}-2mC_p\|u_n-u\|^p_{H^1}\\
&\geqslant\|u_n-u\|^2_{H^1}(C_1-2mC_2).
\end{aligned}
$$

这里我们用到了 $\nu<0,p\in(2,5/2]$. 因此, 存在一个常数 $m_0>0$ 使得 $u_n\to u$ 在 $H^1(\mathbb{R}^3,\mathbb{C}^2)$ 中, 对所有的 $m\leqslant m_0$. 完成证明. □

第 6 章 解的其他性质

本章主要考虑第 2 章中提到的无穷维 Hamilton 系统的解的正则性以及无穷远的衰减性. 关于正则性的提升, 主要思路是通过迭代技巧, 利用嵌入定理、空间插值定理和基本不等式得到迭代法则, 进而得到更高的正则性. 关于解在无穷远的衰减性, 通过截断技巧和次解估计, 可以得到系统不依赖于参数的指数衰减性.

6.1 正则性结果

我们以半经典 Dirac 方程、非线性 Dirac-Klein-Gordon 方程和非相对论极限下的非线性 Dirac 方程为例对解的正则性提升进行讨论. 第一类问题是考虑非线性 Dirac 方程半经典解关于 Planck 常数 $\hbar$ 的正则性问题, 第二类问题是考虑多方程耦合的情况下正则性问题, 第三类是考虑非线性 Dirac 方程解的非相对论极限关于光速 c 和频率 ω 的正则性问题. 以非线性 Dirac 方程的正则性问题为例, 我们先简叙证明流程:

步骤 1 初始设定: u 的起始正则性.

步骤 2 迭代使得可积性提升, 过程见如下流程图.

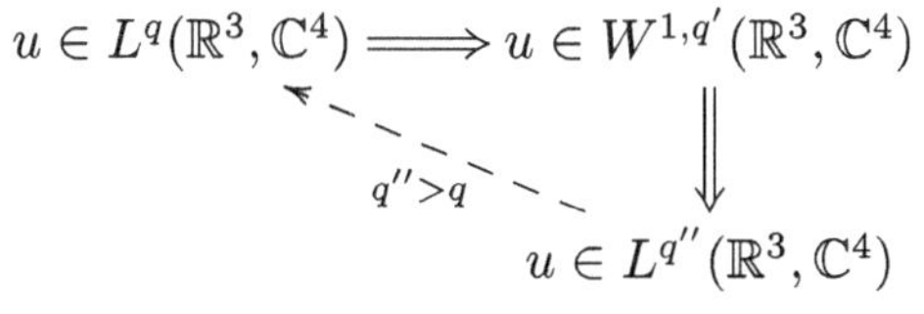

$$
\begin{array}{ccc}
u \in L^q(\mathbb{R}^3, \mathbb{C}^4) & \Longrightarrow & u \in W^{1,q'}(\mathbb{R}^3, \mathbb{C}^4) \\
 & \nwarrow_{q''>q} & \Downarrow \\
 & & u \in L^{q''}(\mathbb{R}^3, \mathbb{C}^4)
\end{array}
$$

步骤 3 提高可积性, 同时根据解的 $W^{1,p}$ 估计进而提高导数的可积性.

对于依赖于参数的无穷维 Hamilton 系统, 我们以半经典极限和非相对论极限为例来探讨正则性问题, 同时以非线性 Dirac-Klein-Gordon 系统为例来说明当方程之间有耦合项的时候系统的正则性提升的处理方案.

6.1.1 半经典 Dirac 方程解的一致正则性

这里我们考虑带有非线性位势 Dirac 方程 (5.1.2) 的解 w_ε 的一致正则性. 半经典问题下的解的正则性不会依赖于 Planck 常数, 这是因为伸缩变换将 Planck 常数转移到位势函数中, 根据位势函数上下有界性的假设, 可以在迭代不等式的

证明中直接将其消除. 令

$$\mathscr{K}_\varepsilon = \{u \in E : \Phi'_\varepsilon(u) = 0\}$$

为泛函 Φ_ε 的临界点集. 那么我们有

引理 6.1.1 假设 $p \in (2,3)$, 如果 $u \in \mathscr{K}_\varepsilon$, 并且 $|\Phi_\varepsilon(u)| \leqslant C_1$, $\|u\|_{L^2} \leqslant C_2$, 那么对任意的 $q \geqslant 2$, $u \in W^{1,q}(\mathbb{R}^3, \mathbb{C}^4)$, 并且 $\|u\|_{W^{1,q}} \leqslant \Lambda_q$, 这里 Λ_q 只依赖于 C_1, C_2, q.

证明 回忆 $H_0 = -i\alpha \cdot \nabla + a\beta$, 那么 $u = H_0^{-1}(P_\varepsilon(x)|u|^{p-2}u)$. 根据假设条件, 我们有 $\|u\|_{L^2} \leqslant C$. 下面我们用迭代估计来提升 u 的可积性. 假定我们已经得到对某个 $q \geqslant 2$, $\|u\|_{L^q} \leqslant C_q$. 根据 $|\Phi_\varepsilon(u)| \leqslant C_1$, 我们有

$$C\|u\|_{W^{1,p/(p-1)}}^{p/(p-1)} \leqslant C\int_{\mathbb{R}^3} |u|^p dx \leqslant \left(\frac{1}{2} - \frac{1}{p}\right)\int_{\mathbb{R}^3} P_\varepsilon(x)|u|^p dx = \Phi_\varepsilon(u) \leqslant C_1.$$

因此, $u \in W^{1,p/(p-1)}(\mathbb{R}^3, \mathbb{C}^4)$. 这里 $1 < p/(p-1) \leqslant 2$. 根据 (P_0), 易见

$$\begin{aligned}\|u\|_{W^{1,q'}}^{q'} &\leqslant \int_{\mathbb{R}^3} |H_0 u|^{q'} dx = \int_{\mathbb{R}^3} P_\varepsilon^{q'} |u|^{(p-1)q'} dx \\ &\leqslant m^{q'} \int_{\mathbb{R}^3} |u|^{(p-1)q'} dx = m^{q'} \|u\|_{L^{(p-1)q'}}^{(p-1)q'} \\ &= m^{q/(p-1)} \|u\|_{L^q}^q,\end{aligned}$$

其中 $q' = q/(p-1)$. 再根据 Sobolev 嵌入定理, 有

$$\|u\|_{L^{q''}} \leqslant S\|u\|_{W^{1,q'}} \leqslant C,$$

其中 $1/q'' = 1/q' - 1/3$. 这里不妨假设 $q' \in (2,3)$. 注意当 q' 逼近 3 时, q'' 趋于无穷大. 那么, 根据 $q'' = 3q/(3-q) > q$, 以及空间插值定理, 我们有

$$u \in \bigcap_{q \geqslant 2} L^q(\mathbb{R}^3, \mathbb{C}^4).$$

再利用不等式 $\|u\|_{W^{1,q'}}^{q'} \leqslant C\|u\|_{L^q}^q$, $q' = q/(p-1)$, 于是有 $u \in W^{1,q}(\mathbb{R}^3, \mathbb{C}^4)$, $\forall q \geqslant 2$. 显然, $\|u\|_{W^{1,q}} \leqslant \Lambda_q$, 这里 Λ_q 只依赖于 C_1, C_2, q. □

6.1.2 非线性 Dirac-Klein-Gordon 系统解的正则性

在这一部分, 我们估计在 4.1 节考虑的非线性 Dirac-Klein-Gordon 系统解的正则性. 首先, 对于非线性 Dirac-Klein-Gordon 系统, 容易看出 (NDK) 与

(NDK') 的解的正则性至少为 $H^{\frac{1}{2}}(\mathbb{R}^3,\mathbb{C}^4)\times H^1(\mathbb{R}^3,\mathbb{R})$. 再利用迭代技巧, 我们可以得到解的更高的正则性. 其证明思路如下:

步骤 1 初始设定. 令 $u=u_1+u_2$.

步骤 2 迭代使得 u 的可积性提升, 过程见如下流程图.

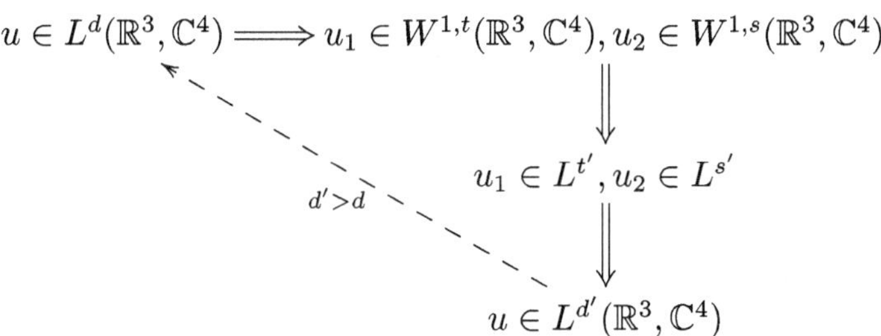

步骤 3 根据椭圆正则性得到 $\phi\in L^\infty$.

步骤 4 进一步提高 u 的正则性.

步骤 5 利用可积性提高 ϕ 的正则性.

引理 6.1.2 令 $\omega\in(-m,m)$, $p\in(2,3)$, $q\in(2,4]$. (V_0), (V_1) 其中之一成立, 并且 (K_1), (K_2) 成立. 考虑 $(u,\phi)\in E$ 是 (NDK) 的基态解,

(i) 对于 (NDK) 的基态解 $(u,\phi)\in E$, 如果 $2/p+1/q=1$, 那么 $(u,\phi)\in W^{1,r}(\mathbb{R}^3,\mathbb{C}^4)$, $\forall r,s\geqslant 2$.

(ii) 对于 (NDK') 的基态解 $(u,\phi)\in E$, 如果 $s_1,s_2>1$, $2s_1+s_2<6$, $s_2<2$, 那么 $(u,\phi)\in W^{1,r}(\mathbb{R}^3,\mathbb{C}^4)$, $\forall r,s\geqslant 2$.

证明 (i) 假定 (u,ϕ) 是 (NDK) 的解, 记 $u=(-\hat{\beth})^{-1}(\beta\phi u+K|u|^{p-2}u)$. 因此, $u=u_1+u_2$, 这里

$$u_1=(-\hat{\beth})^{-1}(K|u|^{p-2}u),\quad u_2=(-\hat{\beth})^{-1}(\beta\phi u).$$

根据 Hölder 不等式, 当 $d\geqslant 2$, 并且 $1/s=1/\gamma+1/d$ 时有

$$\|\beta\phi u\|_{L^s}\leqslant\left(\int_{\mathbb{R}^3}|\phi|^s|u|^s dx\right)^{\frac{1}{s}}\leqslant\|\phi\|_{L^\gamma}\|u\|_{L^d}.$$

进一步地, 我们有

$$\left\|K|u|^{p-2}u\right\|_{L^t}\leqslant\|K\|_{L^\infty}\|u\|_{L^{(p-1)t}}^{p-1}.$$

因此, 对 $2/(p-1)\leqslant t\leqslant 3/(p-1)$, $3/2\leqslant s\leqslant 2$, 有 $u_1\in W^{1,t}$, $u_2\in W^{1,s}$. 于是,

$$u\in L^n(\mathbb{R}^3,\mathbb{C}^4),\quad n=\min\left\{\frac{3s}{3-s},\frac{3t}{3-t}\right\}.$$

如果对于某个 $d \geqslant 2$, 我们已经得到了 $u \in L^d$, 那么

$$u \in L^{d'}(\mathbb{R}^3, \mathbb{C}^4),\ d' \text{ 满足 } \frac{1}{d'} = \frac{1}{n} - \frac{1}{3}.$$

因为对 $d \in [2,3)$, 有 $d' > d$. 因此, 标准的迭代技巧可以得到

$$u_1 \in \bigcap_{t \geqslant 2} W^{1,t}(\mathbb{R}^3, \mathbb{C}^4), \quad u_2 \in \bigcap_{1 \leqslant s \leqslant 2} W^{1,s}(\mathbb{R}^3, \mathbb{C}^4), \quad u \in \bigcap_{3/2 \leqslant d \leqslant 6} L^d(\mathbb{R}^3, \mathbb{C}^4).$$

再根据椭圆正则性以及 $q \leqslant 4$, 我们有 $\phi \in W^{2,2}_{loc} \cap L^2$, 并且对任意的 $x \in \mathbb{R}^3$,

$$\|\phi\|_{W^{2,2}(B_1(x))} \leqslant C\left(\|\phi\|_{L^2} + \|u\|^2_{L^4} + \|\phi\|^{q-1}_{L^{2(q-1)}}\right),$$

其中 C 不依赖于 x. 由于不等式的右边不依赖于 x, 那么根据嵌入 $W^{2,2}(B_1(x)) \subset \mathcal{C}^{0,\alpha}(B_1(x))$, 我们有

$$\|\phi\|_{\mathcal{C}^{0,\alpha}(B_1(x))} \leqslant C\left(\|\phi\|_{L^2} + \|u\|^2_{L^4} + \|\phi\|^{q-1}_{L^{2(q-1)}}\right),$$

因此, $\phi \in L^\infty$, 这意味着

$$\|\beta\phi u\|_{L^s} \leqslant C'\|\phi\|_{L^\infty}\|u\|_{L^s}.$$

因此 $u_2 \in \bigcap\limits_{n \geqslant 2} L^n$, 这意味着 $u \in \bigcap\limits_{n \geqslant 2} W^{1,n}$. 至于 ϕ, 我们有 ϕ 满足

$$-\Delta\phi = f(u,\phi),$$

其中 $f(u,\phi) = -(M^2 + \hat{V})\phi + \langle\beta u, u\rangle + \hat{K}|\phi|^{q-2}\phi$. 由于 $\phi \in L^2 \cap L^\infty \subset L^m$, 对任意的 $2 < m < \infty$. 因此, 对任意的 $m \in [2,\infty)$, $f(u,\phi)$ 属于 L^m. 根据标准的方法, 我们有 $\phi \in W^{2,m}$, $\forall m \geqslant 2$.

(ii) 假设 (u,ϕ) 是 (NDK') 的一个解, 记

$$u = (-\hat{\beth})^{-1}\left(\frac{s_1}{2}|u|^{s_1-2}|\phi|^{s_2}u + K|u|^{p-2}u\right).$$

类似地, 我们有 $u = u_1 + u_2$, 其中

$$u_1 = (-\hat{\beth})^{-1}(K|u|^{p-2}u), \quad u_2 = (-\hat{\beth})^{-1}\left(\frac{s_1}{2}|u|^{s_1-2}|\phi|^{s_2}u\right).$$

根据 Hölder 不等式, 我们有

$$\||u|^{s_1-2}|\phi|^{s_2}u\|_{L^s} \leqslant \|\phi\|^{s_2}_{L^{s_2 a}}\|u\|^{s_1-1}_{L^{(s_1-1)b}},$$

其中 $1/a+1/b=1/s$. 并且我们有

$$\|K|u|^{p-2}u\|_{L^t} \leqslant \|K\|_{L^\infty}\|u\|^{p-1}_{L^{(p-1)t}}.$$

如果对某个 $d \geqslant 3$, 我们有 $u \in L^d$, 那么 $u_1 \in W^{1,t}$, $u_2 \in W^{1,s}$, 其中

$$t=\frac{d}{p-1}, \quad s=\frac{1}{\frac{s_1-1}{d}+\frac{1}{a}} \in \left[\frac{1}{\frac{s_2}{2}+\frac{s_1-1}{d}}, \frac{1}{\frac{s_2}{6}+\frac{s_1-1}{d}}\right].$$

因此, $u=u_1+u_2 \in L^{d'}$, 其中 d' 满足 $d'=\min\{3t/(3-t), 3s/(3-s)\}$. 记 $3t/(3-t)>d$, $d \geqslant 3$, 并且 $3s/(3-s)>d$. 因此, 利用迭代的方法, 我们有

$$u \in \bigcap_{n\geqslant 2} L^n, \quad u_1 \in \bigcap_{n\geqslant 2} W^{1,n}, \quad u_2 \in \bigcap_{2\leqslant n<6/s_2} W^{1,n}.$$

实际上, 根据椭圆正则性结果, 我们有 $\phi \in W^{2,2}_{loc} \cap L^2$ 并且

$$\|\phi\|_{W^{2,2}(B_1(x))} \leqslant C\left(\|u\|^{\frac{a}{2}}_{L^a}+\|\phi\|_{L^2}+\|\phi\|^{\frac{b}{2}}_{L^b}+\|\phi\|^{q-1}_{L^{2(q-1)}}\right),$$

其中 C 不依赖于 x, 并且我们可以选取 β 使得 $2s_1/\alpha+2(s_2-1)/\beta=1$ 以及 $\beta\in(2,6)$. 类似于 (i), 我们有 $\phi \in L^\infty$, 这意味着

$$\||u|^{s_1-2}|\phi|^{s_2}u\|_{L^s} \leqslant C'\|\phi\|_{L^\infty}\|u\|^{s_1-1}_{L^{(s_1-1)s}}.$$

于是 $u_2 \in \bigcap\limits_{n\geqslant 2} L^n$, 那么 $u \in \bigcap\limits_{n\geqslant 2} W^{1,n}$. □

6.1.3 非相对论极限问题下解的一致正则性

假设 $m>0$, $\nu<0$, $p\in(2,5/2]$, 并且序列 $\{c_n\}$, $\{\omega_n\}$ 满足当 $n\to\infty$ 时,

$$0<c_n, \omega_n \to \infty, \quad 0<\omega_n<mc_n^2, \quad \omega_n-mc_n^2 \to \nu/m.$$

那么在非相对论极限问题下, 非线性 Dirac 方程 (5.2.1) 的解 ψ_n 有如下的有界性.

引理 6.1.3 序列 $\{\psi_n\}$ 在 $L^\infty(\mathbb{R}^3,\mathbb{C}^4)$ 中关于 n 是一致有界的.

证明 根据 Sobolev 嵌入定理可知, 我们只需要证明存在与 n 无关的 $C_r>0$ 使得 $\|\psi_n\|_{W^{1,r}} \leqslant C_r$ 对任意的 $r\geqslant 2$. 令 $H_a := -i\alpha\cdot\nabla + a\beta$, 其中 $a>0$. 那么, (5.2.3) 等价于

$$H_a\psi_n = -(mc_n-a)\beta\psi_n+\frac{\omega_n}{c_n}\psi_n+\frac{1}{c_n}|\psi_n|^{p-2}\psi_n.$$

显然 $0 \notin \sigma(H_a)$. 记 $\psi_n = \psi_n^1 + \psi_n^2$, 那么

$$\psi_n^1 = H_a^{-1}\left(\frac{1}{c_n}|\psi_n|^{p-2}\psi_n\right) = H_a^{-1}\left(\frac{1}{c_n}|(u_n,v_n)|^{p-2}(u_n,v_n)\right),$$

$$\psi_n^2 = H_a^{-1}\left[\left(\frac{\omega_n}{c_n} - (mc_n - a)\right)\psi_n\right] = H_a^{-1}\left[\left(\frac{\omega_n}{c_n} - (mc_n - a)\right)(u_n,v_n)\right].$$

我们已经在引理 5.2.7 和引理 5.2.8 中证明了 $\|\psi_n\|_{L^2} \leqslant C$ 且 $\|\psi_n\|_{H^1} \leqslant C$. 所以, 利用 Sobolev 嵌入定理, 我们有

$$\|\psi_n\|_{L^q} \leqslant C_q, \quad \forall\, q \in [2,6]. \tag{6.1.1}$$

对任意的 $r \in [2,3)$, 由 Hölder 不等式可得

$$\begin{aligned}\left\|\frac{1}{c_n}|(u_n,v_n)|^{p-2}(u_n,v_n)\right\|_{L^r}^r &= \left\|\frac{1}{c_n}|(u_n,v_n)|^{p-2}u_n\right\|_{L^r}^r + \left\|\frac{1}{c_n}|(u_n,v_n)|^{p-2}v_n\right\|_{L^r}^r \\ &\leqslant \frac{C}{c_n^r}\int_{\mathbb{R}^3}|u_n|^{r(p-1)}dx + \frac{C}{c_n^r}\int_{\mathbb{R}^3}|v_n|^{r(p-1)}dx.\end{aligned}$$

因为 $r(p-1) \in (2, 9/2)$ 对于 $r \in [2,3)$, 根据 (6.1.1) 可推知

$$\left\|\frac{1}{c_n}|(u_n,v_n)|^{p-2}(u_n,v_n)\right\|_{L^r}^r \leqslant C, \quad \forall\, r \in [2,3).$$

另外, 根据引理 5.2.9 和 (6.1.1), 我们推出对任意的 $r \in [2,3)$,

$$\begin{aligned}\left\|\left(\frac{\omega_n}{c_n} - (mc_n - a)\right)(u_n,v_n)\right\|_{L^r}^r &= \left\|\left(\frac{\omega_n - mc_n^2}{c_n} + a\right)u_n\right\|_{L^r}^r \\ &\quad + \left\|\left(\frac{\omega_n}{c_n^2} - (m - \frac{a}{c_n})\right)c_n v_n\right\|_{L^r}^r \\ &\leqslant C_1(r)\|u_n\|_{L^r}^r + C_2(r)c_n\|v_n\|_{L^r}^r \\ &\leqslant C,\end{aligned}$$

其中 $C > 0$ 与 n 无关. 所以, 存在 $C > 0$ 使得

$$\|\psi_n\|_{W^{1,r}} \leqslant C, \quad \text{对任意的 } r \in [2,3).$$

利用 Sobolev 嵌入定理, 我们有

$$\|\psi_n\|_{L^r} \leqslant C, \quad \text{对任意的 } r \geqslant 2.$$

再根据梯度估计我们可以得到存在常数 $C_r>0$ 使得

$$\|\psi_n\|_{W^{1,r}}\leqslant C_r,\quad 对任意的\ r\geqslant 2.$$ □

6.2 衰减性结果

本节我们讨论非线性 Dirac 方程和非线性 Dirac-Klein-Gordon 方程解在无穷远的衰减性, 通过次解估计和截断技巧, 可以得到此类系统解具有指数衰减的性质. 如果空间维数降低, 通过比较 Green 函数的衰减性, 此类系统的衰减性就变为多项式衰减.

6.2.1 带非线性位势的半经典 Dirac 方程解的衰减估计

在 5.1.1 节, 我们得到了带有非线性位势的 Dirac 方程 (5.1.1) 的解 $w_\varepsilon(x):=u_\varepsilon(x/\varepsilon)$. 本节继续讨论其衰减性. 任取一列 $\varepsilon_j\to\infty$, 回顾 $v_j(x)=u_j(x+y_{\varepsilon_j})$, 可以得到下面的结论.

引理 6.2.1 当 $|x|\to\infty$ 时, $v_j(x)\to 0$ 关于 $j\in\mathbb{N}$ 一致成立.

证明 假设这个引理的结论不成立, 则由 (5.1.13) 知, 存在 $\kappa>0$ 以及 $x_j\in\mathbb{R}^3$ 且 $|x_j|\to\infty$, 使得

$$\kappa\leqslant|v_j(x_j)|\leqslant C_0\int_{B_1(x_j)}|v_j(x)|dx.$$

由 v_j 在 H^1 中收敛到 v 可得

$$\begin{aligned}\kappa&\leqslant C_0\int_{B_1(x_j)}|v_j|dx\leqslant C_0\bigg(\int_{B_1(x_j)}|v_j(x)|^2dx\bigg)^{\frac12}\\&\leqslant C_0\bigg(\int_{\mathbb{R}^3}|v_j-u|^2dx\bigg)^{\frac12}+C_0\bigg(\int_{B_1(x_j)}|u(x)|^2dx\bigg)^{\frac12}\to 0,\end{aligned}$$

这就得到矛盾. □

引理 6.2.2 存在常数 $C>0$ 使得

$$|u_j(x)|\leqslant Ce^{-\frac{a}{\sqrt{\tau}}|x|},\quad \forall x\in\mathbb{R}^3$$

关于 $j\in\mathbb{N}$ 一致成立.

证明 由引理 6.2.1, 选取 $\delta > 0$ 以及 $R > 0$ 使得 $|v_j(x)| \leqslant \delta$, 且对任意的 $R > 0, j \in \mathbb{N}$, 我们有

$$\left|\Re\left[r_{\varepsilon_j}(x, |v_j|)v_j \frac{\overline{v_j}}{|v_j|}\right]\right| \leqslant \frac{a^2}{2}|v_j|.$$

结合 (5.1.12) 可得

$$\Delta|v_j| \geqslant \frac{a^2}{2}|v_j|, \quad \forall\ |x| \geqslant R, \quad j \in \mathbb{N}.$$

令 $\Gamma(x) = \Gamma(x, 0)$ 是 $-\Delta + a^2/2$ 的基本解 (参看 [113]). 使用一致有界估计, 我们能够选取 Γ 使得 $|v_j(x)| \leqslant a^2\Gamma(x)/2$ 对 $|x| = R$ 以及任意的 $j \in \mathbb{N}$ 上成立. 令 $z_j = |v_j| - a^2\Gamma/2$. 则

$$\Delta z_j = \Delta|v_j| - \frac{a^2}{2}\Delta\Gamma \geqslant \frac{a^2}{2}\left(|v_j| - \frac{a^2}{2}\Gamma\right) = \frac{a^2}{2}z_j.$$

由极大值原理可得 $z_j(x) \leqslant 0$ 在 $|x| \geqslant R$ 上成立. 众所周知, 存在常数 $C' > 0$ 使得 $\Gamma(x) \leqslant C'e^{-\frac{a}{\sqrt{2}}|x|}$ 在 $|x| \geqslant 1$ 上成立. 因此,

$$|u_j(x)| \leqslant Ce^{-\frac{a}{\sqrt{2}}|x-x_j|}, \quad \forall x \in \mathbb{R}^3$$

关于 $j \in \mathbb{N}$ 一致成立. 这就完成了引理 6.2.2 的证明. □

最后, 根据前面的讨论可知

$$|w_j(x)| = \left|u_j\left(\frac{x}{\varepsilon_j}\right)\right| = \left|v_j\left(\frac{x}{\varepsilon_j} - y_j\right)\right| \leqslant Ce^{-c\left|\frac{x}{\varepsilon_j} - y_j\right|} = Ce^{-\frac{c}{\varepsilon_j}|x - \varepsilon_j y_j|} = Ce^{-\frac{c}{\varepsilon_j}|x - x_j|}.$$

6.2.2 带竞争位势的半经典 Dirac 方程解的衰减估计

在 5.1.2 节, 我们得到了带有竞争位势的 Dirac 方程 (5.1.17) 的解 $w_\varepsilon(x) := u_\varepsilon(x/\varepsilon)$. 本节继续讨论其衰减性. 任取一列 $\varepsilon_j \to \infty$, 回顾 $v_j(x) = u_j(x + y_{\varepsilon_j})$, 可以得到下面的结论.

引理 6.2.3 当 $|x| \to \infty$ 时, $v_j(x) \to 0$ 关于 j 一致成立.

证明 若不然, 则由引理 5.1.37 可得, 存在 $r_0 > 0$ 以及 $x_j \in \mathbb{R}^3$ 且 $|x_j| \to \infty$ 使得 $r_0 \leqslant |v_j(x_j)| \leqslant C\|v_j\|_{W^{1,q}(B_1(x_j))} \to 0$. 因此, 由引理 5.1.43, 当 $j \to \infty$ 时

$$r_0 \leqslant C\|v_j\|_{W^{1,q}(B_1(x_j))} \leqslant C\|v_j - u\|_{W^{1,q}} + C\|u\|_{W^{1,q}(B_1(x_j))} \to 0,$$

这就得到了矛盾. □

引理 6.2.4 存在 $C, c > 0$ 使得, 对任意的 $x \in \mathbb{R}^3$,

$$|v_j(x)| \leqslant Ce^{-c|x|}$$

关于 $j \in \mathbb{N}$ 一致成立.

证明 首先, 从 (f_1) 以及引理 6.2.3 可知, 存在充分大的常数 $\rho_0 > 0$ 使得

$$\hat{K}_j(x)f(|v_j(x)|) \leqslant K_{\max}f(|v_j(x)|) \leqslant \frac{a-|V|_\infty}{2}, \quad |x| \geqslant \frac{\rho_0}{2} \tag{6.2.1}$$

关于 $j \in \mathbb{N}$ 一致成立, 其中 $\hat{K}_j(x) = \hat{K}_{\varepsilon_j}(x)$. 不失一般性, 假设 $\rho_0 \geqslant 12$, 则当 $\rho \geqslant \rho_0$ 时, 有 $[\rho/2] - 1 \geqslant \rho/3$. 对 $\rho \geqslant \rho_0$ 以及 $m \in \mathbb{N}$, 令

$$D_m = \left\{x \in \mathbb{R}^3 : |x| \geqslant \frac{\rho}{2} + m\right\},$$

以及 η_m 是一个截断函数且满足 $0 \leqslant \eta_m(t) \leqslant 1, |\eta_m'(t)| \leqslant 2, \forall t$ 以及

$$\eta_m(t) = \begin{cases} 0, & t \leqslant \rho/2 + m, \\ 1, & t \geqslant \rho/2 + m + 1. \end{cases}$$

令 $\phi_m(x) = \eta_m(|x|), x \in \mathbb{R}^3$. 则 v_j 满足下面的方程

$$H_0 v_j = -\hat{V}_j(x)v_j + \hat{K}_j(x)f(|v_j|)v_j, \tag{6.2.2}$$

其中 $\hat{V}_j(x) = \hat{V}_{\varepsilon_j}(x)$. 使用 $H_0(v_j\phi_m)$ 在方程 (6.2.2) 作为检验函数, 我们有

$$\Re(H_0 v_j, H_0(v_j\phi_m))_{L^2} = \Re(-\hat{V}_j(x)v_j + \hat{K}_j(x)f(|v_j|)v_j, H_0(v_j\phi_m))_{L^2}. \tag{6.2.3}$$

我们断言

$$\Re(H_0 v_j, H_0(v_j\phi_m))_{L^2} = \Re\int_{\mathbb{R}^3}\left[|\nabla v_j|^2\phi_m + a^2|v_j|^2\phi_m + \sum_{k=1}^3 \partial_k v_j \cdot \partial_k\phi_m v_j\right]dx. \tag{6.2.4}$$

事实上, 因为 H_0 是在 $L^2(\mathbb{R}^3, \mathbb{C}^4)$ 上的自伴算子以及 $H_0^2 = -\Delta u + a^2$(参见 [15]), 对任意的 $\varphi \in \mathcal{C}_0^\infty(\mathbb{R}^3, \mathbb{C}^4)$, 我们有

$$\begin{aligned}\Re(H_0\varphi, H_0(\varphi\phi_m))_{L^2} &= \Re(H_0^2\varphi, \varphi\phi_m)_{L^2} = \Re(-\Delta\varphi + a^2\varphi, \varphi\phi_m)_{L^2} \\ &= \Re\int_{\mathbb{R}^3}\left[|\nabla\varphi|^2\phi_m + a^2|\varphi|^2\phi_m + \sum_{k=1}^3 \partial_k\varphi \cdot \partial_k\phi_m\varphi\right]dx.\end{aligned}$$

断言 (6.2.4) 可从 $\mathcal{C}_0^\infty(\mathbb{R}^3,\mathbb{C}^4)$ 在 $H^1(\mathbb{R}^3,\mathbb{C}^4)$ 中是稠密的得出. 显然,

$$\Re(-\hat{V}_j(x)v_j+\hat{K}_j(x)f(|v_j|)v_j)\cdot\left(-i\sum_{k=1}^{3}\partial_k\phi_m\alpha_k v_j\right)=0,$$

结合方程 (6.2.2) 可得

$$\begin{aligned}&\Re(-\hat{V}_j(x)v_j+\hat{K}_j(x)f(|v_j|)v_j,H_0(v_j\phi_m))_{L^2}\\&=\Re\int_{\mathbb{R}^3}\Big(-\hat{V}_j(x)v_j+\hat{K}_j(x)f(|v_j|)v_j\Big)\cdot\Big(\phi_m H_0 v_j-i\sum_{k=1}^{3}\partial_k\phi_m\alpha_k v_j\Big)dx\\&=\Re\int_{\mathbb{R}^3}\big(-\hat{V}_j(x)v_j+\hat{K}_j(x)f(|v_j|)v_j\big)\cdot\big(-\hat{V}_j(x)v_j+\hat{K}_j(x)f(|v_j|)v_j\big)\phi_m dx\\&=\int_{\mathbb{R}^3}\big(\hat{V}_j(x)-\hat{K}_j(x)f(|v_j|)\big)^2|v_j|^2\phi_m dx.\end{aligned}\tag{6.2.5}$$

由 (6.2.3)–(6.2.5), 我们有

$$\begin{aligned}&\int_{\mathbb{R}^3}\Big[|\nabla v_j|^2\phi_m+a^2|v_j|^2\phi_m-\big(\hat{V}_j(x)-\hat{K}_j(x)f(|v_j|)\big)^2|v_j|^2\phi_m\Big]dx\\&=-\Re\int_{\mathbb{R}^3}\sum_{k=1}^{3}\partial_k v_j\cdot\partial_k\phi_m v_j dx\leqslant\int_{\mathbb{R}^3}|\nabla v_j||v_j||\nabla\phi_m|dx.\end{aligned}$$

结合 ϕ_m 的定义, Young 不等式以及 (6.2.1) 就有

$$\int_{D_{m+1}}\left(|\nabla v_j|^2+\frac{(a-|V|_\infty)^2}{2}|v_j|^2\right)dx\leqslant\int_{D_m\setminus D_{m+1}}\Big(|\nabla v_j|^2+|v_j|^2\Big)dx,$$

这就蕴含着

$$\int_{D_{m+1}}\Big(|\nabla v_j|^2+|v_j|^2\Big)dx\leqslant C_1\int_{D_m\setminus D_{m+1}}\Big(|\nabla v_j|^2+|v_j|^2\Big)dx,$$

其中 $C_1=1/\min\big\{1,(a-|V|_\infty)^2/2\big\}$. 令

$$A_m=\int_{D_m}\Big(|\nabla v_j|^2+|v_j|^2\Big)dx.$$

因此 $A_{m+1}\leqslant\varrho A_m$, 其中 $\varrho=C_1/(1+C_1)<1$. 因此, 从 v_j 在 $H^1(\mathbb{R}^3,\mathbb{C}^4)$ 的有界性可知

$$A_m\leqslant A_0\varrho^m\leqslant C_2\varrho^m=C_2e^{m\ln\varrho}.$$

令 $m=[\rho/2]-1$, 则由 ρ_0 的选取, 我们有 $m=[\rho/2]-1\geqslant\rho/3$ 以及

$$\int_{|x|\geqslant\rho-1}\Big(|\nabla v_j|^2+|v_j|^2\Big)dx\leqslant A_m\leqslant Ce^{m\ln\varrho}\leqslant Ce^{\frac{\varrho}{3}\ln\varrho}. \tag{6.2.6}$$

因此, 对任意的 $q>3$, 由引理 5.1.37 以及 Hölder 不等式可得

$$\begin{aligned}\int_{|x|\geqslant\rho_0-1}|v_j|^q dx&\leqslant\left(\int_{|x|\geqslant\rho_0-1}|v_j|^2dx\right)^{\frac{q}{2(q-1)}}\left(\int_{|x|\geqslant\rho_0-1}|v_j|^{2q}dx\right)^{\frac{q-2}{2(q-1)}}\\&\leqslant C_q'\left(\int_{|x|\geqslant\rho_0-1}|v_j|^2dx\right)^{\frac{q}{2(q-1)}}.\end{aligned} \tag{6.2.7}$$

类似地,

$$\int_{|x|\geqslant\rho_0-1}|\nabla v_j|^q dx\leqslant C_q''\left(\int_{|x|\geqslant\rho_0-1}|\nabla v_j|^2dx\right)^{\frac{q}{2(q-1)}}. \tag{6.2.8}$$

因此, 由 (6.2.6)–(6.2.8) 可知, 对任意的 $q>3$,

$$\|v_j\|_{W^{1,q}(|x|\geqslant\rho_0-1)}\leqslant C_q'''\left(\int_{|x|\geqslant\rho_0-1}\big(|\nabla v_j|^2+|v_j|^2\big)dx\right)^{\frac{1}{2(q-1)}}\leqslant C_qe^{-c_q\rho},$$

其中 c_q,C_q 是与 j 和 ρ 无关的数. 因此, 由引理 5.1.37, 对任意的 $\rho\geqslant\rho_0,x\in\mathbb{R}^3$ 且满足 $|x|=\rho$, 我们有

$$|v_j(x)|\leqslant C_q^*e^{-c_q|x|}.$$

最后, 引理 5.1.37 以及 Sobolev 嵌入定理就蕴含了 v_j 在 L^∞ 中是一致有界的, 因此 $|v_j(x)|\leqslant Ce^{-c|x|},\forall|x|\leqslant\rho_0$. 从而就有

$$|v_j(x)|\leqslant Ce^{-c|x|},\quad\forall x\in\mathbb{R}^3$$

关于 $j\in\mathbb{N}$ 一致成立. □

6.2.3 非线性 Dirac-Klein-Gordon 系统解的衰减性

这一部分, 我们来估计在 4.1 节考虑的非线性 Dirac-Klein-Gordon 系统解在无穷远的衰减性.

引理 6.2.5 存在 $C,c>0$, 使得对 (NDK) 或者 (NDK') 的解 (u,ϕ) 有

$$|u(x)|+|\phi(x)|\leqslant Ce^{-c|x|},\quad\forall\, x\in\mathbb{R}^3.$$

证明 首先, 我们考虑 (NDK) 对于 $(u,\phi)\in S_M$ 的情况, 我们有

$$\mathcal{D}u=-\big((m+V)\beta+\omega\big)u+\beta\phi u+K|u|^{p-2}u,$$

其中 $\mathcal{D}:=-i\alpha\cdot\nabla$. 将 $\mathcal{D}$ 作用在两边并且根据 $\mathcal{D}^2=-\Delta$, 我们有

$$\begin{aligned}-\Delta u&=((m+V-\phi)\beta-\omega+K|u|^{p-2})\mathcal{D}u+\mathcal{D}(K|u|^{p-2}+(\phi-V)\beta)u\\&=((m+V-\phi)\beta-\omega+K|u|^{p-2})(-(m+V-\phi)\beta-\omega+K|u|^{p-2})u\\&\quad+\mathcal{D}(K|u|^{p-2}+(\phi-V)\beta)u\\&=-(m+V-\phi)^2u+(K|u|^{p-2}-\omega)^2u+\mathcal{D}(K|u|^{p-2}+(\phi-V)\beta)u.\end{aligned}$$

因此, 我们有

$$\Delta u=(m+V-\phi)^2u-(K|u|^{p-2}-\omega)^2u-\mathcal{D}(K|u|^{p-2}+(\phi-V)\beta)u.$$

令

$$\operatorname{sgn}u=\begin{cases}\dfrac{\bar{u}}{|u|}, & u\neq 0,\\ 0, & u=0.\end{cases}$$

根据 Kato 不等式, 我们有

$$\begin{aligned}&\Delta|u|\geqslant\Re(\Delta u\operatorname{sgn}u)\\&\quad=\Re(((m+V-\phi)^2u-(K|u|^{p-2}-\omega)^2u-\mathcal{D}(K|u|^{p-2}+(\phi-V)\beta)u)\operatorname{sgn}u).\end{aligned}$$

观察到 $\Re\mathcal{D}(\beta(\phi-V)+K|u|^{p-2})u\dfrac{\bar{u}}{|u|}=0$, 我们有

$$\begin{aligned}\Delta|u|&\geqslant\Re\left(((m+V-\phi)^2u-(K|u|^{p-2}-\omega)^2u)\frac{\bar{u}}{|u|}\right)\\&=(m+V-\phi)^2|u|-(K|u|^{p-2}-\omega)^2|u|.\end{aligned}$$

注意到 $|u(x)|+|\phi(x)|\to 0$, $|x|\to\infty$. 因此, 存在 $\tau>0$ (我们不妨取 $\tau=(m+\inf V)^2-\omega^2>0$) 以及 $R>0$, 使得对 $|x|\geqslant R$,

$$\Delta|u|\geqslant\tau|u|.$$

令 Γ 为方程 $-\Delta\Gamma+\tau\Gamma=0$ 的基本解. 我们不妨选 $\Gamma(x)$ 使得在 $B_R(0)$ 上有 $|u(x)|\leqslant\tau\Gamma(x)$. 令 $z=|u|-\tau\Gamma$, 那么

$$\Delta z=\Delta|u|-\tau\Delta\Gamma\geqslant\tau(|u|-\tau\Gamma)=\tau z,$$

其中 $|x| \geqslant R$. 根据最大值原理, 我们可以得到对于任意的 $|x| \geqslant R$, $z(x) \leqslant 0$, 比如 $|u(x)| \leqslant \tau\Gamma(x)$, $|x| \geqslant R$. 显然存在 $C>0$, 使得

$$\Gamma(x) \leqslant Ce^{-\sqrt{\tau}|x|},$$

对于 $|x| \geqslant 1$. 因此, 我们得到

$$|u(x)| \leqslant Ce^{-c|x|},$$

对于 $x \in \mathbb{R}^3$. 类似地, 我们知道 $|\phi(x)| \leqslant Ce^{-c|x|}$, 这意味着

$$|u(x)| + |\phi(x)| \leqslant Ce^{-c|x|},$$

对任意的 $x \in \mathbb{R}^3$, $(u,\phi) \in S_M$.

对于 (NDK') 的衰减性估计可以类似得到. □

6.2.4 非相对论极限问题下解的一致衰减性

记 $\mathcal{D} := -i\alpha \cdot \nabla$, ψ_n 是方程 (5.2.3) 的解, 即

$$\mathcal{D}\psi_n = -mc_n\beta\psi_n + \frac{\omega_n}{c_n}\psi_n + \frac{1}{c_n}|\psi_n|^{p-2}\psi_n.$$

在两边作用算子 $\mathcal{D}$, 注意到 $\mathcal{D}^2 = -\Delta$, 因此

$$\begin{aligned}
-\Delta\psi_n &= mc_n\beta\mathcal{D}\psi_n + \frac{\omega_n}{c_n}\mathcal{D}\psi_n + \frac{1}{c_n}(\mathcal{D}|\psi_n|^{p-2}\psi_n + |\psi_n|^{p-2}\mathcal{D}\psi_n) \\
&= \left(mc_n\beta + \frac{\omega_n}{c_n} + \frac{1}{c_n}|\psi_n|^{p-2}\right)\left(-mc_n\beta\psi_n + \frac{\omega_n}{c_n}\psi_n + \frac{1}{c_n}|\psi_n|^{p-2}\psi_n\right) \\
&\quad + \frac{1}{c_n}\mathcal{D}|\psi_n|^{p-2}\psi_n \\
&= -m^2c_n^2\psi_n + \left(\frac{\omega_n}{c_n} + \frac{1}{c_n}|\psi_n|^{p-2}\right)^2\psi_n + \frac{1}{c_n}\mathcal{D}|\psi_n|^{p-2}\psi_n.
\end{aligned}$$

首先, 我们断言

$$\Re\left(\mathcal{D}|\psi_n|^{p-2}\psi_n\frac{\bar{\psi}_n}{|\psi_n|}\right) = 0.$$

事实上, 因为 $\langle\alpha_k\psi_n,\psi_n\rangle \in \mathbb{R}$ 对于 $k=1,2,3$. 因此,

$$\begin{aligned}
\mathcal{D}|\psi_n|^{p-2}\psi_n\frac{\bar{\psi}_n}{|\psi_n|} &= -i\sum_{k=1}^{3}\alpha_k\partial_k(|\psi_n|^{p-2})\psi_n\frac{\bar{\psi}_n}{|\psi_n|} \\
&= -i\sum_{k=1}^{3}\partial_k(|\psi_n|^{p-2})\frac{\langle\alpha_k\psi_n,\psi_n\rangle}{|\psi_n|} \in \mathbb{R}.
\end{aligned}$$

由 Kato 不等式[43],

$$\triangle|\psi_n| \geqslant \Re[\triangle\psi_n(\text{sgn }\psi_n)],$$

所以,

$$\Delta|\psi_n| \geqslant m^2c_n^2|\psi_n| - \left(\frac{\omega_n}{c_n} + \frac{1}{c_n}|\psi_n|^{p-2}\right)^2|\psi_n|.$$

根据引理 6.1.3, 我们得到存在 $\tau > 0$, 与 n 无关, 使得

$$\Delta|\psi_n| \geqslant \frac{m^2c_n^4 - \omega_n}{c_n^2}|\psi_n| - \frac{2\omega_n}{c_n^2}|\psi_n|^{p-2}|\psi_n| + \frac{1}{c_n^2}|\psi_n|^{2(p-2)}|\psi_n|^2 \geqslant -\tau|\psi_n|. \quad (6.2.9)$$

再根据次解估计[85,113] 我们有

$$|\psi_n(x)| \leqslant C_0\int_{B_1(x)}|\psi_n(y)|dy,$$

其中 $C_0 > 0$ 与 x, n 和 ψ_n 无关.

引理 6.2.6 $|\psi_n(x)| \to 0$ 当 $|x| \to \infty$ 时关于 n 是一致的.

证明 反证, 假设引理中的结论不成立. 那么, 存在 $\bar{r} > 0$ 和 $x_j \in \mathbb{R}^3$ 其中 $|x_n| \to \infty$ 使得

$$\bar{r} \leqslant |\psi_n(x_n)| \leqslant C_0\int_{B_1(x_n)}|\psi_n(x)|dx,$$

再结合在 $H^1(\mathbb{R}^3, \mathbb{C}^4)$ 中 $\psi_n \to \psi$, 可以得到

$$\begin{aligned}
\bar{r} &\leqslant C_0\left(\int_{B_1(x_j)}|\psi_n(x)|^2dx\right)^{\frac{1}{2}} \\
&\leqslant C_0\left(\int_{\mathbb{R}^3}|\psi_n - \psi|^2dx\right)^{\frac{1}{2}} + C_0\left(\int_{B_1(x_n)}|\psi|^2dx\right)^{\frac{1}{2}} \\
&\to 0,
\end{aligned}$$

当 $n \to \infty$, 矛盾. □

引理 6.2.7 存在 $C, \tilde{C} > 0$ 使得

$$|\psi_n(x)| \leqslant Ce^{-\tilde{C}|x|}, \quad \forall x \in \mathbb{R}^3$$

关于 $n \in \mathbb{N}$.

证明 根据引理 6.2.6 可知, 对任意的 $\varepsilon > 0$ 存在 $R > 0$ 使得对所有的 $|x| \geqslant R$, 我们有 $\dfrac{2\omega_n}{c_n^2}|\psi_n|^{p-2} < \varepsilon$. 结合 (6.2.9), 存在 $R > 0$ 使得对所有的 $|x| \geqslant R$, 我们有

$$\Delta|\psi_n| \geqslant \tau|\psi_n|, \tag{6.2.10}$$

其中 $\tau > 0$. 令 $\Gamma(x)$ 是 $-\Delta\Gamma + \tau\Gamma = 0$ 的基本解 (见 [113]). 利用一致有界性, 我们可以选择 Γ 使得 $|\psi_n(x)| \leqslant \tau\Gamma(y)$ 在 $|x| = R$ 上对所有的 $n \in \mathbb{N}$ 都成立. 令 $z_n = |\psi_n| - \tau\Gamma$. 那么, 根据 (6.2.10) 可知

$$\Delta z_n = \Delta|\psi_n| - \tau\Delta\Gamma \geqslant \tau(|\psi_n| - \tau\Gamma) = \tau z_n.$$

由最大值原理我们可以得到 $z_n(x) \leqslant 0$ 在 $|x| \geqslant R$ 上. 众所周知, 存在 $C' > 0$ 使得 $\Gamma(x) \leqslant C'e^{-\sqrt{\tau}|x|}$ 在 $|x| \geqslant 1$ 上. 因此, 我们得到

$$|\psi_n(x)| \leqslant Ce^{-\tilde{C}|x|},$$

对所有的 $x \in \mathbb{R}^3$ 和所有的 $n \in \mathbb{N}$. 完成证明. □

第 7 章　解的多重性结果

本章致力于研究无穷维 Hamilton 系统解的多重性. 7.1 节以非线性 Dirac-Klein-Gordon 系统为例讨论无穷维 Hamilton 系统稳态解的多重性. 随后, 处理次临界与临界的非线性 Dirac 方程和 Dirac-Klein-Gordon 系统的半经典态的多重性. 最后, 得到带凹凸非线性项的 Dirac 方程有无穷多能量趋于无穷的解以及负能量解 ([5,18,19,21,46]).

7.1　稳态解的多重性

这一节我们主要考虑如下的两个非线性 Dirac-Klein-Gordon 系统解的多重性. 本节所用的符号与 4.1 节相同.

$$(NDK)\qquad \begin{cases} -i\sum_{k=1}^{3}\alpha_k\partial_k u+(m+V(x))\beta u+\omega u=\phi\beta u+K(x)|u|^{p-2}u, \\ -\Delta\phi+(M^2+\hat{V}(x))\phi=\langle\beta u,u\rangle+\hat{K}(x)|\phi|^{q-2}\phi, \end{cases}$$

$$(NDK')\qquad \begin{cases} -i\sum_{k=1}^{3}\alpha_k\partial_k u+(m+V(x))\beta u+\omega u=\frac{s_1}{2}|u|^{s_1-2}|\phi|^{s_2}u+K(x)|u|^{p-2}u, \\ -\Delta\phi+(M^2+\hat{V}(x))\phi=s_2|u|^{s_1}|\phi|^{s_2-2}\phi+\hat{K}(x)|\phi|^{q-2}\phi, \end{cases}$$

其中 $x\in\mathbb{R}^3$, $u\in\mathbb{C}^4$, $\phi\in\mathbb{R}$, $\partial_k=\partial/\partial x_k$, $m, M>0$ 分别对应电子和介子的质量. α_1, α_2, α_3, β 为 $\mathbb{R}^3$ 上的 Dirac 矩阵, 并且 $V(x)$, $\hat{V}(x)$, $K(x)$ 以及 $\hat{K}(x)$ 是 $\mathbb{R}^3$ 上的实值函数.

回忆

$$\mathcal{I}(z)=\|u^+\|^2-\|u^-\|^2+\frac{1}{2}\|\phi\|^2-(\beta\phi u,u)_{L^2}-\frac{2}{p}\int_{\mathbb{R}^3}K|u|^p dx-\frac{1}{q}\int_{\mathbb{R}^3}\hat{K}|\phi|^q dx,$$

$$\hat{\mathcal{I}}(z)=\|u^+\|^2-\|u^-\|^2+\frac{1}{2}\|\phi\|^2-\int_{\mathbb{R}^3}|u|^{s_1}|\phi|^{s_2}dx-\frac{2}{p}\int_{\mathbb{R}^3}K|u|^p dx-\frac{1}{q}\int_{\mathbb{R}^3}\hat{K}|\phi|^q dx.$$

定理 7.1.1 在定理 4.1.2(定理 4.1.3) 的假设下, (NDK) 或 (NDK') 有无穷多几何不同的解.

我们通过反证法来证明. 如果 $\mathcal{K}/\mathbb{Z}^3$ 是有限集, 那么我们来证明 (Φ_I) 成立. 因此, 根据多重性定理, 存在一个临界值的无界序列, 这就与 $\mathcal{K}/\mathbb{Z}^3$ 有限矛盾. 因此, 我们先假设 $\mathcal{K}/\mathbb{Z}^3$ 是有限集.

令 $\mathcal{F}$ 是包含 $\mathcal{K}$ 上 $\mathbb{Z}^3$-轨道代表元的集合, 那么我们有 $\mathcal{F}\cong\mathcal{K}/\mathbb{Z}^3$, 因此根据假设 $\mathcal{F}$ 是有限集. 对于 $l\in\mathbb{N}$ 以及有限集 $\mathcal{B}\subset E$, 我们定义

$$[\mathcal{B},l]=\left\{\sum_{i=1}^{j}a_i*z_i:1\leqslant j\leqslant l,a_i\in\mathbb{Z}^3,z_i\in\mathcal{B}\right\}.$$

下面, 我们证明在 $\mathcal{K}/\mathbb{Z}^3$ 有限的假设下 (Φ_I) 成立. 给定一个紧区间 $K\subset(0,\infty)$, 记 $l=[d/\theta]$ 以及 $\mathscr{A}=[\mathcal{F},l]$, 其中 $d:=\max K$. 显然有 E^+ 和 E^- 都是 $\mathbb{Z}^3$-不变的. 因此, $P_Y[\mathcal{F},l]=[P_Y\mathcal{F},l]$, 其中 $Y=E^+$. 因为对于 $\epsilon,\delta>0$ 以及任意的 $(C)_c$-序列 $\{z_n\}$, 存在 $n_0\in\mathbb{N}$, 使得 $z_n\in U_\epsilon([\mathcal{F},l]\cap\mathcal{I}_{c-\delta}^{c+\delta})$, 其中 $n\geqslant n_0$, 并且 $c\in K$, 那么根据引理 4.1.13, $\mathscr{A}=[\mathcal{F},l]$ 是一个 $(C)_K$-吸引子. 更进一步地, 对于任意的 $z\in\mathscr{A}$, $\|z\|\leqslant l\max\{\|\hat{z}\|:\hat{z}\in\mathcal{F}\}$, 因此在 $\mathcal{F}$ 有限的假设下, $\mathscr{A}$ 是有限的.

容易看出对任意的有限集 $\mathcal{B}$ 都有 $\mu:=\inf\{\|z-z'\|:z,z'\in[\mathcal{B},l],z\neq z'\}>0$. 实际上, 如果我们考虑两个极小化序列 $\{z_m\},\{z_m'\}\subset[\mathcal{B},l]$, 使得

$$z_m\neq z_m',\quad \|z_m-z_m'\|\to\mu.$$

根据 $\mathcal{B}$ 是有限集, 因此

$$z_m=\sum_{i=1}^{j}A_i^m*v_i,\quad z_m'=\sum_{s=1}^{r}B_s^m*w_s,$$

其中 $v_i,w_s\in\mathcal{B}$. 那么我们有

$$\left\|\sum_{i=1}^{j}A_i^m*v_i-\sum_{s=1}^{r}B_s^m*w_s\right\|\to\mu,\quad m\to\infty.$$

根据范数的平移不变性, 我们不妨假设 $A_1^m=0$. 那么, 我们考虑下面两种情形.

情形 I 对于任意的 $1\leqslant i\leqslant j$ 与 $1\leqslant s\leqslant r$, $\{A_i^m\}$ 和 $\{B_s^m\}$ 关于 m 都是有界的. 那么当 m 足够大的时候, $\|z_m-z_m'\|$ 不依赖于 m. 再根据 $z_m\neq z_m'$, 我们有 $\mu>0$.

情形 II 存在 j_1, s_1 使得对于任意的 $j_1 < i \leqslant j$, $s_1 < s \leqslant r$, $\{A_i^m\}$ 与 $\{B_s^m\}$ 都是无界的. 那么

$$\|z_m - z'_m\| = \left\|\sum_{i=1}^{j_1} A_i^m * v_i - \sum_{s=1}^{s_1} B_s^m * w_s\right\| + \left\|\sum_{i=j_1+1}^{j} A_i^m * v_i - \sum_{s=s_1+1}^{r} B_s^m * w_s\right\| + \epsilon_m,$$

其中 $\epsilon_m \to 0 (m \to \infty)$. 那么要么第一项是正的, 这意味着 $\mu > 0$, 要么第一项等于 0, 于是

$$\left\|\sum_{i=j_1+1}^{j} A_i^m * v_i - \sum_{s=s_1+1}^{r} B_s^m * w_s\right\| \to \mu, \quad m \to \infty.$$

于是我们也可以把每项进行平移然后令第一项 $A_{j_1+1}^m = 0$, 然后重复操作, 只有一项剩余, 即 $j = j_1$ 或者 $r = s_1$. 假设 $j = j_1$,

$$\|z_m - z'_m\| = \left\|\sum_{s=s_1+1}^{r} B_s^m * w_s\right\| + \epsilon'_m,$$

其中 $\epsilon'_m \to 0 (m \to \infty)$. 此时, 左边项的范数就不可能是 0. 那么, 只剩 $j = r$ 的情况, 对 m 足够大的时候, $z_m = z'_m$, 矛盾. 因此, 我们得到 $\mu > 0$.

于是我们有

$$\inf\left\{\|z_1^+ - z_2^+\| : z_1, z_2 \in \mathscr{A}, z_1^+ \neq z_2^+\right\} > 0.$$

因此, (Φ_I) 成立. 这样我们就得到了矛盾.

因此, $\mathcal{K}/\mathbb{Z}^3$ 不是有限集, 这意味着 (NDK) 有无穷多的几何不同解. 类似地, (NDK') 也有无穷多的几何不同解.

7.2 半经典态的多解性

7.2.1 $\mathbb{R}^n$ 上的非线性 Dirac 方程的半经典态的多重性

本小节, 我们将关注下面的 n 维空间上的非线性 Dirac 方程:

$$-i\hbar \sum_{k=1}^{n} \alpha_k \partial_k \varphi + a\beta w + V(x)\varphi = F_\varphi(x, \varphi), \tag{7.2.1}$$

其中 $(\{\alpha_k\}_{k=1}^n, \beta)$ 是 $(n+1)$-重 Dirac 矩阵:

(1) $\beta^* = \beta$ 且 $\alpha_k^* = \alpha_k$ 对于 $k = 1, \cdots, n$, 即 β 和 α_k 是自共轭的.

(2) $\beta^2 = I_{N\times N}, \alpha_k\beta + \beta\alpha_k = 0$ 且 $\alpha_i\alpha_j + \alpha_j\alpha_i = 2\delta_{ij}I_{N\times N}$ 对于 $i, j = 1, \cdots, n$.

关于 $(n+1)$-重 Dirac 矩阵我们有下面的引理.

引理 7.2.1 ([120]) 当 $N = 2^{[(n+1)/2]}$ 时, 在 $M_N(\mathbb{C})$ 中存在 $n+1$-重 Dirac 矩阵, 其中 $[r]$ 表示非负实数 r 的整数部分. 进而, $(\{\alpha_k\}_{k=1}^n, \beta)$ 有如下表达式:

$$\beta = \begin{pmatrix} I_{\frac{N}{2}} & 0 \\ 0 & -I_{\frac{N}{2}} \end{pmatrix}, \quad \alpha_k = \begin{pmatrix} 0 & a_k \\ a_k^* & 0 \end{pmatrix}, \quad k = 1, \cdots, n,$$

其中 a_k 是 $\dfrac{N}{2} \times \dfrac{N}{2}$ 矩阵 (若 n 是奇的, 那么其是 Hermitian 矩阵).

1. 主要结果

情形 (A): 次临界非线性

为了方便起见, 记 $\varepsilon = \hbar$ 且 $\alpha \cdot \nabla = \sum\limits_{k=1}^{n} \alpha_k\partial_k$, 一方面, 我们考虑次临界非线性项: $F_\varphi(x, \varphi) = W(x)|\varphi|^{p-2}\varphi$, 则方程 (7.2.1) 可重新写为

$$-i\varepsilon\alpha \cdot \nabla w + a\beta w + V(x)w = W(x)|w|^{p-2}w, \tag{7.2.2}$$

其中 $p \in (2, 2^*)$, $2^* = 2n/(n-1)$.

为了叙述我们的结果, 列举一些记号:

$$\tau := \min_{x\in\mathbb{R}^n} V(x), \quad \mathcal{V} := \{x \in \mathbb{R}^n : V(x) = \tau\}, \quad \tau_\infty := \liminf_{|x|\to\infty} V(x),$$

$$\kappa := \max_{x\in\mathbb{R}^n} W(x), \quad \mathcal{W} := \{x \in \mathbb{R}^n : W(x) = \kappa\}, \quad \kappa_\infty := \limsup_{|x|\to\infty} W(x),$$

$$\text{对于 } x_v \in \mathcal{V}, \quad \text{记} \quad \kappa_v := W(x_v) \equiv \max_{x\in\mathcal{V}} W(x),$$

$$\text{对于 } x_w \in \mathcal{W}, \quad \text{记} \quad \tau_w := V(x_w) \equiv \max_{x\in\mathcal{W}} V(x).$$

假设位势函数满足:

$(P_0)V, W \in \mathcal{C}^1 \cap L^\infty(\mathbb{R}^n, \mathbb{R}), \|V\|_{L^\infty} < a, \inf\limits_{x\in\mathbb{R}^n} W(x) > 0$;

$(P_1)\tau < \tau_\infty$ 且存在 $R_v > 0$ 使得 $\kappa_v \geqslant W(x)$ 对所有的 $|x| \geqslant R_v$;

$(P_2)\kappa > \kappa_\infty$ 且存在 $R_w > 0$ 使得 $\tau_w \leqslant V(x)$ 对所有的 $|x| \geqslant R_w$.

如果 (P_1) 成立, 我们可以记

$$\mathcal{H}_1 = \{x \in \mathcal{V} : W(x) = \kappa_v\} \cup \{x \notin \mathcal{V} : W(x) > \kappa_v\}.$$

如果 (P_2) 成立, 我们可以记

$$\mathcal{H}_2=\{x\in\mathcal{W}:V(x)=\tau_w\}\cup\{x\notin\mathcal{W}:V(x)<\tau_w\}.$$

进而, 若 $\mathcal{V}\cap\mathcal{W}\neq\varnothing$, 则 $\kappa_v=\kappa,\tau_w=\tau$, 因此 $\mathcal{H}_1=\mathcal{V}\cap\mathcal{W}$ 或者 $\mathcal{H}_2=\mathcal{V}\cap\mathcal{W}$.

现在陈述我们的主要结果.

定理 7.2.2 ([61])　假设 (P_0) 和 (P_1) 成立, 令

$$m=\left[\left(\frac{a+\tau_\infty}{a+\tau}\right)^{\frac{p}{p-2}-n}\left(\frac{\kappa_v}{\kappa_\infty}\right)^{\frac{2}{p-2}}\right]. \tag{7.2.3}$$

则存在 $\varepsilon_m>0$ 使得对于 $\varepsilon\leqslant\varepsilon_m$, (7.2.2) 至少有 m 对解 $w_\varepsilon\in\bigcap\limits_{s\geqslant 2}W^{1,s}(\mathbb{R}^n,\mathbb{C}^N)$.

定理 7.2.3 ([61])　假设 (P_0) 和 (P_2) 成立, 令

$$m=\left[\left(\frac{a+\tau_\infty}{a+\tau_w}\right)^{\frac{p}{p-2}-n}\left(\frac{\kappa}{\kappa_\infty}\right)^{\frac{2}{p-2}}\right]. \tag{7.2.4}$$

则定理 7.2.2 的所有结论都成立.

注 7.2.4　另外假设 ∇V 和 ∇W 有界, 则上面得到的解中的基态解 (最小能量解) 记为 w_ε 满足 (参见 [62]):

(i) 存在 $|w_\varepsilon|$ 的一个最大值点 x_ε, 使得在子列意义下, $x_\varepsilon\to x_0(\varepsilon\to 0)$, $\lim\limits_{\varepsilon\to 0}\operatorname{dist}(x_\varepsilon,\mathcal{H}_1)=0$ (在定理 7.2.3 中, 我们用 $(\mathcal{H}_2)$ 代替 $(\mathcal{H}_1)$), 并且 $v_\varepsilon(x):=w_\varepsilon(\varepsilon x+x_\varepsilon)$ 在 $H^1(\mathbb{R}^n,\mathbb{C}^N)$ 中收敛到下面方程的一个基态解,

$$-i\alpha\cdot\nabla u+a\beta u+V(x_0)u=W(x_0)|u|^{p-2}u,\quad x\in\mathbb{R}^n. \tag{7.2.5}$$

特别地, 如果 $\mathcal{V}\cap\mathcal{W}\neq\varnothing$, 则 $\lim\limits_{\varepsilon\to 0}\operatorname{dist}(x_\varepsilon,\mathcal{V}\cap\mathcal{W})=0$, 且在子列意义下, v_ε 在 $H^1(\mathbb{R}^n,\mathbb{C}^N)$ 中收敛到下面方程的一个基态解,

$$-i\alpha\cdot\nabla u+a\beta u+\tau u=\kappa|u|^{p-2}u,\quad x\in\mathbb{R}^n. \tag{7.2.6}$$

(ii) 存在不依赖于 ε 的正常数 C_1,C_2 使得

$$|w_\varepsilon(x)|\leqslant C_1e^{-\frac{C_2}{\varepsilon}|x-x_\varepsilon|},\quad\forall x\in\mathbb{R}^n.$$

情形 (B): 临界非线性

另一方面, 我们考虑临界非线性 Dirac 方程:

$$-i\varepsilon\alpha\cdot\nabla w+a\beta w+V(x)w=W_1(x)|w|^{p-2}w+W_2(x)|w|^{2^*-2}w. \tag{7.2.7}$$

下面记 S 为最佳 Sobolev 嵌入常数

$$S\|u\|_{L^{2^*}}^2 \leqslant \|u\|_{\dot{H}^{\frac{1}{2}}}^2, \quad \text{对所有的 } u \in \dot{H}^{\frac{1}{2}}\left(\mathbb{R}^n, \mathbb{C}^N\right).$$

这里我们用记号 $\dot{H}^{\frac{1}{2}}\left(\mathbb{R}^n, \mathbb{C}^N\right)$ 表示 $\mathcal{C}_c^\infty\left(\mathbb{R}^n, \mathbb{C}^N\right)$ 关于范数

$$\|u\|_{\dot{H}^{\frac{1}{2}}}^2 := \int_{\mathbb{R}^n} |\zeta| \cdot |\hat{u}(\zeta)|^2 d\zeta$$

的完备空间, 其中 $\hat{u}$ 是 u 的 Fourier 变换. 令 γ_p 表示下面方程的最小能量,

$$-i\alpha \cdot \nabla u + a\beta u = |u|^{p-2}u. \tag{7.2.8}$$

记

$$\mathcal{R}_p := \left(\frac{S^n}{2n\gamma_p}\right)^{p-2}.$$

我们还需要下面的记号: 对于 $j = 1, 2$,

$$\kappa_j := \max_{x \in \mathbb{R}^n} W_j(x), \quad \mathcal{W}_j := \{x \in \mathbb{R}^n : W_j(x) = \kappa_j\}, \quad \kappa_{j\infty} := \limsup_{|x| \to \infty} W_j(x),$$

$$\text{对于 } x_{jv} \in \mathcal{V}, \quad \text{记} \quad \kappa_{jv} := W_j(x_{jv}) \equiv \max_{x \in \mathcal{V}} W_j(x),$$

$$\text{对于 } x_w \in \tilde{\mathcal{W}}, \quad \text{记} \quad \tau_w := V(x_w) \equiv \max_{x \in \tilde{\mathcal{W}}} V(x), \quad \text{其中 } \tilde{\mathcal{W}} := \mathcal{W}_1 \cap \mathcal{W}_2.$$

对于 $\vec{x} = (x_1, x_2), \vec{y} = (y_1, y_2) \in \mathbb{R}^2$, 若 $x_1 \geqslant y_1$ 且 $x_2 \geqslant y_2$, 我们称 $\vec{x} \geqslant \vec{y}$. 另外, 若 $\vec{x} \geqslant \vec{y}$ 且 $\min\{x_1 - x_2, y_1 - y_2\} > 0$, 我们称 $\vec{x} > \vec{y}$. 接下来, 对于 $\mu \in (-a, \tau_\infty]$ 和 $\vec{\nu} = (\nu_1, \nu_2) \in \mathbb{R}^2$ 且 $\vec{\nu} \geqslant \vec{0}$, 令

$$m(\mu, \vec{\nu}) = \min\left\{\left(\frac{a + \tau_\infty}{a + \mu}\right)^{\frac{p}{p-2} - n}\left(\frac{\nu_1}{\kappa_{1\infty}}\right)^{\frac{2}{p-2}}, \quad \left(\frac{\nu_2}{\kappa_{2\infty}}\right)^{\frac{2}{2^*-2}}\right\} \tag{7.2.9}$$

且 $\vec{\kappa} = (\kappa_1, \kappa_2), \vec{\kappa}_\infty = (\kappa_{1\infty}, \kappa_{2\infty}), \vec{\kappa}_v = (\kappa_{1v}, \kappa_{2v})$.

假设位势函数满足: 对于 $j = 1, 2$,

(Q_0) $V, W_j \in \mathcal{C}^1 \cap L^\infty(\mathbb{R}^n, \mathbb{R}), -a < V(x) \leqslant 0, \inf\limits_{x \in \mathbb{R}^n} W_j(x) > 0$;

(Q_1) $\tau < \tau_\infty$ 且存在 $R_v > 0$ 使得 $\kappa_{jv} \geqslant W_j(x)$ 对所有的 $|x| \geqslant R_v$;

(Q_2) $\vec{\kappa} > \vec{\kappa}_\infty$ 且存在 $R_w > 0$ 使得 $\tau_w \leqslant V(x)$ 对所有的 $|x| \geqslant R_w$;

(Q_3) $\left(\dfrac{a}{a + \tau_\infty}\right)^{(2n-1)(p-2)-2} \dfrac{\kappa_{2\infty}^{(n-1)(p-2)}}{\kappa_{1\infty}^2} < \mathcal{R}_p$.

若 (Q_1) 成立, 我们可以记

$$\mathcal{H}_v=\{x\in\mathcal{V}:W_j(x)=\kappa_{jv},j=1,2\}\cup\{x\notin\mathcal{V}:W_j(x)>\kappa_{jv},j=1,2\}.$$

若 (Q_2) 成立, 我们可以记

$$\mathcal{H}_w=\{x\in\tilde{\mathcal{W}}:V(x)=\tau_w\}\cup\{x\notin\tilde{\mathcal{W}}:V(x)<\tau_w\}.$$

进而, 若 $\mathcal{V}\cap\tilde{\mathcal{W}}\neq\varnothing$, 则 $\kappa_{jv}=\kappa_j,\tau_w=\tau$, 因此 $\mathcal{H}_v=\mathcal{V}\cap\tilde{\mathcal{W}}$ 或 $\mathcal{H}_w=\mathcal{V}\cap\tilde{\mathcal{W}}$.

在上面的假设条件下, 我们可以得到以下结果, 见 [61].

定理 7.2.5 假设 (Q_0), (Q_1) 和 (Q_3) 成立, 令 $m=[m(\tau,\vec{\kappa}_v)]$. 则存在 $\varepsilon_m>0$ 使得对于 $\varepsilon\leqslant\varepsilon_m$, 方程(7.2.7) 至少有 m 对解 $w_\varepsilon\in\bigcap\limits_{s\geqslant2}W^{1,s}(\mathbb{R}^n,\mathbb{C}^N)$.

定理 7.2.6 假设 (Q_0), (Q_2) 和 (Q_3) 成立, 令 $m=[m(\tau_w,\vec{\kappa})]$, 则定理 7.2.5 的所有结论都成立.

注 7.2.7 假设 $p<3$ 或 $\left(\dfrac{a}{a+\tau}\right)^{(2n-1)(p-2)-2}\dfrac{\kappa_{2\infty}^{(n-1)(p-2)}}{\kappa_{1\infty}^2}<\mathcal{R}_p$. 若 ∇V 和 $\nabla W_j(j=1,2)$ 有界, 则上面得到的解中的基态解 (最小能量解) 记为 w_ε 满足 (参见 [62]):

(i) 存在 $|w_\varepsilon|$ 的最大值点 x_ε 使得在子列意义下 $x_\varepsilon\to x_0(\varepsilon\to0)$, $\lim\limits_{\varepsilon\to0}\operatorname{dist}(x_\varepsilon,\mathcal{H}_v)=0$ (在定理 7.2.6 中我们用 $(\mathcal{H}_w)$ 代替 $(\mathcal{H}_v)$), 并且 $v_\varepsilon(x):=w_\varepsilon(\varepsilon x+x_\varepsilon)$ 在 $H^1(\mathbb{R}^n,\mathbb{C}^N)$ 中收敛到下面方程的一个基态解,

$$-i\alpha\cdot\nabla w+a\beta w+V(x_0)w=W_1(x_0)|w|^{p-2}w+W_2(x_0)|w|^{2^*-2}w,\quad x\in\mathbb{R}^n.$$

特别地, 若 $\mathcal{V}\cap\tilde{\mathcal{W}}\neq\varnothing$, 则 $\lim\limits_{\varepsilon\to0}\operatorname{dist}(x_\varepsilon,\mathcal{V}\cap\tilde{\mathcal{W}})=0$, 并且在子列意义下, v_ε 在 $H^1(\mathbb{R}^n,\mathbb{C}^N)$ 中收敛到下面方程的一个基态解,

$$-i\alpha\cdot\nabla w+a\beta w+\tau w=\kappa_1|w|^{p-2}w+\kappa_2|w|^{2^*-2}w,\quad x\in\mathbb{R}^n.$$

(ii) 存在不依赖于 ε 的正常数 C_1,C_2 使得

$$|w_\varepsilon(x)|\leqslant C_1e^{-\frac{C_2}{\varepsilon}|x-x_\varepsilon|},\quad\forall x\in\mathbb{R}^n.$$

注 7.2.8 对于次临界的情况, 我们注意到在 (7.2.3) 中, 若 $\tau\to-a$ 时, m 可以充分大. 对于 (7.2.4) 有相似的结论. 对于临界的情况, 我们可以根据 (7.2.9) 得到若 $\kappa_{1\infty},\kappa_{2\infty}$ 很小, m 可以充分大. 在这种情况下, κ_1,κ_2 可以充分大, 这在文献 [38] 中是一个开放问题.

2. 变分框架与预备知识

为了书写方便, 记

$$H_0 := -i\sum_{k=1}^{n}\alpha_k\partial_k + a\beta$$

为 Dirac 算子. 众所周知, H_0 为 $L^2 \equiv L^2(\mathbb{R}^n,\mathbb{C}^N)$ 上的自伴算子, 其定义域为 $\mathscr{D}(H_0) = H^1(\mathbb{R}^n,\mathbb{C}^N)$, 根据 [62, 引理 2.1], 我们可以知道

$$\sigma(H_0) = \sigma_c(H_0) = \mathbb{R}\setminus(-a,a),$$

其中 $\sigma(H_0)$ 和 $\sigma_c(H_0)$ 分别表示算子 H_0 的谱集与连续谱集. 因此 L^2 将有如下的正交分解:

$$L^2 = L^-\oplus L^+,\quad u = u^- + u^+,$$

使得 H_0 在 L^+ 和 L^- 上分别是正定的和负定的. 记 $|H_0|$ 和 $|H_0|^{1/2}$ 分别表示算子 H_0 的绝对值和平方根. 定义 $E := \mathscr{D}(|H_0|^{\frac{1}{2}}) = H^{\frac{1}{2}}(\mathbb{R}^n,\mathbb{C}^N)$ 是 Hilbert 空间并赋予内积

$$(u,v) = \Re(|H_0|^{\frac{1}{2}}u, |H_0|^{\frac{1}{2}}v)_{L^2}$$

以及诱导范数 $\|u\| = (u,u)^{\frac{1}{2}}$, 其中 $\Re$ 表示复数的实部. 更多地, 通过 E 的定义不难看出其具有如下正交分解

$$E = E^-\oplus E^+,\quad 其中\ E^\pm = E\cap L^\pm,$$

并且该分解关于 $(\cdot,\cdot)_{L^2}$ 和 $(\cdot,\cdot)$ 都是正交的.

接下来, 记

$$V_\varepsilon(x) = V(\varepsilon x),\quad W_\varepsilon(x) = W(\varepsilon x),\quad W_{j\varepsilon}(x) = W_j(\varepsilon x),\ j = 1,2,$$

$$f(x,|u|) = \begin{cases} W(x)|u|^{p-2}, & 在次临界的情况中, \\ W_1(x)|u|^{p-2} + W_2(x)|u|^{2^*-2}, & 在临界的情况中, \end{cases}$$

$$F_\varepsilon(x,|u|) = \int_0^{|u|} f(\varepsilon x,t)tdt,\quad \Psi_\varepsilon(u) = \int_{\mathbb{R}^n} F_\varepsilon(x,|u|)dx.$$

做伸缩变换 $x\mapsto\varepsilon x$, 我们可以将方程 (7.2.2) 和方程 (7.2.7) 重新写为下面的等价方程

$$-i\alpha\cdot\nabla u + a\beta u + V_\varepsilon(x)u = f_\varepsilon(x,|u|)u,\quad x\in\mathbb{R}^n. \tag{7.2.10}$$

在 E 上, 我们定义其能量泛函 Φ_ε 为

$$\Phi_\varepsilon(u)=\frac{1}{2}\|u^+\|^2-\frac{1}{2}\|u^-\|^2+\frac{1}{2}\int_{\mathbb{R}^n}V_\varepsilon(x)|u|^2dx-\Psi_\varepsilon(u),$$

对于 $u=u^++u^-\in E$. 根据一般性的讨论可知 $\Phi_\varepsilon\in\mathcal{C}^1(E,\mathbb{R})$. 并且对任意的 $u,v\in E$, 我们有

$$\Phi_\varepsilon'(u)v=(u^+-u^-,v)+\Re\int_{\mathbb{R}^n}V(\varepsilon x)u\cdot vdx-\Psi_\varepsilon'(u)v.$$

进而, 可以得到 Φ_ε 的临界点就是 (7.2.10) 的弱解, 此证明可参考 [47, 引理 2.1] 和 [71, 引理 3.3].

为了得到 Φ_ε 临界点的多重性, 我们还是需要先构造其环绕结构. 下面的环绕结构的证明可参见 [62].

引理 7.2.9　在上面的假设条件下, 我们有下面的结论

(i) Ψ_ε 是弱序列下半连续的且 Φ_ε 是弱序列连续的.

(ii) Φ_ε 有环绕结构:

1° 存在不依赖于 ε 的 $r>0$ 和 $\rho>0$ 使得 $\Phi_\varepsilon|_{B_r^+}\geqslant 0$ 且 $\Phi_\varepsilon|_{S_r^+}\geqslant\rho$, 其中 $B_r^+=\{u\in E^+:\|u\|\leqslant r\}$, $S_r^+=\{u\in E^+:\|u\|=r\}$;

2° 对任意的有限维线性子空间 $H\subset E^+$, 存在 $R=R_H>0$ 和 $C=C_H>0$ 使得 $\Phi_\varepsilon(u)<0$ 对所有的 $u\in\hat{E}_H\backslash B_R$ 并且 $\max\Phi_\varepsilon\left(\hat{E}_H\right)\leqslant C$, 其中 $\hat{E}_H=E^-\oplus H$.

令 c_ε 表示 Φ_ε 的极值, 根据环绕结构定义如下:

$$c_\varepsilon:=\inf_{e\in E^+\backslash\{0\}}\max_{u\in E_e}\Phi_\varepsilon(u)=\inf_{e\in E^+\backslash\{0\}}\max_{u\in\hat{E}_e}\Phi_\varepsilon(u).\tag{7.2.11}$$

记 $\mathscr{K}_\varepsilon:=\{u\in E:\Phi_\varepsilon'(u)=0\}$ 是 Φ_ε 的临界点集. 注意到, 如果 $u\in\mathscr{K}_\varepsilon$, 那么

$$\Phi_\varepsilon(u)=\Phi_\varepsilon(u)-\frac{1}{2}\Phi_\varepsilon'(u)u=\int_{\mathbb{R}^n}\left(\frac{1}{2}f(\varepsilon x,|u|)|u|^2-F(\varepsilon x,|u|)\right)dx\geqslant 0.$$

利用 [80, 命题 3.2] 的迭代讨论, 容易验证下面关于正则性的结论 (参见 [62]).

引理 7.2.10　如果 $u\in\mathscr{K}_\varepsilon$ 满足 $\Phi_\varepsilon(u)\leqslant C_1$ 且 $\|u\|_{L^2}\leqslant C_2$, $q\in[2,\infty)$, 那么 $u\in W^{1,q}\left(\mathbb{R}^n,\mathbb{C}^N\right)$ 且 $\|u\|_{W^{1,q}}\leqslant\Lambda_q$, 其中 Λ_q 只依赖 C_1,C_2 和 q.

为了进一步描述 c_ε, 我们还需要回顾山路型的内容 (参见 [3] 或 [69,104,116]). 考虑对固定的 $u\in E^+$, 定义映射 $\phi_u(v)=\Phi_\varepsilon(u+v)$. 注意到对任意的 $v,w\in E$,

$$\phi_u''(v)[w,w]=-\|w\|^2+\int_{\mathbb{R}^n}V_\varepsilon(x)|w|^2dx-\Psi_\varepsilon''(u+v)[w,w].$$

因为 $\|V\|_{L^\infty} < a$ 并且 Ψ_ε 是严格凸的, 那么存在唯一的 h_ε 满足

$$\phi_u\left(h_\varepsilon(u)\right) = \max_{v\in E^-} \phi_u(v). \tag{7.2.12}$$

显然 $v \neq h_\varepsilon(u)$ 当且仅当 $\Phi_\varepsilon(u+v) < \Phi_\varepsilon(u+h_\varepsilon(u))$. 定义 $I_\varepsilon : E^+ \to \mathbb{R}$ 为 $I_\varepsilon(u) = \Phi_\varepsilon\left(u+h_\varepsilon(u)\right)$, 即

$$I_\varepsilon(u) = \frac{1}{2}\left(\|u\|^2 - \|h_\varepsilon(u)\|^2\right) + \frac{1}{2}\int_{\mathbb{R}^n} V_\varepsilon(x)\left|u+h_\varepsilon(u)\right|^2 dx - \Psi_\varepsilon\left(u+h_\varepsilon(u)\right).$$

记

$$\mathscr{N}_\varepsilon := \left\{u \in E^+\backslash\{0\} : I'_\varepsilon(u)u = 0\right\}.$$

下面我们称 $\{h_\varepsilon(\cdot), I_\varepsilon(\cdot), \mathscr{N}_\varepsilon\}$ 为下面方程的山路型约化:

$$-i\alpha\cdot\nabla u + a\beta u + V_\varepsilon(x)u = f_\varepsilon(x,|u|)u.$$

易知,

$$c_\varepsilon = \inf_{u\in\mathscr{N}_\varepsilon} I_\varepsilon(u)$$

(见 [3,44,69]). 再结合 (7.2.11), 可推出

引理 7.2.11 存在一列 $\{e_n\} \subset E^+\backslash\{0\}$, 并记 $u_n = e_n + h_\varepsilon(e_n)$, 使得当 $n\to\infty$ 时,

$$\Phi_\varepsilon(u_n) \to c_\varepsilon \quad 且 \quad \Phi'_\varepsilon(u_n) \to 0.$$

另外, 我们有

引理 7.2.12 假设 $\{u_n = u_n^+ + u_n^-\}$ 是 Φ_ε 的 $(PS)_c$-序列并且令 $v_n = u_n^+ + h_\varepsilon(u_n^+), z_n = u_n^- - h_\varepsilon(u_n^+)$. 那么, $\|z_n\| \to 0$ 且 $\{v_n\}$ 也是 Φ_ε 的 $(PS)_c$-序列, 即, u_n^+ 是 I_ε 的 $(PS)_c$-序列. 因此, $c=0$ 或 $c \geqslant c_\varepsilon$.

证明 我们只需要证明 $\|z_n\| \to 0$. 注意到

$$0 = \Phi'_\varepsilon(v_n)z_n = -\left(h_\varepsilon\left(u_n^+\right), z_n\right) + \Re\int_{\mathbb{R}^n} V_\varepsilon v_n z_n dx - \Psi'_\varepsilon(v_n)z_n,$$

并且因为 $\{u_n\}$ 是一个 $(PS)_c$-序列,

$$o(1) = \Phi'_\varepsilon(u_n)z_n = -\left(u_n^-, z_n\right) + \Re\int_{\mathbb{R}^n} V_\varepsilon u_n z_n dx - \Psi'_\varepsilon(u_n)z_n.$$

所以,

$$o(1) = \|z_n\|^2 - \int_{\mathbb{R}^n} V_\varepsilon |z_n|^2 dx + \left(\Psi'_\varepsilon(v_n+z_n) - \Psi'_\varepsilon(v_n)\right)z_n.$$

因为 $F_\varepsilon(x,|u|)$ 是严格凸的, $\left(\Psi_\varepsilon'(v_n+z_n)-\Psi_\varepsilon'(v_n)\right)z_n\geqslant 0$, 结合 $\|V\|_{L^\infty}<a$, 得到

$$o(1)\geqslant\left(1-\frac{\|V\|_{L^\infty}}{a}\right)\|z_n\|^2.$$

所以, $\|z_n\|\to 0$. 最后, 根据 (7.2.11) 可知: 若 $c\neq 0$, 那么 $c\geqslant c_\varepsilon$. □

接下来, 为了方便, 我们记 Φ_0 为下面方程的能量泛函

$$-i\alpha\cdot\nabla u+a\beta u+V(0)u=f(0,|u|)u. \tag{7.2.13}$$

相应地, 我们定义方程 (7.2.13) 的 c_0, 临界点集 $\mathscr{K}_0$ 和山路型约化 $\{h_0,I_0,\mathscr{N}_0\}$. 下面结论的证明将分为次临界情形和临界情形, 关于次临界情形的证明可参考 [47], 对于临界情形的证明可参考 [71].

引理 7.2.13　在上面的假设条件下, 我们有

(1) 对任意的 $u\in E^+\backslash\{0\}$, 存在唯一的 $t_\varepsilon=t_\varepsilon(u)>0$ 使得 $t_\varepsilon u\in\mathscr{N}_\varepsilon$. 进而,

$$\lim_{\varepsilon\to 0}t_\varepsilon(u)=t_0(u),\quad \lim_{\varepsilon\to 0}\|h_\varepsilon(t_\varepsilon u)-h_0(t_0u)\|=0,\quad \limsup_{\varepsilon\to 0}c_\varepsilon\leqslant I_0(t_0u).$$

另外, 若 $u\in\mathscr{N}_0$, 则 $t_0=1$.

(2) $\lim\limits_{\varepsilon\to 0}c_\varepsilon=c_0$.

3. 极限方程

首先, 我们通过 Pohozaev 恒等式得到一个关于常系数 Dirac 方程的能量表达式. 此表达式将应用于后面关于极限方程的讨论中.

引理 7.2.14　假设 u 是下面方程的解

$$-i\alpha\cdot\nabla u+a\beta u+\mu u=\nabla F(u),\quad u\in H^1(\mathbb{R}^n,\mathbb{C}^N), \tag{7.2.14}$$

其中 $F(u)=\dfrac{\nu}{p}|u|^p$ 或 $F(u)=\dfrac{\nu_1}{p}|u|^p+\dfrac{\nu_2}{2^*}|u|^{2^*}$. 那么, 其能量泛函 $\Phi(u)$ 满足

$$\Phi(u)=\frac{n-2}{2n}\int_{\mathbb{R}^n}\langle -i\alpha\cdot\nabla u,u\rangle\,dx.$$

证明　由 Pohozaev 恒等式 ([80]) 可得

$$\int_{\mathbb{R}^n}\langle -i\alpha\cdot\nabla u,u\rangle\,dx=\frac{n}{2}\int_{\mathbb{R}^n}\left(-\langle a\beta u,u\rangle-\mu|u|^2+2F(u)\right)dx.$$

另一方面, 由于 u 是方程 (7.2.14) 的解, 所以

$$\int_{\mathbb{R}^n}\langle -i\alpha\cdot\nabla u,u\rangle\,dx=\int_{\mathbb{R}^n}\left(-\langle a\beta u,u\rangle-\mu|u|^2+\nabla F(u)\bar{u}\right)dx.$$

将上面两式相减, 我们有

$$\frac{n-2}{2}\int_{\mathbb{R}^n}\left(\langle a\beta u,u\rangle+\mu|u|^2\right)dx=\int_{\mathbb{R}^n}\left(nF(u)-\nabla F(u)\bar{u}\right)dx,$$

再结合 u 是方程 (7.2.14) 的解, 经过简单的计算可推知

$$\begin{aligned}\Phi(u)&=\Phi(u)-\frac{1}{n}\Phi'(u)u\\&=\frac{n-2}{2n}\int_{\mathbb{R}^n}\langle -i\alpha\cdot\nabla u,u\rangle dx+\frac{n-2}{2n}\int_{\mathbb{R}^n}\left(\langle a\beta u,u\rangle+\mu u^2\right)dx\\&\quad-\int_{\mathbb{R}^n}\left(F(u)-\frac{1}{n}\nabla F(u)\bar{u}\right)dx\\&=\frac{n-2}{2n}\int_{\mathbb{R}^n}\langle -i\alpha\cdot\nabla u,u\rangle dx.\end{aligned}$$

证明完成. □

1) 极限方程: 次临界情形

考虑对任意的 $\tau\leqslant\mu\leqslant\tau_\infty$ 和 $\kappa_\infty\leqslant\nu\leqslant\kappa$,

$$-i\alpha\cdot\nabla u+a\beta u+\mu u=\nu|u|^{p-2}u. \tag{7.2.15}$$

它的解是下面泛函的临界点

$$\Gamma_{\mu\nu}(u):=\frac{1}{2}\left(\left\|u^+\right\|^2-\left\|u^-\right\|^2\right)+\frac{\mu}{2}\int_{\mathbb{R}^n}|u|^2dx-\frac{\nu}{p}\int_{\mathbb{R}^n}|u|^pdx,$$

其中 $u=u^++u^-\in E$. 分别记临界点集, 最小能量及 $\Gamma_{\mu\nu}$ 的最小能量解的集合如下:

$$\mathscr{L}_{\mu\nu}:=\left\{u\in E:\Gamma'_{\mu\nu}(u)=0\right\},$$

$$\gamma_{\mu\nu}:=\inf\left\{\Gamma_{\mu\nu}(u):u\in\mathscr{L}_{\mu\nu}\backslash\{0\}\right\},$$

$$\mathscr{R}_{\mu\nu}:=\left\{u\in\mathscr{L}_{\mu\nu}:\Gamma_{\mu\nu}(u)=\gamma_{\mu\nu},|u(0)|=\|u\|_{L^\infty}\right\}.$$

在文献 [47,71] 中, 我们能总结以下结论:

(i) $\mathscr{L}_{\mu\nu}\neq\varnothing,\gamma_{\mu\nu}>0$ 且 $\mathscr{L}_{\mu\nu}\subset\bigcap\limits_{q\geqslant 2}W^{1,q}$,

(ii) $\gamma_{\mu\nu}$ 是可达的, 并且 $\mathscr{R}_{\mu\nu}$ 在 $H^1\left(\mathbb{R}^n,\mathbb{C}^N\right)$ 中是紧的,

(iii) 存在 $C,c>0$ 使得 $|u(x)|\leqslant Ce^{-c|x|}$ 对所有的 $x\in\mathbb{R}^n$ 和 $u\in\mathscr{R}_{\mu\nu}$.

利用 γ_p 我们有下面的表达式 (见 [62, 引理 3.4]).

引理 7.2.15 方程 (7.2.15) 对应的最小能量记为 $\gamma_{\mu\nu}$, 则

$$\gamma_{\mu\nu} \leqslant \left(\frac{a}{a+\mu}\right)^{\frac{-2}{p-2}+n-1} \nu^{\frac{-2}{p-2}}\gamma_p.$$

引理 7.2.16 令 $-a < \mu_j < a$ 且 $\nu_j > 0, j = 1,2$, 如果 $\min\{\mu_2-\mu_1, \nu_1-\nu_2\} > 0$, 那么 $\gamma_{\mu_1\nu_1} < \gamma_{\mu_2\nu_2}$. 特别地, 若 $\mu_1 < \mu_2$, 则 $\gamma_{\mu_1\nu} < \gamma_{\mu_2\nu}$; 若 $\nu_1 < \nu_2$, 则 $\gamma_{\mu\nu_1} > \gamma_{\mu\nu_2}$.

下面的引理描述的是不同参数 $\mu \in (-a,a)$ 和 $\nu > 0$ 的基态能量值的一个比较. 这将会在下节中证明存在性结果起到至关重要的作用. 这个结果是从 $\gamma_{\mu\nu}$ 的表达式经过计算直接得来的.

引理 7.2.17 令 $\tau \leqslant \mu \leqslant \tau_\infty$ 且 $\kappa_\infty \leqslant \nu \leqslant \kappa$, 我们有

$$\gamma_{\mu\nu} \leqslant \left(\frac{\kappa_\infty}{\nu}\right)^{\frac{2}{p-2}} \left(\frac{a+\mu}{a+\tau_\infty}\right)^{\frac{p}{p-2}-n} \gamma_\infty,$$

其中 $\gamma_\infty = \gamma_{\tau_\infty\kappa_\infty}$.

证明 假设 u 为方程 (7.2.15) 的最低能量解, 其中 $\mu = \tau_\infty, \nu = \kappa_\infty$ 并且令

$$v(x) = bu(\xi x), \quad b = \left(\frac{\kappa_\infty(a+\mu)}{\nu(a+\tau_\infty)}\right)^{\frac{1}{p-2}}, \quad \xi = \frac{a+\mu}{a+\tau_\infty}. \tag{7.2.16}$$

记 $u = (u_1, u_2) \in \mathbb{C}^2 \times \mathbb{C}^2$, 注意到方程 (7.2.15) 等价于

$$\begin{cases} -i\sigma\cdot\nabla u_2 + (a+\mu)u_1 = \nu|u|^{p-2}u_1, \\ -i\sigma\cdot\nabla u_1 - (a-\mu)u_2 = \nu|u|^{p-2}u_2, \end{cases}$$

对应的能量泛函为

$$\Gamma_{\mu\nu}(u) = \frac{1}{2}\int_{\mathbb{R}^n} \left(\langle -i\alpha\cdot\nabla u, u\rangle + (a+\mu)\left|u_1\right|^2 - (a-\mu)\left|u_2\right|^2\right) dx - \frac{\nu}{p}\int_{\mathbb{R}^n} |u|^p dx.$$

取

$$\eta = \frac{(a+\mu)(a-\tau_\infty)}{(a+\tau_\infty)(a-\mu)}, \tag{7.2.17}$$

那么, v 就是下面方程的最小能量解

$$\begin{cases} -i\sigma\cdot\nabla v_2 + (a+\mu)v_1 = \nu|v|^{p-2}v_1, \\ -i\sigma\cdot\nabla v_1 - \eta(a-\mu)v_2 = \nu|v|^{p-2}v_2. \end{cases}$$

其能量为

$$I(v):=\frac{1}{2}\int_{\mathbb{R}^n}\left(\langle -i\alpha\cdot\nabla v,v\rangle+(a+\mu)\left|v_1\right|^2-\eta(a-\mu)\left|v_2\right|^2\right)dx-\frac{\nu}{p}\int_{\mathbb{R}^n}|v|^p dx.$$

因为

$$\eta-1=\frac{2a\left(\mu-\tau_\infty\right)}{\left(a+\tau_\infty\right)\left(a-\mu\right)}\leqslant 0,$$

即, $\eta\leqslant 1$, 我们有 $\Gamma_{\mu\nu}(v)\leqslant I(v)$, 结合引理 7.2.14 可推知

$$\gamma_{\mu\nu}\leqslant\left(\frac{\kappa_\infty}{\nu}\right)^{\frac{2}{p-2}}\left(\frac{a+\mu}{a+\tau_\infty}\right)^{\frac{p}{p-2}-n}\gamma_\infty. \qquad \square$$

因此, 我们能得到下面的结论.

引理 7.2.18 $m\gamma_{\mu\nu}\leqslant\gamma_\infty$, 其中

$$m=\left[\left(\frac{\nu}{\kappa_\infty}\right)^{\frac{2}{p-2}}\left(\frac{a+\tau_\infty}{a+\mu}\right)^{\frac{p}{p-2}-n}\right].$$

2) 极限方程: 临界情形

接下来, 我们考虑, 对任意的 $\tau\leqslant\mu\leqslant\tau_\infty$ 和 $\kappa_\infty\leqslant\nu_1,\nu_2\leqslant\kappa$,

$$-i\alpha\cdot\nabla u+a\beta u+\mu u=\nu_1|u|^{p-2}u+\nu_2|u|^{2^*-2}u. \tag{7.2.18}$$

对应的能量泛函为

$$\Gamma_{\mu\vec{\nu}}(u):=\Gamma_{\mu\nu_1}(u)-\frac{\nu_2}{2^*}\int_{\mathbb{R}^n}|u|^{2^*}dx=\Gamma_{\mu\nu_2}(u)-\frac{\nu_1}{p}\int_{\mathbb{R}^n}|u|^p dx,$$

对于 $u\in E$, 其中

$$\Gamma_{\mu\nu_1}(u)=\frac{1}{2}\left(\left\|u^+\right\|^2-\left\|u^-\right\|^2\right)+\frac{\mu}{2}\int_{\mathbb{R}^n}|u|^2dx-\frac{\nu_1}{p}\int_{\mathbb{R}^n}|u|^p dx,$$

$$\Gamma_{\mu\nu_2}(u)=\frac{1}{2}\left(\left\|u^+\right\|^2-\left\|u^-\right\|^2\right)+\frac{\mu}{2}\int_{\mathbb{R}^n}|u|^2dx-\frac{\nu_2}{2^*}\int_{\mathbb{R}^n}|u|^{2^*}dx.$$

分别记 $\gamma_{\mu\vec{\nu}},\gamma_{\mu\nu_1},\gamma_{\mu\nu_2}$ 为 $\Gamma_{\mu\vec{\nu}},\Gamma_{\mu\nu_1},\Gamma_{\mu\nu_2}$ 的环绕水平集. 易知

$$\gamma_{\mu\vec{\nu}}<\gamma_{\mu\nu_1},\quad \gamma_{\mu\vec{\nu}}<\gamma_{\mu\nu_2}. \tag{7.2.19}$$

定义 $h_0 : E^+ \to E^-$ 为 $\Gamma_{\mu\vec{\nu}}(u+h_0(u)) = \max\limits_{v\in E^-}\Gamma_{\mu\vec{\nu}}(u+v)$ 对于 $u \in E^+$, 并且 $I_{\mu\vec{\nu}}(u) = \Gamma_{\mu\vec{\nu}}(u+h_0(u))$. 令 $\mathcal{M}_{\mu\vec{\nu}} = \{u \in E^+ : I'_{\mu\vec{\nu}}(u)u = 0\}$.

根据 [62, 引理 3.6], 我们有下面的引理.

引理 7.2.19　假设

$$\left(\frac{a}{a+\mu}\right)^{(2n-1)(p-2)-2}\frac{\nu_2^{(n-1)(p-2)}}{\nu_1^2} < \mathcal{R}_p, \tag{7.2.20}$$

那么 $\gamma_{\mu\vec{\nu}}$ 是可达的.

对任意的向量 $\vec{\nu_j} = (\nu_1^j, \nu_2^j)$, $j=1,2$, 由于 $\vec{\nu_1} \leqslant \vec{\nu_2}$ 意味着 $\min\{\nu_1^2-\nu_1^1, \nu_2^2-\nu_2^1\} \geqslant 0$. 因此, 下面的结论就显而易见了.

引理 7.2.20　令 $\mu_j \in (-a,a)$ 且 $\vec{\nu}_j > 0, j=1,2$. 若 $\mu_1 \leqslant \mu_2$ 且 $\vec{\nu}_1 \geqslant \vec{\nu}_2$, 则 $\gamma_{\mu_1\vec{\nu}_1} \leqslant \gamma_{\mu_2\vec{\nu}_2}$. 如果 $\min\{\mu_2-\mu_1, \vec{\nu}_1-\vec{\nu}_2\} > 0$, 那么 $\gamma_{\mu_1\vec{\nu}_1} < \gamma_{\mu_2\vec{\nu}_2}$.

下面我们令 u 是下面方程的最小能量解

$$-i\alpha\cdot\nabla u + \beta u + \tau_\infty u = \kappa_{1\infty}|u|^{p-2}u + \kappa_{2\infty}|u|^{2^*-2}u. \tag{7.2.21}$$

其能量记为 γ_∞, 这是可达的. 对于 $\tau \leqslant \mu \leqslant \tau_\infty$ 和 $\kappa_{j\infty} \leqslant \nu_j \leqslant \kappa_j$, 令

$$v(x) = bu(\xi x), \quad \xi = \frac{a+\mu}{a+\tau_\infty}, \quad b = \max\{b_1, b_2\},$$

其中

$$b_1 = \left(\frac{\xi\kappa_{1\infty}}{\nu_1}\right)^{\frac{1}{p-2}} \text{ 且 } b_2 = \left(\frac{\xi\kappa_{2\infty}}{\nu_2}\right)^{\frac{1}{2^*-2}}.$$

那么, v 是下面方程的解

$$-i\alpha\cdot\nabla v + a\beta v + M_{\vec{\mu}}v = \frac{\kappa_{1\infty}(a+\mu)}{b^{p-2}\nu_1(a+\tau_\infty)}\nu_1|v|^{p-2}v + \frac{\kappa_{2\infty}(a+\mu)}{b\nu_2(a+\tau_\infty)}\nu_2|v|^{2^*-2}v,$$

其对应的能量为 $I^*(v)$, 其中 $M_{\vec{\mu}} = \begin{pmatrix}\mu_1 I_2 & 0\\ 0 & \mu_2 I_2\end{pmatrix}$,

$$\mu_1 = \xi(a+\tau_\infty) - a = \mu, \quad \mu_2 = a - \xi(a-\tau_\infty) > \mu.$$

根据定义, $\gamma_{\mu\vec{\nu}} \leqslant I^*(v)$. 再由引理 7.2.14, 我们有

$$\gamma_{\mu\vec{\nu}} \leqslant I^*(v) = b^2\left(\frac{a+\tau_\infty}{a+\mu}\right)^{n-1}\gamma_\infty.$$

取

$$m(\mu,\vec{\nu})=\begin{cases}\left(\dfrac{a+\tau_\infty}{a+\mu}\right)^{\frac{p}{p-2}-n}\left(\dfrac{\nu_1}{\kappa_{1\infty}}\right)^{\frac{2}{p-2}}, & \text{若 } b_1\geqslant b_2,\\ \left(\dfrac{\nu_2}{\kappa_{2\infty}}\right)^{\frac{2}{2^*-2}}, & \text{其他},\end{cases} \tag{7.2.22}$$

我们有

$$m(\mu,\vec{\nu})I^*(v)=\gamma_{\vec{\infty}}.$$

因此, 根据上面的定义可得

引理 7.2.21 对于 $\tau\leqslant\mu\leqslant\tau_\infty$, $\kappa_{j\infty}\leqslant\nu_j\leqslant\kappa_j$, 我们有

$$m(\mu,\vec{\nu})\gamma_{\mu\vec{\nu}}<\gamma_{\vec{\infty}}.$$

4. 辅助泛函

对于次临界的情况, 我们考虑辅助函数 $V^\mu=\max\{\mu,V(x)\}, V_\varepsilon^\mu=V^\mu(\varepsilon x)$; $W^\nu=\min\{\nu,W(x)\}, W_\varepsilon^\nu=W^\nu(\varepsilon x)$, 对应的方程为

$$-i\alpha\cdot\nabla u+a\beta u+V_\varepsilon^\mu u=W_\varepsilon^\nu|u|^{p-2}u. \tag{7.2.23}$$

方程 (7.2.23) 的解是其能量泛函

$$\Phi_\varepsilon^{\mu\nu}(u)=\frac{1}{2}\left(\left\|u^+\right\|^2-\left\|u^-\right\|^2\right)+\frac{1}{2}\int_{\mathbb{R}^n}V_\varepsilon^\mu|u|^2dx-\frac{1}{p}\int_{\mathbb{R}^n}W_\varepsilon^\nu(x)|u|^pdx$$

在 $E=E^+\oplus E^-$ 中的临界点. $c_\varepsilon^{\mu\nu}$ 表示 $\Phi_\varepsilon^{\mu\nu}$ 的临界值, 是由环绕结构得到的 (见 (7.2.11)). 同样地, 记 $h_e^{\mu\nu}, I_e^{\mu\nu}, M_e^{\mu\nu}$ 等等, 这些记号与山路型约化的一致. 回顾, 对任意的 $u\in E^+\backslash\{0\}$, 存在唯一的 $t=t(u)>0$ 使得 $t(u)u\in\mathcal{N}_\varepsilon^{\mu\nu}$. 易证 $c_\varepsilon^{\mu\nu}=\inf\{I_\varepsilon^{\mu\nu}(u):u\in\mathcal{N}_\varepsilon^{\mu\nu}\}$. 为了方便起见, 记

$$\Phi_\varepsilon^\infty=\Phi_\varepsilon^{\tau_\infty\kappa_\infty},\quad c_\varepsilon^\infty=c_\varepsilon^{\tau_\infty\kappa_\infty},\quad \mathcal{N}_\varepsilon^\infty=\mathcal{N}_\varepsilon^{\tau_\infty\kappa_\infty},$$

$$\Gamma_\infty=\Gamma_{\tau_\infty\kappa_\infty},\quad \gamma_\infty=\gamma_{\tau_\infty\kappa_\infty}.$$

由引理 7.2.13 可知

引理 7.2.22 当 $\varepsilon\to0$ 时, $c_\varepsilon^\infty\to\gamma_\infty$.

注 7.2.23 类似的可以得到 $\lim\limits_{\varepsilon\to0}c_\varepsilon^{\mu\nu}=\gamma_{\mu\nu}$.

因此, 我们有

引理 7.2.24 若 ε 足够小, 那么对于 $c<\gamma_\infty$, $\Phi_\varepsilon^{\mu\nu}$ 满足 $(PS)_c$-条件.

证明　记 $I(u)=\Phi_{\varepsilon}^{\mu\nu}(u)$, 令 $I\left(u_{n}\right)\rightarrow c$ 且 $I'\left(u_{n}\right)\rightarrow 0$. 那么 $\{u_n\}$ 是有界的, 因此我们可以假设 $u_n \rightharpoonup u$. 显然 $I'(u)=0$. 取 $z_n=u_n-u$, 注意到在 E 中 $z_n \rightharpoonup 0$, 在 L_{loc}^{q} 中 $z_n\rightarrow 0$, $q\in[1,2^*)$ 并且 $z_n(x)\rightarrow 0$ 在 $\mathbb{R}^n$ 中几乎处处成立. 利用 Brezis-Lieb 引理[125], 易证 $\Phi_{\varepsilon}^{\infty}\left(z_{n}\right)\rightarrow c-\Phi_{\varepsilon}^{\mu\nu}(u)$ 且 $\left(\Phi_{\varepsilon}^{\infty}\right)'\left(z_{n}\right)\rightarrow 0$. 若 $c=\Phi_{\varepsilon}^{\mu\nu}(u)$, 则 $z_n\rightarrow 0$, 那么我们可得到结论. 若 $c-\Phi_{\varepsilon}^{\mu\nu}(u)\geqslant c_{\varepsilon}^{\infty}$, 那么 $c\geqslant c_{\varepsilon}^{\mu\nu}+c_{\varepsilon}^{\infty}$, 矛盾. □

对于临界的情况, 我们考虑辅助函数 $W_{j}^{\nu_{j}}=\min\{\nu_{j},W_{j}(x)\}, W_{j\varepsilon}^{\nu_{j}}=W_{j}^{\nu_{j}}(\varepsilon x)$, 方程

$$-i\alpha\cdot\nabla u+a\beta u+V_{\varepsilon}^{\mu}u=W_{1\varepsilon}^{\nu_{1}}|u|^{p-2}u+W_{2\varepsilon}^{\nu_{2}}|u|^{2^*-2}u. \tag{7.2.24}$$

的解就是下面对应泛函的临界点

$$\Phi_{\varepsilon}^{\mu\vec{\nu}}(u)=\Phi_{\varepsilon}^{\mu\nu_{1}}(u)-\frac{1}{2^*}\int_{\mathbb{R}^n}W_{2\varepsilon}^{\nu_{2}}(x)|u|^{2^*}dx.$$

其中 $\vec{\nu}=(\nu_1,\nu_2)$. 记 $c_{\varepsilon}^{\mu\vec{\nu}}$ 是水平集 (见 (7.2.11)). 记 $\Phi_{\varepsilon}^{\vec{\infty}}$ 和 $c_{\varepsilon}^{\vec{\infty}}$ 对于 $\mu=\tau_{\infty}$ 和 $\vec{\nu}=(\kappa_{1\infty},\kappa_{2\infty})$, 根据引理 7.2.22 可以得到

引理 7.2.25　当 $\varepsilon\rightarrow 0$ 时, $c_{\varepsilon}^{\vec{\infty}}\rightarrow\gamma_{\vec{\infty}}$.

根据引理 7.2.24 还可以得到

引理 7.2.26　$\Phi_{\varepsilon}^{\mu\vec{\nu}}$ 满足 $(PS)_c$-条件对于 $c<\gamma_{\vec{\infty}}$.

证明　记 $I(u)=\Phi_{\varepsilon}^{\mu\vec{\nu}}$ 和 $I\left(u_{n}\right)\rightarrow c, I'\left(u_{n}\right)\rightarrow 0$. 我们可以假设 $u_n\rightharpoonup u$. 取 $z_n=u_n-u$, 则 z_n 是 $\Phi_{\varepsilon}^{\vec{\infty}}$ 的 $(PS)_{\bar{c}}$-序列, 其中 $\bar{c}=c-I(u)$. 若 $I(u)\neq c$, 则由引理 7.2.25 可知 $c-I(u)\geqslant\gamma_{\vec{\infty}}$, 矛盾. □

5. 定理 7.2.2 和定理 7.2.3 的证明: 次临界情况

记 $u(x)=w(\varepsilon x)$, 方程 (7.2.2) 等价于下面的形式

$$-i\alpha\cdot\nabla u+a\beta u+V_{\varepsilon}(x)u=W_{\varepsilon}(x)|u|^{p-2}u. \tag{7.2.25}$$

定理 7.2.2 的证明　不失一般性, 我们可以假设 $0\in\mathscr{V}$ 且 $x_v=0$. 注意到 $\tau=V(0)$ 且 $\kappa_v=W(0)$. (7.2.25) 的解是对应泛函 $\Phi_{\varepsilon}(u):=\Phi_{\varepsilon}^{\tau\kappa_v}(u)$ 的临界点. 为了方便起见, 我们记 $\Phi_0(u)=\Gamma_{\tau\kappa_v}$. 我们将会用到定理 3.3.11. 显然, Φ_{ε} 是偶的, 并且根据引理 7.2.9 可知条件 (Φ_1) 和 (Φ_2) 满足. 剩下的就是证明条件 (Φ_3).

令 $u\in\mathscr{R}_{\tau\kappa_v}$, 定义 $\chi_r\in C_0^{\infty}(\mathbb{R}^+)$ 满足若 $s\leqslant r$, $\chi_r(s)=1$; 若 $s\geqslant r+1$, $\chi_r(s)=0$. 取 $u_r(x)=\chi_r(|x|)u(x)$. 回顾 $|u(x)|\leqslant Ce^{-c|x|}$ 对某个 $C,c>0$ 及所有的 $x\in\mathbb{R}^n$, 因此 $\|u_r-u\|\rightarrow 0$ 当 $r\rightarrow\infty$. 那么 $\|u_r^{\pm}-u^{\pm}\|\leqslant\|u_r-u\|\rightarrow 0, \Phi_0\left(u_r\right)\rightarrow\gamma_{\tau\kappa_v}$ 并且 $\Phi_0'\left(u_r\right)\rightarrow 0$ 当 $r\rightarrow\infty$. 定义 $h_0: E^+\rightarrow E^-$ 使

得 $\Phi_0(u+h_0(u)) = \max\limits_{v\in E^-}\Phi_0(u+v)$(见 (7.2.12)). 显然, $\|u_r^- - h_0(u_r^+)\| \to 0$ 且 $\|u_r - \hat{u}_r\| \to 0$ 其中 $\hat{u}_r = u_r^+ + h_0(u_r^+)$ (见引理 7.2.12). 因此,

$$\max_{v\in E^-}\Phi_0\left(u_r^+ + v\right) = \Phi_0(\hat{u}_r) = \Phi_0(u_r) + o(1) = \gamma_{\tau\kappa_v} + o(1).$$

显然因为 $V(\varepsilon x)\to\tau$ 且 $W(\varepsilon x)\to\kappa_v$ 当 $\varepsilon\to 0$ 时在 $|x|\leqslant r+1$ 中是一致的, 所以我们有对任意的 $\delta>0$, 存在 $r_\delta>0$ 且 $\varepsilon_\delta>0$ 使得

$$\max_{w\in E^-\oplus\mathbb{R}u_r}\Phi_\varepsilon(w) < \gamma_{\tau\kappa_v} + \delta, \tag{7.2.26}$$

对于 $r\geqslant r_\delta$ 和 $\varepsilon\leqslant\varepsilon_\delta$. 令 $y^j = (2j(r+1), 0, \cdots, 0)$, 定义

$$\begin{aligned} u_j(x) &= u\left(x-y^j\right) = u\left(x_1 - 2j(r+1), x_2, \cdots, x_n\right), \\ u_{rj}(x) &= u_r\left(x-y^j\right), \quad \text{对于 } j = 0,1,\cdots,m-1. \end{aligned}$$

取 $r_m = (2m-1)(r+1)$, 则 $\operatorname{supp} u_{rj}\subset B_{r_m}(0)$. 注意到 $\left\{u_{rj}^+\right\}_{j=0}^{m-1}$ 是线性无关的. 事实上, 若 $w^+ = \sum\limits_{j=0}^{m-1} c_j u_{rj}^+ = 0$, 记 $w = \sum\limits_{j=0}^{m-1} c_j u_{rj}$ 我们有 $w = w^- + w^+$ 且

$$-\left\|w^-\right\|^2 = a_\tau(w) = \sum_j c_j^2 a_\tau\left(u_{rj}^+\right) = a_\tau(u_r)\sum_j c_j^2,$$

这意味着 $c_j = 0, j = 0,1,\cdots,m-1$. 现在令

$$\begin{aligned} E_m &= E^-\oplus\operatorname{span}\left\{u_{rj} : j = 0,\cdots,m-1\right\} \\ &= E^-\oplus\operatorname{span}\left\{u_{rj}^+ : j = 0,\cdots,m-1\right\}. \end{aligned}$$

根据引理 7.2.13, 令 $t_{\varepsilon rj}>0$ 使得 $t_{\varepsilon rj}u_{rj}^+\in\mathscr{N}_\varepsilon$. 注意到

$$\lim_{\varepsilon\to 0}\lim_{r\to\infty} t_{\varepsilon rj} = \lim_{\varepsilon\to 0} t_{\varepsilon j} = 1, \tag{7.2.27}$$

$$\lim_{\varepsilon\to 0}\lim_{r\to\infty} h_\varepsilon\left(t_{\varepsilon rj}u_{rj}^+\right) = \lim_{\varepsilon\to 0} h_\varepsilon\left(t_{\varepsilon j}u_{rj}^+\right) = h_0\left(u^+\right) = u^-, \tag{7.2.28}$$

$$\lim_{\varepsilon\to 0}\lim_{r\to\infty}\left\|h_\varepsilon\left(t_{\varepsilon rj}u_{rj}^+\right) - t_{\varepsilon rj}u_{rj}^-\right\| = \lim_{\varepsilon\to 0}\left\|h_\varepsilon\left(t_{\varepsilon j}u^+\right) - t_{\varepsilon j}u^-\right\| = 0. \tag{7.2.29}$$

因此, 不难证明

$$
\begin{aligned}
\max_{w\in E_m}\Phi_\varepsilon(w) &= \Phi_\varepsilon\left(\sum_{j=0}^{m-1} t_{\varepsilon j}u_{rj}^{+} + h_\varepsilon\left(t_{\varepsilon j}u_{rj}^{+}\right)\right)\\
&= \Phi_\varepsilon\left(\sum_{j=0}^{m-1} t_{\varepsilon j}u_{rj}^{+} + t_{\varepsilon j}u_{rj}^{-}\right) + o\left(1_r\right)\\
&= \Phi_\varepsilon\left(\sum_{j=0}^{m-1} t_{\varepsilon j}u_{rj}\right) + o\left(1_r\right)\\
&= \sum_{j=0}^{m-1}\Phi_\varepsilon\left(t_{\varepsilon j}u_{rj}\right) + o\left(1_r\right)\\
&= \sum_{j=0}^{m-1}\Phi_\varepsilon\left(t_{\varepsilon j}u_{rj}^{+} + t_{\varepsilon j}u_{rj}^{-}\right) + o\left(1_r\right)\\
&= \sum_{j=0}^{m-1}\Phi_\varepsilon\left(t_{\varepsilon j}u_{rj}^{+} + h_\varepsilon\left(t_{\varepsilon j}u_{rj}^{+}\right)\right) + o\left(1_r\right)\\
&= \sum_{j=0}^{m-1}\Phi_0\left(t_{0j}u_{rj}^{+} + h_0\left(t_{0j}u_{rj}^{+}\right)\right) + o\left(1_{r\varepsilon}\right)\\
&= \sum_{j=0}^{m-1}\Phi_0(u) + o\left(1_{r\varepsilon}\right)\\
&= m\gamma_{\tau\kappa_\nu} + o\left(1_{r\varepsilon}\right),
\end{aligned}
$$

其中 $o\left(1_r\right)$ 表示当 $r\to\infty$ 时的任意小量以及 $o\left(1_{r\varepsilon}\right)$ 表示 r 充分大且 ε 任意小时的任意小量.

根据假设及引理 7.2.18, 对任意的 $0<\delta<\gamma_\infty - m\gamma_{\tau\kappa_\nu}$, 可以选取 $r>0$ 充分大, 则对于充分小的 $\varepsilon_m>0$ 使得对任意的 $\varepsilon\leqslant\varepsilon_m$, $\max\limits_{w\in E_m}\Phi_\varepsilon(w)\leqslant\gamma_\infty-\delta$.

根据引理 7.2.10, 我们可以看到这些解属于 $\bigcap\limits_{s\geqslant 2} W^{1,s}$.

根据 (7.2.26), 我们可以选择 $r>0$ 和 $\varepsilon_m>0$ 使得对于 $\varepsilon\leqslant\varepsilon_m$

$$
\Phi_\varepsilon(w)<\gamma_\infty,\quad \forall\, w\in E_m.
$$

再根据引理 7.2.24 可知 Φ_ε 满足 $(PS)_c$ -条件对所有的 $c<\gamma_\infty$, 即 (Φ_3) 成立. 现在可以应用定理 3.3.11, 我们得到 Φ_ε 有无穷多个临界点或者至少有 m 对临界值

不同的临界点, 其对应的临界值满足 $0 < c_\varepsilon^0 < \cdots < c_\varepsilon^{m-1} \leqslant \sup_{w\in H_m} \Phi_\varepsilon(w) < \gamma_\infty$.

证明结束. □

定理 7.2.3 的证明 假设 $x_w = 0$, 考虑 $\mu = \tau_w = V(0), \nu = \kappa = W(0)$ 且 $\Phi_\varepsilon = \Phi^{\tau_w \kappa}, \Phi_0 = \Gamma_{\tau\kappa}$. 令 $u \in \mathscr{R}_{\tau_w\kappa}, \Phi_0(u) = \gamma_{\tau_w\kappa}$. 正如前面的一样, 定义 u_r 和 $u_{rj}, j = 0, \cdots, m-1$, 以及 m-维子空间 E_m. 那么, 我们可以验证

$$\max_{w\in E_m} \Phi_\varepsilon(w) = m\gamma_{\tau_w\kappa} + o(1_{r\varepsilon}).$$

根据假设条件及引理 7.2.18, 对任意的 $0 < \delta < \gamma_\infty - m\gamma_{\tau_w\kappa}$, 我们可以选择 $r > 0$ 充分大及 $\varepsilon_m > 0$ 充分小, 使得对所有的 $\varepsilon \leqslant \varepsilon_m$, $\max_{w\in E_m} \Phi_\varepsilon(w) \leqslant \gamma_\infty - \delta$. 定义, 对于 $p \in [2, 2^*]$,

$$\ell(w) := \frac{a(w)}{\|w\|_{L^p}^2}, \quad \text{其中 } a(w) = \int_{\mathbb{R}^n} \langle H_0 w, w\rangle dx + \int_{\mathbb{R}^n} \tau |w|^2 dx, \quad w \in E_m.$$

对于 $w_0 \in E_m$, $\ell(w_0) = \max \ell(E_m)$, 根据 (P_2), (7.2.9) 和引理 7.2.17, 我们有

$$\begin{aligned}
\Phi_0(w_0) &= \frac{p-2}{2p\kappa^{\frac{2}{p-2}}} \ell(w_0)^{\frac{p}{p-2}} \\
&\leqslant \frac{p-2}{2p\kappa^{\frac{2}{p-2}}} (m\ell(w_0))^{\frac{p}{p-2}} + o(1) \\
&= \left(\frac{a+\tau_\infty}{a+\tau_w}\right)^{\frac{p}{p-2}-n} \left(\frac{\kappa}{\kappa_\infty}\right)^{\frac{2}{p-2}} \cdot \gamma_\infty m^{\frac{p}{p-2}} \\
&< \gamma_\infty.
\end{aligned}$$

□

现在通过定理 3.3.11 可以得到多重性结果.

6. 定理 7.2.5 和定理 7.2.6 的证明: 临界情况

接下来就是考虑临界的情况了. 同样地, 通过变换 $u(x) = w(\varepsilon x)$, 方程 (7.2.7) 就与下面的方程等价

$$-i\alpha \cdot \nabla u + \beta u + V_\varepsilon(x) u = W_{1\varepsilon}(x)|u|^{p-2}u + W_{2\varepsilon}(x)|u|^{2^*-2}u. \tag{7.2.30}$$

定理 7.2.5 的证明 我们可以假设 $0 \in \mathscr{V}, x_v = 0$ 且 $\tau = V(0)$, $\kappa_{jv} = W_j(0)$. (7.2.30) 的解就是对应能量泛函 $\Phi_\varepsilon^*(u) := \Phi_\varepsilon^{\tau\vec{k}_v}(u)$ 的临界点, 其中 $\vec{\kappa}_v = (\kappa_{1v}, \kappa_{2v})$. 记 $\Phi_0^*(u) = \gamma_{\tau\vec{\kappa}_v}$. 令 $u \in \mathscr{R}_{\tau\vec{\kappa}_v}$ 是方程 (7.2.18) 的解, 其中 $\mu = \tau$ 且 $\vec{\nu} = \vec{\kappa}_v$. 定义 $u_r, u_{rj}, j = 0, \cdots, m-1$, 并且集合 E_m 与前面定义类似.

根据引理 7.2.13, 令 $t_{\varepsilon rj}>0$ 使得 $t_{\varepsilon rj}u_{rj}^{+}\in\mathscr{N}_{\varepsilon}$. 注意到

$$\lim_{\varepsilon\to0}\lim_{r\to\infty}t_{\varepsilon rj}=\lim_{\varepsilon\to0}t_{\varepsilon j}=1,$$

$$\lim_{\varepsilon\to0}\lim_{r\to\infty}h_{\varepsilon}\left(t_{\varepsilon rj}u_{rj}^{+}\right)=\lim_{\varepsilon\to0}h_{\varepsilon}\left(t_{\varepsilon j}u_{rj}^{+}\right)=h_{0}\left(u^{+}\right)=u^{-},$$

$$\lim_{\varepsilon\to0}\lim_{r\to\infty}\left\|h_{\varepsilon}\left(t_{\varepsilon rj}u_{rj}^{+}\right)-t_{\varepsilon rj}u_{rj}^{-}\right\|=\lim_{\varepsilon\to0}\left\|h_{\varepsilon}\left(t_{\varepsilon j}u^{+}\right)-t_{\varepsilon j}u^{-}\right\|=0.$$

因此,

$$\begin{aligned}
\max_{w\in E_m}\Phi_{\varepsilon}^{*}(w)&=\Phi_{\varepsilon}^{*}\left(\sum_{j=0}^{m-1}t_{\varepsilon j}u_{rj}^{+}+h_{\varepsilon}\left(t_{\varepsilon j}u_{rj}^{+}\right)\right)\\
&=\Phi_{\varepsilon}^{*}\left(\sum_{j=0}^{m-1}t_{\varepsilon j}u_{rj}^{+}+t_{\varepsilon j}u_{rj}^{-}\right)+o\left(1_{r}\right)\\
&=\Phi_{\varepsilon}^{*}\left(\sum_{j=0}^{m-1}t_{\varepsilon j}u_{rj}\right)+o\left(1_{r}\right)\\
&=\sum_{j=0}^{m-1}\Phi_{\varepsilon}^{*}\left(t_{\varepsilon j}u_{rj}\right)+o\left(1_{r}\right)\\
&=\sum_{j=0}^{m-1}\Phi_{\varepsilon}^{*}\left(t_{\varepsilon j}u_{rj}^{+}+t_{\varepsilon j}u_{rj}^{-}\right)+o\left(1_{r}\right)\\
&=\sum_{j=0}^{m-1}\Phi_{\varepsilon}^{*}\left(t_{\varepsilon j}u_{rj}^{+}+h_{\varepsilon}\left(t_{\varepsilon j}u_{rj}^{+}\right)\right)+o\left(1_{r}\right)\\
&=\sum_{j=0}^{m-1}\Phi_{0}^{*}\left(t_{0j}u_{rj}^{+}+h_{0}\left(t_{0j}u_{rj}^{+}\right)\right)+o\left(1_{r\varepsilon}\right)\\
&=\sum_{j=0}^{m-1}\Phi_{0}^{*}(u)+o\left(1_{r\varepsilon}\right)\\
&=m\gamma_{\tau\vec{k}_v}+o\left(1_{r\varepsilon}\right),
\end{aligned}$$

其中 $o\left(1_{r}\right)$ 表示当 $r\to\infty$ 时的任意小量以及 $o\left(1_{r\varepsilon}\right)$ 表示 r 充分大且 ε 任意小时的任意小量.

现在根据假设条件和引理 7.2.21, 对任意的 $0<\delta<\gamma_{\infty}-m\gamma_{\tau\vec{k}}$, 我们可以选择 $r>0$ 充分大及 $\varepsilon_m>0$ 充分小, 使得对所有的 $\varepsilon\leqslant\varepsilon_m$, $\max\limits_{w\in E_m}\Phi_{\varepsilon}^{*}(w)\leqslant\gamma_{\infty}-\delta$. 那么, 通过定理 3.3.11 就可以得到多重性结果了.

定理 7.2.6 的证明　假设 $0 \in \mathscr{W} := \mathscr{W}_1 \cap \mathscr{W}_2, x_w = 0$ 并且 $\tau_w = \vec{\kappa} = (\kappa_1, \kappa_2) = (W_1(0), W_2(0))$. (7.2.30) 的解就是对应泛函 $\Phi_\varepsilon^*(u) := \Phi_\varepsilon^{\tau_w \vec{\kappa}}(u)$ 的临界点. 记 $\Phi_0^*(u) = \gamma_{\tau_w \vec{k}}$. 令 $u \in \mathscr{R}_{\tau_w}$ 是方程 (7.2.18) 的临界点其中取 $\mu = \tau_w$ 及 $\vec{\nu} = \vec{\kappa}$. 如之前一样定义 $u_r, u_{rj}, j = 0, \cdots, m-1$ 及 E_m. 那么我们可以得到

$$\max_{w \in E_m} \Phi_\varepsilon^*(w) = m\gamma_{\tau_w \vec{\kappa}} + o(1_{r\varepsilon}).$$

根据假设条件和引理 7.2.21 对任意的 $0 < \delta < \gamma_{\vec{\infty}} - m\gamma_{\tau_w \vec{\kappa}}$, 我们可以选择 $r > 0$ 充分大及 $\varepsilon_m > 0$ 充分小, 使得对所有的 $\varepsilon \leqslant \varepsilon_m$, $\max\limits_{w \in E_m} \Phi_\varepsilon^*(w) \leqslant \gamma_{\vec{\infty}} - \delta$. 那么, 通过定理 3.3.11 就可以得到多重性结果了.

7.2.2　非线性 Dirac-Klein-Gordon 系统方程的半经典态的多重性

接下来, 我们研究非线性 Dirac-Klein-Gordon 系统:

$$\begin{cases} i\varepsilon\alpha \cdot \nabla\varphi - a\beta\varphi + \omega\varphi - \lambda(x)\phi\beta\varphi = f(x, |\varphi|)\varphi, \\ -\varepsilon^2\Delta\phi + M\phi = 4\pi\lambda(x)(\beta\varphi) \cdot \varphi, \end{cases} \tag{7.2.31}$$

其中 $\alpha \cdot \nabla = \sum\limits_{k=1}^{3}$, $a = mc > 0$ 且 $\omega \in \mathbb{R}$. 本节内容主要参考文献 [75].

1. 主要结果

情形 (A): 次临界非线性

首先, 我们处理次临界项:

$$f(x, |\varphi|)\varphi = W(x)|\varphi|^{p-2}\varphi, \quad p \in (2, 3).$$

记

$$\kappa = \max_{x \in \mathbb{R}^3} W(x), \quad \kappa_\infty = \limsup_{|x| \to \infty} W(x), \quad \mathcal{W} := \{x \in \mathbb{R}^3 : W(x) = \kappa\},$$

我们假设非线性位势满足:

(W) $W \in \mathcal{C}^{0,1}(\mathbb{R}^3)$ 并且 $\inf W > 0, \kappa_\infty < \kappa$.

另外, 令

$$\bar{\lambda} := \max_{x \in \mathbb{R}^3} \lambda(x), \quad \lambda_\infty = \limsup_{|x| \to \infty} \lambda(x), \quad \Gamma := \{x \in \mathbb{R}^3 : \lambda(x) = \bar{\lambda}\}.$$

假设:

(λ) $\lambda(x) \in \mathcal{C}^{0,1}(\mathbb{R}^3)$ 满足 $\inf \lambda(x) > 0$ 并且 $\lambda_\infty < \bar{\lambda}$.

定理 7.2.27 假设 $\omega \in (-a, a)$, $\mathcal{W} \cap \Gamma \neq \varnothing$ 且 $(W), (\lambda)$ 成立. 则存在常数 $\lambda_0 > 0$, 使得对任意的 $\bar{\lambda} \leqslant \lambda_0$ 和 $m \in \mathbb{N}$, 其中

$$m \leqslant m(\infty) := \min\left\{\frac{\bar{\lambda}}{\lambda_\infty}, \left(\frac{\kappa}{\kappa_\infty}\right)^{\frac{2}{p-2}}\right\},$$

存在 $\varepsilon_m > 0$, 使得对于 $\varepsilon \leqslant \varepsilon_m$, (7.2.31) 至少有 m 对半经典解 $(\varphi_\varepsilon, \phi_\varepsilon) \in \bigcap_{q \geqslant 2} W^{1,q}(\mathbb{R}^3, \mathbb{C}^4) \times \mathcal{C}^2(\mathbb{R}^3, \mathbb{R})$.

注 7.2.28 若 $\nabla\lambda(x)$ 和 $\nabla W(x)$ 有界, 则上面得到的解中的基态解 (最小能量解) 记为 $(\varphi_\varepsilon, \phi_\varepsilon)$ 满足:

(i) 存在 $|\varphi_\varepsilon|$ 的最大值点 x_ε 满足 $\lim\limits_{\varepsilon \to 0} \operatorname{dist}(x_\varepsilon, \mathcal{W} \cap \Gamma) = 0$, 使得 $(u_\varepsilon, V_\varepsilon)$ 在 $H^1 \times H^1$ 中收敛到下面极限方程的基态解

$$\left\{\begin{array}{l} i\alpha \cdot \nabla u - a\beta u + \omega u - \bar{\lambda} V \beta u = \kappa |u|^{p-2} u, \\ -\Delta V + MV = 4\pi \bar{\lambda} (\beta u) \cdot u, \end{array}\right. \tag{7.2.32}$$

其中 $u_\varepsilon(x) := \varphi_\varepsilon(\varepsilon x + x_\varepsilon)$ 且 $V_\varepsilon := \phi_\varepsilon(\varepsilon x + x_\varepsilon)$,

(ii) 存在 C, c 使得 $|\varphi_\varepsilon(x)| \leqslant C e^{-\frac{c}{\varepsilon}|x - x_\varepsilon|}$, $\forall x \in \mathbb{R}^3$.

情形 (B): 临界非线性

下面我们将处理临界非线性项:

$$f(x, |\varphi|)\varphi = W_1(x)|\varphi|^{p-2}\varphi + W_2(x)|\varphi|\varphi, \quad p \in (2, 3).$$

对于 $j = 1, 2$, 记

$$\kappa_j = \max_{x \in \mathbb{R}^3} W_j(x), \quad \kappa_{j\infty} = \limsup_{|x| \to \infty} W_j(x), \quad \mathcal{W}_j := \{x \in \mathbb{R}^3 : W_j(x) = \kappa_j\},$$

假设非线性位势满足:

$(\vec{W}_1)$ $W_j \in \mathcal{C}^{0,1}(\mathbb{R}^3)$ 且 $\inf W_j > 0$, $\kappa_{j\infty} < \kappa_j$.

令 S 表示最佳 Sobolev 嵌入常数: $S\|u\|_{L^6}^2 \leqslant \|\nabla u\|_{L^2}^2$ 且 τ_p 是下面方程的最小能量

$$i\alpha \cdot \nabla u - a\beta u - \omega u = |u|^{p-2} u$$

(这总是能达到的, 参见 [44]). 进而, 我们假设

$(\vec{W}_2)$

$$\kappa_{1\infty}^{-1} \kappa_{2\infty}^{p-2} < \left(\frac{S^{\frac{3}{2}}}{6\tau_p}\right)^{\frac{p-2}{2}}.$$

记

$$m(\vec{\infty}) := \min\left\{\frac{\bar{\lambda}}{\lambda_\infty}, \left(\frac{\kappa_1}{\kappa_{1\infty}}\right)^{\frac{2}{p-2}}, \left(\frac{\kappa_2}{\kappa_{2\infty}}\right)^2\right\}.$$

定理 7.2.29 假设 $\omega \in (-a, a)$, $\mathcal{W}_1 \cap \mathcal{W}_2 \cap \Gamma \neq \varnothing$ 且 $(\lambda), (\vec{W}_1), (\vec{W}_2)$ 成立. 则存在常数 $\lambda_0 > 0$, 使得对任意的 $\bar{\lambda} \leqslant \lambda_0$ 和 $m \in \mathbb{N}$ 满足 $m \leqslant m(\vec{\infty})$, 则存在 $\varepsilon_m > 0$, 使得对于 $\varepsilon \leqslant \varepsilon_m$, (7.2.31) 至少有 m 对半经典解 $(\varphi_\varepsilon, \phi_\varepsilon) \in \bigcap_{q\geqslant 2} W^{1,q}(\mathbb{R}^3, \mathbb{C}^4) \times \mathcal{C}^2(\mathbb{R}^3, \mathbb{R})$.

注 7.2.30 若 $\nabla\lambda$ 和 $\nabla W_j (j = 1, 2)$ 有界, 则上面得到的解中的基态解 (最小能量解) 记为 $(\varphi_\varepsilon, \phi_\varepsilon)$ 满足:

(i) 存在 $|\varphi_\varepsilon|$ 的最大值点 x_ε 满足 $\lim\limits_{\varepsilon\to 0} \operatorname{dist}(x_\varepsilon, \mathcal{W}_1 \cap \mathcal{W}_2 \cap \Gamma) = 0$, 使得 $(u_\varepsilon, V_\varepsilon)$ 在 $H^1 \times H^1$ 中收敛到下面极限方程的基态解

$$\begin{cases} i\alpha \cdot \nabla u - a\beta u + \omega u - \bar{\lambda} V \beta u = \kappa_1 |u|^{p-2} u + \kappa_2 |u| u, \\ -\Delta V + MV = 4\pi\bar{\lambda}(\beta u) \cdot u; \end{cases} \tag{7.2.33}$$

其中 $u_\varepsilon(x) := \varphi_\varepsilon(\varepsilon x + x_\varepsilon)$ 且 $V_\varepsilon := \phi_\varepsilon(\varepsilon x + x_\varepsilon)$,

(ii) 存在 C, c 使得 $|\varphi_\varepsilon(x)| \leqslant Ce^{-\frac{c}{\varepsilon}|x - x_\varepsilon|}$, $\forall x \in \mathbb{R}^3$.

2. 变分框架与预备知识

利用伸缩变换 $(u(x), V(x)) = (\varphi(\varepsilon x), \phi(\varepsilon x))$, 我们不难得到 (7.2.31) 的等价问题

$$\begin{cases} i\alpha \cdot \nabla u - a\beta u + \omega u - \lambda_\varepsilon(x) V \beta u = f_\varepsilon(x, |u|) u, \\ -\Delta V + MV = 4\pi\lambda_\varepsilon(x)(\beta u) \cdot u, \end{cases} \tag{7.2.34}$$

其中 $\lambda_\varepsilon(x) = \lambda(\varepsilon x)$, $f_\varepsilon(x, |u|) = f(\varepsilon x, |u|)$. 因为 $\mathcal{W} \cap \Gamma \neq \varnothing, \mathcal{W}_1 \cap \mathcal{W}_2 \cap \Gamma \neq \varnothing$, 不失一般性, 在次临界的情形下我们可以假设 $0 \in \mathcal{W} \cap \Gamma$; 在临界的情形下我们可以假设 $0 \in \mathcal{W}_1 \cap \mathcal{W}_2 \cap \Gamma$.

令 $H_\omega = i\alpha \cdot \nabla - a\beta + \omega$ 表示在 $L^2 \equiv L^2(\mathbb{R}^3, \mathbb{C}^4)$ 上的自共轭算子, 其定义域为 $\mathscr{D}(H_\omega) = H^1 \equiv H^1(\mathbb{R}^3, \mathbb{C}^4)$. 众所周知, $\sigma(H_\omega) = \sigma_c(H_\omega) = \mathbb{R} \backslash (-a + \omega, a + \omega)$, 其中 $\sigma(\cdot)$ 和 $\sigma_c(\cdot)$ 表示算子的谱和连续谱. 对于 $\omega \in (-a, a)$, L^2 空间有如下正交分解:

$$L^2 = L^+ \oplus L^-, \quad u = u^+ + u^-,$$

使得 H_ω 在 L^+ (resp. L^-) 中是正定的 (resp. 负定的). 记 $E := \mathscr{D}(|H_\omega|^{\frac{1}{2}}) = H^{\frac{1}{2}}$ 并赋予内积

$$(u, v) = \Re(|H_\omega|^{\frac{1}{2}} u, |H_\omega|^{\frac{1}{2}} v)_{L^2}$$

以及诱导范数 $\|u\|=(u,u)^{\frac{1}{2}}$, 其中 $|H_\omega|$ 和 $|H_\omega|^{\frac{1}{2}}$ 分别表示 H_ω 的绝对值和 $|H_\omega|$ 的平方根. 因为 $\sigma(H_\omega)=\mathbb{R}\backslash(-a+\omega,a+\omega)$, 我们有

$$(a-|\omega|)\|u\|_{L^2}^2 \leqslant \|u\|^2, \quad \forall\, u\in E. \tag{7.2.35}$$

注意到如此定义的范数与一般的 $H^{1/2}$-范数等价, 所以 E 连续地嵌入到 $L^q(\mathbb{R}^3,\mathbb{C}^4)$, $q\in[2,3]$, 并且紧嵌入到 $L^q_{loc}(\mathbb{R}^3,\mathbb{C}^4)$, $q\in[1,3)$. 显然 E 有如下正交分解

$$E=E^+\oplus E^-, \quad 其中\ E^\pm=E\cap L^\pm,$$

关于内积 $(\cdot,\cdot)_{L^2}$ 和 $(\cdot,\cdot)$ 都是正交的. 这个分解也自然地产生了 L^p 的分解, 因此存在 $d_p>0$ 使得

$$d_p\|u^\pm\|_{L^p}^p \leqslant \|u\|_{L^p}^p, \quad \forall\, u\in E. \tag{7.2.36}$$

赋予 $H^1(\mathbb{R}^3,\mathbb{R})$ 等价范数

$$\|v\|_{H^1}=\left(\int_{\mathbb{R}^3}|\nabla v|^2+Mv^2dx\right)^{1/2}, \quad \forall\, v\in H^1\left(\mathbb{R}^3,\mathbb{R}\right).$$

则 (7.2.34) 可以被简化为一个含有非局部项的单个方程. 事实上, 对任意的 $v\in H^1$,

$$\begin{aligned}\left|4\pi\int_{\mathbb{R}^3}\lambda_\varepsilon(x)(\beta u)u\cdot v dx\right| &\leqslant \left(4\pi\bar{\lambda}\int_{\mathbb{R}^3}|u|^2|v|dx\right)\leqslant 4\pi\bar{\lambda}\|u\|_{L^{12/5}}^2|v|_6\\ &\leqslant 4\pi\bar{\lambda}S^{-\frac{1}{2}}\|u\|_{L^{12/5}}^2\|v\|_{H^1}.\end{aligned} \tag{7.2.37}$$

所以存在唯一的 $V_{\varepsilon,u}\in H^1$ 使得

$$\int_{\mathbb{R}^3}(\nabla V_{\varepsilon,u}\cdot\nabla z+M\cdot V_{\varepsilon,u}z)\,dx=4\pi\int_{\mathbb{R}^3}\lambda_\varepsilon(x)(\beta u)u\cdot z dx,$$

对所有的 $z\in H^1$. 进而, $V_{\varepsilon,u}$ 满足 Schrödinger 方程

$$-\Delta V_{\varepsilon,u}+M\cdot V_{\varepsilon,u}=4\pi\lambda_\varepsilon(x)(\beta u)u,$$

并且

$$V_{\varepsilon,u}(x)=\int_{\mathbb{R}^3}\lambda_\varepsilon(y)\frac{[(\beta u)u](y)}{|x-y|}e^{-\sqrt{M}|x-y|}dy. \tag{7.2.38}$$

将 $V_{\varepsilon,u}$ 代入系统 (7.2.34) 中, 我们可以得到方程

$$H_\omega u-\lambda_\varepsilon(x)V_{\varepsilon,u}\beta u=f_\varepsilon(x,u). \tag{7.2.39}$$

在 E 上, 我们定义泛函

$$\Phi_\varepsilon(u)=\frac{1}{2}\left(\left\|u^+\right\|^2-\left\|u^-\right\|^2\right)-\Gamma_{\lambda_\varepsilon}(u)-\Psi_\varepsilon(u),$$

其中 $u=u^++u^-$, 并且

$$\begin{aligned}\Gamma_{\lambda_\varepsilon}(u)&=\frac{1}{4}\int_{\mathbb{R}^3}\lambda_\varepsilon(x)V_{\varepsilon,u}\cdot(\beta u)udx\\&=\frac{1}{4}\iint\frac{\lambda_\varepsilon(x)[(\beta u)u](x)\lambda_\varepsilon(y)[(\beta u)u](y)}{|x-y|}e^{-\sqrt{M}|x-y|}dydx,\end{aligned}$$

$$\Psi_\varepsilon(u)=\int_{\mathbb{R}^3}F(\varepsilon x,|u|)dx,\quad F(x,|u|)=\int_0^{|u|}f(x,s)sds.$$

根据一般的讨论可知 $\Phi_\varepsilon\in\mathcal{C}^2(E,\mathbb{R})$ 且 Φ_ε 的任意临界点都是系统 (7.2.34) 的弱解.

关于非局部非线性, 我们有下列性质 (参见 [51]):

引理 7.2.31 对于 $u,v\in E$, 我们有

(1) 对任意的 $\varepsilon>0,\Gamma_\varepsilon$ 是非负且弱序列下半连续的;

(2) $$\begin{aligned}\Gamma'_{\lambda_\varepsilon}(u)v&=\frac{1}{2}\Re\iint\lambda_\varepsilon(x)\lambda_\varepsilon(y)\frac{e^{-\sqrt{M}|x-y|}}{|x-y|}\\&\quad\cdot([(\beta u)u](x)[(\beta u)v](y)+[(\beta u)u](y)[(\beta u)v](x))dydx\\&=\int_{\mathbb{R}^3}\lambda_\varepsilon(x)V_{\varepsilon,u}\cdot\Re(\beta u)vdx;\end{aligned}$$

(3) 若在 E 中 $u_n\rightharpoonup u$, 则

$$\Gamma_{\lambda_\varepsilon}(u_n)-\Gamma_{\lambda_\varepsilon}(u_n-u)\to\Gamma_{\lambda_\varepsilon}(u)\ \text{且}\ \Gamma'_{\lambda_\varepsilon}(u_n)-\Gamma'_{\lambda_\varepsilon}(u_n-u)\to\Gamma'_{\lambda_\varepsilon}(u);$$

(4) 下列不等式成立:

$$|\Gamma_{\lambda_\varepsilon}(u)|\leqslant S^{-1}\bar{\lambda}^2|u|^2_{L^{12/5}}\leqslant C_1\bar{\lambda}^2\|u\|^4,$$

$$\left|\Gamma'_{\lambda_\varepsilon}(u)v\right|\leqslant 4\pi S^{-1}\bar{\lambda}^2\|u\|^2_{L^3}\|u\|_{L^2}\|v\|_{L^2}\leqslant C_2\bar{\lambda}^2\|u\|^3\|v\|,$$

$$\left|\Gamma''_{\lambda_\varepsilon}(u)[v,v]\right|\leqslant C_3\bar{\lambda}^2\|u\|^2\|v\|^2,$$

其中 $C_j(j=1,2,3)$ 为正常数.

在工作空间 $E=E^-\oplus E^+$ 上, 记 $E_m=E^-\oplus H_m$ 其中有限维子空间 $H_m\subset E^+$ 的维数 $\dim H_m=m$. 我们可以得到下面的环绕结构. 为了方便起见, 记 $B_r^+=B_r\cap E^+=\{u\in E^+:\|u\|\leqslant r\}$, $S_r^+=\partial B_r^+=\{u\in E^+:\|u\|=r\}$.

引理 7.2.32　根据假设条件, 我们可以得到下面的环绕结构:

1° 存在 $r>0$ 及 $\tau>0$, 都与 ε 无关, 使得 $\Phi_\varepsilon|_{B_r^+}\geqslant 0$ 且 $\Phi_\varepsilon|_{S_r^+}\geqslant\tau$;

2° 对任意有限维子空间 $H_m\subset E^+$, 存在与 ε 无关的 $C=C_m>0$ 和 $R=R_m>r$ 使得对任意的 $\varepsilon>0, \max\Phi_\varepsilon(E_m)\leqslant C$, 并且 $\Phi_\varepsilon(u)<0$ 对所有的 $u\in E_m\backslash B_R$.

证明　次临界的情况根据文献 [51] 可以得到. 这里我们只证明临界的情形. 由 Sobolev 嵌入定理可知 $\|u\|_{L^p}^p\leqslant\bar{d}_p\|u\|^p$ 对所有的 $u\in E$. 对于 $u\in E^+$ 和足够小的 $\delta>0$ 我们有

$$
\begin{aligned}
\Phi_\varepsilon(u)&=\frac{1}{2}\|u\|^2-\Gamma_{\lambda_\varepsilon}(u)-\Psi_\varepsilon(u)\\
&\geqslant\frac{1}{2}\|u\|^2-c_1\bar{\lambda}^2\|u\|^4-\frac{\|W_1\|_{L^\infty}}{p}\|u\|_{L^p}^p-\frac{\|W_2\|_{L^\infty}}{3}\|u\|_{L^3}^3\\
&\geqslant\frac{1}{2}\|u\|^2-c_1\bar{\lambda}^2\|u\|^4-\frac{\bar{d}_p\|W_1\|_{L^\infty}}{p}\|u\|^p-\frac{\bar{d}_3\|W_2\|_{L^\infty}}{3}\|u\|^3,
\end{aligned}
$$

其中 c_1 不依赖于 u 且 $p>2$. 因此, 1° 得证.

为了验证 2°, 取有限维子空间 $H_m\subset E^+$. 根据 (7.2.36), 对于 $u=u^-+u^+\in E_m=E^-+H_m$ 其中 $u^+\in H_m$, $u^-\in E^-$, 可以得到

$$
\begin{aligned}
\Phi_\varepsilon(u)&=\frac{1}{2}\|u^+\|^2-\frac{1}{2}\|u^-\|^2-\Gamma_{\lambda_\varepsilon}(u)-\Psi_\varepsilon(u)\\
&\leqslant\frac{1}{2}\|u^+\|^2-\frac{1}{2}\|u^-\|^2-\frac{\bar{d}_3\inf W_2}{3}\|u^+\|_{L^3}^3\\
&\leqslant\frac{1}{2}\|u^+\|^2-\frac{1}{2}\|u^-\|^2-\frac{\bar{d}_3\inf W_2}{3}c\|u^+\|^3,
\end{aligned}
$$

这就可以验证 2°. □

特别地, 对任意的 $e\in E^+\backslash\{0\}$, 记 $H_1=\mathbb{R}e$ 且 $E_e=E^-\oplus H_1$, 结论 2° 成立. 基于此引理, 对任意的 $\varepsilon\geqslant 0$, c_ε 表示 Φ_ε 的由环绕结构产生的极值[116]:

$$
c_\varepsilon:=\inf_{e\in E^+\backslash\{0\}}\max_{u\in E_e}\Phi_\varepsilon(u)=\inf_{e\in E^+\backslash\{0\}}\max_{u\in\hat{E}_e}\Phi_\varepsilon(u), \tag{7.2.40}
$$

其中 $\hat{E}_e=E^-\oplus\mathbb{R}^+e$.

引理 7.2.33　对任意一组正数对 $c_1,c_2>0$, 存在一个常数 $\Lambda>0$, 只依赖于 $c_1,c_2,\bar{\lambda}$, 使得对任意的 $u\in E$ 满足

$$
|\Phi_\varepsilon(u)|\leqslant c_1\quad\text{以及}\quad\|u\|\cdot\|\Phi_\varepsilon'(u)\|\leqslant c_2. \tag{7.2.41}
$$

那么,

$$\|u\| \leqslant \Lambda.$$

进而, Λ 关于 $\bar{\lambda} > 0$ 是单调递增的.

证明 我们依然只验证临界的情况, 因为次临界的情况相对简单, 类似于文献 [51] 即可得到.

取 $u \in E$ 使得其满足 (7.2.41). 不失一般性, 我们可以假设 $\|u\| \geqslant 1$. Φ_ε 的表达式以及引理 7.2.31 可推知

$$\begin{aligned}
c_1 + c_2 &\geqslant \Phi_\varepsilon(u) - \frac{1}{2}\Phi'_\varepsilon(u)u \\
&= \Gamma_{\lambda_\varepsilon}(u) - \left(\frac{1}{p} - \frac{1}{2}\right)\int_{\mathbb{R}^3} W_1(\varepsilon x)|u|^p dx + \frac{1}{6}\int_{\mathbb{R}^3} W_2(\varepsilon x)|u|^3 dx \\
&\geqslant \left(\frac{1}{2} - \frac{1}{p}\right)\inf W_1\|u\|_{L^p}^p + \frac{\inf W_2}{6}\|u\|_{L^3}^3,
\end{aligned}$$

因此,

$$\|u\|_{L^3} \leqslant C_1 \quad 且 \quad \|u\|_{L^p} \leqslant C_2. \tag{7.2.42}$$

根据 [51, 引理 2.4], 我们知道 $\left\|\dfrac{V_{\varepsilon,u}}{\bar{\lambda}\|u\|}\right\|_{L^6} \leqslant \|u\|_{L^p}, p \in (2,3)$, 再结合 Hölder 不等式可推出

$$\begin{aligned}
\left|\Re\int \lambda_\varepsilon(x)V_{\varepsilon,u}(\beta u)\cdot(u^+ - u^-)\right| &\leqslant \bar{\lambda}\|u\|\left|\Re\int \frac{V_{\varepsilon,u}}{\|u\|}(\beta u)\cdot(u^+ - u^-)\right| \\
&\leqslant \bar{\lambda}^2\|u\|\left\|\frac{V_{\varepsilon,u}}{\bar{\lambda}\|u\|}\right\|_{L^6}\|u\|_{L^p}\cdot\|u^+ - u^-\|_{L^q} \\
&\leqslant \bar{\lambda}^2 C_3\|u\|\cdot\|u\|_{L^q}.
\end{aligned} \tag{7.2.43}$$

取 $q = 6p/(5p-6)$. 显然 $2 < q < 3$ 且 $1/p + 1/q + 1/6 = 1$. 定义

$$\xi = \begin{cases} 0, & 若\ q = p, \\ \dfrac{2(p-q)}{q(p-2)}, & 若\ q < p, \\ \dfrac{3(q-p)}{q(3-p)}, & 若\ q > p, \end{cases}$$

通过简单的计算可知 $\xi < 1$ 并且

$$\|u\|_{L^q} \leqslant \begin{cases} \|u\|_{L^2}^{\xi} \cdot \|u\|_{L^p}^{1-\xi}, & 若\ 2 < q \leqslant p, \\ \|u\|_{L^3}^{\xi} \cdot \|u\|_{L^p}^{1-\xi}, & 若\ p < q < 3. \end{cases}$$

这些再结合引理 7.2.31 和 (7.2.43) 可知

$$|\Gamma'_{\lambda_\varepsilon}(u)(u^+ - u^-)| \leqslant \bar{\lambda}^2 C_4 \|u\|^{1+\xi}. \tag{7.2.44}$$

根据 (7.2.43) 和 (7.2.44) 可知

$$\begin{aligned} c_2 &\geqslant \Phi'_\varepsilon(u)(u^+ - u^-) \\ &= \|u\|^2 - \Gamma'_{\lambda_\varepsilon}(u)(u^+ - u^-) - \Re \int_{\mathbb{R}^3} W_1(\varepsilon x)|u|^{p-2} u(u^+ - u^-)dx \\ &\quad - \Re \int_{\mathbb{R}^3} W_2(\varepsilon x)|u|u(u^+ - u^-)dx \\ &\geqslant \|u\|^2 - \bar{\lambda}^2 C_4 \|u\|^{1+\xi} - \kappa_1 C_2^p - \kappa_2 C_1^3. \end{aligned}$$

因此,

$$\|u\|^2 \leqslant \bar{\lambda}^2 C_4 \|u\|^{1+\xi} + C_5. \tag{7.2.45}$$

所以, 存在 $\Lambda = \Lambda(c_1, c_2, \lambda)$ 使得

$$\|u\| \leqslant \Lambda.$$

进而, (7.2.45) 可推出 Λ 关于 $\bar{\lambda} > 0$ 是单调递增的. □

引理 7.2.33 可以直接推出 $(C)_c$ -序列的有界性:

推论 7.2.34 考虑 $\varepsilon \in (0, 1]$, $\{u_n^\varepsilon\}$ 是 Φ_ε 的 $(C)_c$-序列. 如果存在 $C > 0$ 使得 $|c_\varepsilon| \leqslant C$ 对所有的 ε, 那么存在子列仍记为 $\{u_n^\varepsilon\}$ 使得

$$\|u_n^\varepsilon\| \leqslant \Lambda,$$

其中 Λ 为引理 7.2.33 中所得到的, 其只与 λ 和 $c_1 = C$, $c_2 = 1$ 有关.

另外, 为了后面需要我们定义算子 $\mathcal{V} : E \to H^1(\mathbb{R}^3, \mathbb{R})$ 为 $\mathcal{V}(u) = V_{\varepsilon,u}$. 根据 [51] 可知算子 $\mathcal{V}$ 有下面的性质.

引理 7.2.35 $\mathcal{V} : E \to H^1(\mathbb{R}^3, \mathbb{R})$ 有以下性质:

(1) $\mathcal{V}$ 映有界集为有界集.

(2) $\mathcal{V}$ 是连续的.

3. 极限方程

为了利用山路技巧, 我们需要进一步刻画极值 c_ε. 这会依赖非线性项的凸性, 特别是能量泛函的二阶导算子是负定的部分. 然而, 非局部项 $\Gamma_{\lambda_\varepsilon}$ 破坏了这一性质, 因为它的二阶导算子不但会出现正值, 而且还有负值, 并且可能都非常大. 事实上, 这个非局部项是 4 次增长的, 这将会在 $\|u\|$ 很大时主导能量泛函的行为. 因此, 我们将采用截断的方法来克服这个问题 (参见 [51]).

记 $T := (\Lambda+1)^2$, 定义一个光滑函数 $\eta : [0,\infty) \to [0,1]$, $\eta(t) = 1$, 当 $0 \leqslant t \leqslant T$; $\eta(t) = 0$, 当 $t \geqslant T+1$, 并且 $\max|\eta'(t)| \leqslant C_1$, $\max|\eta''(t)| \leqslant C_2$. 不失一般性, 我们可以假设 $\eta(t)$ 是非增的. 定义

$$\begin{aligned}\widetilde{\Phi}_\varepsilon(u) &= \frac{1}{2}\left(\left\|u^+\right\|^2 - \left\|u^-\right\|^2\right) - \eta\left(\|u\|^2\right)\Gamma_{\lambda_\varepsilon}(u) - \Psi_\varepsilon(u) \\ &= \frac{1}{2}\left(\left\|u^+\right\|^2 - \left\|u^-\right\|^2\right) - \mathcal{F}_{\lambda_\varepsilon}(u) - \Psi_\varepsilon(u). \end{aligned} \tag{7.2.46}$$

根据定义, $\Phi_\varepsilon|_{B_T} = \widetilde{\Phi}_\varepsilon|_{B_T}$ 其中 $B_T := \{u \in E, \|u\| \leqslant T\}$. 显然,

$$0 \leqslant \mathcal{F}_{\lambda_\varepsilon}(u) \leqslant \Gamma_{\lambda_\varepsilon}(u) \tag{7.2.47}$$

并且

$$\mathcal{F}'_{\lambda_\varepsilon}(u)v = 2\eta'\left(\|u\|^2\right)\Gamma_{\lambda_\varepsilon}(u)(u,v) + \eta\left(\|u\|^2\right)\Gamma'_{\lambda_\varepsilon}(u)v, \quad 对于\ u, v \in E.$$

1) 极限方程: 次临界情形

对任意的 $0 < \mu \leqslant \kappa, 0 < \lambda \leqslant \bar{\lambda}$, 考虑下面的自治系统

$$\begin{cases} i\alpha\cdot\nabla u - a\beta u + \omega u - \lambda V\beta u = \mu|u|^{p-2}u, \\ -\Delta V + M\cdot V = 4\pi\lambda(\beta u)u. \end{cases} \tag{7.2.48}$$

像之前一样, 我们考虑修正泛函

$$\begin{aligned}\phi_{\lambda,\mu}(u) &= \frac{1}{2}\left(\left\|u^+\right\|^2 - \left\|u^-\right\|^2\right) - \eta\left(\|u\|^2\right)\Gamma_\lambda(u) - \Psi_\mu(u) \\ &= \frac{1}{2}\left(\left\|u^+\right\|^2 - \left\|u^-\right\|^2\right) - \mathcal{F}_\lambda(u) - \frac{\mu}{p}\int_{\mathbb{R}^3}|u|^p dx, \end{aligned} \tag{7.2.49}$$

其中 $u = u^+ + u^- \in E$. 注意到 $\phi_{\lambda,\mu}$ 有环绕结构. 记 $\gamma_{\lambda,\mu}$ 为 $\phi_{\lambda,\mu}$ 的环绕水平集. 定义 $\ell_{\lambda,\mu} : E^+ \to E^-$, 满足对于 $u \in E^+$,

$$\phi_{\lambda,\mu}\left(u + \ell_{\lambda,\mu}(u)\right) = \max_{v\in E^-}\phi_{\lambda,\mu}(u+v)$$

且 $I_{\lambda,\mu}(u)=\phi_{\lambda,\mu}\left(u+\ell_{\lambda,\mu}(u)\right)$. 则 $I_{\lambda,\mu}\in\mathcal{C}^2\left(E^+,\mathbb{R}\right)$ 并且 $u\in E^+$ 是 $I_{\lambda,\mu}$ 的临界点当且仅当 $u+\ell_{\lambda,\mu}(u)$ 是 $\phi_{\lambda,\mu}$ 的临界点. 令 $\mathcal{M}_{\lambda,\mu}=\left\{u\in E^+: I'_{\lambda,\mu}(u)u=0\right\}$. 我们称 $(\ell_{\lambda,\mu}(\cdot),I_{\lambda,\mu}(\cdot),\mathcal{M}_{\lambda,\mu})$ 为 (7.2.46) 的山路型约化. 并且可以得到下面的性质.

i) $\mathcal{L}_{\lambda,\mu}:=\left\{u\in E:\phi'_{\lambda,\mu}(u)=0\right\}\neq\varnothing$ 且 $\mathcal{L}_{\lambda,\mu}\subset\bigcap\limits_{q\geqslant 2}W^{1,q}$;

ii) $\gamma_{\lambda,\mu}:=\inf\{\phi_{\lambda,\mu}(u):u\in\mathcal{L}_{\lambda,\mu}\backslash\{0\}\}=\inf\limits_{u\in\mathcal{M}_{\lambda,\mu}}I_{\lambda,\mu}(u)>0$ 并且是可达的;

iii) $\mathcal{R}_{\lambda,\mu}:=\{u\in\mathcal{L}_{\lambda,\mu}:\phi_{\lambda,\mu}(u)=\gamma_{\lambda,\mu},|u(0)|=\|u\|_{L^\infty}\}$ 在 H^1 中是紧的, 并且存在 $C,c>0$ 使得 $|u(x)|\leqslant Ce^{-c|x|}$ 对所有的 $x\in\mathbb{R}^3$ 且 $u\in\mathcal{R}_{\lambda,\mu}$.

引理 7.2.36　γ_∞ 表示 (7.2.49) 的最小能量值, 其中 $\lambda=\lambda_\infty,\mu=\kappa_\infty$. 对任意的 $\lambda_\infty<\lambda\leqslant\bar{\lambda},\kappa_\infty<\mu\leqslant\kappa$, 我们有

$$m(\lambda,\mu)\gamma_{\lambda,\mu}<\gamma_\infty,\quad \text{其中 } m(\lambda,\mu):=\min\left\{\left(\frac{\lambda}{\lambda_\infty}\right)^2,\left(\frac{\mu}{\kappa_\infty}\right)^{\frac{2}{p-2}}\right\}.$$

证明　记 u 为

$$\begin{aligned}\phi_{\lambda_\infty,\mu_\infty}(u)&=\frac{1}{2}\left(\left\|u^+\right\|^2-\left\|u^-\right\|^2\right)-\eta\left(\|u\|^2\right)\Gamma_{\lambda_\infty}(u)-\Psi_{\kappa_\infty}(u)\\&=\frac{1}{2}\left(\left\|u^+\right\|^2-\left\|u^-\right\|^2\right)-\mathcal{F}_{\lambda_\infty}(u)-\frac{\mu_\infty}{p}\int_{\mathbb{R}^3}|u|^p dx\end{aligned}$$

的最小能量临界点, 对应能量为 γ_∞. 对任意的 $\lambda_\infty<\lambda\leqslant\bar{\lambda}$, $\kappa_\infty<\mu\leqslant\kappa$, 记

$$v(x)=bu(x),\quad \text{其中}\quad 1>b\geqslant\max\left\{\frac{\lambda_\infty}{\lambda},\left(\frac{\kappa_\infty}{\mu}\right)^{\frac{1}{p-2}}\right\}.$$

那么

$$\begin{aligned}\gamma_\infty&=\frac{1}{2b^2}\left(\left\|v^+\right\|^2-\left\|v^-\right\|^2\right)-\frac{\eta\left(\frac{1}{b^2}\|v\|^2\right)}{b^4}\Gamma_{\lambda_\infty}(v)-\frac{1}{b^p}\Psi_{\kappa_\infty}(v)\\&>\frac{1}{2b^2}\left(\left\|v^+\right\|^2-\left\|v^-\right\|^2\right)-\frac{\eta\left(\|v\|^2\right)}{b^4}\Gamma_{\lambda_\infty}(v)-\frac{1}{b^p}\Psi_{\kappa_\infty}(v)\\&\geqslant\frac{1}{b^2}\left[\frac{1}{2}\left(\left\|v^+\right\|^2-\left\|v^-\right\|^2\right)-\eta\left(\|v\|^2\right)\Gamma_\lambda(v)-\Psi_\kappa(v)\right]\\&\geqslant\frac{1}{b^2}\gamma_{\lambda,\mu}.\end{aligned}$$

这里我们用到了 $\dfrac{\lambda_\infty}{b\lambda}\leqslant 1$ 和 $\dfrac{\kappa_\infty}{b^{p-2}\mu}\leqslant 1$. 所以, $m(\lambda,\mu)\gamma_{\lambda,\mu}<\gamma_\infty$. □

2) 极限方程: 临界情形

对任意的 $0<\lambda\leqslant\bar{\lambda}$, $0<\mu_j\leqslant\kappa_j, j=1,2$, 考虑下面的自治系统

$$\begin{cases} i\alpha\cdot\nabla u-a\beta u+\omega u-\lambda V\beta u=\mu_1|u|^{p-2}u+\mu_2|u|u, \\ -\Delta V+M\cdot V=4\pi\lambda(\beta u)u. \end{cases} \tag{7.2.50}$$

正如之前次临界的情况一样, 我们考虑截断泛函

$$\begin{aligned} \phi_{\lambda,\vec{\mu}}(u) &:= \frac{1}{2}\left(\left\|u^+\right\|^2-\left\|u^-\right\|^2\right)-\eta\left(\|u\|^2\right)\Gamma_\lambda(u)-\Psi_\mu(u) \\ &= \frac{1}{2}\left(\left\|u^+\right\|^2-\left\|u^-\right\|^2\right)-\mathcal{F}_\lambda(u)-\frac{\mu_1}{p}\int_{\mathbb{R}^3}|u|^p dx-\frac{\mu_2}{3}\int_{\mathbb{R}^3}|u|^3 dx, \end{aligned} \tag{7.2.51}$$

其中 $\vec{\mu}:=(\mu_1,\mu_2)$. 令 $\gamma_{\lambda,\vec{\mu}}$ 表示 $\phi_{\lambda,\vec{\mu}}$ 的环绕临界值. 定义 $\ell_{\lambda,\vec{\mu}}:E^+\to E^-$ 满足对于 $u\in E^+$,

$$\phi_{\lambda,\vec{\mu}}\left(u+\ell_{\lambda,\vec{\mu}}(u)\right)=\max_{v\in E^-}\phi_{\lambda,\vec{\mu}}(u+v)$$

且 $I_{\lambda,\vec{\mu}}(u)=\phi_{\lambda,\vec{\mu}}\left(u+\ell_{\lambda,\vec{\mu}}(u)\right)$. 那么 $I_{\lambda,\vec{\mu}}\in\mathcal{C}^2\left(E^+,\mathbb{R}\right)$ 并且 $u\in E^+$ 是 $I_{\lambda,\vec{\mu}}$ 的临界点当且仅当 $u+\ell_{\lambda,\vec{\mu}}(u)$ 是 $\phi_{\lambda,\vec{\mu}}$ 的临界点. 令 $\mathcal{M}_{\lambda,\vec{\mu}}=\left\{u\in E^+:I'_{\lambda,\vec{\mu}}(u)u=0\right\}$. 像之前那样定义 $\mathcal{L}_{\lambda,\vec{\mu}}$ 和 $\mathcal{R}_{\lambda,\vec{\mu}}$. 我们有

$$\gamma_{\lambda,\vec{\mu}}:=\inf\left\{\phi_{\lambda,\vec{\mu}}(u):u\in\mathcal{L}_{\lambda,\vec{\mu}}\backslash\{0\}\right\}=\inf_{u\in\mathcal{M}_{\lambda,\vec{\mu}}}I_{\lambda,\vec{\mu}}(u)>0$$

并且 $\mathcal{L}_{\lambda,\vec{\mu}}\subset\bigcap\limits_{q\geqslant 2}W^{1,q}$.

引理 7.2.37 若 $\gamma_{\lambda,\vec{\mu}}<\dfrac{S^{\frac{3}{2}}}{6\mu_2^2}$, 则 $\gamma_{\lambda,\vec{\mu}}$ 可达.

证明 假设 $\{u_n\}$ 是 $(C)_c$- 序列其中 $c=\gamma_{\lambda,\vec{\mu}}$. 根据推论 7.2.34 的叙述, $\{u_n\}$ 在 E 中有界. 由 Lions 集中引理[96], $\{u_n\}$ 是消失的或非消失的.

假设 $\{u_n\}$ 是消失的. 那么 $\|u_n\|_{L^s}\to 0$, $s\in(2,3)$, 再结合引理 7.2.31 可推出 $\mathcal{F}_\lambda(u_n)\leqslant S^{-1}\bar{\lambda}^2\|u_n\|^4_{L^{12/5}}\to 0$. 因此,

$$\begin{aligned} \gamma_{\lambda,\vec{\mu}}+o(1) &= \phi_{\lambda,\vec{\mu}}\left(u_n\right)-\frac{1}{2}\phi'_{\lambda,\vec{\mu}}\left(u_n\right)u_n \\ &= \mathcal{F}_\lambda(u_n)+\int_{\mathbb{R}^3}\left(\frac{1}{2}-\frac{1}{6}\right)\mu_1|u_n|^p dx+\int_{\mathbb{R}^3}\left(\frac{1}{2}-\frac{1}{3}\right)\mu_2|u_n|^3 dx \\ &= \int_{\mathbb{R}^3}\frac{1}{6}\mu_2|u_n|^3 dx+o(1), \end{aligned}$$

也就是 $\int_{\mathbb{R}^3}|u_n|^3dx=\frac{6\gamma_{\lambda,\vec{\mu}}}{\mu_2}+o(1)$. 同样地, 还可以得到

$$\begin{aligned}o(1)&=\phi'_{\lambda,\vec{\mu}}(u_n)\left(u_n^+-u_n^-\right)\\&=\|u_n\|^2-\mathcal{F}'_\lambda(u_n)\left(u_n^+-u_n^-\right)-\Re\int_{\mathbb{R}^3}\mu_1|u_n|^{p-2}u_n(u_n^+-u_n^-)dx\\&\quad-\Re\int_{\mathbb{R}^3}\mu_2|u_n|u_n(u_n^+-u_n^-)dx\\&=\|u_n\|^2-\Re\int_{\mathbb{R}^3}\mu_2|u_n|u_n(u_n^+-u_n^-)dx+o(1).\end{aligned}$$

再结合 $S^{\frac{1}{2}}\|u\|_{L^3}^2\leqslant\|u\|^2$ (见 [17]), 可以得到

$$\begin{aligned}\|u_n\|^2&\leqslant\mu_2\|u_n\|_{L^3}\|u_n\|_{L^3}\|u_n^+-u_n^-\|_{L^3}+o(1)\\&\leqslant\mu_2S^{-\frac{1}{2}}\|u_n\|\left(\frac{6\gamma_{\lambda,\vec{\mu}}}{\mu_2}\right)^{\frac{1}{3}}\|u_n^+-u_n^-\|+o(1),\end{aligned}$$

这意味着 $\gamma_{\lambda,\vec{\mu}}\geqslant\frac{S^{\frac{3}{2}}}{6\mu_2^2}$, 矛盾.

因此, $\{u_n\}$ 是非消失的, 即, 存在 $r,\delta>0$ 和 $x_n\in\mathbb{R}^3$ 使得存在子列满足

$$\int_{B_r(0)}|v_n|^2dx\geqslant\delta,$$

其中 $v_n(x)=u_n(x+x_n)$, 不失一般性, 假设 $v_n\to v$. 那么 $v\neq0$ 且是 (7.2.50) 的解. 因此, $\gamma_{\lambda,\vec{\mu}}$ 是可达的. □

引理 7.2.38　若 $\mu_1^{-1}\mu_2^{p-2}<\left(\frac{S^{\frac{3}{2}}}{6\tau_p}\right)^{\frac{p-2}{2}}$, 则 $\gamma_{\lambda,\vec{\mu}}$ 是可达的.

证明　通过计算和极值技巧, 可推知

$$\gamma_{\lambda,\vec{\mu}}\leqslant\gamma_{\mu_1}=\mu_1^{\frac{-2}{p-2}}\tau_p.$$

若 $\mu_1^{-1}\mu_2^{p-2}<\left(\frac{S^{\frac{3}{2}}}{6\tau_p}\right)^{\frac{p-2}{2}}$, 则 $\gamma_{\lambda,\vec{\mu}}\leqslant\mu_1^{\frac{-2}{p-2}}\tau_p\leqslant\frac{S^{\frac{3}{2}}}{6\mu_2^2}$. 所以根据引理 7.2.37 可知 $\gamma_{\lambda,\vec{\mu}}$ 是可达的. □

接下来, 对任意的向量 $\vec{\mu}_j=(\mu_1^j,\mu_2^j), j=1,2$, 用 $\vec{\mu}_1<\vec{\mu}_2$ 表示 $\min\{\mu_1^2-\mu_1^1,\mu_2^2-\mu_2^1\}>0$. 下面的引理将在后面的讨论中有非常重要的作用.

引理7.2.39 (1) 假设 $u \in \mathcal{M}_{\lambda,\vec{\mu}}$ 使得 $I_{\lambda,\vec{\mu}}(u)=\gamma_{\lambda,\vec{\mu}}$ 并且令 $E_u=E^-\oplus\mathbb{R}^+u$. 那么

$$\max_{w\in E_u}\phi_{\lambda,\vec{\mu}}(w)=I_{\lambda,\vec{\mu}}(u).$$

(2) 若 $\lambda_2<\lambda_1$, $\vec{\mu}_1-\vec{\mu}_2>0$, 则 $\gamma_{\lambda_1,\vec{\mu}_1}<\gamma_{\lambda_2,\vec{\mu}_2}$.

证明 为了证 (1), 我们注意到 $u+\ell_{\lambda,\vec{\mu}}(u)\in E_u$ 并且

$$I_{\lambda,\vec{\mu}}(u)=\phi_{\lambda,\vec{\mu}}\left(u+\ell_{\lambda,\vec{\mu}}(u)\right)\leqslant\max_{w\in E_u}\phi_{\lambda,\vec{\mu}}(w).$$

进而, 因为 $u\in\mathcal{M}_{\lambda,\vec{\mu}}$,

$$\max_{w\in E_u}\phi_{\lambda,\vec{\mu}}(w)\leqslant\max_{s\geqslant 0}\phi_{\lambda,\vec{\mu}}\left(su+\ell_{\lambda,\vec{\mu}}(su)\right)\leqslant\max_{s\geqslant 0}I_{\lambda,\vec{\mu}}(su)=I_{\lambda,\vec{\mu}}(u)$$

所以, $\max\limits_{w\in E_u}\phi_{\lambda,\vec{\mu}}(w)=I_{\lambda,\vec{\mu}}(u)$.

下面证 (2), 记 u_2 为 $\phi_{\lambda_2,\vec{\mu}_2}$ 的最小能量解并且令 $e=u_2^+$. 那么

$$\gamma_{\lambda_2,\vec{\mu}_2}=\phi_{\lambda_2,\vec{\mu}_2}(u_2)=\max_{w\in E_e}\phi_{\lambda_2,\vec{\mu}_2}(w).$$

假设 $u_1\in E_e$ 使得 $\phi_{\lambda_1,\vec{\mu}_1}(u_1)=\max\limits_{w\in E_e}\phi_{\lambda_1,\vec{\mu}_1}(w)$. 我们可以得到

$$\gamma_{\lambda_2,\vec{\mu}_2}=\phi_{\lambda_2,\vec{\mu}_2}(u_2)\geqslant\phi_{\lambda_2,\vec{\mu}_2}(u_1)>\phi_{\lambda_1,\vec{\mu}_1}(u_1).$$

□

引理 7.2.40 令 $\gamma_{\vec{\infty}}$ 表示方程 (7.2.50) 的最小能量, 其中 $\lambda=\lambda_\infty,\vec{\mu}=\kappa_{\vec{\infty}}$, $\kappa_{\vec{\infty}}:=(\kappa_{1\infty},\kappa_{1\infty})$. 对任意的 $\lambda_\infty<\lambda\leqslant\bar{\lambda},\kappa_{j\infty}<\mu_j\leqslant\kappa_j$, 我们有

$$m(\lambda,\vec{\mu})\gamma_{\lambda,\vec{\mu}}<\gamma_{\vec{\infty}},\quad \text{其中}\quad m(\lambda,\vec{\mu}):=\min\left\{\left(\frac{\lambda}{\lambda_\infty}\right)^2,\left(\frac{\mu_1}{\kappa_{1\infty}}\right)^{\frac{2}{p-2}},\left(\frac{\mu_2}{\kappa_{2\infty}}\right)^2\right\}.$$

证明 假设 u 是

$$\begin{aligned}\phi_{\lambda_\infty,\kappa_{\vec{\infty}}}(u)&=\frac{1}{2}\left(\left\|u^+\right\|^2-\left\|u^-\right\|^2\right)-\eta\left(\|u\|^2\right)\Gamma_{\lambda_\infty}(u)-\Psi_{\kappa_{\vec{\infty}}}(u)\\&=\frac{1}{2}\left(\left\|u^+\right\|^2-\left\|u^-\right\|^2\right)-\mathcal{F}_{\lambda_\infty}(u)-\frac{\mu_{1\infty}}{p}\int_{\mathbb{R}^3}|u|^p dx-\frac{\mu_{2\infty}}{3}\int_{\mathbb{R}^3}|u|^3 dx\end{aligned}$$

的最小能量临界点, 其对应能量为 $\gamma_{\vec{\infty}}$. 对任意的 $\lambda_\infty<\lambda\leqslant\bar{\lambda}$, $\kappa_\infty<\mu\leqslant\kappa$, 令

$$v(x)=bu(x),\quad \text{其中}\quad 1>b\geqslant\max\left\{\frac{\lambda}{\lambda_\infty},\left(\frac{\mu_1}{\kappa_{1\infty}}\right)^{\frac{1}{p-2}},\frac{\mu_2}{\kappa_{2\infty}}\right\}.$$

那么

$$\begin{aligned}\gamma_{\vec{\infty}} &= \frac{1}{2b^2}\left(\left\|v^+\right\|^2 - \left\|v^-\right\|^2\right) - \frac{\eta\left(\frac{1}{b^2}\|v\|^2\right)}{b^4}\Gamma_{\lambda_\infty}(v) - \frac{1}{b^p}\Psi_{\kappa_{\vec{\infty}}}(v) \\ &> \frac{1}{2b^2}\left(\left\|v^+\right\|^2 - \left\|v^-\right\|^2\right) - \frac{\eta\left(\|v\|^2\right)}{b^4}\Gamma_{\lambda_\infty}(v) \\ &\quad - \frac{1}{b^p}\frac{\kappa_{1\infty}}{p}\int_{\mathbb{R}^3}|v|^p dx - \frac{1}{b^3}\frac{\kappa_{2\infty}}{3}\int_{\mathbb{R}^3}|v|^3 dx \\ &\geqslant \frac{1}{b^2}\left[\frac{1}{2}\left(\left\|v^+\right\|^2 - \left\|v^-\right\|^2\right) - \eta\left(\|v\|^2\right)\Gamma_\lambda(v) - \Psi_{\vec{\mu}}(v)\right] \\ &\geqslant \frac{1}{b^2}\gamma_{\lambda,\vec{\mu}}.\end{aligned}$$

这里我们用到了 $\dfrac{\lambda_\infty}{b\lambda} \leqslant 1$, $\dfrac{\kappa_{1\infty}}{b^{p-2}\mu_1} \leqslant 1$ 和 $\dfrac{\kappa_{2\infty}}{b\mu_2} \leqslant 1$. 所以, $m(\lambda,\mu)\gamma_{\lambda,\mu} < \gamma_{\vec{\infty}}$. □

4. 截断泛函

令 $\hat{\lambda} = \inf\lambda(x), b = \inf W(x)$, 且 $\vec{b} = (b_1, b_2)$ 其中 $b_j = \inf W_j(x)$. 取

$$e_0 \in \begin{cases} \mathcal{R}_{\hat{\lambda},b}, & \text{次临界情形}, \\ \mathcal{R}_{\hat{\lambda},\vec{b}}, & \text{临界情形}; \end{cases}$$

且记

$$c_{\hat{\lambda},\vec{b}} = \begin{cases} \gamma_{\hat{\lambda},b}, & \text{次临界情形}, \\ \gamma_{\hat{\lambda},\vec{b}}, & \text{临界情形}; \end{cases}$$

$$c_\infty = \begin{cases} \gamma_\infty, & \text{次临界情形}, \\ \gamma_{\vec{\infty}}, & \text{临界情形}. \end{cases}$$

显然, 对所有的 $\varepsilon > 0$, $c_\varepsilon \leqslant c_{\hat{\lambda},\vec{b}}$ 且 $c_\infty \leqslant c_{\hat{\lambda},\vec{b}}$. 另外, 我们有下面的引理.

引理 7.2.41　对所有的 $\varepsilon > 0$, $\max\limits_{w\in E_{e_0}} \tilde{\Phi}_\varepsilon(w) \leqslant c_{\hat{\lambda},\vec{b}}$.

证明　注意到对所有的 $u \in E$, $\tilde{\Phi}_\varepsilon(u) \leqslant \phi_{\hat{\lambda},\vec{b}}$, 所以, 根据引理 7.2.39 (1),

$$\max_{w\in E_{e_0}} \tilde{\Phi}_\varepsilon(w) \leqslant \max_{w\in E_{e_0}} \phi_{\hat{\lambda},b}(w) = I_{\hat{\lambda},\vec{b}}(e_0) = c_{\hat{\lambda},\vec{b}},$$

得证. □

引理 7.2.42 存在 $\varepsilon_1>0$ 和 $\lambda_0>0$ 使得对任意的 $\varepsilon\in(0,\varepsilon_1)$ 和 $\bar{\lambda}\in(0,\lambda_0)$, 若 $\{u_n^\varepsilon\}$ 是 $\widetilde{\Phi}_\varepsilon$ 的 $(C)_c$-序列, 则 $\|u_n^\varepsilon\|\leqslant\Lambda+\dfrac{1}{2}$, 并且 $\tilde{\Phi}_\varepsilon(u_n^\varepsilon)=\Phi_\varepsilon(u_n^\varepsilon)$. 特别地, $\tilde{\phi}_{\lambda,\vec{\mu}}$ 代替 $\tilde{\Phi}_\varepsilon$ 我们得到 $\tilde{\phi}_{\lambda,\vec{\mu}}$ 与 $\phi_{\lambda,\vec{\mu}}$ 有相同的基态解.

证明 我们重复引理 7.2.33 的讨论. 若 $\|u\|^2\geqslant T+1$, 那么 $\mathcal{F}_{\lambda_\varepsilon}(u)=0$. 所以正如引理 7.2.33 的证明可以得到 $\|u\|^2\leqslant\Lambda$, 矛盾. 所以我们假设 $\|u\|^2\leqslant T+1$. 那么, 利用引理 7.2.31, $|\eta'(\|u\|^2)\|u\|^2\Gamma_{\lambda_\varepsilon}(u)|\leqslant\bar{\lambda}^2 d_\lambda^{(1)}$ (这里及下面我们将 $d_\lambda^{(j)}$ 记为只依赖于 λ 的正常数并且 $d_\lambda^{(j)}$ 关于 λ 是递增的). 类似于 (7.2.42),

$$\begin{aligned}
c_1+1&\geqslant\tilde{\Phi}_\varepsilon(u)-\frac{1}{2}\tilde{\Phi}_\varepsilon'(u)u\\
&=\eta\left(\|u\|^2\right)+2\eta'\left(\|u\|^2\right)\|u\|^2\Gamma_{\lambda_\varepsilon}(u)-\left(\frac{1}{p}-\frac{1}{2}\right)\int_{\mathbb{R}^3}W_1(\varepsilon x)|u|^p dx\\
&\quad+\frac{1}{6}\int_{\mathbb{R}^3}W_2(\varepsilon x)|u|^3dx\\
&\geqslant-\bar{\lambda}^2 d_\lambda^{(1)}+\left(\frac{1}{2}-\frac{1}{p}\right)\inf W_1\|u\|_{L^p}^p+\frac{\inf W_2}{6}\|u\|_{L^3}^3,
\end{aligned}$$

也就是说

$$\|u\|_{L^3}\leqslant d_\lambda^{(2)}\quad 且\quad \|u\|_{L^p}\leqslant d_\lambda^{(3)}.$$

同样我们还可以得到

$$\begin{aligned}
c_2&\geqslant\tilde{\Phi}_\varepsilon'(u)(u^+-u^-)\\
&\geqslant\|u\|^2-\bar{\lambda}^2 d_\lambda^{(1)}-\bar{\lambda}^2 C_4\|u\|^{1+\xi}-\kappa_1\|u\|_{L^p}^p-\kappa_2\|u\|_{L^3}^3\\
&\geqslant\|u\|^2-\bar{\lambda}^2 d_\lambda^{(1)}-\bar{\lambda}^2 C_4\|u\|^{1+\xi}-\kappa_1(d_\lambda^{(2)})^p-\kappa_2(d_\lambda^{(3)})^3.
\end{aligned}$$

即

$$\|u\|^2\leqslant\bar{\lambda}^2 C_4\|u\|^{1+\xi}+\bar{\lambda}^2 d_\lambda^{(1)}+d_\lambda^{(4)}.$$

根据 $d_\lambda^{(j)}$ 的单调性, 我们看到可以选择适当的 $\lambda_0>0$, 令 $\bar{\lambda}\in(0,\lambda_0]$, 那么 $\|u\|\leqslant\Lambda+\dfrac{1}{2}$. 引理证完. □

基于这个引理, 为了证明我们的主要结果, 我们只需要研究 $\tilde{\Phi}_\varepsilon$ 并得到其临界值位于 $[0,\tilde{c}_{\hat{\lambda},\vec{b}}]$ 中的临界点. 这需要一系列的讨论. 首先我们引入 $\tilde{\Phi}_\varepsilon$ 的极值. 类似于引理 7.2.32, 我们可以证明下面的引理.

引理 7.2.43 $\widetilde{\Phi}_\varepsilon$ 具有环绕结构. 另外, $\max\limits_{v\in E_{e_0}}\widetilde{\Phi}_\varepsilon(v)\leqslant\tilde{c}_{\hat{\lambda},\vec{b}}$.

将 (7.2.40) 中的 Φ_ε 换成 $\widetilde{\Phi}_\varepsilon$, 从而产生的极值, 记为 $\tilde{c}_\varepsilon$. 根据 (7.2.51) 和能量泛函的表达式可知 $c_\varepsilon \leqslant \tilde{c}_\varepsilon$. 正如之前, 定义 $h_\varepsilon : E^+ \to E^-$ 为

$$\widetilde{\Phi}_\varepsilon\left(u+h_\varepsilon(u)\right)=\max_{v\in E^-}\widetilde{\Phi}_\varepsilon(u+v),$$

以及 $h_{\lambda,\vec{\mu}} : E^+ \to E^-$ 为

$$\widetilde{\phi}_{\lambda,\vec{\mu}}\left(u+h_{\lambda,\vec{\mu}}(u)\right)=\max_{v\in E^-}\widetilde{\phi}_{\lambda,\vec{\mu}}(u+v).$$

下面的结果可参见 [3],

(1) $h_\varepsilon, h_{\lambda,\vec{\mu}} \in \mathcal{C}^1\left(E^+, E^-\right), h_\varepsilon(0)=0, h_{\lambda,\vec{\mu}}(0)=0$;

(2) $h_\varepsilon, h_{\lambda,\vec{\mu}}$ 是有界映射;

(3) 若在 E^+ 中 $u_n \rightharpoonup u$, 则

$$h_\varepsilon\left(u_n\right)-h_\varepsilon\left(u_n-u\right)\to h_\varepsilon(u) \text{ 且 } h_\varepsilon\left(u_n\right)\rightharpoonup h_\varepsilon(u),$$

$$h_{\lambda,\vec{\mu}}\left(u_n\right)-h_{\lambda,\vec{\mu}}\left(u_n-u\right)\to h_{\lambda,\vec{\mu}}(u) \text{ 且 } h_{\lambda,\vec{\mu}}\left(u_n\right)\rightharpoonup h_{\lambda,\vec{\mu}}(u).$$

我们现在定义 $I_\varepsilon : E^+ \to \mathbb{R}$ 为 $I_\varepsilon(u)=\widetilde{\Phi}_\varepsilon\left(u+h_\varepsilon(u)\right)$, 定义 $I_{\lambda,\vec{\mu}} : E^+ \to \mathbb{R}$ 为 $I_{\lambda,\vec{\mu}}(u)=\widetilde{\Phi}_{\lambda,\vec{\mu}}\left(u+h_{\lambda,\vec{\mu}}(u)\right)$ 并且令

$$\begin{aligned}\mathcal{N}_\varepsilon &:= \left\{u\in E^+\backslash\{0\} : I_\varepsilon'(u)u=0\right\},\\ \mathcal{N}_{\lambda,\vec{\mu}} &:= \left\{u\in E^+\backslash\{0\} : I_{\lambda,\vec{\mu}}'(u)u=0\right\}.\end{aligned} \tag{7.2.52}$$

不难得到,

$$\tilde{c}_\varepsilon=\inf_{u\in\mathcal{N}_\varepsilon} I_\varepsilon(u)\leqslant \tilde{c}_{\hat{\lambda},b}. \tag{7.2.53}$$

再结合 (7.2.40) 推出存在一个序列 $\{e_n\}\subset E^+\backslash\{0\}$ 使得 $\widetilde{\Phi}_\varepsilon\left(u_n\right)\to\tilde{c}_\varepsilon$ 且 $\widetilde{\Phi}_\varepsilon'\left(u_n\right)\to 0$, $n\to\infty$, 其中 $u_n=e_n+h_\varepsilon\left(e_n\right)$. 因此, 通过引理 7.2.42, 我们可以得到

$$\tilde{c}_\varepsilon=c_\varepsilon \text{ 对足够小的 } \varepsilon>0.$$

现在开始我们只用到 c_ε.

回顾 $\lambda(\varepsilon x)\to\bar{\lambda}$, $W(\varepsilon x)\to\kappa$ 且 $(W_1(\varepsilon x), W_2(\varepsilon x))\to(\kappa_1,\kappa_2)=\vec{\kappa}$ 当 $\varepsilon\to 0$ 时在 x 的有界集中是一致的. 与 [3, 51, 69] 相同的讨论, 我们可以知道

引理 7.2.44　对任意的 $u\in E^+\backslash\{0\}$, 存在唯一的 $t_\varepsilon=t_\varepsilon(u)>0$ 使得 $t_\varepsilon u\in\mathcal{N}_\varepsilon$. 进而, $\{t_\varepsilon(u)\}_{\varepsilon\leqslant 1}$ 是有界的, 并且若 $t_\varepsilon(u)\to t_0(u)$, 那么 $\left\|h_\varepsilon\left(t_\varepsilon u\right)-h_{\bar{\lambda},\vec{\kappa}}\left(t_0 u\right)\right\|\to 0$. 若 $u\in\mathcal{N}_{\bar{\lambda},\vec{\kappa}}$ 则 $t_0=1$.

另外, 我们还有

引理 7.2.45 $\lim\limits_{\varepsilon\to 0}\tilde{c}_\varepsilon=\tilde{\gamma}_{\bar{\lambda},\vec{\kappa}}$.

证明 首先, 我们证明 $\liminf\limits_{\varepsilon\to 0}c_\varepsilon\geqslant\tilde{\gamma}_{\bar{\lambda},\vec{\kappa}}$. 反证, 若 $\liminf\limits_{\varepsilon\to 0}c_\varepsilon<\tilde{\gamma}_{\bar{\lambda},\vec{\kappa}}$. 根据 c_ε 的定义和 (7.2.53), 我们可以选择一个 $e_j\in\mathcal{N}_\varepsilon$ 和 $\delta>0$ 使得 $\max\limits_{u\in E_{e_j}}\tilde{\Phi}_{\varepsilon_j}(u)\leqslant\tilde{\gamma}_{\bar{\lambda},\vec{\kappa}}-\delta$, 对于足够小的 $\varepsilon_j\to 0$. 注意到对所有的 $u\in E$ 以及足够小的 ε, 我们有 $\tilde{\Phi}_{\varepsilon_j}(u)\geqslant\tilde{\phi}_{\bar{\lambda},\vec{\kappa}}(u)$. 并且 $\tilde{\gamma}_{\bar{\lambda},\vec{\kappa}}\leqslant I_{\bar{\lambda},\vec{\kappa}}(e_j)\leqslant\max\limits_{u\in E_{e_j}}\tilde{\phi}_{\bar{\lambda},\vec{\kappa}}(u)$. 因此, 我们得到对足够小的 ε_j,

$$\tilde{\gamma}_{\bar{\lambda},\vec{\kappa}}-\delta\geqslant\max_{u\in E_{e_j}}\tilde{\Phi}_{\varepsilon_j}(u)\geqslant\max_{u\in E_{e_j}}\tilde{\phi}_{\bar{\lambda},\vec{\kappa}}(u)\geqslant\tilde{\gamma}_{\bar{\lambda},\vec{\kappa}},$$

矛盾. □

接下来, 令 $\lambda_\infty<\lambda<\bar{\lambda}$, $\kappa_\infty<\mu<\kappa$, $\kappa_{1\infty}<\mu_1<\kappa_1$ 并且定义

$$\lambda^\lambda(x)=\min\{\lambda,\lambda(x)\},\quad W^\mu(x)=\min\{\mu,W(x)\},\quad W_1^{\mu_1}(x)=\min\{\mu_1,W_1(x)\}.$$

考虑扰动能量泛函

$$\widetilde{\Phi}_\varepsilon^{\lambda,\mu}=\frac{1}{2}\left(\left\|u^+\right\|^2-\left\|u^-\right\|^2\right)-\mathcal{F}_\varepsilon^\lambda(u)-\Psi_\varepsilon^\mu(u),$$

其中

$$\Psi_\varepsilon^\mu=\begin{cases}\displaystyle\int_{\mathbb{R}^3}\frac{1}{p}W_\varepsilon^\mu(x)|u|^pdx, & \text{次临界的情形},\\ \displaystyle\int_{\mathbb{R}^3}\frac{1}{p}W_{1\varepsilon}^{\mu_1}(x)|u|^pdx+\int_{\mathbb{R}^3}\frac{1}{3}W_2(\varepsilon x)|u|^3dx, & \text{临界的情形},\end{cases}$$

并且 $\mathcal{F}_\varepsilon^\lambda=\dfrac{1}{4}\eta(\|u\|^2)\Gamma_{\lambda_\varepsilon^\lambda}$, $\lambda_\varepsilon^\lambda(x)=\lambda^\lambda(\varepsilon x)$, $W_\varepsilon^\mu(x)=W^\mu(\varepsilon x)$, $W_{1\varepsilon}^{1\mu}(x)=W_1^\mu(\varepsilon x)$. 正如之前一样定义 $\tilde{h}_\varepsilon^{\lambda,\mu}:E^+\to E^-$, $\tilde{I}_\varepsilon^{\lambda,\mu}:E^+\to\mathbb{R}$, $\tilde{\mathcal{N}}_\varepsilon^{\lambda,\mu},\tilde{c}_\varepsilon^{\lambda,\mu}$ 等等.

引理 7.2.46 对于足够小的 $\varepsilon>0$, $\tilde{c}_\varepsilon$ 是可达的.

证明 给定 $\varepsilon>0$, 令 $\{u_n\}\subset\mathcal{N}_\varepsilon$ 是一个极小化序列: $I_\varepsilon(u_n)\to c_\varepsilon$. 通过 Ekeland 变分原理, 我们可以假设 $\{u_n\}$ 是 I_ε 在 E^+ 上的一个 $(PS)_{c_\varepsilon}$-序列. 那么 $w_n=u_n+h_\varepsilon(u_n)$ 是 $\tilde{\Phi}_\varepsilon$ 在 E 上的 $(PS)_{c_\varepsilon}$-序列. 注意到 $\{w_n\}$ 是有界的, 因此也是 $(C)_{c_\varepsilon}$-序列. 不失一般性, 我们可以假设在 E 中 $w_n\rightharpoonup w_\varepsilon$. 若 $w_\varepsilon\neq 0$, 可以验证 $\tilde{\Phi}_\varepsilon(w_\varepsilon)=c_\varepsilon$. 所以, 我们现在证明 $w_\varepsilon\neq 0$ 对足够小的 $\varepsilon>0$. 反证, 若存在一个序列 $\varepsilon_j\to 0$ 且 $w_{\varepsilon_j}=0$, 那么在 E 中 $w_n=u_n+h_{\varepsilon_j}(u_n)\rightharpoonup 0$, 在 L^q_{loc} 中 $u_n\to 0$, $q\in[1,3)$, 并且 $w_n(x)\to 0$ 对于 $x\in\mathbb{R}^3$ 几乎处处成立.

令 $t_n > 0$ 使得 $t_n u_n \in \tilde{\mathcal{N}}_{\varepsilon}^{\lambda,\mu}$. 因为 $u_n \in \mathcal{N}_{\varepsilon}$, 不难看出 $\{t_n\}$ 是有界的并且我们可以假设当 $n \to 0$ $t_n \to t_0$. 注意到在 E 中 $\tilde{h}_{\varepsilon}^{\lambda,\mu}(t_n u_n) \rightharpoonup 0$ 并且在 L_{loc}^q 中 $\tilde{h}_{\varepsilon}^{\lambda,\mu}(t_n u_n) \rightharpoonup 0$, $q \in [1,3)$. $\tilde{w}_n := t_n u_n + \tilde{h}_{\varepsilon}^{\lambda,\mu}(t_n u_n) \to 0$ 在 L_{loc}^q 中, $q \in [1,3)$. 集合 $A_\varepsilon := \{x \in \mathbb{R}^3 : \lambda(\varepsilon x) > \lambda\}$ 是有界的. 所以,

$$
\begin{aligned}
&\left|\mathcal{F}_{\varepsilon_j}^{\lambda} - \mathcal{F}_{\varepsilon_j}\right| \\
\lesssim& \left|\int_{\mathbb{R}^3\times\mathbb{R}^3} (\lambda_{\varepsilon_j}^{\lambda}(x)\lambda_{\varepsilon_j}^{\lambda}(y) - \lambda_{\varepsilon_j}(x)\lambda_{\varepsilon_j}(y)) \frac{[(\beta\tilde{w}_n)\tilde{w}_n](x)[(\beta\tilde{w}_n)\tilde{w}_n](y)}{|x-y|} e^{-\sqrt{M}|x-y|} dydx\right| \\
=& \left|\int_{A_\varepsilon}\int_{A_\varepsilon^c} (\lambda - \lambda_{\varepsilon_j}(x))\lambda \frac{[(\beta\tilde{w}_n)\tilde{w}_n](x)[(\beta\tilde{w}_n)\tilde{w}_n](y)}{|x-y|} e^{-\sqrt{M}|x-y|} dydx\right| \\
&+ \left|\int_{A_\varepsilon^c}\int_{A_\varepsilon} (\lambda - \lambda_{\varepsilon_j}(y))\lambda \frac{[(\beta\tilde{w}_n)\tilde{w}_n](x)[(\beta\tilde{w}_n)\tilde{w}_n](y)}{|x-y|} e^{-\sqrt{M}|x-y|} dydx\right| \\
&+ \left|\int_{A_\varepsilon}\int_{A_\varepsilon} (\lambda\lambda - \lambda_{\varepsilon_j}(x)\lambda_{\varepsilon_j}(y)) \frac{[(\beta\tilde{w}_n)\tilde{w}_n](x)[(\beta\tilde{w}_n)\tilde{w}_n](y)}{|x-y|} e^{-\sqrt{M}|x-y|} dydx\right| \\
\lesssim& \left(\int_{A_\varepsilon} |\tilde{w}_n|^{\frac{12}{5}}\right)^{\frac{5}{6}} \left(\int_{\mathbb{R}^3} |V_{\tilde{w}_n}|^6\right)^{\frac{1}{6}} + \left(\int_{A_\varepsilon} |\tilde{w}_n|^{\frac{12}{5}}\right)^{\frac{5}{6}} \\
\lesssim& \left(\int_{A_\varepsilon} |\tilde{w}_n|^{\frac{12}{5}}\right)^{\frac{5}{6}} \left(\int_{\mathbb{R}^3} |\tilde{w}_n|^{\frac{12}{5}}\right)^{\frac{5}{6}} + \left(\int_{A_\varepsilon} |\tilde{w}_n|^{\frac{12}{5}}\right)^{\frac{5}{6}} \to 0,
\end{aligned}
$$

其中 $V_{\tilde{w}_n}(x) = \displaystyle\int_{\mathbb{R}^3} \frac{[(\beta\tilde{w}_n)\tilde{w}_n](y)}{|x-y|} e^{-\sqrt{M}|x-y|} dy$. 同样地, 因为集合 $\{x \in \mathbb{R}^3 : W_1(\varepsilon x) > \mu\}$ 是有界的, 我们有

$$
\int_{\mathbb{R}^3} W_{1\varepsilon}^{\mu_1}(x)|\tilde{w}_n|^p dx - \int_{\mathbb{R}^3} W_{1\varepsilon}(x)|\tilde{w}_n|^p dx = o(1).
$$

因此, 可以得到

$$
\begin{aligned}
\tilde{c}_{\varepsilon_j}^{\lambda,\mu} &\leqslant \tilde{I}_{\varepsilon_j}^{\lambda,\mu}(t_n u_n) = \tilde{\Phi}_{\varepsilon_j}^{\lambda,\mu}(\tilde{w}_n) \\
&= \tilde{\Phi}_{\varepsilon_j}(\tilde{w}_n) - \mathcal{F}_{\varepsilon_j}^{\lambda} + \mathcal{F}_{\varepsilon_j} - \frac{1}{p}\int_{\mathbb{R}^3} W_{1\varepsilon}^{\mu_1}(x)|\tilde{w}_n|^p dx + \frac{1}{p}\int_{\mathbb{R}^3} W_{1\varepsilon}(x)|\tilde{w}_n|^p dx \\
&\leqslant \tilde{I}_{\varepsilon_j}(u_n) + o(1) = \tilde{c}_{\varepsilon_j} + o(1).
\end{aligned}
$$

对于次临界的情况, 就像引理 7.2.45 的证明那样, $\lim\limits_{\varepsilon\to 0} \tilde{c}_{\varepsilon_j}^{\lambda,\mu} = \tilde{\gamma}_{\lambda,\mu}$. 所以, $\tilde{\gamma}_{\lambda,\mu} \leqslant \tilde{\gamma}_{\bar{\lambda},\kappa}$, 这与 $\tilde{\gamma}_{\lambda,\mu} > \tilde{\gamma}_{\bar{\lambda},\kappa}$ 矛盾.

对于临界的情况, 注意到 $\tilde{\gamma}_{\lambda,\vec{\mu}} \leqslant \tilde{c}_{\varepsilon_j}^{\lambda,\mu} \leqslant \tilde{c}_{\varepsilon_j}$, 其中 $\vec{\mu} := (\mu_1, \kappa_2)$. 因此, 根据引理 7.2.45, 我们有 $\tilde{\gamma}_{\lambda,\vec{\mu}} \leqslant \tilde{\gamma}_{\bar{\lambda},\vec{\kappa}}$, 这与 $\tilde{\gamma}_{\lambda,\vec{\mu}} > \tilde{\gamma}_{\bar{\lambda},\vec{\kappa}}$ 矛盾. □

下面证明一些重要的结论.

引理 7.2.47 假设 $\{u_n = u_n^+ + u_n^-\}$ 是 $\widetilde{\Phi}_\varepsilon$ 的 $(C)_c$-序列并且令 $v_n = u_n^+ + h_\varepsilon(u_n^+)$, $z_n = u_n^- - h_\varepsilon(u_n^+)$. 则 $\|z_n\| \to 0$ 并且 $\{v_n\}$ 也是 $\widetilde{\Phi}_\varepsilon$ 的一个 $(C)_c$-序列, 即 $\{u_n^+\}$ 是 I_ε 的 $(C)_c$-序列. 因此, $c=0$ 或 $c \geqslant c_\varepsilon$.

证明 只需证 $\|z_n\| \to 0$. 注意到, 根据引理 7.2.42, $\|u_n\| \leqslant \Lambda + \dfrac{1}{2}$, 因此 $\{u_n\}$ 是 Φ_ε 的有界 $(C)_c$-序列: $\Phi_\varepsilon(u_n) \to c$ 且 $\Phi_\varepsilon'(u_n) \to 0$. 注意到

$$0 = \Phi_\varepsilon'(v_n) z_n = -\left(h_\varepsilon\left(u_n^+\right), z_n\right) - \Gamma_{\lambda_\varepsilon}'(v_n) z_n - \Psi_\varepsilon'(v_n) z_n$$

以及

$$o(1) = \Phi_\varepsilon'(u_n) z_n = -\left(u_n^-, z_n\right) - \Gamma_{\lambda_\varepsilon}'(u_n) z_n - \Psi_\varepsilon'(u_n) z_n.$$

根据 [51, 注 3.10], 可以得到

$$\left|\Gamma_{\lambda_\varepsilon}''(v_n + t z_n)[z_n, z_n]\right| \leqslant \frac{1}{2}\|z_n\|^2.$$

所以,

$$o(1) = \|z_n\|^2 + \left(\Gamma_{\lambda_\varepsilon}'(v_n + z_n) - \Gamma_{\lambda_\varepsilon}'(v_n)\right) z_n + \left(\Psi_\varepsilon'(v_n + z_n) - \Psi_\varepsilon'(v_n)\right) z_n \geqslant \|z_n\|^2,$$

这就说明了 $\|z_n\| \to 0$. 最后, 若 $c \neq 0$, 则根据 (7.2.40) 有 $c \geqslant c_\varepsilon$. □

我们回到研究 $\widetilde{\Phi}_\varepsilon$ 的 $(C)_c$-条件上.

引理 7.2.48 对足够小的 $\varepsilon > 0$, $\widetilde{\Phi}_\varepsilon$ 满足 $(C)_c$-条件, 对所有的 $c < c_\infty$.

证明 为了方便起见, 我们先记 $\lambda^\infty(x) = \min\{\lambda_\infty, \lambda(x)\}$, 以及

$$W^\infty(x) = \min\{\kappa_\infty, W(x)\}, \quad W_j^\infty(x) = \min\{\kappa_{j\infty}, W_j(x)\},$$

并且定义

$$\Psi_\varepsilon^\infty = \begin{cases} \dfrac{1}{p}\displaystyle\int_{\mathbb{R}^3} W_\varepsilon^\infty(x)|u|^p dx, & \text{次临界的情形}, \\ \dfrac{1}{p}\displaystyle\int_{\mathbb{R}^3} W_{1\varepsilon}^\infty(x)|u|^p dx + \dfrac{1}{3}\displaystyle\int_{\mathbb{R}^3} W_{2\varepsilon}^\infty(x)|u|^3 dx, & \text{临界的情形}, \end{cases}$$

以及

$$\mathcal{F}_\varepsilon^\infty = \frac{1}{4}\eta(\|u\|^2)\Gamma_{\lambda_\varepsilon^\infty}.$$

那么, 考虑泛函

$$\widetilde{\Phi}_\varepsilon^\infty=\frac{1}{2}\left(\left\|u^+\right\|^2-\left\|u^-\right\|^2\right)-\mathcal{F}_\varepsilon^\infty(u)-\Psi_\varepsilon^\infty(u), \tag{7.2.54}$$

其中 $\lambda_\varepsilon^\infty(x)=\lambda^\infty(\varepsilon x)$, $W_\varepsilon^\infty(x)=W^\infty(\varepsilon x)$, $W_{j\varepsilon}^\infty(x)=W_j^\infty(\varepsilon x)$. 不难证明 $\widetilde{\Phi}_\varepsilon^\infty$ 拥有与 $\widetilde{\Phi}_\varepsilon$ 之前叙述的相同的性质. 特别地, 令 c_ε^∞ 是 $\widetilde{\Phi}_\varepsilon^\infty$ 的环绕水平集, 我们有当 $\varepsilon\to 0$ 时 $c_\varepsilon^\infty\to c_\infty$.

令 $\{u_n\}$ 是 $\widetilde{\Phi}_\varepsilon$ 的一个 $(C)_c$-序列其中 $c<c_\infty$. 根据引理 7.2.37, $\{u_n\}$ 是有界的并且 $\widetilde{\Phi}_\varepsilon(u_n)=\Phi_\varepsilon(u_n)$, 因此它是 Φ_ε 的一个 $(C)_c$-序列. 我们可以假设 $u_n\rightharpoonup u$. 注意到 $\Phi_\varepsilon'(u)=0$. 记 $z_n=u_n-u$. 则在 E 中 $z_n\rightharpoonup 0$, 在 L_{loc}^q 中 $z_n\to 0, q\in[1,3)$, 且 $z_n(x)\to 0$ 关于 x 几乎处处成立. 利用引理 7.2.31 (2) 和 Brezis-Lieb 引理[125]:

$$\int_{\mathbb{R}^3}|u_n|^q\,dx-\int_{\mathbb{R}^3}|z_n|^q\,dx\to\int_{\mathbb{R}^3}|u|^q dx,$$

不难验证 $\Phi_\varepsilon^\infty(z_n)\to c-\Phi_\varepsilon(u)$ 以及 $(\Phi_\varepsilon^\infty)'(z_n)\to 0$. 若 $c=\Phi_\varepsilon(u)$ 则 $z_n\to 0$, 这就证明了结论. 若 $c-\Phi_\varepsilon(u)\geqslant c_\varepsilon^\infty$ 则 $c\geqslant c_\varepsilon+c_\varepsilon^\infty$, 矛盾. □

令 $\mathcal{K}_\varepsilon:=\left\{u\in E:\widetilde{\Phi}_\varepsilon'(u)=0\right\}$ 是 $\widetilde{\Phi}_\varepsilon$ 的临界点集. 通过 [80] 与相同的迭代讨论可以得到下面的结论 (还可参考 [51,63]).

引理 7.2.49 如果 $u\in\mathcal{K}_\varepsilon$ 满足 $\left|\widetilde{\Phi}_\varepsilon(u)\right|\leqslant C_1$, 那么, 对任意的 $q\in[2,\infty)$, $\|u\|_{W^{1,q}}\leqslant\Lambda_q$, 其中 Λ_q 只依赖于 C_1.

5. 主要结果的证明

1) 主要结果的证明: 次临界情形

不失一般性, 我们假设 $0\in\mathcal{W}\cap\Gamma$, 因此, $\bar{\lambda}=\lambda(0), \kappa=W(0)$. (7.2.39) 的解就是泛函 $\Phi_\varepsilon(u)=\Phi_\varepsilon^{\bar{\lambda},\kappa}(u)$ 的解. 为了方便起见, 我们记 $\Phi_0(u)=\phi_{\bar{\lambda},\kappa}(u)$. 我们将应用定理 3.3.11. 注意到 Φ_ε 是偶的, 并且条件 (Φ_1) 和 (Φ_2) 也满足. 剩下只需要证明 (Φ_3).

假设 $u\in\mathcal{R}_{\bar{\lambda},\kappa}$ 并且定义 $\chi_r\in\mathcal{C}_0^\infty(\mathbb{R}^+)$ 满足若 $s\leqslant r$, $\chi_r(s)=1$; 若 $s\geqslant r+1$, $\chi_r(s)=0$ 并且 $\chi_r'(s)\leqslant 0$. 记 $u_r(x)=\chi_r(|x|)u(x)$. 回顾 $|u(x)|\leqslant Ce^{-c|x|}$ 对某个 $C,c>0$ 及所有的 $x\in\mathbb{R}^3$. 因此, 当 $r\to\infty$ 时 $\|u_r-u\|\to 0$. 那么当 $r\to\infty$ 时, $\|u_r^\pm-u^\pm\|\leqslant\|u_r-u\|\to 0, \Phi_0(u_r)\to\gamma_{\bar{\lambda},\kappa}$ 且 $\Phi_0'(u_r)\to 0$. 定义 $h_0: E^+\to E^-$ 满足 $\Phi_0(u+h_0(u))=\max\limits_{v\in E^-}\Phi_0(u+v)$. 注意到, $\|u_r^--h_0(u_r^+)\|\to 0$ 且 $\|u_r-\hat{u}_r\|\to 0$ 其中 $\hat{u}_r=u_r^++h_0(u_r^+)$ (见引理 7.2.47). 所以,

$$\max_{v\in E^-}\Phi_0\left(u_r^++v\right)=\Phi_0\left(\hat{u}_r\right)=\Phi_0\left(u_r\right)+o(1)=\gamma_{\bar{\lambda},\kappa}+o(1). \tag{7.2.55}$$

不难看出, 因为当 $\varepsilon \to 0, \lambda_\varepsilon \to \bar{\lambda}$ 且 $W(\varepsilon x) \to \kappa$ 关于 $|x| \leqslant r+1$ 是一致的. 所以对任意的 $\delta > 0$, 存在 $r_\delta > 0$ 和 $\varepsilon_\delta > 0$ 使得

$$\max_{w \in E^- \oplus \mathbb{R}u_r} \Phi_\varepsilon(w) < \gamma_{\bar{\lambda},\kappa} + \delta, \tag{7.2.56}$$

对所有的 $r \geqslant r_\delta$ 和 $\varepsilon \leqslant \varepsilon_\delta$.

取 $y^j = (2j(r+1), 0, 0)$, 定义 $u_j(x) = u(x - y^j) = u(x_1 - 2j(r+1), x_2, x_3)$, $u_{rj}(x) = u_r(x - y^j)$ 对于 $j = 0, 1, \cdots, m-1$. 取 $r_m = (2m-1)(r+1)$, 显然有, $\operatorname{supp} u_{rj} \subset B_{r_m}(0)$. 注意到 $\left\{u_{rj}^+\right\}_{j=0}^{m-1}$ 是线性无关的. 事实上, 若 $w^+ = \sum\limits_{j=0}^{m-1} c_j u_{rj}^+ = 0$, 记 $w = \sum\limits_{j=0}^{m-1} c_j u_{rj}$, 则 $w = w^- + w^+$ 且

$$-\left\|w^-\right\|^2 = a(w) = \sum_j c_j^2 a\left(u_{rj}^+\right) = a\left(u_r\right) \sum_j c_j^2,$$

这意味着 $c_j = 0, j = 0, 1, \cdots, m-1$. 现在令

$$\begin{aligned} E_m &= E^- \oplus \operatorname{span}\left\{u_{rj} : j = 0, \cdots, m-1\right\} \\ &= E^- \oplus \operatorname{span}\left\{u_{rj}^+ : j = 0, \cdots, m-1\right\}. \end{aligned}$$

根据引理 7.2.44, 令 $t_{\varepsilon rj} > 0$ 使得 $t_{\varepsilon rj} u_{rj}^+ \in \mathcal{N}_\varepsilon$. 那么,

$$\lim_{\varepsilon \to 0} \lim_{r \to \infty} t_{\varepsilon rj} = \lim_{\varepsilon \to 0} t_{\varepsilon j} = 1; \tag{7.2.57}$$

$$\lim_{\varepsilon \to 0} \lim_{r \to \infty} h_\varepsilon\left(t_{\varepsilon rj} u_{rj}^+\right) = \lim_{\varepsilon \to 0} h_\varepsilon\left(t_{\varepsilon j} u_{rj}^+\right) = h_0\left(u^+\right) = u^-; \tag{7.2.58}$$

$$\lim_{\varepsilon \to 0} \lim_{r \to \infty} \left\|h_\varepsilon\left(t_{\varepsilon rj} u_{rj}^+\right) - t_{\varepsilon rj} u_{rj}^-\right\| = \lim_{\varepsilon \to 0} \left\|h_\varepsilon\left(t_{\varepsilon j} u^+\right) - t_{\varepsilon j} u^-\right\| = 0. \tag{7.2.59}$$

不难得到

$$\begin{aligned} \max_{w \in E_m} \Phi_\varepsilon(w) &= \Phi_\varepsilon\left(\sum_{j=0}^{m-1} t_{\varepsilon j} u_{rj}^+ + h_\varepsilon\left(t_{\varepsilon j} u_{rj}^+\right)\right) \\ &= \Phi_\varepsilon\left(\sum_{j=0}^{m-1} t_{\varepsilon j} u_{rj}^+ + t_{\varepsilon j} u_{rj}^-\right) + o\left(1_r\right) \\ &= \Phi_\varepsilon\left(\sum_{j=0}^{m-1} t_{\varepsilon j} u_{rj}\right) + o\left(1_r\right) \end{aligned}$$

$$
\begin{aligned}
&= \sum_{j=0}^{m-1} \Phi_{\varepsilon}\left(t_{\varepsilon j} u_{rj}\right) + o\left(1_r\right) \\
&= \sum_{j=0}^{m-1} \Phi_{\varepsilon}\left(t_{\varepsilon j} u_{rj}^{+} + t_{\varepsilon j} u_{rj}^{-}\right) + o\left(1_r\right) \\
&= \sum_{j=0}^{m-1} \Phi_{\varepsilon}\left(t_{\varepsilon j} u_{rj}^{+} + h_{\varepsilon}\left(t_{\varepsilon j} u_{rj}^{+}\right)\right) + o\left(1_r\right) \\
&= \sum_{j=0}^{m-1} \Phi_{0}\left(t_{0 j} u_{rj}^{+} + h_{0}\left(t_{0 j} u_{rj}^{+}\right)\right) + o\left(1_{r\varepsilon}\right) \\
&= \sum_{j=0}^{m-1} \Phi_{0}(u) + o\left(1_{r\varepsilon}\right) \\
&= m\gamma_{\bar{\lambda},\kappa} + o\left(1_{r\varepsilon}\right),
\end{aligned}
$$

其中 $o(1_r)$ 表示当 $r \to \infty$ 时的任意小量以及 $o(1_{r\varepsilon})$ 表示 r 充分大且 ε 任意小时的任意小量. 现在根据假设条件以及引理 7.2.36 可知, 对任意的 $0 < \delta < \gamma_{\infty} - m\gamma_{\bar{\lambda},\kappa}$, 我们可以选择足够大的 $r > 0$ 和足够小的 $\varepsilon_m > 0$ 使得对所有的 $\varepsilon \leqslant \varepsilon_m$, $\max\limits_{w \in E_m} \Phi_{\varepsilon}(w) \leqslant \gamma_{\infty} - \delta$. 再由定理 3.3.11 得到结论.

令 $\mathcal{L}_{\varepsilon}$ 表示 $\tilde{\Phi}_{\varepsilon}$ 的最小能量解的集合. 令 $\varepsilon_j \to 0, u_j \in \mathcal{L}_j$, 其中 $\mathcal{L}_j = \mathcal{L}_{\varepsilon_j}$. 那么 $\{u_j\}$ 是有界的. 标准的集中性 (见 [96]) 讨论可以得到, 存在一个序列 $\{x_j\} \subset \mathbb{R}^3$ 及常数 $R > 0, \delta > 0$ 使得

$$
\liminf_{j \to \infty} \int_{B(x_j, R)} \left|u_j\right|^2 dx \geqslant \delta.
$$

取

$$
v_j = u_j\left(x + x_j\right)
$$

及 $\widehat{\lambda}_j(x) = \lambda\left(\varepsilon_j\left(x + x_j\right)\right), \widehat{W}_j(x) = W\left(\varepsilon_j\left(x + x_j\right)\right)$, 通过简单的计算可以验证 v_j 是

$$
H_{\omega} v_j - \widehat{\lambda}_j(x) V_{\varepsilon_j, v_j} \beta v_j = \widehat{W}_j(x) \cdot \left|v_j\right|^{p-2} v_j
$$

的解, 对应的能量泛函为

$$
S\left(v_j\right) := \frac{1}{2}\left(\left\|v_j^{+}\right\|^2 - \left\|v_j^{-}\right\|^2\right) - \Gamma_{\widehat{\lambda}_j(x)}\left(v_j\right) - \frac{1}{p} \int_{\mathbb{R}^3} \widehat{W}_j(x)\left|v_j\right|^p dx
$$

$$= \widetilde{\Phi}_j(v_j) = \Phi_j(v_j) = \Gamma_{\widehat{\lambda}_j(x)}(v_j) + \left(\frac{1}{2} - \frac{1}{p}\right)\int_{\mathbb{R}^3} \widehat{W}_j(x)\,|v_j|^p\,dx$$

$$= c_{\varepsilon_j}.$$

另外, 在 E 中 $v_j \rightharpoonup v$ 且在 L^q_{loc} 中 $v_j \to v$, $q \in [1,3)$. 我们现在证明 $\{\varepsilon_j x_j\}$ 是有界的. 反证, $\varepsilon_j|x_j| \to \infty$. 不失一般性, 我们假设 $\lambda(\varepsilon_j x_j) \to \lambda_\infty$, $W(\varepsilon_j x_j) \to W_\infty$. 根据 $\nabla\lambda$ 和 ∇W 的有界性可知, $\widehat{\lambda}_j(x) \to \lambda_\infty$, $\widehat{W}_j(x) \to W_\infty$ 在 x 的有界集上是一致的. 因为对任意的 $\psi \in \mathcal{C}_c^\infty$,

$$0 = \lim_{j\to\infty} \Re\int_{\mathbb{R}^3} \left(H_\omega v_j - \widehat{\lambda}_j(x)V_{\varepsilon_j,v_j}\beta v_j - \widehat{W}_j\,|v_j|^{p-2}\,v_j\right)\overline{\psi}dx$$

$$= \Re\int_{\mathbb{R}^3} \left(H_\omega v - \lambda_\infty V_v\beta v - W_\infty|v|^{p-2}v\right)\overline{\psi}dx,$$

因此, v 是

$$i\alpha\cdot\nabla v - a\beta v + \omega v - \lambda_\infty V_v\beta v = W_\infty|v|^{p-2}v$$

的解. 所以,

$$S_\infty(v) := \frac{1}{2}\left(\left\|v^+\right\|^2 - \left\|v^-\right\|^2\right) - \Gamma_{\lambda_\infty}(v) - W_\infty\int_{\mathbb{R}^3}|v|^p dx \geqslant \tilde{\gamma}_\infty.$$

由 $\bar{\lambda} > \lambda_\infty, \kappa > W_\infty$ 可知 $\tilde{\gamma}_{\bar{\lambda},\kappa} < \tilde{\gamma}_\infty$. 进而, 由 Fatou 引理, 我们得到

$$\tilde{\gamma}_{\bar{\lambda},\kappa} < \tilde{\gamma}_\infty \leqslant S_\infty(v) \leqslant \lim_{j\to\infty} c_{\varepsilon_j} = \tilde{\gamma}_{\bar{\lambda},\kappa},$$

矛盾. 所以 $\{\varepsilon_j x_j\}$ 是有界的. 因此, 我们可以假设 $y_j = \varepsilon_j x_j \to y_0$. 那么, 重复 [51] 的证明可以得到集中性和衰减性.

最后, 根据引理 7.2.49 可知这些解属于 $\bigcap\limits_{q\geqslant 2} W^{1,q}$.

2) 主要结果的证明: 临界情况

(1) 第一部分: 多重性.

不失一般性, 我们假设 $0 \in \mathcal{W}_1 \cap \mathcal{W}_2 \cap \Gamma$, 所以, $\bar{\lambda} = \lambda(0), \kappa_1 = W_1(0)$, $\kappa_2 = W_2(0)$. (7.2.39) 的解就是泛函 $\Phi_\varepsilon(u) = \Phi_\varepsilon^{\bar{\lambda},\vec{\kappa}}(u)$ 的解. 我们将应用定理 3.3.11. 注意到 Φ_ε 是偶的, 并且条件 (Φ_1) 和 (Φ_2) 也满足. 剩下只需要证明 (Φ_3).

令 u 是 $\Phi_0 := \phi_{\bar{\lambda},\vec{\kappa}}$ 的临界点其中 $\Phi_0(u) = \gamma_{\bar{\lambda},\vec{\kappa}}$. 如之前一样定义 u_r, u_{rj}, $j = 0,\cdots,m-1$, 和集合 E_m. 根据引理 7.2.44, 令 $t_{\varepsilon rj} > 0$ 满足 $t_{\varepsilon rj}u_{rj}^+ \in \mathcal{N}_\varepsilon$.

注意到 (7.2.57)–(7.2.59) 仍然成立. 那么, 可以得到

$$
\begin{aligned}
\max_{w\in E_m}\Phi_\varepsilon(w) &= \Phi_\varepsilon\left(\sum_{j=0}^{m-1} t_{\varepsilon j}u_{rj}^{+} + h_\varepsilon\left(t_{\varepsilon j}u_{rj}^{+}\right)\right)\\
&= \Phi_\varepsilon\left(\sum_{j=0}^{m-1} t_{\varepsilon j}u_{rj}^{+} + t_{\varepsilon j}u_{rj}^{-}\right) + o\left(1_r\right)\\
&= \Phi_\varepsilon\left(\sum_{j=0}^{m-1} t_{\varepsilon j}u_{rj}\right) + o\left(1_r\right)\\
&= \sum_{j=0}^{m-1}\Phi_\varepsilon\left(t_{\varepsilon j}u_{rj}\right) + o\left(1_r\right)\\
&= \sum_{j=0}^{m-1}\Phi_\varepsilon\left(t_{\varepsilon j}u_{rj}^{+} + t_{\varepsilon j}u_{rj}^{-}\right) + o\left(1_r\right)\\
&= \sum_{j=0}^{m-1}\Phi_\varepsilon\left(t_{\varepsilon j}u_{rj}^{+} + h_\varepsilon\left(t_{\varepsilon j}u_{rj}^{+}\right)\right) + o\left(1_r\right)\\
&= \sum_{j=0}^{m-1}\Phi_0\left(t_{0j}u_{rj}^{+} + h_0\left(t_{0j}u_{rj}^{+}\right)\right) + o\left(1_{r\varepsilon}\right)\\
&= \sum_{j=0}^{m-1}\Phi_0(u) + o\left(1_{r\varepsilon}\right)\\
&= m\gamma_{\bar{\lambda},\vec{\kappa}} + o\left(1_{r\varepsilon}\right),
\end{aligned}
$$

其中 $o(1_r)$ 表示当 $r\to\infty$ 时的任意小量以及 $o\left(1_{r\varepsilon}\right)$ 表示 r 充分大且 ε 任意小时的任意小量. 现在, 通过假设条件和引理 7.2.36, 对任意的 $0<\delta<\gamma_{\vec{\infty}}-m\gamma_{\bar{\lambda},\vec{\kappa}}$, 我们可以选择足够大的 $r>0$ 和足够小的 $\varepsilon_m>0$ 使得对所有的 $\varepsilon\leqslant\varepsilon_m$, $\max\limits_{w\in E_m}\Phi_\varepsilon(w)\leqslant\gamma_{\vec{\infty}}-\delta$. 再由定理 3.3.11 得到结论.

(2) 第二部分: 集中性.

令 $\mathcal{L}_\varepsilon$ 表示 $\tilde{\Phi}_\varepsilon$ 的最小能量解的集合. 令 $\varepsilon_j\to 0, u_j\in\mathcal{L}_j$, 其中 $\mathcal{L}_j=\mathcal{L}_{\varepsilon_j}$. 那么 $\{u_j\}$ 是有界的. 标准的集中性 (见 [96]) 讨论可以得到, 存在一个序列 $\{x_j\}\subset\mathbb{R}^3$ 及常数 $R>0,\delta>0$ 使得

$$
\liminf_{j\to\infty}\int_{B(x_j,R)}\left|u_j\right|^2 dx\geqslant\delta.
$$

取 $v_j = u_j(x+x_j)$ 及 $\widehat{\lambda}_j(x) = \lambda(\varepsilon_j(x+x_j)), \widehat{W}_j^1(x) = W_1(\varepsilon_j(x+x_j)), \widehat{W}_j^2(x) = W_2(\varepsilon_j(x+x_j))$. 显然, v_j 满足

$$H_\omega v_j - \widehat{\lambda}_j(x) V_{\varepsilon_j, v_j} \beta v_j = \widehat{W}_j^1(x) \cdot |v_j|^{p-2} v_j + \widehat{W}_j^2(x) \cdot |v_j| v_j, \tag{7.2.60}$$

其对应的能量为

$$\begin{aligned} S(v_j) :&= \frac{1}{2}\left(\left\|v_j^+\right\|^2 - \left\|v_j^-\right\|^2\right) - \Gamma_{\widehat{\lambda}_j(x)}(v_j) - \int_{\mathbb{R}^3} \widehat{W}_j(x) |v_j|^p dx + \int_{\mathbb{R}^3} \widehat{W}_j^2(x) |v_j|^3 dx \\ &= \widetilde{\Phi}_j(v_j) = \Phi_j(v_j) \\ &= c_{\varepsilon_j}. \end{aligned}$$

另外, $v_j \to v$ 在 E 中且 $v_j \to v$ 在 L^q_{loc} 中, $q \in [1,3)$. 我们现在证明 $\{\varepsilon_j x_j\}$ 是有界的. 反证, $\varepsilon_j |x_j| \to \infty$. 不失一般性, 我们可以假设 $\lambda(\varepsilon_j x_j) \to \lambda_\infty$, $W_1(\varepsilon_j x_j) \to W_{1\infty}, \widehat{W}_j^2(\varepsilon_j x_j) \to W_{2\infty}$. 由 $\nabla\lambda$ 和 ∇W 的有界性可知 $\widehat{\lambda}_j(x) \to \lambda_\infty$, $\widehat{W}_j^1(x) \to W_{1\infty}, \widehat{W}_j^2(x) \to W_{2\infty}$ 在 x 的有界集中是一致的. 因为, 对任意的 $\psi \in \mathcal{C}_c^\infty$,

$$\begin{aligned} 0 &= \lim_{j\to\infty} \Re \int_{\mathbb{R}^3} \left(H_\omega v_j - \widehat{\lambda}_j(x) V_{\varepsilon_j, v_j} \beta v_j - \widehat{W}_j^1(x) |v_j|^{p-2} v_j + \widehat{W}_j^2(x) |v_j| v_j\right) \overline{\psi} dx \\ &= \Re \int_{\mathbb{R}^3} \left(H_\omega v - \lambda_\infty V_v \beta v - W_{1\infty} |v|^{p-2} v - W_{2\infty} |v| v\right) \overline{\psi} dx, \end{aligned}$$

所以 v 是

$$i\alpha \cdot \nabla v - a\beta v + \omega v - \lambda_\infty V_v \beta v = W_{1\infty} |v|^{p-2} v + W_{2\infty} |v| v$$

的解. 因此,

$$S_\infty(v) := \frac{1}{2}\left(\left\|v^+\right\|^2 - \left\|v^-\right\|^2\right) - \Gamma_{\lambda_\infty}(v) - W_{1\infty} \int_{\mathbb{R}^3} |v|^p dx - W_{2\infty} \int_{\mathbb{R}^3} |v|^3 dx \geqslant \tilde{\gamma}_\infty.$$

根据 $\bar{\lambda} > \lambda_\infty, \kappa > W_\infty$, 我们有 $\tilde{\gamma}_{\bar{\lambda},\kappa} < \tilde{\gamma}_\infty$. 进而, 根据 Fatou 引理, 我们有

$$\tilde{\gamma}_{\bar{\lambda},\kappa} < \tilde{\gamma}_\infty \leqslant S_\infty(v) \leqslant \lim_{j\to\infty} c_{\varepsilon_j} = \tilde{\gamma}_{\bar{\lambda},\kappa},$$

矛盾. 所以 $\{\varepsilon_j x_j\}$ 是有界的. 因此, 我们可以假设 $y_j = \varepsilon_j x_j \to y_0$. 那么 v 是

$$i\alpha \cdot \nabla v - a\beta v + \omega v - \lambda_\infty V_v \beta v = W_1(y_0) |v|^{p-2} v + W_2(y_0) |v| v \tag{7.2.61}$$

的解. 根据引理 7.2.45, 不难验证 $\lim_{\varepsilon\to 0} \operatorname{dist}(\varepsilon y_\varepsilon, \mathcal{W}_1 \cap \mathcal{W}_2 \cap \Gamma) = 0$.

为了证明在 E 中 $v_j \to v$, 回顾之前类似的讨论可以得到

$$\lim_{j\to\infty}\int_{\mathbb{R}^3}\widehat{W}_j^2(x)\,|v_j|^3\,dx=\int_{\mathbb{R}^3}W(y_0)\,|v|^3\,dx.$$

由于 v 的衰减性, 利用 Brezis-Lieb 引理, 我们可以得到 $\|v_j-v\|_{L^3}\to 0$. 所以, 由插值不等式以及 v_j 在 E 中的有界性可得到在 $L^t(\mathbb{R}^3,\mathbb{C}^4)$ 中 $v_j\to v$, $t\in(2,3]$. 记 $z_j=v_j-v$. 将 z_j^+ 作用在 (7.2.60), 再通过计算可以得到

$$(v_j^+,z_j^+)=o(1).$$

同样地, 利用 v 的衰减性以及在 L^q_{loc} 中 $z_j^{\pm}\to 0$, $q\in[1,3)$, 从 (7.2.61) 可推知

$$(v^+,z_j^+)=o(1).$$

所以

$$\left\|z_j^+\right\|=o(1).$$

同样的讨论还可以得到

$$\left\|z_j^-\right\|=o(1).$$

这样我们就得到了 $v_j\to v$ 在 E 中, 然后再加上文献 [51] 的讨论可得到 $v_j\to v$ 在 H^1 中.

7.3　无穷多解的存在性

7.3.1　主要结果

首先, 我们考虑如下的带凹凸非线性项的 Dirac 方程:

$$-i\sum_{k=1}^{3}\alpha_k\partial_k u+a\beta u+M(x)u=\xi_1 Q(x)|u|^{q-2}u+\xi_2 P(x)|u|^{p-2}u, \tag{7.3.1}$$

其中 $1<q<p/(p-1)<2<p<3$.
对于位势函数 $M(x)$, 我们考虑 Coulomb 型假设:

(M_1) M 是一个定义在 $\mathbb{R}^3\setminus\{0\}$ 上的连续对称的 4×4 矩阵函数且 $0>M(x)\geqslant-\dfrac{\rho}{|x|}I$, 其中 $\rho<1/2$.

至于连续位势 $Q,P:\mathbb{R}^3\to\mathbb{R}$, 我们总是做出如下假设 (参看 [83]):

(Q_1) $Q\in L^{2/(2-q)}(\mathbb{R}^3,\mathbb{R}^+)$;

(P_1) $P\in L^{\infty}(\mathbb{R}^3,\mathbb{R}^+)$;

(P_2) 如果 $A_n \subset \mathbb{R}^3$ 是一列 Borel 集满足存在 $R>0$ 使得对所有的 $n \in \mathbb{N}$ 其 Lebesgue 测度 $|A_n| \leqslant R$, 则

$$\lim_{r\to\infty}\int_{A_n\cap B_r^c(0)} P(x)dx = 0, \quad \text{关于 } n\in\mathbb{N} \text{ 是一致的;}$$

(P_3) $\dfrac{P}{Q} \in L^\infty(\mathbb{R}^3)$.

方程 (7.3.1) 对应的能量泛函可表示为

$$I(u)=\int_{\mathbb{R}^3}\left[\frac{1}{2}\left(-i\sum_{k=1}^{3}\alpha_k\partial_k u + a\beta u + M(x)u\right)u - \frac{\xi_1}{q}Q(x)|u|^q - \frac{\xi_2}{p}P(x)|u|^p\right]dx.$$

在上述假设条件下, 我们可以得到下面的定理和推论, 见 [59].

定理 7.3.1 假设 $\xi_1 \in \mathbb{R}$, $\xi_2 > 0$. 如果 $(Q_1), (P_1)$–(P_3) 成立, 则存在 $\eta = \eta(q,p) > 0$ 使得若

$$|\xi_1|^{p-2}\xi_2^{2-q} \leqslant \eta,$$

那么 (7.3.1) 存在一列解 $\{u_n\}$ 满足当 $n\to\infty$ 时 $I(u_n)\to\infty$.

定理 7.3.2 假设 $\xi_1 > 0, \xi_2 \in \mathbb{R}$. 如果 $(Q_1), (P_1)$–(P_3) 成立, 则 (7.3.1) 存在一列解 $\{u_n\}$ 满足 $I(u_n) < 0$ 且当 $n\to\infty$ 时 $I(u_n)\to 0$.

结合定理 7.3.1 和定理 7.3.2, 我们有下面的结论.

推论 7.3.3 假设 $\xi_1 > 0$, $\xi_2 > 0$. 如果 $(Q_1), (P_1)$–(P_3) 成立, 则存在 $\eta = \eta(q,p) > 0$ 使得若

$$\xi_1^{p-2}\xi_2^{2-q} \leqslant \eta,$$

那么 (7.3.1) 存在两列解, 其中一列解 $\{u_n\}$ 满足当 $n\to\infty$ 时 $I(u_n)\to\infty$, 另一列解 $\{w_n\}$ 满足 $I(w_n) < 0$ 且当 $n\to\infty$ 时 $I(w_n)\to 0$.

注 7.3.4 在没有周期性假设时, 文献 [4] 为克服凸非线性紧性的缺失给出了假设条件 (P_1)–(P_3), 其考虑的是半线性和拟线性问题. 与本文的不同点在于位势 $P(x)$ 被次线性位势 $Q(x)$ 控制而不是二次项位势 $M(x)$, 这会导致证明紧性时更加困难. 另外, 条件 (M_1) 保证了工作空间的正交分解, 这个来源于文献 [69].

7.3.2 变分框架与预备知识

本节将分析稳态非线性 Dirac 方程的变分框架. 考虑方程 (7.3.1). 记 $D_M = -i\alpha\cdot\nabla + a\beta + M(x)$, 根据 [69, 引理 2.1], D_M 是 $L^2(\mathbb{R}^3,\mathbb{C}^4)$ 中的自共轭算子且 $\mathscr{D}(D_M) = H^1(\mathbb{R}^3,\mathbb{C}^4)$, $\sigma(D_M) \subset (-\infty, -(1-2\rho)a] \cup [(1-2\rho)a, \infty)$. 因此, $L^2(\mathbb{R}^3,\mathbb{C}^4)$ 有如下的正交分解

$$L^2(\mathbb{R}^3,\mathbb{C}^4) = L^+ \oplus L^-,$$

使得 D_M 在 L^+ 中是正定的, 在 L^- 中是负定的. 进而, 对于 $u\in L^2(\mathbb{R}^3,\mathbb{C}^4)$, 我们可以分解为 $u=u^++u^-$ 其中 $u^\pm\in L^\pm$. 分别记 $|D_M|$ 和 $|D_M|^{1/2}$ 为 D_M 的绝对值和平方根, 令 $E=\mathscr{D}(|D_M|^{1/2})$, 并赋予内积

$$(u,v):=\Re(|D_M|^{\frac{1}{2}}u,|D_M|^{\frac{1}{2}}v)_{L^2}$$

及诱导范数 $\|\cdot\|=(\cdot,\cdot)^{1/2}$, 其中 $\Re$ 表示复数的实部. 注意到 E 连续嵌入 $L^p(\mathbb{R}^3,\mathbb{C}^4)$, $p\in[2,3]$ 并且紧嵌入 $L^p_{loc}(\mathbb{R}^3,\mathbb{C}^4)$, $p\in[1,3)$ (见 [69]). 因为 $E\subset L^2(\mathbb{R}^3,\mathbb{C}^4)$, 所以

$$E=E^+\oplus E^-,$$

其中 $E^\pm=E\cap L^\pm$ 并且该分解关于 $(\cdot,\cdot)$ 和 $(\cdot,\cdot)_{L^2}$ 都是正交的.

记 $\hat{a}=(1-2\rho)a>0$, 我们可以取一列 $\{\mu_m\}_{m=1}^\infty$ 满足

$$\begin{aligned}&\cdots<-2^m\hat{a}<-\mu_m<\cdots<-2\hat{a}<-\mu_1<-\hat{a}<0\\&<\hat{a}<\mu_1<2\hat{a}<\cdots<\mu_m<2^m\hat{a}<\cdots.\end{aligned}\tag{7.3.2}$$

因为 $\sigma(D_M)\subset(-\infty,-\hat{a}]\cup[\hat{a},\infty)$, 所以子空间 $E_m:=(F_{\mu_m}-F_{\mu_{m-1}})L^2$ 和 $E_{-m}:=(F_{-\mu_m}-F_{-\mu_{m-1}})L^2$ 都是无穷维的 ($\{F_\lambda\}_{\lambda\in\mathbb{R}}$ 是算子 D_M 的谱族), 其中 $m=1,2,\cdots$, $\mu_0=\hat{a}$. 注意到 $E=E^+\oplus E^-=\bigoplus\limits_{i=-\infty,i\neq0}^{+\infty}E_i$. 那么, 我们可以得到

$$\mu_{m-1}\|w\|_{L^2}^2\leqslant\|w\|^2\leqslant\mu_m\|w\|_{L^2}^2,\quad\forall w\in E_m,\ m=1,2,\cdots.\tag{7.3.3}$$

方程 (7.3.1) 对应的能量泛函 $I:E\to\mathbb{R}$,

$$\begin{aligned}I(u)&=\frac{1}{2}(\|u^+\|^2-\|u^-\|^2)-\frac{\xi_1}{q}\int_{\mathbb{R}^3}Q(x)|u|^qdx-\frac{\xi_2}{p}\int_{\mathbb{R}^3}P(x)|u|^pdx\\&=\frac{1}{2}(\|u^+\|^2-\|u^-\|^2)-\Phi(u),\end{aligned}\tag{7.3.4}$$

其中 $\Phi(u)=\dfrac{\xi_1}{q}\displaystyle\int_{\mathbb{R}^3}Q(x)|u|^qdx+\dfrac{\xi_2}{p}\int_{\mathbb{R}^3}P(x)|u|^pdx$. 根据通常的讨论可知 $I\in\mathcal{C}^1(E,\mathbb{R})$. 因此, 对于 $u,v\in E$,

$$I'(u)v=(u^+,v^+)-(u^-,v^-)-\frac{\xi_1}{q}\Re\int_{\mathbb{R}^3}Q(x)|u|^{q-2}u\cdot vdx-\frac{\xi_2}{p}\Re\int_{\mathbb{R}^3}P(x)|u|^{p-2}u\cdot vdx.$$

[47, 引理 2.1] 证明了 I 的临界点就是 (7.3.1) 的弱解.

定理 7.3.5　$\Phi':(E,\mathcal{T}_{\mathcal{P}})\to(E^*,\mathcal{T}_{w^*})$ 是序列连续的.

证明 由于 E 连续嵌入 $L^p(\mathbb{R}^3,\mathbb{C}^4)$ 对于 $p\in[2,3]$ 并且紧嵌入 $L^p_{loc}(\mathbb{R}^3,\mathbb{C}^4)$ 对于 $p\in[1,3)$, 再依赖文献 [57] 中的方法进行简单的讨论即可得到, 此处省略具体的证明过程. □

对于非线性项的紧性我们有下面的结论, 这将在后面的证明过程中广泛应用.

引理 7.3.6 假设 $(Q_1),(P_1)$–(P_3) 成立. 令 $\{u_n\}\subset E$ 满足在 E 中 $u_n\rightharpoonup u$. 那么,

(i) $\displaystyle\int_{\mathbb{R}^3}Q(x)|u_n|^q dx\to\int_{\mathbb{R}^3}Q(x)|u|^q dx,\ \forall q\in(1,2)$;

(ii) $\displaystyle\int_{\mathbb{R}^3}P(x)|u_n|^p dx\to\int_{\mathbb{R}^3}P(x)|u|^p dx,\ \forall p\in(2,3)$.

证明 (i) 因为 $\{u_n\}$ 是弱收敛序列, 由 Banach-Steinhaus 定理, 它在 E 中有界. 根据连续嵌入 $E\hookrightarrow L^2(\mathbb{R}^3,\mathbb{C}^4)$ 和紧嵌入 $E\hookrightarrow L^2_{loc}(\mathbb{R}^3,\mathbb{C}^4)$, 我们可以得到对任意的 $\varepsilon>0$, 存在常数 $R,N,M>0$ 使得对任意的 $n>N$,

$$\left(\int_{B_R^c(0)}|Q(x)|^{\frac{2}{2-q}}dx\right)^{\frac{2-q}{2}}<\varepsilon,\qquad\left(\int_{B_R(0)}|Q(x)|^{\frac{2}{2-q}}dx\right)^{\frac{2-q}{2}}\leqslant M;$$

$$\left(\int_{B_R^c(0)}|u_n-u|^2dx\right)^{\frac{q}{2}}\leqslant M,\qquad\left(\int_{B_R(0)}|u_n-u|^2dx\right)^{\frac{q}{2}}<\varepsilon.$$

因此,

$$\begin{aligned}&\left|\int_{\mathbb{R}^3}Q(x)|u_n|^q dx-\int_{\mathbb{R}^3}Q(x)|u|^q dx\right|\leqslant C\int_{\mathbb{R}^3}|Q(x)||u_n-u|^q dx\\
\leqslant&\left(\int_{B_R^c(0)}|Q(x)|^{\frac{2}{2-q}}dx\right)^{\frac{2-q}{2}}\left(\int_{B_R^c(0)}|u_n-u|^2dx\right)^{\frac{q}{2}}\\
&+\left(\int_{B_R(0)}|Q(x)|^{\frac{2}{2-q}}dx\right)^{\frac{2-q}{2}}\left(\int_{B_R(0)}|u_n-u|^2dx\right)^{\frac{q}{2}}\\
\leqslant&\ 2M\varepsilon.\end{aligned}\tag{7.3.5}$$

(ii) 固定 $p\in(2,3)$ 和 $\varepsilon>0$, 存在 $0<t_0<t_1$ 和一个正常数 $C>0$ 使得

$$P(x)|t|^p\leqslant\varepsilon C(Q(x)|t|^q+|t|^3)+CP(x)\chi_{[t_0,t_1]}(|t|)|t|^3,\quad\forall\, t\in\mathbb{R}.$$

记 $\tilde{Q}(u)=\displaystyle\int_{\mathbb{R}^3}Q(x)|u|^q dx+\int_{\mathbb{R}^3}|u|^3dx$ 和 $A=\{x\in\mathbb{R}^3:t_0\leqslant|u(x)|\leqslant t_1\}$, 我们有

$$\int_{B_r^c(0)}P(x)|u|^p dx\leqslant\varepsilon C\tilde{Q}(u)+C\int_{A\cap B_r^c(0)}P(x)dx,\quad\forall\, u\in E.\tag{7.3.6}$$

因为 $\{u_n\}$ 在 E 中有界, 根据连续嵌入 $E \hookrightarrow L^3(\mathbb{R}^3,\mathbb{C}^4)$ 和 (i), 存在 $C'>0$ 使得

$$\left|\int_{\mathbb{R}^3} Q(x)|u_n|^q dx\right| \leqslant C' \quad 且 \quad \int_{\mathbb{R}^3} |u_n|^3 dx \leqslant C', \quad \forall\, n \in \mathbb{N}.$$

则存在 $C''>0$ 使得 $\tilde{Q}(u_n) \leqslant C''$ 对所有的 $n \in \mathbb{N}$. 另一方面，记 $A_n = \{x \in \mathbb{R}^3 : t_0 \leqslant |u_n(x)| \leqslant t_1\}$, 可以得到

$$t_0^3|A_n| \leqslant \int_{A_n} |u_n|^3 dx \leqslant C', \quad \forall\, n \in \mathbb{N},$$

并且 $\sup\limits_{n\in\mathbb{N}} |A_n| < \infty$. 因此, 由 (P_2) 可得存在 $r>0$ 足够大使得

$$\int_{A_n \cap B_r^c(0)} P(x)dx < \frac{\varepsilon}{t_1^3}, \quad \forall\, n \in \mathbb{N}. \tag{7.3.7}$$

通过 (7.3.6) 和 (7.3.7) 可知

$$\int_{B_r^c(0)} P(x)|u_n|^p dx \leqslant \varepsilon CC'' + C\int_{A_n \cap B_r^c(0)} P(x)dx \leqslant \left(CC'' + \frac{C}{t_1^3}\right)\varepsilon, \quad \forall\, n \in \mathbb{N}. \tag{7.3.8}$$

由于 $p \in (2,3)$ 且 P 是连续函数, 我们可以从 Sobolev 嵌入推出

$$\lim_{n\to\infty} \int_{B_r(0)} P(x)|u_n|^p dx = \int_{B_r(0)} P(x)|u|^p dx. \tag{7.3.9}$$

因此, 根据 (7.3.8) 和 (7.3.9) 可知

$$\lim_{n\to\infty} \int_{\mathbb{R}^3} P(x)|u_n|^p dx = \int_{\mathbb{R}^3} P(x)|u|^p dx,$$

这就证明了结论. □

为了后面得到环绕结构, 我们需要下面的引理, 见 [84, 引理 3.2].

引理 7.3.7　令 $1<q<p, A>0, B>0$, 令

$$\Psi_{A,B}(t) := t^2 - At^q - Bt^p, \quad t \geqslant 0.$$

则 $\max\limits_{t\geqslant 0} \Psi_{A,B}(t) > 0$ 当且仅当

$$A^{p-2}B^{2-q} < d(p,q) := \frac{(p-2)^{p-2}(2-q)^{2-q}}{(p-q)^{p-q}}.$$

进而, 对于 $t=t_B:=\left[\dfrac{2-q}{B(p-q)}\right]^{\frac{1}{(p-2)}}$,

$$\Psi_{A,B}(t_B)=t_B^2\left[\frac{p-2}{p-q}-AB^{\frac{2-q}{p-2}}\left(\frac{p-q}{2-q}\right)^{\frac{2-q}{p-2}}\right]>0.$$

7.3.3 定理 7.3.1 的证明

在 3.3 节中, 我们已经给出了关于无界临界值的临界点理论. 因此, 我们只需要验证定理 3.3.12 的假设条件. 在本节中, 我们总是假设定理 7.3.1 中的假设成立.

引理 7.3.8 $I:E\to\mathbb{R}$ 是 $\mathcal{P}$-上半连续的.

证明 考虑序列 $\{u_n\}\subset E$ 满足 $\mathcal{P}$-收敛到 $u\in E$ 并且存在常数 C 使得 $I(u_n)\geqslant C$. 根据 $\mathcal{P}$ 的定义, 我们得到 u_n^+ 依范数收敛到 u^+. 因为 $\{u_n^+\}$ 在 E 中是有界的, 再根据 $P(x)>0$ 可得

$$\begin{aligned}\frac{1}{2}\|u_n^-\|^2&=\frac{1}{2}\|u_n^+\|^2-I(u_n)-\frac{\xi_1}{q}\int_{\mathbb{R}^3}Q(x)|u|^q dx-\frac{\xi_2}{p}\int_{\mathbb{R}^3}P(x)|u|^p dx\\&\leqslant\frac{1}{2}\|u_n^+\|^2-C+\frac{|\xi_1|}{q}\int_{\mathbb{R}^3}Q(x)|u|^q dx\\&\leqslant\frac{1}{2}\|u_n^+\|^2-C+C_1(\|u_n^+\|^q+\|u_n^-\|^q)\\&\leqslant C_2-C+C_1\|u_n^-\|^q.\end{aligned}$$

因此, $\{u_n\}$ 在 E 中是有界的. 所以, $u_n\rightharpoonup u$. 依照 [57, 定理 4.1] 的证明, 同样可以得到 I 是 $\mathcal{P}$-上半连续的. □

下面我们将构造 I 的环绕结构.

引理 7.3.9 存在常数 $r>0$ 使得 $\kappa:=\inf I(S_rE^+)>I(0)=0$, 其中 $S_rE^+:=\{y\in E^+:\|y\|=r\}$.

证明 因为 E 连续嵌入到 $L^s(\mathbb{R}^3,\mathbb{C}^4)$, $s\in[2,3]$, 所以

$$\|u\|_{L^s}\leqslant\eta_s\|u\|,\quad\forall\, u\in E,\tag{7.3.10}$$

其中 η_s 是 Sobolev 嵌入常数. 通过 $(Q_1),(P_1)$, (7.3.10) 和 Hölder 不等式, 我们可以得到对于 $u\in E^+$,

$$I(u)=\frac{1}{2}\|u\|^2-\frac{\xi_1}{q}\int_{\mathbb{R}^3}Q(x)|u|^q dx-\frac{\xi_2}{p}\int_{\mathbb{R}^3}P(x)|u|^p dx$$

$$\begin{aligned}&\geqslant \frac{1}{2}\|u\|^2-\frac{|\xi_1|\|Q\|_{L^{\frac{2}{2-q}}}\eta_2^q}{q}\|u\|_{L^2}^q-\frac{\xi_2\|P\|_{L^\infty}\eta_p^p}{p}\|u\|_{L^p}^p\\&\geqslant \frac{1}{2}\|u\|^2-\frac{|\xi_1|\|Q\|_{L^{\frac{2}{2-q}}}\eta_2^q}{q}\|u\|^q-\frac{\xi_2\|P\|_{L^\infty}\eta_p^p}{p}\|u\|^p.\end{aligned}\tag{7.3.11}$$

现在我们应用 (7.3.11) 到引理 7.3.7 上, 其中取 $A=\dfrac{2|\xi_1|\|Q\|_{L^{\frac{2}{2-q}}}\eta_2^q}{q}>0$, $B=\dfrac{2\xi_2\|P\|_{L^\infty}\eta_p^p}{p}>0$. 这样我们就能得到对所有的 $u\in E^+$, $r=\|u\|=t_B$,

$$I(u)\geqslant\frac{1}{2}\Psi_{A,B}(t_B)>0.$$

假设 $A^{p-2}B^{2-q}<d(p,q)$, 等价于假设

$$\|Q\|_{L^{\frac{2}{2-q}}}^{p-2}\|P\|_{L^\infty}^{2-q}|\xi_1|^{p-2}\xi_2^{2-q}\leqslant\frac{d(p,q)q^{p-2}p^{2-q}}{\eta_2^{p-2}\eta_p^{2-q}}:=\eta(q,p).\tag{7.3.12}$$

所以, 在 (7.3.12) 成立的前提下, $\kappa:=\inf I(S_rE^+)>0$. □

另一方面, 还可以得到下面的结论.

引理 7.3.10 存在一列严格递增的有限维 G-不变子空间 $\tilde{Y}_n\subset E^+$ 和 $R_n>r$ 使得对于 $B_n:=\{u\in E^-\times\tilde{Y}_n:\|u\|\leqslant R\}$ 我们有 $\sup I(E^-\times\tilde{Y}_n)<\infty$ 且 $\sup I(E^-\times\tilde{Y}_n\backslash B_n)<\beta:=\inf I(\{u\in E^+:\|u\|\leqslant r\})$.

证明 取 $\tilde{Y}_n:=\overline{\operatorname{span}\{e_i:e_i\in E_i,i=1,2,\cdots,n\}}$, $\dim\tilde{Y}_n=n$. 只需要证明: 当 $u\in E^-\times\tilde{Y}_n,\|u\|\to\infty$ 时, $I(u)\to-\infty$. 若不然, 必然存在一列 $\{u_j\}\subset E^-\times\tilde{Y}_n$ 满足 $\|u_j\|\to\infty$, 且存在 $M>0$ 使得 $I(u_j)\geqslant -M$ 对所有的 $j\in\mathbb{N}$. 那么, 令 $w_j=\dfrac{u_j}{\|u_j\|}$, 我们有 $\|w_j\|=1$, 且 $w_j\rightharpoonup w, w_j^+\to w^+\in\tilde{Y}_n, w_j^-\rightharpoonup w^-$, 因此

$$\begin{aligned}-\frac{M}{\|u_j\|^2}\leqslant\frac{I(u_j)}{\|u_j\|^2}=&\frac{1}{2}\|w_j^+\|^2\\&-\frac{1}{2}\|w_j^-\|^2-\frac{\xi_1}{q}\int_{\mathbb{R}^3}Q(x)\frac{|u_j|^q}{\|u_j\|^2}dx-\frac{\xi_2}{p}\int_{\mathbb{R}^3}P(x)\frac{|u_j|^p}{\|u_j\|^2}dx\\\leqslant&\frac{1}{2}\|w_j^+\|^2-\frac{1}{2}\|w_j^-\|^2+C_1\frac{\|u_j\|^q}{\|u_j\|^2}-\frac{\xi_2}{p}\int_{\mathbb{R}^3}P(x)\frac{|u_j|^p}{\|u_j\|^2}dx,\end{aligned}\tag{7.3.13}$$

其中 C_1 是一个正常数. 注意到 $w^+\neq 0$. 事实上, 若不是, 则根据 (7.3.13) 和 $q<2$

可知

$$0 \leqslant \frac{1}{2}\|w_j^-\|^2 + \frac{\xi_2}{p}\int_{\mathbb{R}^3} P(x)\frac{|u_j|^p}{\|u_j\|^2}dx \leqslant \frac{1}{2}\|w_j^+\|^2 + \frac{M}{\|u_j\|^2} + C_1\|u_j\|^{q-2} \to 0,$$

特别地, $\|w_j^-\| \to 0$, 所以 $1 = \|w_j\| \to 0$, 矛盾. 记 $\Omega_1 = \{x \in \mathbb{R}^3 : w \neq 0\}$, 显然 $|\Omega_1| > 0$. 所以, 引理 7.3.6 和 (7.3.13) 可以推出

$$\begin{aligned}
0 \leqslant \limsup_{j\to\infty}\frac{I(u_j)}{\|u_j\|^2} &\leqslant \frac{1}{2}\|w^+\|^2 - \liminf_{j\to\infty}\frac{1}{2}\|w_j^-\|^2 - \liminf_{j\to\infty}\frac{\xi_2}{p}\int_{\mathbb{R}^3} P(x)\frac{|u_j|^p}{\|u_j\|^2}dx \\
&\leqslant \frac{1}{2}\|w^+\|^2 + C_2 - \liminf_{j\to\infty}\frac{\xi_2\|u_j\|^{p-2}}{p}\int_{\Omega_1} P(x)|w_j|^p dx \\
&\to -\infty,
\end{aligned}$$

这显然是矛盾的. 因此, 当 $\|u\| \to \infty$ 时, $I(u) \to -\infty$. □

引理 7.3.11 I 满足 $(PS)_c$-条件.

证明 令 $\{u_j\} \subset E$ 满足

$$I(u_j) \to c \quad 且 \quad I'(u_j) \to 0. \tag{7.3.14}$$

首先我们证明序列 $\{u_j\}$ 的有界性. 由 (7.3.14) 可知, 存在常数 $C > 0$ 使得

$$\begin{aligned}
C + o(1)\|u_j\| &\geqslant I(u_j) - \frac{1}{2}I'(u_j)u_j \\
&= \left(\frac{1}{2} - \frac{1}{q}\right)\int_{\mathbb{R}^3} \xi_1 Q(x)|u_j|^q dx + \left(\frac{1}{2} - \frac{1}{p}\right)\int_{\mathbb{R}^3} \xi_2 P(x)|u_j|^p dx.
\end{aligned}$$

所以,

$$\begin{aligned}
&\left(\frac{1}{2} - \frac{1}{p}\right)\int_{\mathbb{R}^3} P(x)|u_j|^p dx \\
&\leqslant C + o(1)\|u_j\| + \left(\frac{1}{q} - \frac{1}{2}\right)\int_{\mathbb{R}^3} |\xi_1| Q(x)|u_j|^q dx \\
&\leqslant C + o(1)\|u_j\| + \left(\frac{1}{q} - \frac{1}{2}\right)\int_{\mathbb{R}^3} |\xi_1||Q(x)||u_j|^q dx \\
&\leqslant C + o(1)\|u_j\| + C_1\|u_j\|^q.
\end{aligned} \tag{7.3.15}$$

再结合 (7.3.14) 和 Hölder 不等式可知

$$
\begin{aligned}
o(1)\|u_j\| &\geqslant I'(u_j)(u_j^+ - u_j^-) \\
&\geqslant \|u_j\|^2 - |\xi_1| \left(\int_{\mathbb{R}^3} |Q(x)||u_j|^q dx \right)^{\frac{q-1}{q}} \left(\int_{\mathbb{R}^3} |Q(x)||u_j^+ - u_j^-|^q dx \right)^{\frac{1}{q}} \\
&\quad - \xi_2 \left(\int_{\mathbb{R}^3} P(x)|u_j|^p dx \right)^{\frac{p-1}{p}} \left(\int_{\mathbb{R}^3} P(x)|u_j^+ - u_j^-|^p dx \right)^{\frac{1}{p}} \\
&\geqslant \|u_j\|^2 - C_2 \left(\int_{\mathbb{R}^3} |Q(x)||u_j|^q dx \right)^{\frac{q-1}{q}} \|u_j\| - C_3 \left(\int_{\mathbb{R}^3} P(x)|u_j|^p dx \right)^{\frac{p-1}{p}} \|u_j\| \\
&\geqslant \|u_j\|^2 - C_4\|u_j\|^q - (C_5\|u_j\|^q + C + o(1)\|u_j\|)^{\frac{p-1}{p}} \|u_j\|,
\end{aligned}
$$

由于 $q < p/(p-1)$, 所以 $\{u_j\}$ 是有界的.

不失一般性, 我们可以假设在 E 中 $u_n \rightharpoonup u$; 在 $L^s_{loc}(\mathbb{R}^3, \mathbb{C}^4)$ 中 $u_n \to u$, 对于 $s \in [2,3)$. 那么, 再根据引理 7.3.6 和 Lebesgue 控制收敛定理, 可以得到

$$
\Re \int_{\mathbb{R}^3} \left(Q(x)|u_j|^{q-2}u_j - Q(x)|u|^{q-2}u, u_j^+ - u^+ \right) dx \to 0,
$$

$$
\Re \int_{\mathbb{R}^3} \left(P(x)|u_j|^{p-2}u_j - P(x)|u|^{p-2}u, u_j^+ - u^+ \right) dx \to 0,
$$

当 $j \to \infty$, 这意味着

$$
\begin{aligned}
\|u_j^+ - u^+\|^2 &= (I'(u_j) - I'(u), u_j^+ - u^+) \\
&\quad - \Re \int_{\mathbb{R}^3} \xi_1 \left(Q(x)|u_j|^{q-2}u_j - Q(x)|u|^{q-2}u, u_j^+ - u^+ \right) dx \\
&\quad - \Re \int_{\mathbb{R}^3} \xi_2 \left(P(x)|u_j|^{p-2}u_j - P(x)|u|^{p-2}u, u_j^+ - u^+ \right) dx \\
&\to 0.
\end{aligned}
$$

同理可证, 当 $j \to \infty$ 时, $\|u_j^- - u^-\| \to 0$. 此引理证完. □

定理 7.3.1 的证明　显然 I 是 G-不变的. 引理 7.3.9 和引理 7.3.10 结合可推出定理 3.3.12 中的环绕结构 (I_2) 和 (I_3) 成立. 引理 7.3.8 说明 I 满足 (I_1). 鉴于引理 7.3.11, 定理 3.3.12 的条件都满足了. 所以, 根据定理 3.3.12 可知 I 存在一列无界临界值. 定理 7.3.1 证毕. □

7.3.4 定理 7.3.2 的证明

本节我们将应用 3.3 节证明的临界点理论定理 3.3.13, 从而得到一列小能量解. 我们总是假设定理 7.3.2 中的假设成立.

引理 7.3.12 $I: E \to \mathbb{R}$ 是 $\mathcal{P}$-下半连续且 G-不变的.

证明 令 $\{u_n\} \subset E$ 且对任意给定的常数 C 使得 u_n 是 $\mathcal{P}$-收敛到 $u \in E$ 且 $I(u_n) \leqslant C$. 由引理 7.3.6 知, 存在 $C_1 > 0$ 使得 $\left|\frac{\xi_2}{p}\int_{\mathbb{R}^3} P(x)|u|^p dx\right| \leqslant C_1$. 再利用 Sobolev 嵌入和 Hölder 不等式可得

$$C \geqslant I(u_n) \geqslant \frac{1}{2}\|u_n^+\|^2 - \frac{1}{2}\|u_n^-\|^2 - C_2\|u_n\|^q - C_1. \tag{7.3.16}$$

根据 $\mathcal{P}$ 的定义, 我们可以得到 u_n^- 依范数收敛到 u^-. 所以, $\{u_n^-\}$ 是有界的. 再结合 (7.3.16) 可推出

$$C_3 \geqslant \frac{1}{2}\|u_n^+\|^2 - C_2\|u_n^+\|^q.$$

从这个不等式可知 $\{u_n^+\}$ 也是有界的. 因此, $u_n \rightharpoonup u$. 由引理 7.3.6 可推出 $C \geqslant \liminf\limits_{n\to\infty} I(u_n) \geqslant I(u)$, 所以 I^C 是 $\mathcal{P}$-闭的. 根据 [57, 定理 4.1] 的证明可知 $I' : (I^C, \mathcal{T}_{\mathcal{P}}) \to (E^*, \mathcal{T}_{\omega^*})$ 连续的. 也就是说 I 是 $\mathcal{P}$-下半连续的. □

接下来, 我们构造能量泛函 I 的环绕结构.

引理 7.3.13 存在 $\sigma_k > 0$ 使得 $a^k := \inf I(\partial B^k) \geqslant 0$, 其中 $\partial B^k := \{u \in Y_k : \|u\| = \sigma_k\}$. 进而, $d^k := \inf I(B^k) \to 0, k \to \infty$, 其中 $B^k := \{u \in Y_k : \|y\| \leqslant \sigma_k\}$.

证明 记

$$\beta_k := \sup_{u \in Y_k \setminus \{0\}} \frac{\|u\|_{L^2}}{\|u\|} > 0, \tag{7.3.17}$$

那么, 当 $k \to \infty$ 时 $\beta_k \to 0$. 事实上, 对于 $u \in Y_k\setminus\{0\}$, (7.3.2) 和 (7.3.3) 推出 $\|u\|_{L^2} \leqslant \frac{1}{(2^{k-2}\hat{a})^{\frac{1}{2}}}\|u\|$. 所以, 当 $k \to \infty$ 时 $\beta_k \to 0$. 对于 $u \in Y_k$, 我们有

$$\begin{aligned} I(u) &= \frac{1}{2}\|u\|^2 - \frac{\xi_1}{q}\int_{\mathbb{R}^3} Q(x)|u|^q dx - \frac{\xi_2}{p}\int_{\mathbb{R}^3} P(x)|u|^p dx \\ &\geqslant \frac{1}{2}\|u\|^2 - \frac{\xi_1}{q}\int_{\mathbb{R}^3} Q(x)|u|^q dx - \frac{|\xi_2|}{p}\int_{\mathbb{R}^3} P(x)|u|^p dx \\ &\geqslant \frac{1}{2}\|u\|^2 - \frac{C_1\beta_k^q}{q}\|u\|^q - C_2\|u\|^p \\ &= \frac{1}{4}\|u\|^2 - \frac{C_1\beta_k^q}{q}\|u\|^q + \frac{1}{4}\|u\|^2 - C_2\|u\|^p. \end{aligned} \tag{7.3.18}$$

显然存在 $R_1 = \left(\dfrac{1}{4C_2}\right)^{\frac{1}{p-2}} > 0$ 使得对任意的 $\|u\| \leqslant R_1$, $\dfrac{1}{4}\|u\|^2 - C_2\|u\|^p \geqslant 0$. 选择 $\sigma_k = \|u\| = \left(\dfrac{8C_1\beta_k^q}{q}\right)^{\frac{1}{2-q}}$, 由 $\beta_k \to 0$ 可知当 $k \to \infty$ 时, $\sigma_k \to 0$. 那么, 存在 $k_0 > 0$ 使得对任意的 $k \geqslant k_0$, 我们有 $\sigma_k \leqslant R_1$. 所以, 再结合 (7.3.18) 可推出

$$I(u) \geqslant \frac{1}{4}\sigma_k^2 \geqslant 0, \quad 对于\ \ u \in \partial B^k.$$

因此, $a^k := \inf I(\partial B^k) \geqslant 0$.

对于 $u \in B^k := \{u \in Y_k : \|u\| \leqslant \sigma_k\}$, 利用 (7.3.17) 和 (7.3.18) 可以得到

$$0 \leftarrow -\frac{C_1\beta_k^q}{q}\sigma_k^q \leqslant -\frac{C_1\beta_k^q}{q}\|u\|^q \leqslant I(u) \leqslant \frac{1}{2}\|u\|^2 + C_1\|u\|^p dx \leqslant \frac{1}{2}\sigma_k^2 + C_1\sigma_k^p \to 0.$$

所以, $d^k := \inf I(B^k) \to 0, k \to \infty$. □

引理 7.3.14　*存在有限维 G-不变子空间 $\hat{E}_k \subset E_k$ 及 $0 < s_k < \sigma_k$ 使得 $b^k := \sup I(N^k) < 0$, 其中 $N^k := \{u \in E^- \oplus \hat{E}_k : \|u\| = s_k\}$.*

证明　对于 $u = u^- + u^+ \in E^- \oplus \hat{E}_k$, 其中 $\hat{E}_k$ 是 E_k 的有限维子空间, 只需证: 当 $\|u\| \to 0$ 时 $I(u) < 0$. 反证, 假设存在某个序列 $u_j \subset E^- \oplus \hat{E}_k$ 满足 $\|u_j\| \to 0$, $I(u_j) \geqslant 0$ 对所有的 $j \in \mathbb{N}$. 那么, 令 $w_j = \dfrac{u_j}{\|u_j\|}$, 我们有 $\|w_j\| = 1$, 且 $w_j \rightharpoonup w$, $w_j^+ \to w^+ \in \hat{E}_k$, $w_j^- \rightharpoonup w^-$. 因此

$$\begin{aligned} 0 \leqslant \frac{I(u_j)}{\|u_j\|^2} &= \frac{1}{2}\|w_j^+\|^2 - \frac{1}{2}\|w_j^-\|^2 - \frac{\xi_1}{q}\int_{\mathbb{R}^3} Q(x)\frac{|u_j|^q}{\|u_j\|^2}dx - \frac{\xi_2}{p}\int_{\mathbb{R}^3} P(x)\frac{|u_j|^p}{\|u_j\|^2}dx \\ &\leqslant \frac{1}{2}\|w_j^+\|^2 - \frac{1}{2}\|w_j^-\|^2 - \frac{\xi_1}{q}\int_{\mathbb{R}^3} Q(x)\frac{|u_j|^q}{\|u_j\|^2}dx + C_1\|u_j\|^{p-2}, \end{aligned} \tag{7.3.19}$$

其中 C_1 是正常数. 注意到 $w^+ \neq 0$. 事实上, 若 $w^+ = 0$, 那么根据 (7.3.19) 及 $p > 2$ 可知

$$0 \leqslant \frac{1}{2}\|w_j^-\|^2 + \frac{\xi_1}{q}\int_{\mathbb{R}^3} Q(x)\frac{|u_j|^q}{\|u_j\|^2}dx \leqslant \frac{1}{2}\|w_j^+\|^2 + \frac{M}{\|u_j\|^2} + C_1\|u_j\|^{p-2} \to 0,$$

因此, $\|w_j^-\| \to 0$, 所以 $1 = \|w_j\| \to 0$, 矛盾. 记 $\Omega_2 = \{x \in \mathbb{R}^3 : w \neq 0\}$, 显然 $|\Omega_2| > 0$. 所以根据引理 7.3.6 和 (7.3.19) 推出

$$
\begin{aligned}
0 \leqslant \limsup_{j\to\infty} \frac{I(u_j)}{\|u_j\|^2} &\leqslant \frac{1}{2}\|w^+\|^2 - \frac{1}{2}\liminf_{j\to\infty}\|w_j^-\|^2 - \frac{\xi_1}{q}\liminf_{j\to\infty}\int_{\mathbb{R}^3} Q(x)\frac{|u_j|^q}{\|u_j\|^2}dx \\
&\leqslant \frac{1}{2}\|w^+\|^2 + C_2 - \frac{\xi_2}{q}\liminf_{j\to\infty}\|u_j\|^{q-2}\int_{\Omega_2} Q(x)|w_j|^q dx \\
&= -\infty,
\end{aligned}
$$

显然矛盾. 所以, 当 $\|u\|\to 0$ 时 $I(u)<0$. □

引理 7.3.15 I 满足 $(PS)_c$-条件.

证明 取 $\{u_j\}\subset E$ 满足

$$
I(u_j)\to c \quad 且 \quad I'(u_j)\to 0. \tag{7.3.20}
$$

我们首先证明 $\{u_j\}$ 的有界性.

情形 1 $\xi_2<0$. 由 (7.3.20) 知, 存在 $C_1>0$ 使得

$$
\begin{aligned}
C_1 + o(1)\|u_j\| &\geqslant \frac{1}{2}I'(u_j)u_j - I(u_j) \\
&= \left(\frac{1}{q}-\frac{1}{2}\right)\int_{\mathbb{R}^3}\xi_1 Q(x)|u_j|^q dx + \left(\frac{1}{p}-\frac{1}{2}\right)\int_{\mathbb{R}^3}\xi_2 P(x)|u_j|^p dx,
\end{aligned} \tag{7.3.21}
$$

这意味着

$$
\int_{\mathbb{R}^3} P(x)|u_j|^p dx \leqslant C_2 + o(1)\|u_j\|. \tag{7.3.22}
$$

根据 (7.3.20)、(7.3.22) 以及 Hölder 不等式可推出

$$
\begin{aligned}
o(1)\|u_j\| &\geqslant I'(u_j)(u_j^+ - u_j^-) \\
&\geqslant \|u_j\|^2 - \xi_1\left(\int_{\mathbb{R}^3} Q(x)|u_j|^q dx\right)^{\frac{q-1}{q}}\left(\int_{\mathbb{R}^3} Q(x)|u_j^+ - u_j^-|^q dx\right)^{\frac{1}{q}} \\
&\quad - |\xi_2|\left(\int_{\mathbb{R}^3} |P(x)||u_j|^p dx\right)^{\frac{p-1}{p}}\left(\int_{\mathbb{R}^3} |P(x)||u_j^+ - u_j^-|^p dx\right)^{\frac{1}{p}} \\
&\geqslant \|u_j\|^2 - C_2\left(\int_{\mathbb{R}^3} Q(x)|u_j|^q dx\right)^{\frac{q-1}{q}}\|u_j\| - C_3\left(\int_{\mathbb{R}^3} |P(x)||u_j|^p dx\right)^{\frac{p-1}{p}}\|u_j\| \\
&\geqslant \|u_j\|^2 - C_3\|u_j\|^q - (C_2 + o(1)\|u_j\|)^{\frac{p-1}{p}}\|u_j\| \\
&= \|u_j\|^2 - C_3\|u_j\|^q - C_2\|u_j\| - o(1)\|u_j\|^{1+\frac{p-1}{p}},
\end{aligned}
$$

再结合 $1+(p-1)/p<2$, 可知 $\|u_j\|$ 是有界的.

情形 2 $\xi_2>0$.

$$
\begin{aligned}
C+o(1)\|u_j\| &\geqslant I(u_j)-\frac{1}{2}I'(u_j)u_j\\
&=\left(\frac{1}{2}-\frac{1}{q}\right)\int_{\mathbb{R}^3}\xi_1 Q(x)|u_j|^q dx+\left(\frac{1}{2}-\frac{1}{p}\right)\int_{\mathbb{R}^3}\xi_2 P(x)|u_j|^p dx.
\end{aligned}
$$

因此,

$$
\begin{aligned}
&\left(\frac{1}{2}-\frac{1}{p}\right)\int_{\mathbb{R}^3}P(x)|u_j|^p dx\\
\leqslant{}& C+o(1)\|u_j\|+\left(\frac{1}{q}-\frac{1}{2}\right)\int_{\mathbb{R}^3}\xi_1 Q(x)|u_j|^q dx\\
\leqslant{}& C+o(1)\|u_j\|+\left(\frac{1}{q}-\frac{1}{2}\right)\int_{\mathbb{R}^3}\xi_1 |Q(x)||u_j|^q dx\\
\leqslant{}& C+o(1)\|u_j\|+C_1\|u_j\|^q. \qquad (7.3.23)
\end{aligned}
$$

根据 (7.3.20)、(7.3.23) 以及 Hölder 不等式可知

$$
\begin{aligned}
o(1)\|u_j\| &\geqslant I'(u_j)(u_j^+-u_j^-)\\
&\geqslant \|u_j\|^2-\xi_1\left(\int_{\mathbb{R}^3}|Q(x)||u_j|^q dx\right)^{\frac{q-1}{q}}\left(\int_{\mathbb{R}^3}|Q(x)||u_j^+-u_j^-|^q dx\right)^{\frac{1}{q}}\\
&\quad -\xi_2\left(\int_{\mathbb{R}^3}P(x)|u_j|^p dx\right)^{\frac{p-1}{p}}\left(\int_{\mathbb{R}^3}P(x)|u_j^+-u_j^-|^p dx\right)^{\frac{1}{p}}\\
&\geqslant \|u_j\|^2-C_4\left(\int_{\mathbb{R}^3}|Q(x)||u_j|^q dx\right)^{\frac{q-1}{q}}\|u_j\|-C_5\left(\int_{\mathbb{R}^3}P(x)|u_j|^p dx\right)^{\frac{p-1}{p}}\|u_j\|\\
&\geqslant \|u_j\|^2-C_6\|u_j\|^q-\left(C_7\|u_j\|^q+C+o(1)\|u_j\|\right)^{\frac{p-1}{p}}\|u_j\|,
\end{aligned}
$$

再结合 $q<p/(p-1)$, 推出 $\|u_j\|$ 是有界的.

情形 3 $\xi_2=0$.

$$
\begin{aligned}
o(1)\|u_j\| &\geqslant I'(u_j)(u_j^+-u_j^-)\\
&\geqslant \|u_j\|^2-\xi_1\left(\int_{\mathbb{R}^3}|Q(x)||u_j|^q dx\right)^{\frac{q-1}{q}}\left(\int_{\mathbb{R}^3}|Q(x)||u_j^+-u_j^-|^q dx\right)^{\frac{1}{q}}
\end{aligned}
$$

$$
\begin{aligned}
&\geqslant \|u_j\|^2 - C_4 \left(\int_{\mathbb{R}^3} |Q(x)||u_j|^q dx \right)^{\frac{q-1}{q}} \|u_j\| \\
&\geqslant \|u_j\|^2 - C_6 \|u_j\|^q,
\end{aligned}
$$

结合 $q < p/(p-1) < 2$, 推出 $\|u_j\|$ 是有界的.

不失一般性我们可以假设在 E 中 $u_n \rightharpoonup u$ 并且在 $L^s_{loc}(\mathbb{R}^3)$ 中 $u_n \to u$, 对于 $s \in [2,3)$. 那么, 通过引理 7.3.6 以及 Lebesgue 控制收敛定理, 我们有, 当 $j \to \infty$ 时,

$$
\Re \int_{\mathbb{R}^3} \left(Q(x)|u_j|^{q-2}u_j - Q(x)|u|^{q-2}u, u_j^+ - u^+ \right) dx \to 0,
$$

$$
\Re \int_{\mathbb{R}^3} \left(P(x)|u_j|^{p-2}u_j - P(x)|u|^{p-2}u, u_j^+ - u^+ \right) dx \to 0.
$$

这意味着

$$
\begin{aligned}
\|u_j^+ - u^+\|^2 = &\ (I'(u_j) - I'(u), u_j^+ - u^+) \\
&- \Re \int_{\mathbb{R}^3} \left(Q(x)|u_j|^{q-2}u_j - Q(x)|u|^{q-2}u, u_j^+ - u^+ \right) dx \\
&- \Re \int_{\mathbb{R}^3} \left(P(x)|u_j|^{p-2}u_j - P(x)|u|^{p-2}u, u_j^+ - u^+ \right) dx \\
\to &\ 0.
\end{aligned}
$$

同理可证, 当 $j \to \infty$ 时, $\|u_j^- - u^-\| \to 0$. 因此, $\{u_j\}$ 在 E 中有收敛子列: $u_j \to u$. □

定理 7.3.2 的证明 根据定理 7.3.5 和 引理 7.3.12, 易证 I 是 $\mathcal{P}$-下半连续且 I' 是弱序列连续的. 引理 7.3.13 和引理 7.3.14 的结合推出定理 3.3.13 中的环绕结构 (I_2) 和 (I_3) 成立. 最后, 鉴于引理 7.3.15, 可以应用定理 3.3.13 得到定理 7.3.2 的结论. 证毕. □

参 考 文 献

[1] 丁彦恒. 强不定问题的变分方法. 中国科学: 数学, 2017, 47(7): 779–810.

[2] 丁彦恒, 余渊洋, 李冏玥. 变分方法与交叉科学. 北京: 科学出版社, 2022.

[3] Ackermann N. A nonlinear superposition principle and multibump solutions of periodic Schrödinger equations. J. Funct. Anal., 2006, 234(2): 277–320.

[4] Alves C O, Souto M A. Existence of solutions for a class of nonlinear Schrödinger equations with potential vanishing at infinity. Journal of Differential Equations, 2013, 254: 1977–1991.

[5] Ambrosetti A, Brezis H, Cerami G. Combined effects of concave and convex nonlinearities in some elliptic problems. J. Funct. Anal., 1994, 122: 519–543.

[6] Anderson R D, Bing R H. A complete elementary proof that Hilbert space is homeomorphic to the countable infinite product of lines. Bull. Amer. Math. Soc., 1968, 74: 771–792.

[7] Arioli G, Szulkin A. Homoclinic solutions of Hamiltonian systems with symmetry. Journal of Differential Equations, 1999, 158(2): 291–313.

[8] Atkin C J. The Hopf-Rinow theorem is false in infinite dimensions. Bull. London Math. Soc., 1975, 7: 261–266.

[9] Atiyah M F. K-theory. Notes by D. W. Anderson. 2nd ed. Redwood City: Addison-Wesley Publishing Company, 1989: 216.

[10] Audin M, Lafontaine J. Holomorphic Curves in Symplectic Geometry. Basel: Spinger, 1994.

[11] Balabane M, Cazenave T, Douady A, Merle F. Existence of excited states for a nonlinear Dirac field. Comm. Math. Phys., 1988, 119(1): 153–176.

[12] Bartsch T. Topological Methods for Variational Problems with Symmetries. Volume 1560 of Lecture Notes in Mathematics. Berlin: Springer-Verlag, 1993.

[13] Bartsch T, Ding Y. Solutions of nonlinear Dirac equations. Journal of Differential Equations, 2006, 226(1): 210–249.

[14] Bartsch T, Ding Y. Homoclinic solutions of an infinite-dimensional Hamiltonian system. Math. Z., 2002, 240(2): 289–310.

[15] Bartsch T, Ding Y. Deformation theorems on non-metrizable vector spaces and applications to critical point theory. Math. Nachr., 2006, 279(12): 1267–1288.

[16] Bartsch T, Pankov A, Wang Z. Nonlinear Schrödinger equations with steep potential well. Commun. Contemp. Math., 2001, 3: 549–569.

[17] Bartsch T, Ding Y. Solutions of nonlinear Dirac equations. J. Differential Equations, 2006, 226(1): 210–249.

[18] Bartsch T, Ding Y, Lee C. Periodic solutions of a wave equation with concave and convex nonlinearities. J. Differential Equations, 1999, 153: 121–141.

[19] Bartsch T, Willem M. On an elliptic equation with concave and convex nonlinearities. Proc. Amer. Math. Soc., 1995, 123: 3555–3561.

[20] Batkam C J, Colin F. Generalized fountain theorem and applications to strongly indefinite semilinear problems. J. Math. Anal. Appl., 2013, 405: 438–452.

[21] Batkam C J, Colin F. The effects of concave and convex nonlinearities in some noncooperative elliptic systems. Ann. Mat. Pura Appl., 2014, 193(4): 1565–1576.

[22] Bejenaru I, Herr S. On global well-posedness and scattering for the massive Dirac-Klein-Gordon system. J. Eur. Math. Soc. 2017, 19: 2445–2467.

[23] Benci V, Rabinowitz P H. Critical point theorems for indefinite functionals. Invent. Math., 1979, 52(3): 241–273.

[24] Bergh J, Löfström J. Interpolation Spaces An Introduction. New York: Springer-Verlag, 1976.

[25] Bloembergen N. Nonlinear Optics. New York-Amsterdam: W. A. Benjamin, Inc., 1965.

[26] Bjorken J, Drell S. Relativistic Quantum Fields. New York-Tornto-London-Sydney: McGraw-Hill Book Co., 1965.

[27] Bournaveas N. Low regularity solutions of the Dirac Klein-Gordon equations in two space dimensions. Comm. Partial Differential Equations, 2001, 26(7-8): 1345–1366.

[28] Bonic R. A note on Sard's theorem in Banach spaces. Proc. Amer. Math. Soc., 1966, 17: 1218.

[29] Booss B, Bleecker D D. Topology and Analysis, The Atiyah-Singer Index Formula and Gauge-Theoretic Physics. New York: Springer-Verlag, 1985: 67.

[30] Buffoni B, Jeanjean L, Stuart C. Existence of a nontrivial solution to a strongly indefinite semilinear equation. Proc. Amer. Math. Soc., 1993, 119(1): 179–186.

[31] Burghelea D, Kuiper N H. Hilbert manifolds. Ann. of Math., 1969, 90(2): 379–417.

[32] Burghelea D, Henderson D. Smoothings and homeomorphisms for Hilbert manifolds. Bull. Amer. Math. Soc., 1970, 76: 1261–1265.

[33] Burghelea D, Duma A. Analytic complex structures on Hilbert manifolds. J. Differential Geometry, 1971, 5: 371–381.

[34] Cazenave T, Vázquez L. Existence of localized solutions for a classical nonlinear Dirac field. Comm. Math. Phys., 1986, 105(1): 35–47.

[35] Chadam J M, Glassey R T. On certain global solutions of the Cauchy problem for the coupled Klein-Gordon-Dirac equations in one and three space dimensions. Arch. Ration. Mech. Anal., 1974, 54: 223–237.

[36] Chang K C. Critical Point Theory and its Applications. 上海: 上海科学技术出版社, 1986.

[37] Chang K C. Infinite-dimensional Morse theory and multiple solution problems. Volume 6 of Progress in Nonlinear Differential Equations and their Applications. Boston: Birkhäuser, 1993.

[38] Chen Y, Ding Y, Xu T. Potential well and multiplicity of solutions for nonlinear Dirac equations. Commun. Pure Appl. Anal., 2020, 19: 587–607.

[39] Chen W, Yang M, Ding Y. Homoclinic orbits of first order discrete Hamiltonian systems with super linear terms. Sci. China Math., 2011, 12: 2583–2596.

[40] Chen G, Zheng Y. Stationary solutions of non-autonomous Maxwell-Dirac systems. Journal of Differential Equations, 2013, 255: 840-864.

[41] Chernoff P, Marsden J. Properties of Infinite Dimensional Hamiltonian Systems. Lecture Notes in Mathematics, 425., Berlin-New York: Springer-Verlag, 1974.

[42] Clément P, Felmer P, Mitidieri E. Homoclinic orbits for a class of infinite-dimensional Hamiltonian systems. Ann. Scuola Norm. Sup. Pisa Cl. Sci. (4),1997, 24(2): 367–393.

[43] Dautray R, Lions J L. Mathematical Analysis and Numerical Methods for Science and Technology. Vol.3. Spectral Theory and Applications. Berlin: Springer-Verlag, 1990.

[44] Ding Y. Semi-classical ground states concentrating on the nonlinear potential for a Dirac equation. Journal of Differential Equations, 2010, 249(5): 1015–1034.

[45] Ding Y, Lin F. Semiclassical states of Hamiltonian system of Schrödinger equations with subcritical and critical nonlinearities. Partial Differential Equations, 2006, 19(3): 232–255.

[46] Ding Y, Liu X. Periodic solutions of a Dirac equation with concave and convex nonlinearities. Journal of Differential Equations, 2015, 258: 3567–3588.

[47] Ding Y, Liu X. Semi-classical limits of ground states of a nonlinear Dirac equation. Journal of Differential Equations, 2012, 252(9): 4962–4987.

[48] Ding Y, Liu X. Periodic waves of nonlinear Dirac equations. Nonlinear Anal., 2014, 109: 252–267.

[49] Ding Y, Ruf B. Solutions of a nonlinear Dirac equation with external fields. Arch. Ration. Mech. Anal.,2008, 190(1): 57–82.

[50] Ding Y, Xu T. On semi-classical limits of ground states of a nonlinear Maxwell-Dirac system. Calc. Var. Partial Differential Equations, 2014, 51: 17–44.

[51] Ding Y, Xu T. On the concentration of semi-classical states for a nonlinear Dirac-Klein-Gordon system. Journal of Differential Equations, 2014, 256: 1264–1294.

[52] Ding Y, Xu T. Localized concentration of semi-classical states for nonlinear Dirac equations. Arch. Ration. Mech. Anal., 2015, 216(2): 415–447.

[53] Ding Y, Xu T. On multiplicity of semi-classical solutions to a nonlinear Maxwell-Dirac system. Journal of Differential Equations, 2016, 260: 5565–5588.

[54] Ding Y, Yu Y. The concentration beavior of ground state solutions for nonlinear Dirac equation. Nonlinear Anal., 2020, 195: 111738.

[55] Ding Y. Deformation in locally convex topological linear spaces. Sci. China Ser. A, 2004, 47(5): 687–710.

[56] Ding Y. Multiple homoclinics in a Hamiltonian system with asymptotically or super linear terms. Commun. Contemp. Math., 2006, 8(4): 453–480.

[57] Ding Y. Variational Methods for Strongly Indefinite Problems. Volume 7 of Interdisciplinary Mathematical Sciences. Singapore: World Scientific., 2007.

[58] Ding Y, Girardi M. Infinitely many homoclinic orbits of a Hamiltonian system with symmetry. Nonlinear Anal., 1999, 38(3): 391–415.

[59] Ding Y, Dong X. Infinitely many solutions of Dirac equations with concave and convex nonlinearities. Z. Angew. Math. Phys., 2021, 72(1): Paper No. 39, 17 pp.

[60] Ding Y, Dong X, Guo Q. Nonrelativistic limit and some properties of solutions for nonlinear Dirac equations. Calc. Var. Partial Differential Equations, 2021, 60(4): Paper No. 144, 23 pp.

[61] Ding Y, Dong X, Guo Q. On multiplicity of semi-classical solutions to nonlinear Dirac equations of space-dimension n. Discrete Contin. Dyn. Syst., 2021, 41(9): 4105–4123.

[62] Ding Y, Guo Q, Xu T. Concentration of semi-classical states for nonlinear dirac equations of space-dimension n. Minimax Theory Appl., 2021, 6(2): 25–60.

[63] Ding Y, Guo Q, Yu Y. Semiclassical states for Dirac-Klein-Gordon system with critical growth. J. Math. Anal. Appl., 2020, 488(2): 29 pp.

[64] Ding Y, Guo Q, Ruf B. Stationary states of Dirac-Klein-Gordon systems with nonlinear interacting terms. SIAM J. Math. Anal., 2021, 53(5): 5731–5755.

[65] Ding Y, Jeanjean L. Homoclinic orbits for a nonperiodic Hamiltonian system. Journal of Differential Equations, 2007, 237(2): 473–490.

[66] Ding Y, Lee C. Periodic solutions of Hamiltonian systems. SIAM J. Math. Anal.,2000, 32(3): 555–571.

[67] Ding Y, Li S. The existence of infinitely many periodic solutions to Hamiltonian systems in a symmetric potential well. Ricerche Mat., 1995, 44(1): 163–172.

[68] Ding Y, Li S. Homoclinic orbits for first order Hamiltonian systems. J. Math. Anal. Appl., 1995, 189(2): 585–601.

[69] Ding Y, Wei J. Stationary states of nonlinear Dirac equations with general potentials. Rev. Math. Phys., 2008, 20(8): 1007–1032.

[70] Ding Y, Wei J, Xu T. Existence and concentration of semi-classical solutions for a nonlinear Maxwell-Dirac system. J. Math. Phys., 2013, 54(6): 061505, 33.

[71] Ding Y, Ruf B. Existence and concentration of semiclassical solutions for Dirac equations with critical nonlinearities. SIAM J. Math. Anal., 2012, 44(6): 3755–3785.

[72] Ding Y, Willem M. Homoclinic orbits of a Hamiltonian system.Z. Angew. Math. Phys., 1999, 50(5): 759–778.

[73] Ding Y, Li J, Xu T. Bifurcation on compact spin manifold. Calc. Var. Partial Differential Equations, 2016, 55(4): 1–17.

[74] Ding Y, Li J. A boundary value problem for the nonlinear Dirac equation on compact spin manifold. Calc. Var. Partial Differential Equations, 2018, 57(3): 1–16.

[75] Ding Y, Yu Y, Dong X. Multiplicity and concentration of semi-classical solutions to nonlinear Dirac-Klein-Gordon systems. Adv. Nonlinear Stud., 2022, 22(1): 248–272.

[76] Dolbeault J, Esteban M J, Séré E. On the eigenvalues of operators with gaps. Application to Dirac operators. J. Funct. Anal., 2000, 174: 208–226.

[77] Dolbeault J, Esteban M J, Séré E. General results on the eigenvalues of operators with gaps, arising from both ends of the gaps. Application to Dirac operators. J. Eur. Math. Soc., 2006, 8(2): 243–251.

[78] Edmunds D E, Evans W D. Spectral theory and differential operators. Oxford: Oxford University Press, 2018.

[79] Eells J, Elworthy K D. Open embeddings of certain Banach manifolds. Ann. of Math., 1970, 2: 465–485.

[80] Esteban M J, Séré E. Stationary states of the nonlinear Dirac equation: a variational approach. Comm. Math. Phys., 1995, 171(2): 323–350.

[81] Esteban M J, Georgiev V, Séré E. Stationary solutions of the Maxwell-Dirac and the Klein-Gordon-Dirac equations. Calc. Var. Partial Differential Equations, 1996, 4: 265–281.

[82] Esteban M J, Georgiev V, Séré E. Bound state solutions of the Maxwell-Dirac and the Klein-Gordon-Dirac systems. Lett. Math. Phys, 1996, 38: 217–220.

[83] Figueiredo G M, Pimenta M T. Existence of ground state solutions to Dirac equations with vanishing potentials at infinity. Journal of Differential Equations, 2017, 262(1): 486–505.

[84] de Figueiredo D G, Gossez J P, Ubilla P. Local superlinearity and sublinearity for indefinite semilinear elliptic problems. J. Funct. Anal., 2003, 199: 452–467.

[85] Gilbarg G, Trudinger N. Elliptic Partial Differential Equations of Second Order. Berlin: Springer, 1983.

[86] Grossman N. Hilbert manifolds without epiconjugate points. Proc. Amer. Math. Soc., 1965, 16: 1365–1371.

[87] Grigore D, Nenciu G, Purice R. On the nonrelativistic limit of the Dirac Hamiltonian. Ann. Inst. H.Poincará Phys. Théor., 1989, 51(3): 231–263 .

[88] Hislop P D, Sigal I M. Introduction to Spectral Theory. Volume 113 of Applied Mathematical Sciences. New York: Springer-Verlag, 1996.

[89] Hofer H, Wysocki K. First order elliptic systems and the existence of homoclinic orbits in Hamiltonian systems. Math. Ann., 1990, 288(3): 483–503.

[90] Ito H, Yamada O. A note on the nonrelativistic limit of Dirac operators and spectral concentration. Proc. Jpn. Acad., 2005, 81: 157–161.

[91] Kato T. Perturbation Theory for Linear Operators. Berlin: Springer-Verlag, 1995.

[92] Kupka I. Counterexample to the Morse-Sard theorem in the case of infinite dimensional manifolds. Proc. Amer. Math. Soc., 1965, 16: 954–957.

[93] Kuiper N H. The homotopy type of the unitary group of Hilbert space. Topology, 1965, 3: 19–30.

[94] Kuiper N H, Terpstra-Keppler B. Differentiable closed embeddings of Banach manifolds// Essays on Topology and Related Topics. Springer Link, 1970: 118–125.

[95] Lang S. Differential and Riemannian Manifolds. New York: Springer-Verlag, 1995.

[96] Lions P L. The concentration-compactness principle in the calculus of variations. The locally compact case. II. Ann. Inst. H. Poincaré Anal. Non Linéaire, 1984, 1(4): 223–283.

[97] Machihara S, Omoso T. The explicit solutions to the nonlinear Dirac equation and Dirac-Klein-Gordon equation. Ric. Mat. 2007, 56(1): 19–30.

[98] Mawhin J, Willem M. Critical Point Theory and Hamiltonian Systems. New York: Springer, 1989.

[99] Marsden J E. Hamiltonian One Parameter Groups: A mathematical exposition of infinite dimensional Hamiltonian systems with applications in classical and quantum mechanics. Arch. Rational. Mech. Anal., 1967, 28: 362–396.

[100] McAlpin J H. Infinite dimensional manifolds and Morse theory. Thesis (Ph.D.)–Columbia University, ProQuest LLC, Ann Arbor, MI, 1965, 119pp.

[101] Merle F. Existence of stationary states for nonlinear Dirac equations. Journal of Differential Equations, 1988, 74(1): 50–68.

[102] Minardi S, Eilenberger F, Kartashov Y V, et al. Three Dimensional Light Bullets in Arrays of Waveguides. Physical Review Letters, 2010, 105.

[103] Nirenberg L. On elliptic partial differential equations. Ann. Sc. Norm. Super. Pisa, Sci. Fis. Mat., 1959, 13: 115–162.

[104] Pankov A. Periodic nonlinear Schrödinger equation with application to photonic crystals. Milan J. Math., 2005, 73: 259–287.

[105] Palais R S. Homotopy theory of infinite dimensional manifolds. Topology, 1966, 5: 1–16.

[106] Rabinowitz P H. Minimax Methods in Critical Point Theory with Applications to Differential Equations. Providence, Rhode Island: American Mathematics Society, 1986.

[107] Ranada A F. Classical Nonlinear Dirac Field Models of Extended Particles. // Barut P, ed. Quantum Theory, Groups, Fields and Particles. Amsterdam: Reidel, 1982.

[108] Reed M, Simon B. Methods of Modern Mathematical Physics. IV. Analysis of operators. New York-London: Academic Press, 1978.

[109] Reed M, Simon B. Methods of Modern Mathematical Physics. III. New York-London: Academic Press, 1979.

[110] Reed M, Simon B. Methods of Modern Mathematical Physics. I. 2nd ed. New York: Academic Press, 1980.

[111] Shen Y R. The Principles of Nonlinear Optics. Wiley Series in Pure and Applied Optics. New York: John Wiley & Sons Inc., 1984.

[112] Séré E. Existence of infinitely many homoclinic orbits in Hamiltonian systems. Math. Z., 1992, 209(1): 27–42.

[113] Simon B. Schrödinger semigroups. Bull. Amer. Math. Soc. (N.S.), 1982, 7(3): 447–526.

[114] Smale S. An infinite dimensional version of Sard's theorem. Amer. J. Math., 1965, 87: 861–866.

[115] Struwe M. Variational Methods. 3rd ed. Berlin: Springer-Verlag, 2000.

[116] Szulkin A, Weth T. Ground state solutions for some indefinite variational problems. Funct. Anal., 2009, 257(12): 3802–3822.

[117] Szulkin A, Weth T. The Method of Nehari Manifold. Somerville: International Press, 2010: 597–632.

[118] Szulkin A, Zou W. Homoclinic orbits for asymptotically linear Hamiltonian systems. Funct. Anal., 2001, 187(1): 25–41.

[119] Tanaka K. Homoclinic orbits in a first order superquadratic Hamiltonian system: convergence of subharmonic orbits. Journal of Differential Equations, 1991, 94(2): 315–339.

[120] Thaller B. The Dirac Equation. Berlin: Springer-Verlag, 1992.

[121] Titchmarsh E. A problem in relativistic quantum mechanics. Proc. Lond. Math. Soc., 2005, 11(24): 169–192.

[122] Triebel H. Interpolation Theory, Function Spaces, Differential Operators. Volume 18 of North-Holland Mathematical Library. Amsterdam-New York: North-Holland Publishing Co., 1978.

[123] Veselié K. The nonrelativistic limit of the Dirac equation and the spectral concentration. Glasnik Mat. Ser. III, 1969, 4(24): 231–241.

[124] Wang X. On global existence of 3D charge critical Dirac-Klein-Gordon system. Int. Math. Res. Notices, 2015, 21: 10801–10846.

[125] Willem M. Minimax Theorems. Volume 24 of Progress in Nonlinear Differential Equations and their Applications. Boston: Birkhäuser, 1996.

[126] Yavari A, Marsden J. Energy balance invariance for interacting particle systems. Z. angew. Math. Phys. 2009, 60: 723-738.

[127] Zelati V C, Ekeland I, Séré E. A variational approach to homoclinic orbits in Hamiltonian systems. Math. Ann., 1990, 288(1): 133–160.

[128] Zhang X. On the concentration of semiclassical states for nonlinear Dirac equations. Discrete Contin. Dyn. Syst., 2018, 38(11): 5389–5413.

[129] Figueiredo G M, Ding Y. Strongly indefinite functionals and multiple solutions of elliptic systems. Trans. Amer. Math. Soc.,2003, 355(7): 2973-2989.